[illegible]

[illegible]

CONSTRUCTION ET CONDUITE

DES

MACHINES A VAPEUR

[illegible]

FIXES, DEMI-FIXES, LOCOMOBILES, LOCOMOTIVES

ET

[illegible] MARINES, [illegible]

AIDE-MÉMOIRE

DU MÉCANICIEN-CONSTRUCTEUR, DU CHAUFFEUR

ET DU

PROPRIÉTAIRE DE MACHINES A VAPEUR

PAR MM.

Jules GAUDRY, ingénieur civil et A. ORTOLAN, mécanicien

en chef de la flotte.

Cet ouvrage est extrait des ANNALES DU GÉNIE CIVIL. Il est accompagné de notes et de renseignements puisés dans les différentes publications techniques publiées à l'étranger.

UN VOL. GR. IN-8, 250 PAGES DE CARACTÈRES COMPACTES AVEC 49 FIG. DANS LE TEXTE ET UN ATLAS DE 36 PL. IN-F°.

TEXTE

PARIS

LIBRAIRIE SCIENTIFIQUE, INDUSTRIELLE ET AGRICOLE

Eugène LACROIX, Imprimeur-Éditeur

Libraire de la Société des ingénieurs civils de France, de celle des anciens Élèves des Écoles nationales d'Arts et Métiers, de la Société des Conducteurs des Ponts et Chaussées, de MM. les Mécaniciens de la Marine, etc., etc.

54, RUE DES SAINTS-PÈRES, 54

PUBLICATIONS SCIENTIFIQUES-INDUSTRIELLES

Eugène LACROIX, imprimeur-éditeur

PARIS, 54, rue des Saints-Pères, PARIS

DOMITOR. **Dompteur de l'air.** Aérostat dirigeable. Grand in-8, 28 pages, avec deux planches dans le texte. . . . . 2 fr. 50

GONTIER-GRIGY. **Aérostat propulsif** en soie ou en aluminium avec moteur-révolvo comprimant. In-8, 32 pages, avec une planche, augmenté de la description. . . . . 1 fr. 25

RENUCCI. **Exposé d'un système de navigation atmosphérique** au moyen du ballon à enveloppe métallique. In-8, 92 pages avec planche. . . . . 1 fr. 50

— **Critique du problème de la navigation aérienne.** In-8, 32 pages et 16 figures dans le texte. . . . . 2 fr.

— **Mémoire sur un appareil propulseur** pour la navigation maritime puisant sa force motrice dans les vagues et dans le tangage du bâtiment, suivi de l'exposé d'un système de roues de voitures à ressort sans fin en caoutchouc. In-8, 24 pages, avec 3 planches représentant 8 figures. . . . . 2 fr. 50

Ballons, par Alfred Van WAYENBERGH. *Le Géant, le ballon Giffart.* In-8, 9 pages de texte avec 1 planche. — *Annales du Génie civil*, 6e année, octobre 1867. . . . . 4 fr.

Aérostation, par A. JEUNESSE. *La Science aéronautique.* In-8, 13 pages et 8 figures. — *Annales du Génie civil*, 7e année, mai 1868. 4 fr.

Imprimerie Polytechnique de E. LACROIX, à Saint-Nicolas-de-Port.

CONSTRUCTION ET CONDUITE

DES MACHINES A VAPEUR

FIXES, DEMI-FIXES

LOCOMOBILES, LOCOMOTIVES

ET MARINES

BIBLIOTHÈQUE SCIENTIFIQUE-INDUSTRIELLE ET AGRICOLE
Des Arts et Métiers. XXIII

CONSTRUCTION ET CONDUITE DES MACHINES A VAPEUR

MACHINES
FIXES, DEMI-FIXES, LOCOMOBILES, LOCOMOTIVES
ET
MACHINES MARINES

AIDE-MÉMOIRE
DU MÉCANICIEN-CONSTRUCTEUR, DU CHAUFFEUR
ET DU
PROPRIÉTAIRE DE MACHINES A VAPEUR

PAR MM.
JULES **GAUDRY**, ingénieur civil et **A. ORTOLAN** mécanicien, en chef de la flotte.

Cet ouvrage est extrait des ANNALES DU GÉNIE CIVIL. Il est accompagné de notes et de renseignements puisés dans les différentes publications techniques publiées à l'étranger

---

UN VOL. GR. IN-8, 250 PAGES DE CARACTÈRES COMPACTES AVEC 49 FIG. DANS LE TEXTE ET UN ATLAS DE 36 PL. IN-F°.

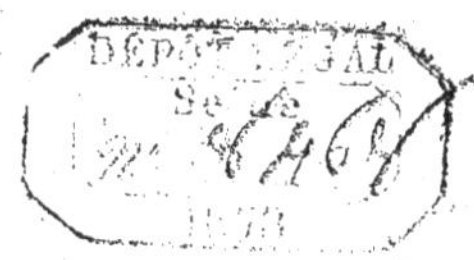

PARIS
LIBRAIRIE SCIENTIFIQUE, INDUSTRIELLE ET AGRICOLE
Eugène **LACROIX**, Imprimeur-Éditeur
Libraire de la Société des Ingénieurs civils de France, de celle des anciens Élèves des Écoles nationales d'Arts et Métiers, de la Société des Conducteurs des Ponts et Chaussées de MM. les Mécaniciens de la Marine, etc., etc.
54, RUE DES SAINTS-PÈRES, 54

AVIS DE L'ÉDITEUR

En imprimant cet ouvrage qui reproduit tous les articles publiés dans les *Annales du Génie civil* par MM. Ortolan et Gaudry, nous venons remplir la place laissée vacante par les ouvrages de MM. Grouvelle et Jaunez le *Guide du chauffeur*, et celui de M. Le-chatelier *Guide du mécanicien-constructeur de locomotives*.

Ce travail comprend tout ce qui regarde la production et les divers emplois de la vapeur, il donne tous les renseignements utiles et des détails pratiques sur les meilleures formes à adopter.

La table des matières dont nous faisons suivre ce court avertissement renseignera mieux le lecteur que de longues observations.

Nous ajouterons cependant que les planches et les figures placées dans le texte ont été exécutées avec le plus grand soin.

L'éditeur, E. L.

EXTRAIT DE LA TABLE DES MATIÈRES.

TABLE DES PLANCHES (1).

1° Locomotives. 6 planches cotées contenant 59 figures représentant les types des divers pays, ces planches sont numérotées : pl. I, II, III, XX, XXI, XXII.

2° Machines a vapeur fixes. 8 planches contenant 107 figures représentant les différents types, ces planches portent les nos XXVIII, XXVIII, XXIX, XXX, XXXI, XXXII, CXIV, et CLIX.

3° Machines. Locomobiles. 7 planches contenant 57 figures représentant les types des différents pays, ces planches sont numérotées XCV, XCVI, XCVII, XCVIII, XCIX, CLX, CLXV.

4° Principaux systèmes de chaudière finie contenant 4 planches représentant 27 types divers, ces planches portent les nos XXXVII, XXXVIII, XXXIX et XL.

4° Machines a vapeur marines. 11 planches renfermant 50 figures. Ces planches portent les nos VIII, IX, XLII, XLIII, CLVII, CLVIII, CLIX, CLXI CLXII, CLXIII, CLXVII.

(1) Les planches ont toutes des numéros qui correspondent parfaitement avec leur texte, mais dont les numéros d'ordre sont intervertis parce qu'elles appartiennent aux atlas de la Nouvelle Technologie ou au Génie Civil.

Paris. — Imprimerie et librairie de E. Lacroix, rue des Saints-Pères, 54.

MACHINES A VAPEUR

PAR M. JULES GAUDRY, Ingénieur au chemin de fer de l'Est,

ET M. A. ORTOLAN, Mécanicien principal de la marine impériale,

AVEC LA COLLABORATION DE DIVERS INGÉNIEURS.

Introduction.

Notre étude sur la machine à vapeur à l'Exposition, embrassera toutes ses applications comme engin moteur; l'Exposition donne à peu près ce qu'elle avait promis, mais non tout ce qu'elle pouvait promettre eu égard au grand mouvement qui s'est produit depuis cinq années; nous ne nous bornerons donc pas à relater les spécimens présents au palais du Champ de Mars; comme dans le travail publié par l'un de nous, dans les *Annales des mines* et dans les *Annales du Génie civil*, à la suite de l'exposition universelle de Londres, nous recueillerons les systèmes récents restés dans les ateliers ou en service dans l'industrie, qui se recommandent à l'attention du lecteur.

Une première partie sera consacrée à décrire les machines, suivant leurs diverses formes d'application aux manufactures ainsi qu'à l'élévation des fardeaux et des eaux; les outils à vapeur; les locomotives de chemins de fer, si variées en ce moment; les locomoteurs sur les routes, les locomobiles et machines dites demi-fixes, et notamment celles qui sont spéciales à l'agriculture et aux chantiers ruraux; enfin les machines de navigation.

Chaque appareil intéressant sera relaté sommairement, de manière à préciser son système, ses particularités, ses dimensions fondamentales. Autant que faire se pourra, nos mentions seront accompagnées de croquis gravés, à l'échelle, faisant connaître l'ensemble des agencements.

Une seconde partie, la plus instructive, à notre avis, aura pour objet *l'étude synthétique* des machines à vapeur à l'Exposition; c'est-à-dire que sans distinction des spécialités, nous les considérerons dans leur ensemble pour faire ressortir les tendances actuelles de l'industrie, les emprunts respectifs que pourraient se faire les spécialistes, qui sont souvent trop exclusifs, comme s'ils ignoraient ce qui se fait à côté d'eux avec succès. C'est dans cette seconde partie de notre travail que nous considérerons aussi, pièce à pièce et d'une machine à l'autre, les organes isolés pour les étudier comparativement. Quant à l'établissement des principes généraux, il ne peut trouver ici sa place. C'est la matière des traités proprement dits auxquels nous renvoyons[1].

Dans nos études, dont l'étendue sera considérable, tant la machine à vapeur a d'importance à l'Exposition universelle, nous avons dû partager le travail avec plusieurs collaborateurs bien connus de nos lecteurs, notamment avec M. Benoît Duportail, ingénieur des ateliers du chemin de fer de l'Ouest, et M. J. Moran-

1. Voir notamment : *Traité de machines à vapeur fixes locomotives et marines*, par Jules Gaudry; *id.*, par Laboulaye; *id.*, par Morin et Tresca; *id.*, par Ortolan.

dière, ingénieur au chemin de fer du Nord, à qui nous adressons nos vifs remerciments; nous remercierons aussi nos collègues anglais d'*Engineering*, auxquels nous devons des renseignements très-utiles.

En relatant les machines de l'Exposition, en remontant même quelquefois dans leur histoire, il faudra nécessairement leur appliquer un nom de constructeur ou d'ingénieur. Qu'il soit bien entendu que cette désignation est totalement exclusive de l'idée d'attribution d'un droit réel à l'invention première, et que nous restons étrangers aux questions de priorité, sans nous rendre juges des contestations qui pourraient s'élever. Enfin, il est une promesse que nous ferons au lecteur, c'est l'impartiale justice dans nos études, c'est l'absence de toute idée préconçue, de toute complaisance.

Bien que les études de machines à vapeur commencent communément par les machines fixes, nous nous appliquerons d'abord aux locomotives à cause de l'intérêt dont elles sont l'objet au concours international qui vient de s'ouvrir. Dans la suite de ce numéro même on va trouver aussi le commencement de nos études sur les machines marines.

LOCOMOTIVES.

Aux expositions de l'industrie française en 1843 et 1848, il n'y eut chaque fois qu'une seule locomotive. La première fut celle du Creusot, la seconde fut celle à 4 roues couplées de Buddicom. A l'exhibition universelle de Londres, en 1851, il y eut 13 locomotives, dont une française de Cail, et deux belges. On vit 21 machines à l'exposition universelle de Paris, en 1855, dont 9 françaises, 3 belges et seulement 2 anglaises. Les 7 autres envoyées par la Prusse, l'Allemagne et l'Autriche, nous révélèrent pour la première fois des merveilles à peu près ignorées de construction mécanique, où l'individualité des types ne fut pas moins remarquée que la perfection de l'ajustage. A Londres, en 1862, il y eut 22 locomotives, dont 13 anglaises, 4 allemandes, 1 belge, 1 italienne et 3 françaises, plus divers plans et modèles. Le fait dominant à cette époque fut, comme à Paris en 1851, que tandis que les constructeurs du continent entraient résolument dans la voie des inventions, les Anglais restaient, au contraire, fidèles avec une sorte de respect à certains types anciens devenus pour ainsi dire classiques, et semblaient n'avoir fait aucun progrès. Nous avons alors protesté contre les accusations de prétendue routine adressées à Stephenson et à Fairbairn; nous avons dit qu'après plus d'une tentative d'innovation les nécessités locales, toutes spéciales à l'Angleterre, avaient dû ramener les constructeurs presque au point de départ des pères de l'industrie des railways, et que le maintien de ces conditions faisait naturellement conserver les types de machines qui ne pouvaient plus que varier dans les détails jusqu'à nouvel ordre. Dans l'étude publiée aux *Annales des mines*, par l'un de nous en 1862, sur l'exposition de Londres, et dans le récent mémoire de M. Morandière, à la Société des ingénieurs civils, ces données fondamentales des railways anglais sont relatées et elles n'ont pas changé sensiblement.

Toutefois l'Angleterre commence maintenant à adopter des locomotives sortant des types traditionnels. L'Exposition nous en montre peu de chose, mais le fait est connu des hommes du métier. C'est qu'en Angleterre comme sur le continent, le grand mouvement des transports sur les anciennes lignes exige des machines plus puissantes, et qu'on soude de toutes parts au réseau principal, des embranchements dans des pays accidentés où le tracé comporte nécessairement des rampes et des courbes inusitées jusqu'ici. Et comme le système des profils varie en même temps que les circonstances locales, il est naturel que l'exposition et l'industrie nous offrent diverses solutions que nous allons nous attacher à bien caractériser.

L'Exposition universelle de 1867 offre en ce moment 33 locomotives de chemin de fer, sans compter les dessins et modèles; et le concours a, cette fois, bien franchement son caractère international. Voici dans quelle proportion chaque peuple présente les spécimens de son industrie :

La France a.	14	locomotives.
La Prusse, l'Allemagne et l'Autriche.	8	—
La Belgique.	5	—
L'Angleterre.	5	—
Les États-Unis.	1	—

A la suite du nombre de locomotives exposées, il est intéressant de connaître la force productive des ateliers des diverses nations. L'Angleterre, la Belgique, l'Allemagne avec la Prusse et l'Autriche, enfin, les États-Unis, paraissent être les seuls États qui aient des ateliers pour la construction proprement dite des locomotives. Mais partout où il y a des chemins de fer, il existe, comme annexe, des ateliers d'entretien qui peuvent au besoin construire à neuf. L'Italie en a offert l'exemple à l'Exposition de Londres, et on a espéré voir à Paris un spécimen des constructions originales de Russie. L'Angleterre tient toujours la tête : plusieurs de ses anciens ateliers ont disparu au moins eu égard aux locomotives; mais avec les établissements nouveaux, y compris ceux qui fabriquent spécialement les petites machines dites d'entrepreneurs, nous lui connaissons 28 ateliers de construction de locomotives, plus 12 ateliers de premier ordre appartenant aux compagnies de chemins de fer construisant au besoin pour autrui. Savoir :

A *Manchester* et environs : 1° Sharp et Stewart, ancien atelier outillé à neuf et toujours digne de sa vieille réputation; 2° Beyer et Peacock, atelier neuf admirablement organisé; 3° Bridgewater foundry, ancien atelier de Nasmyth ayant outre la spécialité des locomotives, celle des marteaux à vapeur et des grosses machines. A *Newcastle* : Stephenson (exposant), et Hawthorn, vieilles maisons bien connues, plus Armstrong et Morrisson. A *Glasgow* : 1° Neilson, magnifique atelier neuf; 2° the Glasgow-locomotive-Works. A *Leeds* : Kitson (exposant), Hunsley et Cie, Manning-Wardle, Hudswell-Clarke et Fowler. A *Bristol* : Avomside et Cie. A *Middlesboro* : Hopkins-Gilkes et Cie. A *Birkenhead* : the Canada-Works. A *Warrington* : the Vulkan-Foundry, vieille maison qui, avec Sharp, Stephenson et Hawthorn, nous a fourni en France nos premières locomotives. A *Londres* : the News-Cross Works et Georges England. A *Saint-Helens* : James Cross. A *Chippenham* : Brotherhood. A *Witehaven* : Fletcher-Jennings et Cie. A *Lougborough* : Hugues (exposant). A *Shiffnall* (Shropshire) : Lilleshall Cie (exposant). A *Lincoln* : Ruston, Proctor (exposant), à qui s'ajouteraient au besoin les célèbres ateliers des machines agricoles de Ransomes et Sims. A *Scheffield* : les ateliers de la Yorkshire-Engine Cie, et à *Worcester*, ceux de la Worcester-Engine Cie.

Les ateliers de chemins de fer construisant à neuf sont situés : sur le North-Western, à *Crewe* et à *Wolverton*; sur le Great-Western, à *Swindon* et à *Wolverhampton*; sur le Midland, à *Derby*; sur le South-Eastern, à *Ashford*; sur le Chatam-et-Dover, à *Londres-Battersea*; sur le North-London, à *Bow*; sur le Great-Northern, à *Doncaster*; sur le Caledonian, à *Glasgow*.

La production totale de tous ces établissements peut être évaluée à 1,500 locomotives par an, dont la Grande-Bretagne absorbe, paraît-il, le tiers pour le renouvellement de ses railways.

L'Allemagne, y compris la Prusse et l'Autriche, ont à notre connaissance, les 10 établissements qui suivent pour la construction des locomotives : à *Berlin*, Borsig (exposant), l'un des plus grands ateliers d'Europe ; à *Esslingen*, Kessler (exposant) ; à *Neustadt-Autriche*, Sigl (exposant); à *Vienne*, Atelier impérial du chemin de fer, sous la direction d'Hasvell (concourant à toutes les expositions universelles) et les ateliers du Nordbahn; à *Chemnitz*, Hartman (exposant), belle usine fabricant aussi des outils; à *Hanovre* Egestorff (exposant en 1855); à *Carlsruhe*, atelier l'un des plus considérables d'Allemagne (exposant); à *Munich*, Maffeï et Kraus (exposant) ; à *Cassel*, Herschell. La production totale de ces établissements peut être évaluée, dit-on, à 450 locomotives par an.

La Belgique a 9 ateliers de construction de locomotives, savoir : Évrard à *Bruxelles*; Carels, à *Gand;* les ateliers de Saint-Léonard, à *Liége*, dirigés par Waessen (anciens ateliers Poncelet); les ateliers considérables de *Seraing* et *Couillet;* plus les ateliers de chemins de fer à *Malines* et à *Louvain*, et ceux de *Tubize* et de *Haine-Saint-Pierre*. Les 5 premiers sont exposants.

En Amérique, les ateliers de construction de locomotives sont, paraît-il, nombreux et considérables. Nous connaissons: à *Paterson*, dans l'État de New-Jersey, les 3 ateliers de Rogers, Dauforth et Grant. Ce dernier, qui est exposant en 1867, a deux importantes succursales. Ces trois maisons ensemble ont fait, dit-on, plus de 2,000 locomotives. A *Philadelphie*, les ateliers de premier ordre et très-anciens de Norris et de la Cie Baldwing. A *Baltimore*, Hayward Bartlett et Cie; Denmead et fils. A *Boston*, dans l'État de Massachussetts, Hinkley-Williams, Mac Kay et Aldus. A *Manchester*, Amos Kay et Cie. A *Cincinnati*, Robert More. A *Taunton*, Williams Mason. A ces établissements il faut ajouter ceux qui ont pris simplement les noms des cités ou contrées où ils se trouvent, savoir : ateliers de *Taunton*, de *Manchester*, de *Rhode-Island*, de *Schenectady*, ce qui fait en tout 18 constructeurs de locomotives.

La France paraît être la nation qui en possède le moins; mais à l'exception de 2 petits constructeurs de machines de chantier, tous ont des établissements dont l'importance est presque sans égale et dont la production est considérable. Suit l'énumération des ateliers français :

Cail, à Paris-Grenelle. (A concouru à toutes les expositions.)

Schaken-Caillet, à Lille-Fives. (Exposant en 1867.)

Gouin, à Paris-Clichy. (Exposant en 1855, 1862 et 1867.)

Schneider, au Creusot. (Exposant en 1843, 1855 et 1867.)

Mesmer, ingénieur, ateliers de Graffenstaden, près Strasbourg. (Exposant).

Kœchlin, à Mulhouse. (Exposant en 1855.)

Anjubault, à Paris. (Exposant en 1855 et 1867.)

Peteau, à Paris-Passy.

Ateliers du chemin de fer d'Orléans, à Ivry-Paris, (Exposant en 1855, 1862 et 1867.)

Ateliers du chemin de fer de Lyon, à Bercy-Paris, à Arles et à Oullins-Lyon.

Atelier du chemin de fer du Midi, à Bordeaux. (Exposant.)

Ateliers du chemin de fer de l'Est, à Epernay et à Mohon.

Atelier du chemin de fer du Nord, à Paris-La Chapelle.

Ateliers du chemin de fer de l'Ouest, à Paris-Batignolles et à Rouen (ancien atelier Buddicom).

Ces divers ateliers, indépendamment des réparations courantes dans ceux des chemins de fer, pourraient fournir ensemble environ 1,000 locomotives par an, dont 650 dans les ateliers privés.

Le réseau ferré de la France compte actuellement 13,000 kilomètres exploités par 3500 locomotives. Nos ateliers peuvent donc fournir beaucoup plus que le nécessaire pour le renouvellement annuel. Moins débordés par la production que dans la Grande-Bretagne, laquelle fournit, il est vrai, à ses colonies un énorme contingent, nous sommes cependant dans des conditions moins favorables de prospérité commerciale que la Belgique et l'Allemagne, dont les forces productives sont mieux proportionnées avec les besoins indigènes par le nombre et l'importance des ateliers de construction, à moins que la fabrication soit laissée tout entière à l'industrie privée.

Pour compléter cet aperçu général, nous relèverons un fait qui frappera dans l'examen des locomotives à l'Exposition. C'est que chaque peuple se personnifie dans ses types de machines; qu'il a ses usages, ses traditions, ses formes inspirées souvent par les circonstances locales. Quand on voudra juger les machines au Champ de Mars, il faudra se garder d'idées trop absolues. Cette forme que nous blâmons, nous ingénieurs français, n'a souvent le défaut que de contrarier nos habitudes, et celles-ci ne sont parfois pas plus sympathiques aux étrangers. C'est même cette diversité de mœurs industrielle qui fait tout l'intérêt d'un concours international. Ces observations faites, entrons au palais du Champ de Mars, et répondons à l'attente du lecteur en donnant nos premières études aux locomotives éloignées des types usuels.

Voici l'ordre que nous suivrons:

1° Locomotives à tender moteur;
2° Locomotives à 4 cylindres;
3° Autres locomotives de montagne, de systèmes divers;
4° Locomotives ordinaires à 8 roues fixes couplées;
5° — à 6 roues fixes couplées;
6° — à 4 roues couplées;
7° — à roues libres;
8° — petites pour gares et chantiers;
9° Locomoteurs sur routes de terre;
10° Locomotives spéciales, système Fell et autres.

I

Locomotives à tender moteur.

(Planches I et II).

Ce système est une des particularités les plus importantes du concours international, non-seulement parce qu'il est représenté par une des plus belles locomotives de l'Exposition, à laquelle deux autres devaient se joindre, sans compter les dessins, mais en raison de son histoire et de la grande application qu'il a reçue en France, en Angleterre et en Belgique.

Chaque type diffère par les communications de vapeur, et aussi par le but spécial qu'on s'est proposé sur chaque ligne. Mais partout l'addition du mécanisme au tender a eu pour but de fournir immédiatement un moteur auxiliaire, dont le service peut n'être qu'intermittent et accidentel, comme pour regagner le temps perdu ou pour gravir une rampe.

Outre la locomotive à tender-moteur exposée par la Compagnie de l'Est, on pourra étudier au Champ de Mars au moins les dessins de celles de Fairlie et Urban. Pour compléter cette étude, il faut relater le système de Verpilleux, Sturrock, Cernuschi et Flachat. Suivons l'ordre des dates :

1. *Verpilleux* (figure 1, pl. 2 et colonne 1 du tableau A). — Les machines de ce

système ont servi à monter la rampe de 14 millimètres entre Rive-de-Gier et Saint-Étienne pendant plusieurs années, jusqu'à l'époque où elles ont été remplacées, en même temps que les rails, par les grosses locomotives de Cail, dites du Grand-Central. Le système Verpilleux a fait l'objet d'un brevet d'invention en date du 26 décembre 1842, depuis longtemps expiré. Outre ce premier brevet, M. Verpilleux en a pris un autre avec Baldeyron le 30 novembre 1857, où la vapeur reçue dans les deux cylindres additionnels du tender n'est plus empruntée à la chaudière; elle provient des cylindres de la machine proprement dite, et en la recevant à son échappement dans les cylindres plus grands du tender, elle s'y détend suivant le principe de Woolf. De là elle passe dans le tender où elle se condense. Nous ignorons si ce second projet a reçu exécution. La machine de la figure 1, et décrite ci-après comparativement avec d'autres, appartient au système du brevet de 1842. Les deux véhicules sont à quatre roues couplées et à mouvements extérieurs comme dans les petites locomotives qui se construisaient alors. Pour augmenter la chaudière de la locomotive proprement dite, on s'était borné à superposer au corps tubé un réservoir en forme de coffre demi-cylindrique, lequel n'a pas présenté assez de solidité. Le train faisant 4 stations assez longues sur la rampe à gravir, la vapeur s'accumulait suffisamment pendant l'arrêt. Pour passer de la chaudière aux cylindres du tender, il existait, au-dessus de la tête du mécanicien, des tuyaux à rotules qu'on entretenait étanches sans soins excessifs. Nous n'avons pas retrouvé comment se faisait l'émission de vapeur hors des cylindres du tender. Nous croyons nous rappeler qu'elle s'échappait directement dans l'air par un simple tube vertical, comme dans la locomotive de l'Est actuellement exposée. La locomotive Verpilleux avait les roues en fonte avec bandages en fer ; la distribution se faisait par un mécanisme spécial avec changement de marche à manettes; le bâti était en madriers de bois; la chaudière était cylindrique, contenant un foyer cylindrique lui-même.

2° *Cernuschi* (figure 2, planche 2). — Ce système, resté à l'état de projet, a été breveté le 19 mai 1856, et il a reçu dans son temps une assez grande publicité. Ici encore, comme dans le premier système Verpilleux, la vapeur est amenée de la chaudière dans une paire de cylindres auxiliaires attenant au tender. Mais, de plus, M. Cernuschi voulait utiliser l'adhérence des wagons (de tout le train au besoin), en leur transmettant l'action motrice par des engrenages et des arbres à rotules comme ceux des marines à hélice. Le brevet Cernuschi est une étude bien faite et digne d'être consultée. Pour envoyer la vapeur de la chaudière aux cylindres du tender, l'auteur emploie un faisceau de petits tubes contournés en spirales obéissant librement aux inflexions. Le mécanisme moteur est extérieur, aussi bien sur la machine que sur le tender; la chaudière de la locomotive est très-puissante, ayant un grand nombre de tubes dans un long corps tubé dont le diamètre est 1m,50, et un très-grand foyer supporté en son milieu par une des paires de roues comme dans les types qui vont suivre, fait qu'il est juste de relever à cette date de 1856.

3° *Flachat.* (Voir son ouvrage sur la traversée du Simplon.) — A cette même époque, M. Flachat proposait pour la traversée des Alpes une locomotive, où non-seulement le tender, mais plusieurs wagons du train étaient rendus accidentellement moteurs, par l'addition de cylindres empruntant la vapeur à la très-puissante chaudière de la locomotive proprement dite; M. Flachat fit même à l'un de nous l'honneur de le consulter sur l'appareil de communication de vapeur. Les circonstances n'ont pas fait donner suite au projet.

4° *Sturrock* (figure 3 et n° 2 du tableau A). — L'éminent ingénieur du Great-Northern-Railway a pris un brevet d'invention en France en 1864, reproduisant sa patente anglaise, et de suite il modifia en ses ateliers de Doncaster plusieurs machines à marchandises : le tender reçut un mouvement complet analogue à celui de la locomotive, avec évacuation de la vapeur d'émission dans la caisse à eau en un condenseur tubulaire. Quant à la locomotive, elle ne subit d'autres modifications essentielles que l'allongement du foyer et l'addition d'une prise de vapeur spéciale, sur laquelle nous reviendrons, car elle est constitutive du système Sturrock. Des locomotives avec *tender-moteur* ont été récemment construites de toutes pièces. C'est une de celles-ci qui est représentée en la figure, et dont suivent les principales dispositions : cylindres intérieurs; mécanisme distributeur intérieur entre les cylindres; châssis fixes et doubles, l'un extérieur, l'autre intérieur, selon le type originaire de Gooche, adopté généralement par M. Sturrock. — Le tender a un châssis simple dont les longerons sont en dehors des roues et découpés dans des tables de tôle. Le mécanisme moteur du tender est intérieur, mais horizontal. Le tout est lourd, suivant l'usage du Great-Northern-Railway. Les particularités essentielles de la machine Sturrock sont : 1° la conduite de vapeur au tender par un long tube cédant à toutes les inflexions voulues par l'effet de son développement de 7 mètres, à quoi s'ajoutent cinq coudes principaux en divers sens; 2° l'émission de vapeur, laquelle se fait dans un véritable condenseur tubulaire placé dans la caisse à eau : *a* est le conduit de départ, *b* et *d* deux chambres entre lesquelles est un double rang de tubes condenseurs au nombre de 15 en tout. La vapeur non-condensée s'échappe en dehors par le tuyau monté sur la chambre *d*. — Son débouché est entouré d'un manchon bouché par un écran *g*, qui donne issue à la vapeur au dehors, en retenant l'eau projetée ; celle-ci retombe dans la caisse. L'eau de condensation renfermée dans les tubes ne paraît pas avoir d'autre issue.

Ces machines, au nombre, dit-on, de 50, s'emploient sur la ligne ordinaire du Great Northern, dont les rampes sont normales; mais le but proposé est d'y remorquer, sans ralentissement sensible, les trains considérables qui comportent en plaine la puissance ordinaire des locomotives.

5. *Fairlie* (voir figure 4 et colonne 3 du tableau A, voir aussi son brevet français du 12 mai 1864 et la description avec gravure dans l'*Engineer*). — Cette variété de locomotive à tender moteur est pour ainsi dire la contre-partie du système Sturrock; elle se caractérise par l'agencement mécanique, le gros corps tubé de la chaudière et la disposition des roues groupées en deux trains articulés pour passer dans les petites courbes. A cet effet, ni la chaudière de la locomotive, ni la caisse à eau du tender ne sont fixées au bâti comme à l'ordinaire. Ces bâtis, avec le mécanisme qu'ils supportent et les roues, sont disposés en *bogies* ou trains articulés déplaçables latéralement sans solidarité respective dans les courbes. A cet effet, la chaudière et la caisse à eau sont montées à rotules autour desquelles les châssis se déplacent. Suivent les autres particularités du type Fairlie : chaudière à longs tubes, 4,10. — Dans le foyer bouilleur en lame d'eau verticale au milieu ; cylindres extérieurs légèrement inclinés, mouvement distributeur intérieur ; châssis simples, ressorts de suspension sous les essieux, tous avec balanciers équilibrant la charge. La vapeur d'admission arrive au tender par un tube court à coudes dont l'origine est sur le devant du foyer. La vapeur d'émission va, comme d'ordinaire, dans la cheminée, par un long tube sous la chaudière qui cède aux inflexions par sa longueur même comme le tube d'admission de Sturrock.

6. *Urban* (voir figure 2, planche 1 et colonne n° 4 du tableau A). — Machine du grand central belge, exécutée aux ateliers de la Compagnie, à Louvain, sur les plans de M. Maurice Urban, ingénieur en chef directeur.

Pour reconnaître l'invention du breveté français, la Compagnie belge a donné à la machine le nom de Verpilleux; elle est destinée à remorquer en service courant des trains de 246 tonnes, non compris le moteur, à la vitesse de 20 kilomètres sur une ligne où les courbes descendent à 500m de rayon et où les rampes ont de 10 à 18 millimètres sur 28 kilomètres de parcours. En raison de sa puissante chaudière, elle est apte à fournir un travail continu avec les 4 cylindres. Voici ses particularités principales : long foyer du système Belpaire avec ciel attaché par entretoises remplaçant les armatures accoutumées; grille inclinée à très-minces barreaux pour brûler des menus de houille; l'essieu d'arrière supporte en son milieu la boîte à feu, laquelle est très-évasée ainsi que le foyer qui a été entré par la façade. — Cheminée conique évasée de bas en haut. — Corps tubé presque tout plein de tubes et surmonté, comme dans la machine Verpilleux, par un réservoir cylindrique. — Mouvement moteur intérieur. — Châssis simple en dehors des roues. — Ressorts sous les essieux avec balanciers d'équilibre des roues d'avant aux roues motrices. — Tender à 6 roues, même type de châssis. — La distribution de vapeur s'y fait automatiquement par excentriques à tocs, la locomotive suffisant pour diriger la marche. Communication de vapeur par un tube placé sous la chaudière dans l'axe de la machine et articulé à ses 2 bouts par le mécanisme indiqué (au 10e de grandeur) dans la figure 3. Du côté de la machine M, au fond d'une stuffing-box en entonnoir ou pavillon, le tube *oo'* joue à joint étanche dans 3 anneaux de caoutchouc vulcanisé *aaa*. Du côté du tender T, le tube est muni d'une rondelle *b* faisant corps avec lui et jouant entre 2 anneaux *gg* pareils aux précédents *aaa*. — La vapeur d'émission des cylindres du tender va sous la caisse par deux tubes *ss* dans une boîte commune *x*, à laquelle est adapté un conduit *z* débouchant dans l'espace. Suivent quelques dimensions à ajouter à celles du tableau : Grille inclinée de $2{,}27 \times 1{,}04 = 2{,}36$; volume du réservoir de vapeur, 1,300 litres. Diamètre du tourillon d'essieu, moteur 190m/m. Entre-axe des cylindres, 0,68 à la machine et 0,72 au tender. Longueur des bielles motrices de la machine, 1,76; celle du tender, 1m,20. — Diamètre de tige de piston, 55 millimètres. Longerons de la machine découpés dans des tables de tôle : longueur, 7,85; épaisseur, 25 millimètres. Longerons du tender faits de même : longueur, 5,90; épaisseur, 20 millimètres.

7. *Est.* — *Graffenstaden* (figure 1, planche 1 et colonne 5 du tableau A). — La Compagnie du chemin de fer de l'Est, reprenant les études de M. Sturrock, sous la direction de M. l'ingénieur en chef Vuillemin, a composé à son tour, avec M. Mesmer, de Graffenstaden, la belle et seule locomotive à tender-moteur arrivée à l'Exposition. Elle a été construite aux ateliers de Graffenstaden[1], et elle est destinée au trafic spécial de sections de la ligne exceptionnellement accidentée de rampes et pentes successives. — Le mouvement intérieur est à peu près disposé comme dans le type Sturrock, avec bâti simple en dehors des roues, manivelles d'accouplement rapporté au bout des essieux, comme dans certaines machines de M. Polonceau au chemin de fer d'Orléans. Les roues du tender sont un peu plus petites que celles de la machine. Le relevage des coulisses de distribution se fait à volonté, par levier à main ou par une vis. La chaudière est très-puissante, avec grille inclinée, tubes courts et vaste surface de chauffe directe par le foyer; celui-ci est supporté à peu près en son milieu par les roues

[1] La compagnie de Graffenstaden a exposé, en outre, une locomotive à quatre roues, pour le grand-duché de Bade, et une très-belle machine à vapeur dont nous parlerons ultérieurement, plus une magnifique série d'outils-machines. D'autre part, la compagnie de l'Est a une exposition considérable de machines et wagons et un album de tous ses types de machines.

d'arrière, et il est muni de deux portes, avec un bouilleur en lame d'eau qui descend librement du ciel de foyer et sera ajouté dans la machine exposée. L'admission de vapeur aux cylindres du tender se fait par un long tube libre et à coudes, suivant le système Sturrock. Mais l'émission a lieu librement dans l'espace par un tube direct. — La chaudière est en tôle d'acier. Les pièces du mouvement sont également en acier fondu. Dans les deux seuls essais qu'on ait pu faire avant l'envoi à l'Exposition, la machine, avec le secours du tender moteur, a facilement remorqué 580 tonnes brutes à la vitesse de 25 kilomètres, sur rampes de 5 millimètres parfois avec courbes.

La répartition du poids de la machine sur les roues a été reconnue satisfaisante et par suite elle a une stabilité remarquable. Suivent un certain nombre de dimensions complémentaires du tableau :

	Machine.	Tender.
Fusées d'essieu, longueur	0m,260	0m,255
diamètre	0m,170	0m,150
Entr'axe des cylindres	0m,900	0m,750
Longueur de bielle motrice	1m,735	1m,400
Angle d'avance des excentriques	30°	30°
Course maxima des tiroirs	0m,116	»
Course des excentriques	0m,120	0m,115
Recouvrement des tiroirs, extérieur	0m,027	0m,025
intérieur	0m,002	0m,002
Lumière d'admission	40×300	33×260
d'émission	72×300	60×260

Si maintenant on compare ensemble les 7 types qui précèdent, on trouve qu'avec un principe commun chacun diffère dans l'agencement du mécanisme.

1° Verpilleux, Cernuschi, Fairlie, ont les mouvements extérieurs; Sturrock, Urban et l'Est ont préféré les mouvements intérieurs, mais avec châssis en dehors des roues et manivelles d'accouplement rapportées aux bouts des essieux.

2° Sauf Verpilleux, qui n'employait que des véhicules à 4 roues à entre-axes fixes de 1m,72, dans tous les autres types les véhicules sont à 6 roues, excepté dans celui de Fairlie où le tender est à 4 roues seulement.

3° Sturrock et l'Est ont assigné au tender des roues un peu plus petites que celles de la machine.

4° Dans tous les systèmes, la puissance vaporisatrice de la chaudière a été augmentée, mais sauf dans le programme de M. Urban, en vue de fournir de la vapeur au tender, seulement par intermittences passagères. MM. Verpilleux et Urban se sont appliqués à agrandir le réservoir de vapeur.

5° Chaque système a son mode de conduite de vapeur pour l'admission et l'émission. M. Sturrock a son long tube d'admission flexible par lui-même et son émission dans un condenseur tubulaire. M. Fairlie admet par un tube court à coudes et il émet dans la cheminée de la locomotive par un long tube comme celui que M. Sturrock emploie à l'admission. L'Est a emprunté le long tube d'admission Sturrock, mais l'émission a lieu par un tube direct dans l'air sans condensation. M. Urban a un tube articulé avec bagues élastiques dans un pavillon. Cernuschi a des spirales pour communication entre les 2 véhicules. Enfin et avant tous, Verpilleux y adaptait des tuyaux à rotules.

Suit le tableau comparatif des principales dimensions des machines qui précèdent, moins celles qui sont restées à l'état de projet.

A. *Tableau comparatif des locomotives à tender moteur.*

	Verpilleux. 1.	Sturrock. 2.	Fairlie. 3.	Urban. 4.	Est. 5.
Locomotive.					
Timbre de chaudière	5k.	»	»	9 »	10 »
Diamètre du corps tubé	1m.20	»	»	1.45	1.50
Tubes. Nombre	117 »	197 »	207 »	368 »	276 »
Diamètre extérieure	50 »	50 »	50 »	44 »	49 »
Longueur	2 »	3.15	4.10	3 »	3 »
Foyer. Longueur	1.85	1.97	1.82	2.20	2.24
Largeur	0.92	1.05	1.015	1.06	1.08
Hauteur au-dessus de grille	»	1.35	»	1.15	1.43
Surface de chauffe du foyer	»	10.12	18.40	9.70	11.52
Id. du bouilleur	0	0	»	»	3.33
Id. des tubes	»	82 »	133.08	169.50	117.50
Id. totale	»	92.12	151.48	179.20	132.35
Cylindre. Diamètre	0.240	0.406	0.457	0.460	0.420
Course	0.750	0.609	0.609	0.600	0.600
Roues. Nombre	4 »	6 »	6 »	6 »	6 »
Diamètre	1.24	1.52	1.22	1.22	1.30
Entr'axes	1.72	4.74	2.66	3.65	3.55
Poids à vide	»	31.17	»	»	30.50
en marche	17t »	36 »	»	36 »	35 »
Tender.					
Cylindre, Diamètre	0m.220	0.304	0.304	0.350	0.380
Course	0.750	0.430	0.406	0.400	0.420
Roues. Nombre	4 »	6 »	4 »	6 »	6 »
Diamètre	1.24	1.37	1.22	1.22	1.20
Entr'axes	1.72	4.63	2.20	3.20	3.20
Contenance d'eau, en tonnes	»	10.35	9.08	8.000	7.50
de combustible	»	»	2.000	4.000	4.50
Poids à vide	»	18.30	»	14.80	15.91
en marche	12t »	27 70	»	27.000	27.91
Longueur	»	6.80	»	6.64	5.94
Id. avec la machine	»	15.10	12.76	15.37	14.66
Poids avec la machine	28t »	67.10	50 »	63.000	63.000

II

Locomotives-tender à 4 cylindres.

(Planche 3.)

Ce type est représenté à l'Exposition du Champ de Mars par la locomotive colosse du chemin de fer du Nord et par plusieurs dessins ou modèles, parmi lesquels est le dessin de cette machine de Fairlie, qui a été, en Angleterre, l'objet de tant de discussions (Voir l'*Engineer* et *Engineering*). Dans un procès considérable, dont la machine à quatre cylindres a été l'objet, il a été reconnu que le système avait été proposé dans plus de 30 brevets d'invention, tant en France qu'en Angleterre, sous toutes les formes imaginables, tantôt avec double chaudière, tantôt avec chaudière ordinaire. Il n'est pas sans intérêt de relater quelques-unes de ces antériorités, en laissant de côté celles qui n'ont pas pour objet d'actionner des groupes distincts de roues, et qui, par conséquent, s'éloignent du but actuellement proposé dans l'emploi des locomotives à 4 cylindres. Relatons d'abord les machines restées à l'état de projet.

1° *Burch* (Brevet anglais, du 16 février 1837; en France, brevet Petrie, du 21 septembre suivant). Ce projet, qui a fait sensation en son temps, se caractérise par des cylindres oscillants entre les essieux extrêmes actionnés isolément (Voir figure 1). — Avant cette proposition, on en trouve plusieurs autres, dont la plus ancienne que nous connaissions est celle de Witley, en 1830, mais où les cylindres multiples commandent un même essieu moteur, dans un but d'équilibre, comme fit Stephenson, en 1846, avec 3 cylindres; ou dans un but de détente Woolf.

2° *Tourasse*, 30 septembre 1842. Ce mécanicien fut, en sa qualité de chef des ateliers du chemin de fer de Saint-Étienne, un de ceux qui prirent part à l'organisation originaire de nos lignes ferrées. A la même époque que le système Verpilleux qui l'emporta, il proposa divers projets de puissantes machines pour courbes et rampes, où plusieurs groupes de roues, même de diamètres différents, sont actionnés isolément par des cylindres distincts. C'est évidemment là le point de départ sérieux des locomotives auxquelles le présent chapitre de nos Études est consacré. Nous remarquerons trois types intéressants : 1er type (figure 3) à 8 roues en deux groupes, l'un actionné par cylindres verticaux, l'autre, à l'aide d'une très-longue bielle, par des cylindres horizontaux accolés des deux côtés de la boîte à fumée. 2e type (figure 4) à 12 roues en 3 groupes de 4 accouplées ensemble, chaque groupe ayant son cylindre. (A cette époque, on employait des cylindres verticaux et souvent un seul cylindre par essieu ou couple d'essieux.) Les 2 groupes antérieurs étaient articulés en bogie. 3e type (figure 2) à 8 roues en deux groupes distincts, dans l'un desquels les roues d'un plus grand diamètre sont actionnées par l'intermédiaire d'un *faux essieu*, mécanisme incomplétement décrit par l'auteur, mais qui paraît avoir eu pour but une articulation permettant aux roues de devier dans les courbes.

Quatre ans après Tourasse, est venu le brevet Vallet, 22 septembre 1846, où sous une chaudière commune, deux paires de cylindres aux deux extrémités de l'appareil actionnent séparément aussi des roues de diamètres différents et complétement indépendantes.

3° *Crampton*, brevet anglais du 24 août 1846 (Voir figure 5). Double locomotive à grande vitesse, suivie d'un tender ordinaire où l'on va chercher les provisions par les plates-formes latérales. — Ce projet, repris plus tard et modifié, est devenu la double locomotive avec accouplement dos à dos, brevetée par Bridge Adams, le 3 juin 1851 et de celles du même type bien connu, appliquées en Italie sur la section dite des Giovis, d'après le programme de M. Lechatellier. Enfin, celle du chemin de fer de Victor-Emmanuel, par Ernest Mayer.

4° *Pearson*, brevet anglais du 7 octobre 1847. Véritable locomotive à 4 cylindres et chaudière double, mais avec foyer commun.

5° Viennent ensuite les deux locomotives à 4 cylindres bien connues, dites *Seraing* et *Neustadt*, qui ont pris part au mémorable concours du Sœmmering, en 1850. Elles sont décrites dans toutes les publications techniques de l'époque, notamment aux *Annales des mines*, 5e série, t. I. Il suffit ici de la relater et d'en donner les croquis (fig. 6 et 7). — La machine de Seraing offre une double chaudière à portes de foyer latérales, 2 groupes de 4 roues chaque articulées en bogie sous un bâti rigide, ayant chacun leurs cylindres, ceux-ci placés respectivement aux extrémités. La machine Neustadt a une chaudière unique, mais a très-longs tubes, deux groupes de 4 roues chaque articulées en bogie; les cylindres sont rapprochés fond vers fond au milieu des groupes de roues.

Nous arrivons maintenant aux types actuels de l'Exposition.

1° *Nord-Gouin*. — (figure 8 et colonne 1 du tableau B.) Le type, dans ces agencements fondamentaux, a figuré en dessin à l'Exposition de Londres, où il a trop ouvertement heurté les idées anglaises pour y avoir excité autre chose qu'un énorme intérêt de curiosité. Rien n'est également curieux comme les colères et même les injures auxquelles a donné lieu la hardie conception du chemin de fer du Nord. Quoi qu'il en soit, la machine a si bien fait ses preuves, pour les grands transports réguliers de marchandises, sur profil accidenté, qu'il a été fait une commande récente après cinq années de service des dix premières. Elles ont été étudiées par les ingénieurs de la Compagnie du chemin de fer du Nord et construites par M. Gouin, à Clichy. Plusieurs sont en cours de service. Dans la machine exposée, voici les particularités fondamentales : 1° Sous un bâti rigide, 12 roues formant deux groupes indépendants, ayant chacun leur mécanisme moteur, où la distribution et la glissière supérieure unique sont à remarquer. — Sur le châssis simple et intérieur est d'abord établie la caisse à eau *a*, puis vient au-dessus la chaudière *b* dont le peu profond mais long et large foyer *c* du système Belpaire déborde latéralement au-dessus du châssis et des roues. Sur la chaudière est adapté, en communication avec elle, un réservoir de vapeur *d*, traversé par des tubes sécheurs ayant 80 mill. de diamètre extérieur, $0^m,80$ de longueur et 15^{mq} de surface séchante. Puis vient un second corps tubulaire *e*, ayant même nombre et même diamètre de tube, mais ayant $1^m,10$ de long, 20^{mq} de surface et servant à chauffer l'eau alimentaire qui est refoulée dans la chaudière par des pompes. Il existe en outre un petit giffard pour fonctionner en station. A la suite du sécheur est la cheminée horizontale propre aux locomotives du Nord, trop élevées pour recevoir la cheminée verticale accoutumée. Il résulte des expériences faites par MM. Nozo et Geoffroy, que les cheminées à *tirage forcé* fonctionnent également, quelle que soit leur position à égalité de dimensions.

On remarquera encore la mise en dehors de tout le mécanisme ; l'indépendance absolue des 2 groupes de roues et de leur mécanisme, sauf le levier de relevage, qui est commun et très-facile à manier, les 4 coulisses se faisant contre-poids respectifs, c'est-à-dire les uns montant quand les autres descendent. Les ressorts de suspension sont tous équilibrés dans un même groupe par des balanciers. Les essieux extrêmes ont du jeu dans leurs coussinets de boîte à graisse. La machine fonctionne en pleine marche dans des courbes de 250 mètres. Elle franchit même des courbes de 150 mètres, mais à faible vitesse. Pour les conduits d'eau et de vapeur, il existe une tuyauterie considérable, qui est couverte par les enveloppes de la chaudière.

2. *Fairlie.* (Voir figure 10 et colonne 2 du tableau B.) — Cette machine, construite par James Cross, à Saint-Helens, sur les plans et le système breveté de M. Fairlie, pour la ligne à profil très-accidenté du Southern and Western railway of Queensland, est en dessin à l'Exposition. Elle est décrite en détail avec grandes gravures, dans *Engineering* de Colburn. Ses particularités sont : 1° Le foyer rectangulaire avec portes de changement latérales et placé entre deux corps tubés symétriques, donnant en tout $11^m,50$ de longueur, y compris les boîtes à fumée, lesquelles sont surmontées de cheminées ordinaires munies toutefois d'un treillis cylindrique pour arrêter les escarbilles. — 2° Les roues et le mécanisme moteur forment deux groupes indépendants, de part et d'autre, des foyers ; ces groupes, avec leur châssis, forment train articulé autour d'une cheville ouvrière attachée sous le milieu en corps tubé. — 3° Les conduits d'admission de vapeur aux cylindres et d'émission dans les cheminées sont articulés à rotules pour céder aux inflexions latérales. — 4° Comme détails, on remarquera la forme des coulisses de distribution, du type renversé, le relevage et levier de changement de marche mu par un cric à vis ; et la disposition des caisses à eau, faisant partie des trains articulés.

3° *J.-J. Meyer* et *Ad. Meyer* (fig. 9 et col. 4 du tableau B). — Ces ingénieurs ont exposé les dessins de diverses variétés de leur locomotive de montagne déjà exhibée à Londres en 1862 et modifiée. L'un de ces types est actuellement en construction chez Cail. La chaudière est unique et repose sur deux trains mobiles par trois supports à rotule; un sur l'avant-train, dans l'axe de la chaudière et les deux autres latéralement sur l'arrière-train. Les deux trains sont réunis par une barre d'attelage soumis seulement à des efforts de traction. Ils forment un tout solidaire flexible en tous sens.

L'eau est sur l'avant-train et le combustible sur l'arrière-train. Le mouvement est quadruple. Les quatre cylindres reçoivent leur vapeur d'une boîte de prise commune et de tuyaux flexibles, comme dans la locomotive à tender de Sturrock et de l'Est. La vapeur d'émission, dont une partie variable peut être détournée au profit du chauffage de l'eau d'alimentation, se rend à la cheminée par un tuyau commun articulé. La cheminée est annulaire ainsi que le jet d'échappement. Le mécanisme moteur est en dehors des roues ainsi que les châssis avec manivelles extérieures dont la tête sert de fusée suivant le mode allemand, pour le principe duquel M. Meyer a été breveté en 1851. Parmi les projets de M. Meyer, nous avons choisi celui qui, avec un entr'axe fixe de 3^{m},20, possède des roues de 1^{m},50 pour une vitesse convenable à des trains portant les voyageurs sur les lignes de montagne. Le type analogue à ceux des autres ingénieurs qui précédent avec roues de 1^{m},20 et entr'axe de 3 mètres ou au-dessous, est identique à celui de la figure. Nous signalerons 4 autres types dans la série de M. Meyer.

Machines analogues aux précédentes, avec roues de 1^{m},10, et entre-axe de 2^{m},50, chaque essieu portant 7500 kilog.; la chaudière a son foyer réduit à 2 mètres, et son corps tubé à 4^{m},10 de longueur.

Machine de 45 tonnes portant sur 10 roues, dont les 6 de l'avant-train ont 1^{m},40 avec entr'axe de 3 mètres, l'arrière-train ayant seulement 4 roues de 1^{m},15 avec entr'axe de 2^{m},70 et des cylindres de dimensions moindres. Le foyer a 2^{m},20 et le corps tubé 4^{m},40 de longueur.

Machine de puissance exceptionnelle, de 72 tonnes, portée par 16 roues égales, ayant 1^{m},10 de diamètre et chargées de 9 tonnes par essieu, avec 2^{m},40 d'entre-axe fixe, les essieux extrêmes ayant du jeu latéral. Le foyer a 2^{m},50 de long. Le corps tubé a 5 mètres de long sur 1^{m},80 de diamètre : c'est la locomotive de montagne de la plus grande force.

Machine à grande vitesse, toujours dans le même ordre d'idées, avec quadruple mécanisme et 2 trains articulés, montée sur 12 roues, dont les extrêmes sont seules adhérentes et ont 2^{m},20 de diamètre avec 10 tonnes de charge par essieu. La chaudière est la même que celle de la figure 9, sauf que le corps tubé a 10 centimètres de moins en longueur et que son axe n'est qu'à 2 mètres du sol. Le poids total de la machine est évalué 50 tonnes.

Thouvenot, à Saint-Maurice (Suisse), expose les dessins d'une locomotive pour la traversée du Valais, à 4 cylindres, 12 roues en deux groupes, articulées respectivement en bogie et double chaudière. Elle a, dans son ensemble, du rapport avec celle de Fairlie; mais par son large foyer et le grand diamètre du corps tubé, le générateur a une puissance considérable. Ces cylindres, au lieu d'être en regard aux deux extrémités, sont au contraire rapprochés du foyer. (Voir col. 3 du tableau *B*.)

Boutmy (figure 11 et colonne 5 du tableau B). — L'exposition contient le grand plan au cinquième de cette machine étudiée à Arles, en 1862, par M. Boutmy, ingénieur du matériel au chemin de fer de Lyon. Elle se compose de 2 groupes de roues et mécanisme indépendants, portant ensemble la chaudière. Celle-ci fait corps avec le groupe d'avant qui est fixe ; elle est portée par des rotules d'Engerth sur le groupe d'arrière, qui est articulé en bogie. La longueur du tuyau de vapeur leur permet de céder aux inflexions, comme sur la machine à tender-moteur de l'Est. M. Boutmy a dit avec raison que sa machine est une combinaison de l'Engerth et du système Verpilleux-Sturrock. La caisse à eau est sur le train d'avant, passant, en partie, sous la chaudière comme dans la grosse machine du Nord. Le combustible, au contraire, est sur le train articulé d'arrière. Le châssis est intérieur; il en est de même des mouvements distributeurs. Les cylindres sont extérieurs. Chaque groupe a sa prise de vapeur. Mais un seul mécanisme à vis et à volant relève les 4 coulisses de distribution.

III

Locomotives de montagne de systèmes divers.

Planche II.

A cette catégorie appartiennent plusieurs locomotives importantes de l'Exposition, plus un grand nombre de projets dont le caractère constitutif, outre la grande puissance d'organes, est d'offrir un mécanisme spécial laissant aux roues la faculté de se déplacer latéralement dans les courbes à très-petit rayon des lignes exceptionnellement accidentées, où les trains d'une certaine importance ne marchent qu'à très-faible vitesse. Aux trois locomotives de l'Exposition, nous joindrons plusieurs machines qui n'y sont pas venues, en mentionnant seulement pour mémoire la machine dite à forte rampe du chemin de fer du Nord, dont l'intérêt disparaît à côté de sa grosse locomotive à 12 roues, décrite ci-dessus, ainsi que les locomotives Beugnot, qui font, paraît-il, un très-bon service en Italie, mais sur lesquelles tous renseignements nous manquent. Quant aux modèles bien connus de Rarchaert et de Ed. Gouin, ce sont non des locomotives, mais des systèmes d'articulation qui seront relatés dans l'étude des organes isolés en notre seconde partie.

1° *Forquenot* (figure 7 et n° 8 du tableau B). — Cette machine, la 244e construite aux ateliers de la Compagnie du chemin de fer d'Orléans à Ivry, sur les études dirigées par M. Forquenot, est destinée à la section de traversée du Cantal ayant rampe continue de 30 millim. sur 18 kilom. avec courbes de 300m. Elle appartient à la classe des machines-tender. 10 paires de roues couplées portent son énorme chaudière de forme usuelle en tôle d'acier. Des deux côtés sur les plates-formes latérales, sont les caisses à eau et à combustible. Le mécanisme est extérieur; le relevage des coulisses de distribution se fait par un mouvement à vis; le foyer, très-évasé, a été entré dans la boîte à feu par la façade, l'assemblage des tôles étant fait ainsi qu'il sera indiqué dans la seconde partie des études. Le châssis est mixte, c'est-à-dire intérieur entre les trois premières paires de roues, puis il s'élargit d'équerre et devient extérieur en dehors des deux paires de roues d'arrière dont les essieux ont des manivelles extrêmes rapportées suivant la mode allemande. Il n'y a pas de train articulé pour les roues comme dans les machines qui vont suivre, mais les essieux peuvent obéir à l'inflexion voulue dans les courbes par le jeu de boîtes à graisse et un mécanisme spécial de translation de M. Forquenot (plans inclinés des supports de boîtes à graisse sur lesquels nous reviendrons). Les roues motrices seules sont fixes, les deux paires antérieures et les deux paires postérieures se déplacent de 7 à 17 millimètres de chaque côté des boîtes à graisse. Les bielles motrices sont évidées sur le plat pour l'allégement. Celles d'accouplement ont leur articulation ou brisure à tourillon sphérique près des deuxièmes et quatrièmes roues. Les têtes de bielles sont pourvues de frettes, au lieu des mentonnets usuels de clavetage. La charge sur les essieux est 11t,38 sur les deux premiers essieux d'avant, 12 tonnes sur l'essieu moteur et $12^t,120$ sur les deux essieux d'arrière. La caisse quadrangulaire, à la base de la cheminée, est une sablière : *a* est la soute, *b* et *d* sont les caisses à eau, réunis en bas par un tubes à coudes; c est le coffre à outils.

2° *Haswell*. Locomotive autrichienne dite *Steierdorf* (figure 5 et colonne 7 du tableau B). — Cette machine, qui était à l'Exposition de Londres en 1861, nous revient avec ses états de services depuis cette époque. Elle a été construite dans les ateliers du chemin de fer de l'État à Vienne, sous la direction de M. Haswel, d'après les études présidées par M. Engerth. Elle a été destinée aux transports de houille sur la ligne de Steierdorf à Orawitza, d'après le programme suivant : la machine n'étant pas chargée de plus de 9 tonnes et demie par essieu (à cause de la voie en rails Vignole, réduits à 25 kilogrammes par mètre), ne pesant pas en tout plus de 45 tonnes, devra remonter, sur une rampe de 20 millimètres avec des courbes de 114 mètres, une charge de 110 tonnes, moteur non compris, à la vitesse de 11 à 15 kilomètres. D'après la communication faite à la société des ingénieurs, à la séance du 18 janvier 1867, le programme a été dépassé, et les états de services continuent à être satisfaisants aussi bien au point de vue de l'entretien normal que du mécanisme. Mais le faux essieu d'accouplement qui était trop faible a dû être remplacé; le tender a dû être allégé, sa répartition de poids modifiée, et un fourgon avec caisse d'eau a été ajoutée à la suite.

La locomotive se compose de deux groupes articulés respectivement par une cheville ouvrière; ils portent ensemble la chaudière, laquelle est fixée et rejetée sur le groupe d'avant, comportant le mécanisme intérieur et trois paires de roues couplées. Le foyer de la chaudière repose sur le groupe d'arrière, à l'aide de rotules du système Engerth. Ce groupe, disposé en arrière-train mobile, a 4 roues couplées, et le mouvement leur est transmis par un mécanisme à faux-essieux avec parallélogrammes articulés se prêtant à toutes les inflexions voulues et constituant la particularité fondamentale de la *Steierdorf*. D'après la notice publiée par les exposants, le premier principe de ce mécanisme a été appliqué en Hanovre par Kirchweyer, puis sont venues d'autres propositions de mécanismes analogues à faux-essieux de M. Lippert d'une part, de M. Gouin et Larpent d'autre part.

En 1856, M. Engerth a repris avec tout son personnel l'étude de la question, et l'un de ses ingénieurs, M. Pius Fink, a composé la solution rationnelle qui caractérise actuellement la *Steierdorf*. Elle sera décrite et discutée dans la seconde partie de nos Études; bornons-nous à dire ici que le faux-essieu placé au-dessus des roues d'avant du tender est commandé et commande par des bielles; qu'il est rattaché aux roues de l'un et l'autre groupes précités portant la chaudière, par des tringles qui maintiennent le parallélisme de part et d'autre, et que le tout cède aux inflexions voulues, grâce à la forme sphérique des tourillons, tant du faux essieu que des supports et des bielles de transmission de mouvement.

Une autre particularité de la Steierdorff exigée pour les rampes de 20 millimètres qu'elle descend, est un double frein à vapeur placé sous la chaudière, et agissant sur les quatre paires de roues de la machine par un mouvement de levier dans le rapport de 1 à 1,90. Les deux cylindres à vapeur de ce frein sont verticaux, ils ont $0^m,197$ de diamètre sur $0^m,250$ de course maxima.

Dans la Steierdorff, le mécanisme est extérieur, sauf la distribution qui est entre les roues. Celles-ci sont en fonte à double flasque bombée du système Ganz [1]. Le châssis, du type allemand, est en dehors des roues, les essieux ayant des manivelles rapportées aux extrémités.

3° *Waëssen*, à Liège (figure et colonne 9 du tableau B). — Cette machine dite

1. Ces roues sont à l'Exposition ainsi que leur outillage d'ajustage.

à train universel et construite aux ateliers de Saint-Léonard sur les plans de M. l'ingénieur-directeur Waëssen, rappelle le type dit du Nord-Espagne. Elle appartient à la classe des locomotives tender, et elle a pour caractère spécial la position inclinée du mécanisme entièrement extérieur, foyer du système Belpaire, distribution par coulisse mue par un seul excentrique, et une bielle du système Walschaert ; l'équilibre de tous les ressorts par les balanciers que les Belges et les Allemands ont adoptés depuis longtemps, et surtout l'existence d'un bogie ou train articulé de deux paires de petites roues à l'avant, outre les six roues couplées. Ce bogie et la distribution feront ultérieurement l'objet d'une étude spéciale.

L'accouplement de la machine au train est encore une particularité essentielle de la machine Waëssen ; la barre d'attelage passe, dans l'axe, sous la machine et va retrouver sa cheville en avant de l'essieu moteur. Le truc mobile a lui même son attache par une bielle qui part du milieu et va s'agraffer sous la boîte à fumée. Une série considérable de locomotives du même système, plus ou moins modifiées dans les détails, à été construite pour diverses lignes, notamment pour l'Espagne.

6° Scharp (fig. 9, planche et colonne 10 du tableau B). Cette locomotive tender, dont la photographie est à l'exposition, appartient à la ligne des Indes pour le plan incliné dit du Bore-Ghaut. Elle a trois paires de roues adhérentes, un avant train mobile de quatre petites roues, des freins à pression sur la voie, une caisse à eau placée concentriquement sur la chaudière des mouvements intérieurs, avec bâti extérieur découpé dans des tables de tôle épaisse. Le foyer est très-long, avec grille incliné et soutenu en son milieu par les roues d'arrière.

7° *Milholland* (fig. 6 et colonne 6 du tableau B). Cet ingénieur américain, dont plusieurs locomotives, aux formes exceptionnelles, ont été publiées déjà en France, a construit, il y a quelques années, la machine que nous relatons, pour la rampe du Reading-Rod, aux États-Unis ; elle se distingue surtout par la charge très-réduite sur six essieux, en raison de la faible section des rails. Aucune articulation ne paraissant exister dans l'accouplement de ces essieux, ayant un entr'axe de près de 6 mètres, il est probable que la rampe est en ligne droite ou à peu près. Elle a 2 kilomètres et demi de longueur. La machine porte un assez grand volume d'eau en trois caisses, mais pas de combustible : on charge celui-ci, sur place, dans le foyer aux deux extrémites du parcours. Le foyer brûle de l'anthracite ; il est grand, suivi *d'une chambre de combustion* et muni d'une grille, dont les barreaux sont des tubes à eau. La position de l'une des caisses à eau sur la boîte à feu fait supposer que celle-ci est inclinée d'arrière en avant, ainsi que le ciel du foyer, suivant un usage assez fréquent en Amérique. La chaudière est alimentée par deux giffards. On remarquera encore la longueur de la bielle motrice qui a $3^{m}.45$; le tuyau déchappement de vapeur, dont la cheminée est à étranglement variable, donnant de 70 à 150 centimètres carrés de section. Ces renseignements nous sont fournis par le journal *Engineering*.

Ici se termine l'exposé des locomotives relatives à l'exposition, qui se caractérisent par des agencements autres que ceux des types qu'on peut dire traditionnels. De même que nous avons dressé le tableau comparatif des locomotives, à tender moteur, nous allons poursuivre nos deux précédents paragraphes du tableau comparatif des locomotives de montagnes (Voir ce tableau, page suivante).

Tableau B, comparatif des machines de montagnes à deux ou à quatre cylindres.

DÉSIGNATION.	1 Gouin. Nord 12 roues 4 c.	2 Fairlie. 12 roues 4 cyl.	3 Thouvenot. 12 roues 4 cyl.	4 Meyér. 12 roues 4 cyl.	5 Boutmy. 12 roues 2 cyl.	6 Milholland 12 roues 2 cyl.	7 Haswell. 10 roues 2 cyl.	8 Forquenot. 10 roues 2 cyl.	9 Waessen. 10 roues 2 cyl.	10 Scharp. 12 roues 2 cyl.
	Exposée.	Exposée.	Exposée.	Exposée.	Exposée	Exposée.	Exposée.	Exposée.	Exposée.	Exposée.
Timbre de la chaudière, en kilogrammes	9	»		10	9	»	»	9	9	»
Diamètre du corps tubé en mètres	1.35	1.32		1.60	1.50	1.22	1.20	1.60	1.30	1.40
Tubes... Nombre	275	{204 204}	341	»	»	174	158	280	193	200
— Diamètre extérieur en millimètres	55	50	50	50	»	50	53	50	50	51
— Longueur en mètres	2.50	3.35	4.50	4.70	5.10	4.11	4.42	4.96	3.70	3.45
Foyer... Longueur moyenne en mètres	1.83	2.25	3.70	2.10	2.20	2.74	1.43	1.83	2.20	»
— Largeur id.	1.60	1.24	2.70	1.10	»	1.07	0.96	1.13	1.0	»
— Hauteur sous ciel id.	1.18	1.46	2.20	»	1.20	»	1.25	1.20	1.56 1.16	»
Chauffe.. Du foyer, en mètres carrés	9.60	»	31.10	»	»	»	7.22	10.0	9.10	13.50
— Des tubes id.	119	»	481.83	»	»	»	115.69	218.00	111.90	107.00
— Totale id.	128	»	512.93	»	200.12	128.00	122.91	228.00	121.00	120.50
Grille... Surface id.	»	»	»	2.47	»	2.70	1.40	2.07	2.02	»
Longueur de chaudière, en mètres	5.60	11.50	14.40	»	8.20	»	.	8.00	6.80	»
Hauteur du centre de la chaudière, en mètres	2.18	2.12	»	»	2.15	»	.	2.05	2.05	2.03
Cheminée. Forme	horizontale.	ord.	ord.	annul.	ord.	»	ord.	ord.	évasée.	ord.
— Diamètre, en centimètres	50	30 30	60	»	0.40	»	42	45	0.42 0.50	»
— Longueur, en mètres	2.70	1.40	»	»	»	»	.	1.83	1.60	»
Cylindres Position	hor. ext.	incl. hor.	hor. ext.	hor. ext.	hor. ext.	hor. ext.	hor. ext.	hor. ext.	ext. incl.	int. incl.
— Nombre	4	4	4	4	4	2	2	2	2	2
— Diamètre, en millimètres	440	458	600	400	430	510	460	500	460	510
— Course id.	440	600	650	600	500	650	632	600	600	610
— Entr'axes, en mètres	»	2.00	»	»	»	»	.	2.10	2.04	0.89
Roues... Nombre	12	12	12	12	12	12	6	10	6 coupl. 4 libr.	6 c. 4 l.
— Diamètre, en mètres	1.065	1.22	1.20	1.50	[illegible]	[illegible]	1.06	1.07	1.30 0.80	1.32 0.83
— Entr'axes fixe	6.00	2.64	2.70	3.20	[illegible]	[illegible]	2.12	4.53	3.00	3.92
— Entr'axes total	6.00	8.80	8.40	9.60	[illegible]	[illegible]	»	4.53	5.95	5.98
Poids... Vide	»	»	60.00	»	[illegible]	[illegible]	.	46.00	36.0	»
— En marche	»	72	85.00	54	[illegible]	[illegible]	.	59.00	48.0	49.05
Longueur totale de machine	»	»	»	13.0	[illegible]	[illegible]	.	10.30	9.36	»
Tenders. Roues du tender. Nombre	»	»				[illegible]	4	0	0	0
— Diamètre	»	»	0	0		[illegible]	1.06	0	0	0
— Entr'axes	»	»	0	0		[illegible]	2.12	0	0	0
Contenance...... Caisse à eau	»	»	0	0		[illegible]	»	5400	6500	4500
— id. à houille	»	»	8000	6000		[illegible]	»	1500	2500	1000
Longueur totale avec tender	»	13.75	4000	1500		[illegible]	10.32	10.30	9.36	0

MACHINES A VAPEUR

DE NAVIGATION FLUVIALE ET MARITIME.

I

§ 1. — Historique.

Pour nous conformer au plan arrêté par le directeur des *Annales du Génie civil* et des présentes Études sur l'exposition internationale de 1867, nous entrerons en matière par la chronologie historique de l'application de la vapeur à la navigation. Nous renfermant dans le cadre qui convient à la publication, nous ne donnons que les dates des faits, en indiquant les documents et les ouvrages que l'on pourra consulter pour plus de détails.

Remonter de l'origine d'une invention à son épanouissement, c'est faire à la mémoire et à l'intelligence une leçon profitable.

Le résumé historique que nous donnons ici n'a jamais été fait, croyons-nous, aussi complet et suivi; à ce titre, son importance secondaire le fera accepter comme une introduction instructive et intéressante. Il aidera les personnes qui cherchent dans toutes les questions le côté philosophique et critique à décider si ce sont les idées, comme on l'a dit, ou les institutions qui manquent pour imprimer au progrès une allure plus vive et plus continue.

Dans les *Annales de l'industrie nationale*, t. VIII, p. 294, M. de Mongéry, s'autorisant d'un vieux manuscrit, dit que l'armée de Claudius Caudex fut portée en Sicile sur des radeaux, mis en mouvement au moyen de roues à palettes que faisaient tourner des bœufs.

Dans un livre publié en 1599, *De rebus inventis et perditis*, G. Panciroli a écrit que, sur une vieille médaille qu'il a vue, les *liburnes*, vaisseaux de guerre des Romains, étaient représentés portant sur les côtés trois paires de roues à palettes, tournées par trois paires de bœufs.

L'authenticité de ces deux faits n'est pas suffisamment prouvée, pour y faire remonter l'origine certaine de la navigation par des moyens mécaniques autres que ceux de la rame et de la voile gonflée par le vent.

1472. — Robert Valturio essaye de construire une barque qui sera mue par des roues tournantes, mises en action par des hommes ou des animaux. (*De re militari*, liv. 2, chapit. XI.)

1543. — Le capitaine espagnol, Blasco de Garay, propose à l'empereur Charles Quint de faire marcher les vaisseaux sans rames et sans voiles. L'inventeur appliqua son système à une barque de grande dimension, mais ne le fit pas connaître. Des témoins rapportent que l'invention consistait en une grande chaudière pleine d'eau bouillante et en des roues de mouvement attachées à l'un et à l'autre bout du bâtiment. Ces faits sont contenus dans des documents que possède la bibliothèque royale de Samancas, suivant l'affirmation de M. Navarette. Mais l'authenticité de ces documents qui n'ont jamais été publiés, n'ayant pu être vérifiée encore aujourd'hui, la plupart des historiens de l'invention de la navigation par la vapeur, n'admettent pas que le capitaine espagnol doive figurer parmi les inventeurs. (*Correspondance astronomique du baron de Zach*, t. XIV, p. 30. — *Encyclopédie moderne*, *Didot* 1851, t. XXVII, p. 87. — *Congrès historique* 1838, p. 180.)

1578. — Guillaume Burne, continuateur du projet de Robert Valturio, ne laisse pas de meilleurs résultats que son prédécesseur. (*Muirhead, Note de la traduction de l'éloge de Watt*, par E. Arago.)

1616. — Faust Veranzio propose de placer sur des bateaux remorqueurs des rames à roues, qui seront mues par le courant des fleuves. (*Machinæ novæ Fausti Verentii Siceni.*)

1687. — Du Quet, après des expériences faites au Havre et à Marseille, propose à l'Académie des sciences la construction d'un bateau à rames tournantes. (*Machines et inventions approuvées par l'Académie des sciences*, t. Ier, p. 173.)

1690. — Publication du mémoire de Denis Papin, sur la possibilité d'appliquer sa machine à vapeur à faire tourner des roues qui donneront une plus grande vitesse au bateau, que celle qu'il reçoit de l'action des rames ou du vent. (*Acta eruditorum* de Leipzig. — *Recueil de diverses pièces touchant quelques nouvelles machines*, par D. Papin, publié à Cassel. Estienne, libraire 1695.)

1707. — D. Papin descend la Fuelda jusqu'à Münden, avec le bateau à vapeur qu'il a fait construire. (*Principales découvertes scientifiques et modernes*, par L. Figuier, 1849, p. 97. — *Bulletin de la Société de l'histoire du protestantisme français*, t. Ier, p. 198.)

1735. — Vayringe, horloger français, publie le plan d'un bateau à vapeur. (*Constitutionnel*, 14 juin 1840.)

1736. — Jonathan Hulls prend un brevet pour appliquer la machine à vapeur de Newcomen au remorquage des navires à l'entrée et à la sortie des ports. Son projet impraticable tombe dans l'oubli. En Angleterre, on revendique pour Jonathan Hulls, le mérite de la première idée de la navigation par la vapeur. La prétention est basée sur la proposition faite par ce mécanicien, de convertir le mouvement rectiligne de va et vient de la tige du piston, en un mouvement de rotation continu, au moyen de la bielle et la manivelle. (*Histoire de la machine à vapeur*, par R. Stuart; *traduction publiée en France*, librairie Malher, 1827, p. 133.) La proposition de Papin étant datée de 1690, et la construction de son bateau, mû par la machine atmosphérique dans laquelle la vapeur sert à faire le vide, ayant été terminée en 1707, la priorité réclamée pour l'ingénieur français est indiscutable. (*Éloge de J. Watt*, par F. Arago; *Annuaire du Bureau des longitudes*, 1837.)

1740. — Le comte de Saxe fait construire une galère, contenant un mécanisme, à l'aide duquel des chevaux font tourner les roues qui donnent le mouvement de propulsion. (*Machines et inventions, approuvées par l'Académie des sciences*, t. VI, p. 41.)

1752. — Lancement d'un bateau à rames mécaniques, à Pirna, sur l'Elbe. (*Journal de Verdun* juin 1752, p. 459.)

1753. — L'abbé Gauthier fait connaître à l'Académie un moyen de son invention pour transformer le mouvement rectiligne alternatif du piston en mouvement circulaire continu, sur des roues propulsives qui remplaceront les rames et le vent pour faire marcher les vaisseaux. (*Mémoire de la Société royale de Nancy*, t. III, p. 251. — *Année littéraire de Fréron*, t. VI, p. 93.)

1753. — Daniel Bernouilli, savant hollandais, remporte le prix mis au concours par l'Académie des sciences de Paris sur cette question : Suppléer à l'action du vent pour faire marcher les navires. Son système consiste à refouler de l'eau à l'arrière, sous la quille du bateau et dans une direction convenable au moyen de pompes; la réaction de l'effort de refoulement, agissant sur les corps de pompe fixés au navire, fera avancer celui-ci. (*Machines et inventions approuvées par l'Académie.*)

1759. — Génevois, ecclésiastique du canton de Berne, se livre à des expériences sur le système de propulsion palmipède, qui consiste en un mécanisme disposé comme les pattes palmées des oiseaux aquatiques. (L. Figuier, *Principales découvertes*, t. Ier, p. 239.)

1768. — Paucton, ingénieur français, imagine de placer à l'arrière du bateau, sous la quille, des *ptécophores* ou hélices horizontales, dont les résultats seraient préférables à ceux obtenus avec les rames. (L. Figuier.)

1773. — Expériences du comte d'Auxiron sur la Seine, avec un bateau muni d'une machine à feu; elles n'ont aucun résultat intéressant, mais elles préparent Jouffroy pour des recherches et des applications importantes. (*Annales de l'industrie française et étrangère*, décembre 1822.)

1775. — C. Perrier, confident des idées du marquis de Jouffroy, prend l'avance sur ce dernier, et fait naviguer sur la Seine un bateau à vapeur. L'installation mal conçue et mal établie, l'insuffisance de la force appliquée conduisent Perrier à un échec complet. (*Essai sur les machines hydrauliques*, par le marquis Ducrest. Paris, 1777.)

1776. — Guyon de la Plombière expérimente un bateau qu'il a fait construire sur ses plans : le moteur est la vapeur, le propulseur est la roue à aubes. Insuccès. (*Dictionnaire de l'industrie*, t. Ier, p. 364.)

1776. — L'Américain Bushnell se sert d'une vis, placée horizontalement sous la quille, pour faire marcher un bateau plongeur, dont il est l'inventeur; d'une deuxième vis, placée horizontalement au dessous du bateau, pour le tenir immergé à la profondeur désirable. (L.F.)

1776. — Premier essai du marquis de Jouffroy; il fait naviguer sur le Doubs un bateau à vapeur de grande dimension, le propulseur est du système palmipède. Les résultats ne sont pas décisifs, mais ils promettent réussite au persistant et ingénieux inventeur. (L. F.)

1780. — L'abbé d'Arnal fait des expériences intéressantes sur la navigation à vapeur. (*Journal des Débats, du 24 messidor, an IX.* — *Mémoires couronnés de l'Académie de Bruxelles*, t. III, p. 38.)

1783. — Jouffroy accomplit plusieurs fois le trajet de Lyon à l'île Barbe, sur la Saône, avec son bateau muni d'une machine à vapeur à simple effet à deux cylindres, faisant mouvoir deux roues à aubes.

Le 1er novembre 1840, d'après le rapport de M. Cauchy, l'Académie des sciences, section de mécanique, a constaté solennellement que l'invention des bateaux à vapeur appartient au marquis de Jouffroy.

1784. — Miller de Dalwinston, après avoir publié une description de ce qu'il appelait *un triple bateau*, qu'il se proposait de faire marcher par la vapeur, tente plusieurs expériences de navigation fluviale avec *un double bateau*, muni d'une seule roue au milieu. Ce bateau aurait fait même un voyage sur mer. Résultat définitif : Insuccès. (Buchanan, *Traité sur les bateaux à vapeur.*)

1784. — Deux Américains, Fitch et James Rumsey, proposent au général Washington un navire à vapeur, capable d'une marche régulière et soutenue. Le propulseur consiste en des rames ordinaires, disposées en pales verticales. La vitesse obtenue est à peine de trois nœuds. (Stuart.)

1787. — Fitch construit un second bateau, qui navigue sur la Delaware avec une vitesse de cinq nœuds. Les dérangements fréquents de la machine à vapeur font abandonner l'entreprise. (Stuart.)

1787. — Rumsey, venu à Londres, y fait construire deux bateaux, qui sont essayés sur la Tamise; les résultats ne sont pas satisfaisants; l'intimité et la conformité des goûts de Rumsey et de Fulton font supposer que ce dernier reçut de son compatriote les indications qui le conduisirent plus tard au succès. (L. Figuier.)

1790. — James Watt construit la chaudière dite à tombeau, qui, pendant plus de quarante ans, est restée le type le mieux réussi. (Stuart.)

1794. — William Lyttleton essaye, mais sans succès, un propulseur marin, composé de trois spirales enroulées sur un cylindre. Celui-ci reçoit son mouvement par une corde sans fin et une grande roue. (L.F.)

1799. — Livingston, qui a obtenu de l'Etat de New-York un brevet de vingt ans, s'il peut présenter un bateau à vapeur faisant quatre milles à l'heure, ne peut accomplir ce progamme. C'est la prolongation de son brevet qui sert à Fulton, en 1807, à trouver l'argent dont il avait besoin pour construire le navire à vapeur, qui le premier navigua avec rapidité et sécurité. (Stuart, *Machine à vapeur*, p. 252.)

1803. — Un brevet est pris en France par Ch. Dalley, pour employer les hélices à la navigation. Le système breveté consiste en deux hélices de différents pas, agissant l'une à l'avant, l'autre à l'arrière du navire. La transmission de mouvement du moteur aux propulseurs a lieu au moyen de deux cordes sans fin. (L. Figuier, cité plus haut.)

1803. — Fulton et Desblanc cherchent à remplacer les roues à aubes par deux chaînes sans fin, munies de palettes. Insuccès. Fulton fait une première expérience avec un propulseur à roues. (*Recueil polytechnique des Ponts-et-chaussées, an XI*, t. Ier.)

1804. — Proposition de Fulton au gouvernement français, de construire un navire à vapeur pouvant marcher contre le vent et la mer. Deux essais malheureux ou mal appréciés font repousser les propositions. (Stuart.)

1804. — John Stevens, en Amérique, emploie une machine à vapeur rotative à faire mouvoir une hélice en forme d'ailes de moulin à vent. Insuccès. Il remplace la machine rotative par la machine à balancier, de Watt; l'insuccès cette fois est dû à l'insuffisance de la quantité de vapeur fournie par la chaudière. (L. Figuier.)

1804. — A. Woolf invente la machine à deux cylindres pour utiliser la détente de la vapeur. C'est d'après la machine de Woolf que l'on construit actuellement les nouvelles machines de navigation à trois cylindres. (Stuart, p. 268.)

1807. — Réussite complète de Fulton, en Amérique : son bateau à vapeur à roues mises en mouvement par une machine de vingt chevaux, construite en Angleterre dans les ateliers de Boulton et Watt, accomplit une traversée de 120 milles en 30 heures. A dater de cette époque, le problème est complètement résolu.

1822. — Cavé construit dans ses ateliers, à Paris, les nouvelles machines oscillantes de navigation. Les bateaux *le Commerce* et *l'Hirondelle* naviguent sur la Seine.

1823. — Le capitaine de génie Delisle prouve, par un calcul bien établi, que la vis offre des moyens de propulsion supérieure à ceux fournis par les roues. Il propose l'emploi d'une hélice propulsive à cinq filets maintenus sur deux couronnes, et dont la partie centrale est évidée. Il propose également la construction d'un grand navire de guerre mû par la force de la vapeur. Ces propositions n'ont aucune suite. (L.F.)

1824. — Bourdon prend un brevet en France, pour une hélice à pas croissant. (L.F.)

1827. — Ch. Cummerow propose de placer l'hélice dans une cage découpée dans le massif arrière du bâtiment. (L.F.)

1828. — Cavé construit les premières roues à pales mobiles; — Morgan prend plus tard un brevet, en Angleterre, pour le système sensiblement modifié. (Bataille et Julien, *Machines à vapeur*.)

1829. — Séguin, ingénieur français, invente la chaudière multitubulaire, ce qui permet de réaliser complétement les espérances que l'on avait conçues de l'application de la vapeur à la locomotion terrestre et à la navigation maritime; les locomotives trouvent dans la chaudière tubulaire une production abondante de vapeur, elle est peu volumineuse et d'un poids beaucoup moins grand que celles en usage précédemment. Le même bénéfice est acquis à la navigation fluviale et maritime. (L.F.)

1832. — Frédéric Sauvage, constructeur de machines à Boulogne-sur-Mer, après avoir pris un brevet d'invention pour une hélice pleine, appliquée à la propulsion des bâtiments sur mer, fait l'essai de son système sur un petit bateau modèle, en présence de plusieurs personnes dont l'attestation confirme les promesses de l'inventeur. Frédéric Sauvage échoue dans toutes ses tentatives pour faire prévaloir ses idées. — (*Batailles de terre et de mer*, par le contre-amiral comte Bouët-Willaumez, 1855, page 411).

1836. — L'Américain John Éricsson prend une patente pour une hélice évidée portant des portions de spirales, absolument comme l'hélice proposée par le capitaine Delisle, en 1823. On oublie en Amérique de faire remonter à qui de droit cette invention, et l'hélice évidée prend le nom d'hélice Éricsson. (Comte Bouët-Villaumez.)

1836. — Quatre années après la prise de brevet de Sauvage et l'essai de son petit modèle de navire, Smith prend en Angleterre une patente pour une vis d'Archimède à deux pas complets, placée dans une cage à l'arrière du navire. En 1838, après deux années d'essais infructueux, le hasard fait connaître à Smith, à la suite de la rupture d'une portion de la spire d'une hélice, qu'il y a avantage à n'employer qu'une fraction de pas. — Le bâtiment *l'Archimède* de 237 tonneaux, mû par une hélice ne comprenant qu'une fraction de surface hélicoïdale, atteint une vitesse de 10 nœuds. — Le problème est désormais résolu. (L.F.)

1844. — Proposition du capitaine Labrousse, aujourd'hui vice-amiral, d'un plan de vaisseau à vapeur portant 100 canons, mû par une machine à vapeur de 1000 chevaux nominaux, mettant en action une hélice amovible, dans un puits de remontage ménagé à l'arrière du bâtiment (*Revue générale de l'architecture et des travaux publics. Année* 1843. — Article *Propulseur sous-marin.* — *Batailles de terre et de mer*, par le contre-amiral Bouët-Willaumez, page 413).

1842. — Invention de la machine à vapeur d'éther et à vapeur d'eau et d'éther, par M. Du Tremblay. Plusieurs navires munis de machines de ce système font le service des paquebots entre Marseille et le Brésil. Vers l'année 1860 on renonce à son application.

1843. — Invention de la machine à vapeur de chloroforme, par M. le lieutenant de vaisseau Delafond. Essais peu réussis à bord de l'aviso *le Galilée.*

1847. — Plan et mémoire adressés au ministre de la marine, par M. Dupuy de Lôme, ingénieur (aujourd'hui directeur du matériel de la marine), pour la construction d'un vaisseau à hélice à grande vitesse armé de 90 bouches à feu.

1852. — Brillants résultats obtenus par le vaisseau *Napoléon*, construit d'après les plans de M. Dupuy de Lôme, et sous sa direction. Première application d'une machine à vapeur de 1000 chevaux à la navigation : le *Napoléon* est poussé par une force de 2000 chevaux de 75 kilogrammètres, développée par une machine à quatre cylindres et à transmission à engrenages, construite par M. Moll, ingénieur de la marine à Indret.

1855. — Apparition des premiers navires cuirassés à vapeur, conçus par l'Empereur Napoléon III pendant la guerre d'Orient; ce sont des batteries flottantes destinées seulement à l'attaque des places fortes maritimes. (*Notice sur les travaux scientifiques de M. Dupuy de Lôme.* Paris 1866).

1859. — Mise à l'eau de la première frégate cuirassée *la Gloire*, construite d'après les plans de M. Dupuy de Lôme. Réussite complète de ce nouveau type de bâtiment destiné à naviguer et à combattre.

1861. — Application en Amérique d'une machine à air chaud inventée par Ericsson. Le bâtiment qu'elle fait mouvoir ne peut atteindre une vitesse satisfaisante.

§ 2. — Conditions générales que doivent remplir les machines de navigation.

Des faits acquis jusqu'à ce jour, on peut déduire les conditions que doit remplir une machine à vapeur marine, pour être capable de satisfaire aux exigences de son emploi spécial. L'erreur serait de croire que les appareils à feu en service dans l'industrie ou affectés à la locomotion terrestre, n'ont pas à faire exemple pour la construction et l'établissement de ceux destinés à la navigation. Les principes de fonctionnement sont identiquement les mêmes dans les deux cas, et l'analogie dans les dispositions du mécanisme est suffisamment rapprochée pour reporter d'un système à l'autre les améliorations indiquées par la pratique ou déduites de l'observation éclairée par la science. En se plaçant à ce point de vue, on est conduit à conclure que plus une machine de navigation se rapprochera du meilleur type de machine fixe, mieux elle satisfera aux conditions spéciales qu'elle doit remplir.

Les meilleurs résultats donnés par les machines à vapeur de terre soit comme économie de combustible, soit comme régularité de travail, caractérisent le type à *haute pression*, à *détente prolongée*, à *condensation*, à *grande course* à *petite vitesse du piston*, et dont la chaudière est capable de fournir *plus* de vapeur que la quantité nécessaire à la marche constante sous la plus grande allure.

Par contre, la machine à *haute pression*, *sans détente* et *sans condensation* à *petite course* et à *grande vitesse de piston*, alimentée de vapeur par une chaudière n'en fournissant que le volume nécessaire à la marche normale, a donné le moins de travail utile avec une plus grande dépense de combustible.

En conséquence, une machine marine doit être établie, autant que possible, dans les limites du premier programme.

L'énumération des conditions spéciales qu'elle doit remplir se résume comme il suit [1] :

Établir un tuyautage très-simple et nécessitant le moins possible d'aboutissants à l'extérieur du navire.

Diviser l'appareil en deux machines identiques en tous points, agissant sur le même arbre, à moins que l'on n'adopte la machine de Woolf. Dans ce cas, trois cylindres sont préférables à deux. Pour les machines de grande puissance, pour les appareils au-dessus de 300 chevaux de force, un cylindre à pleine vapeur et un cylindre à détente satisfont à la régularité de rotation des manivelles et à l'équilibre de la poussée sur l'arbre moteur.

Disposer les organes de mouvement et les récipients d'eau ou de vapeur, de manière à pouvoir marcher avec une seule machine.

Donner un peu plus de surface de section aux pièces fixes et mobiles que celle que l'on donne habituellement aux machines de terre, de même puissance, et travaillant avec la même pression.

Établir l'appareil sur une seule plaque de fondation, préférablement à deux plaques, afin de mieux éviter les dérangements du parallélisme de l'ensemble.

1. Voir *Traité des Machines à vapeur*, par J. Gaudry. Le *Guide du chauffeur*, par Grouville, le *Traité élémentaire des Machines à vapeur*, 3e édition, par M. Ortolan.

Supprimer les points d'appui des bâtis sur les parties hautes de la muraille du bâtiment, à moins qu'il n'y ait nécessité absolue de contretenir ces parties de l'appareil, comme dans le cas des machines à balancier et des machines oscillantes. Il est alors prudent d'installer les choses de telle manière, que l'on puisse à volonté allonger et raccourcir les étais ou les entretoises.

Éviter le contact du fer avec le cuivre dans les parties exposées à une humidité permanente, ou immergées dans l'eau salée froide ou chaude. L'effet galvanique amène promptement l'oxydation profonde du fer.

Ne pas charger les coussinets au delà de 75 kilogrammes par centimètre carré de surface mesurée par la projection en plan horizontal du demi-coussinet; ne pas leur donner une plus grande longueur que deux fois le diamètre de la partie de l'arbre qu'ils supportent.

Éloigner autant qu'il est possible les cylindres à vapeur du condenseur, afin d'éviter le refroidissement de la vapeur dans les premiers de ces récipients, ou, tout au moins empêcher cet effet pernicieux de se produire, en garnissant les cloisons de séparation avec des corps peu conducteurs de chaleur.

Placer la pompe à air en contre-bas du condenseur pour qu'elle épuise plus facilement et plus complétement l'eau de la condensation et de l'injection.

Placer le tiroir préférablement sur le cylindre que sur l'un de ses côtés : l'application étanche des barettes sur la table est plus facilement obtenue et se maintient mieux pendant le fonctionnement.

Donner à *chaque* pompe alimentaire une puissance d'alimentation qui puisse satisfaire à la dépense des chaudières en activité.

Par la longueur des grandes bielles, diminuer autant que possible l'angle de frottement sur les glissières et sur le tourillon de la manivelle.

Disposer les différents mécanismes de manœuvre à la main du tiroir, des registres de vapeur et d'injection, de la détente variable, de telle sorte que l'appareil puisse être mis en marche en moins de 30 secondes et puisse être stoppé instantanément, pour ainsi dire ; grouper les leviers de manœuvre de ces différents organes à la portée du mécanicien, et de manière qu'un seul homme puisse manœuvrer une machine de 100 chevaux, par exemple, et qu'un appareil de grande puissance n'exige pas plus de quatre hommes pour être mis en marche.

Ne pas dépasser 700 kilogrammes de poids par cheval nominal pour les machines à hélice, et 1200 kilogrammes pour les machines à balancier et à roues.

Ménager l'encombrement de l'ensemble, tout en laissant assez d'espace entre les pièces fixes et les pièces mobiles pour en permettre la surveillance en marche et faciliter le démontage des parties à visiter fréquemment.

Placer des freins de serrage sur les boulons et les clavettes susceptibles de se desserrer pendant la marche.

Adopter une même dimension d'écrou et un même pas de vis pour tous les boulons de même diamètre.

Nous n'entrerons pas, quant à présent, dans de plus longs détails sur les conditions générales à remplir par les appareils dont il s'agit; de la critique des différents modèles que nous aurons à décrire ressortiront les indications complémentaires. La comparaison des résultats obtenus à l'emploi, fournira l'occasion d'indiquer les meilleurs moyens connus de faire arriver à la solution finale : solidité, légèreté, économie, régularité de marche.

Planches VIII et IX.

§ 3. — Générateurs de la vapeur des machines de navigation.

A l'Exposition universelle de 1855 figurait un très-petit nombre de chaudières marines. Si l'Exposition actuelle n'est pas beaucoup plus riche de ce côté, elle a réuni un assez grand nombre de dessins et de plans figuratifs, dont l'étude ne peut être qu'instructive.

Le plus grand nombre de constructeurs de chaudières, en s'abstenant d'envoyer un spécimen de leur fabrication au Palais du Champ de Mars, ont reculé devant les difficultés et le prix de transport de masses lourdes et encombrantes. Les appareils mécaniques sont, il est vrai, plus lourds et également encombrants, mais les pièces composantes se démontent et peuvent être expédiées en colis moins difficilement maniables. Quoi qu'il en soit, nos investigations devant s'étendre au delà du Palais de l'Exposition, ce chapitre des *Études* aura une utilité relative et absolue.

La faculté de vaporisation des chaudières est un des principaux éléments de la puissance réelle des machines à vapeur de toute catégorie et particulièrement de la puissance des machines marines; elle est intimement liée au rendement économique de l'appareil complet.

On pourrait citer de nombreux exemples de bâtiments ayant une même forme de carène, un même déplacement, une machine et un propulseur exactement de même système et de mêmes dimensions, qui ont donné une vitesse de marche différente, avec la même consommation de combustible, par le seul fait des chaudières produisant de la vapeur *ad libitum*, ou n'en pouvant produire que la quantité nécessaire à la plus grande allure de la machine.

L'opinion des ingénieurs et des mécaniciens est parfaitement d'accord sur ce point :

Il reste beaucoup plus de progrès à atteindre par l'appareil générateur que par la machine elle-même.

De 1740 à 1840, c'est-à-dire de la chaudière en chariot de Watt à la chaudière tubulaire de Séguin, il n'y a eu qu'un seul grand pas de fait.

Cependant, on peut citer intermédiairement la chaudière cylindrique de Woolf, et la chaudière à circulation d'eau chauffée, de Farcot. Le système le plus original, récemment introduit dans la pratique, est celui de Belleville, composé uniquement de tubes contenant l'eau et la vapeur; en étudiant le spécimen qui figure à l'Exposition, il y aura lieu de déduire, par comparaison, si c'est là la chaudière de l'avenir.

Avant de commencer la description des chaudières marines présentées à la critique publique par le seul fait de leur présence au Palais du Champ du Mars, il est nécessaire d'arrêter un moment notre attention sur les principaux types qui se sont succédé dans l'application, et dont quelques-uns sont encore l'objet d'une préférence non motivée par l'habitude.

Toute chaudière doit, en résumé, réunir les qualités suivantes :

1° Résistance en rapport avec le maximum de la pression à supporter.

2° Foyer disposé pour brûler entièrement la quantité de combustible déterminée par les règles de la pratique.

3° Étendue de la surface de chauffe suffisante pour utiliser la chaleur dégagée par la combustion dans le foyer, et ne laissant qu'une température de 200° à 300° aux gaz évacués par la cheminée.

La chaudière marine doit remplir une quatrième condition : légèreté et moindre encombrement, ce qui ne peut être obtenu aujourd'hui qu'en la construisant avec un métal plus résistant que le fer sous la même épaisseur, en donnant la forme cylindrique à l'ensemble ou tout au moins en s'en rapprochant le plus possible, et en diminuant le volume d'eau qu'elle doit contenir.

L'explication de la vaporisation de l'eau, généralement acceptée, ne répond pas toujours aux questions soulevées par certains faits constants ou accidentels produits dans les chaudières ; nous aurons l'occasion d'en faire la remarque au sujet de la chaudière Belleville. Il ne nous paraît pas hors de propos de rappeler dès à présent les deux théories en présence ; elles aideront à apprécier les motifs qui ont guidé les constructeurs des chaudières marines dont nous allons donner ci-après les croquis d'ensemble.

Lorsque l'eau commence à être soumise à l'action de la chaleur, une circulation rapide s'établit dans la masse liquide ; les couches inférieures, chauffées les premières se dilatent, deviennent plus légères que les autres, s'élèvent et sont remplacées par le courant de l'eau froide qui descend pour s'approcher à son tour du foyer. On voit aussitôt des *bulles* de vapeur qui se forment au fond du vase et qui s'attachent aux parois ; au bout de peu de temps plusieurs d'entre elles se réunissent pour former des bulles plus grosses ; celles-ci se détachent des parois du vase et s'élèvent vers la surface du niveau, mais elles n'y arrivent jamais ; elles rencontrent des courants descendants d'eau encore relativement froide, s'*écrasent*, reprennent leur volume primitif et se confondent avec les autres particules liquides. Bientôt, toute la masse de l'eau est uniformément chauffée ; les bulles devenues plus grosses et plus fréquentes se *condensent* en pétillant avec force ; et enfin, quand la température générale est de 100°, les bulles montent en traversant l'eau *sans être condensées* ; elles se gonflent, s'agglomèrent et éclatent dans l'atmosphère en répandant en abondance de la vapeur ayant la même chaleur que l'eau qui les a produites et en refoulant l'air pour se faire place.

Cette théorie, qui est presque universellement admise, n'est pas acceptée par tous les physiciens. M. Williams Wye, entre autres, la combat dans son ouvrage : *Relation entre la chaleur, l'eau et la vapeur d'eau*, dont l'analyse, faite par M. le capitaine de frégate Bona-Christave, a été publiée dans les *Annales du Génie civil* (1862). M. Williams fait remarquer que l'échauffement et la dilatation du liquide sont deux hypothèses non prouvées ; qu'il n'est donné aucune raison du remplacement de l'eau « devenue plus légère » par l'eau froide ; que les bulles de vapeur ne peuvent jamais adhérer à quoi que ce soit ; que les bulles, soit d'eau, soit d'air, restent toujours visibles jusqu'à la surface ; que la *condensation* bruyante des bulles de vapeur, pendant leur ascension, est contraire aux faits, et que la vapeur ne peut pas avoir la même chaleur que l'eau qui l'a produite. Tous les phénomènes manifestés par la vapeur, ajoute-t-il, dépendent des propriétés nouvelles données par l'augmentation de chaleur aux atomes liquides transformés en fluides élastiques ; mais les atomes de vapeur, dès qu'ils sont formés, conservent-ils et exercent-ils toutes leurs propriétés de fluides élastiques lorsqu'ils sont encore au milieu de l'eau, dans l'intérieur de laquelle ils sont produits et avant leur dégagement ? telle est la question la plus controversée. — Examinant ensuite comment la chaleur s'unit aux liquides pendant la vaporisation, l'auteur expose ainsi sa nouvelle théorie :

Lorsque la chaleur est transmise par *en bas* dans un liquide, elle vaporise d'abord les atomes de la couche qui tapisse le fond du vase ; ces derniers, formés dans l'eau, milieu dont la densité est 850 fois plus grande que celle de l'air, subissent évidemment l'influence de cette densité plus considérable, et leur volume ne peut pas devenir 1728 fois plus grand, comme celui des atomes qui n'ont à supporter que la pression atmosphérique; de plus, ils doivent non-seulement s'élever, mais encore diverger en vertu de leur répulsion mutuelle. Cependant, le nombre de ces atomes de vapeur est si grand et la formation en est si rapide, qu'on en voit une partie s'échapper dans l'air presque aussitôt que l'eau a été soumise à la chaleur. Le volume de l'atome de chaleur, formé au fond du vase, sera donc plus petit dans ce cas que si la chaleur était appliquée au liquide par *en haut;* il augmente en s'approchant de la surface du niveau où il se trouvera dans les mêmes conditions que les volumes des atomes supérieurs vaporisés par la chaleur d'en haut, et il finira par prendre tout son développement.

Ces couches, tapissant le fond, ne peuvent pas s'élever tout d'une pièce au fur et à mesure qu'elles sont vaporisées; elles se brisent et montent par parties détachées affectant certaines formes dont on peut observer l'apparence à l'aide d'une bougie ou de la lumière du jour. Ce sont des ondes semblables à des vagues, qui se meuvent au fond du vase et qui s'élèvent comme des nuages au travers de la masse d'eau; ces ondes restent visibles jusqu'à ce que l'agitation de l'ébulition trouble l'uniformité de leur mouvement. Pendant que la vapeur continue à monter et à se répandre dans l'atmosphère, la température s'accroît dans la masse liquide d'une manière assez uniforme pour justifier l'hypothèse de la diffusion, principe de la loi de Dalton.

En résumé, on peut énoncer les conclusions suivantes :

1° L'ébullition ou la formation des bulles n'est que l'agglomération soudaine des atomes de vapeur *déjà formés* existant dans la *masse liquide,* et dont le groupement est diminué par le contact de quelques parcelles ou de quelques *pointes* de matière étrangère, qui leur sont présentées par accident ou avec intention.

2° Ces agglomérations sont composées exclusivement des atomes de vapeur qui sont en excès de saturation.

3° La quantité de vapeur nécessaire pour saturer un liquide est en rapport constant, d'une part, avec la densité de ce liquide, et, d'autre part, avec la force de répulsion mutuelle, exercée individuellement par chacun de ses propres atomes.

4° L'ébullition n'a aucune relation avec la quantité ou le nombre d'atomes liquides qui peuvent être transformés en atomes de vapeur sur une surface donnée; mais elle dépend du nombre des atomes susceptibles de se grouper ou de s'agglomérer.

5° Les atomes de vapeur, s'ils ne se réunissaient pas en groupes s'élèveraient isolément au fur et à mesure qu'ils seraient formés, tout en restant invisibles, par suite de l'accroissement de leur volume et de la diminution de leur poids spécifique, et parvenus à la surface extérieure, ils se dissiperaient dans l'air.

Nous verrons plus tard, si cette théorie explique la vaporisation abondante dans les chaudières où l'eau est renfermée dans des tubes de petit diamètre et n'a pas de communication libre et directe avec un réservoir de vapeur.

L'influence de l'étendue de la surface de chauffe a été une des grandes causes de l'insuccès des premières tentatives faites pour appliquer la machine à feu à la navigation. Aujourd'hui encore, elle entre avec une valeur trop grande dans le coefficient pratique avec lequel il faut, en fin de compte, multiplier le résultat prévu. Un inventeur d'*hier,* dont nous connaissons le projet, ignore peut-être que son idée de chaudière marine à carneaux circulaires a été exécutée il y a plus d'un siècle, et que l'appareil dont nous donnons ci-dessous la disposition (fig. 1) a déjà été essayé sur un bateau.

Le dessus de la chaudière CC, en forme de calotte sphérique, présente une résistance suffisamment grande, sans tirants ni armatures, à la basse pression alors en usage (de 30 à 40 centimètres de mercure). Du fourneau B, la flamme se dirige par le conduit *a* dans la galerie circulaire *b d e*, et la fumée gagne la cheminée par *f*.

Le corps de chaudière est logé en partie dans une maçonnerie où se trouve ménagé le cendrier A.

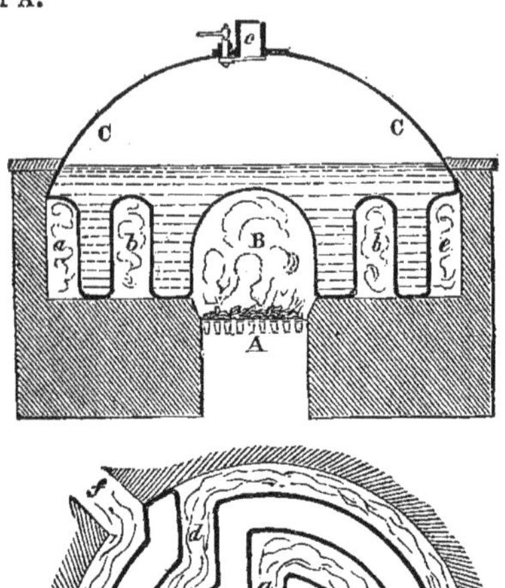

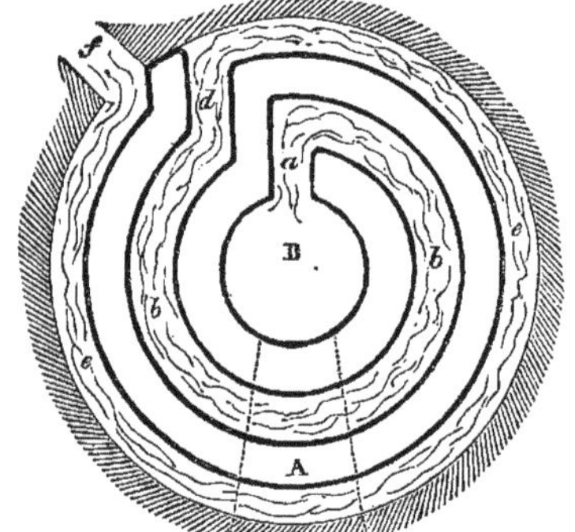

Fig. 1.

Cette chaudière est surtout remarquable par l'étendue de la surface de chauffe totale obtenue avec des formes résistantes et sous un volume relativement peu encombrant. Dans tous les cas, c'est le point de départ des quelques essais intéressants qui ont été faits à une époque qui n'est pas encore éloignée de la nôtre.

L'expérience nous a appris, depuis, qu'il n'était pas avantageux, au point de vue de la transmission de la chaleur à travers une surface métallique, d'obliger la flamme à se courber continuellement, parallèlement à sa direction de départ.

La fig. 2 représente, en coupe longitudinale et en coupe horizontale passant par le dessus de la grille G, la chaudière à carneaux de Watt, dite encore *chaudière à tombeau*. La flamme et les gaz chauds, circulant dans les galeries longitudinales FF, chauffent l'eau contenue dans les lames d'eaux LL, qui font séparation d'une galerie à l'autre; ils aboutissent à la cheminée H commune aux deux corps de chaudière. Le fourneau *f* G est intérieur au corps de chaudière, de même que le cendrier C. L'autel A est en maçonnerie ; le plus souvent, il est formé par une lame d'eau communiquant à celle qui règne à la partie inférieure de la chaudière.

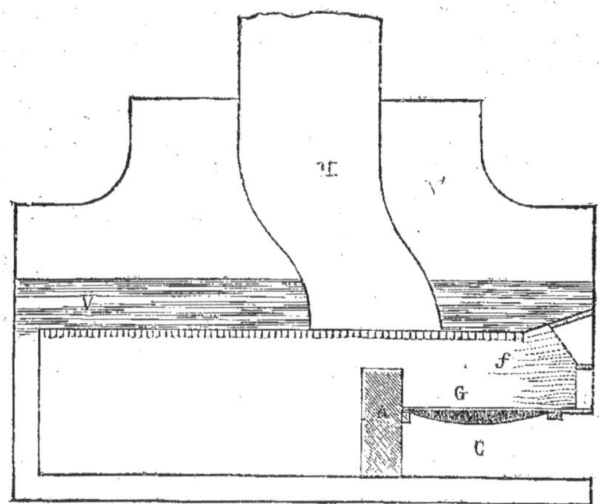

Fig. 2.

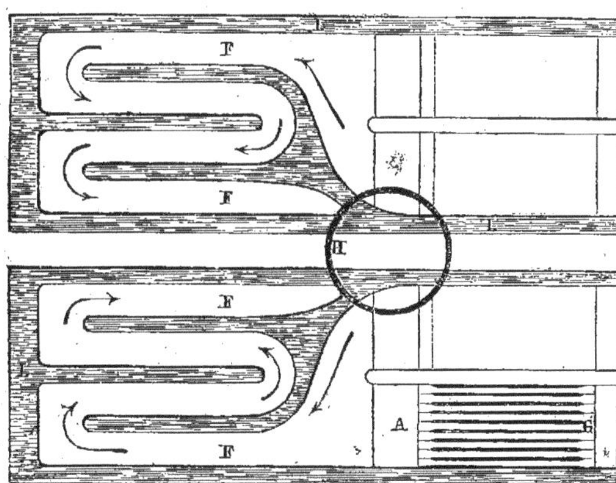

Fig. 3.

Quelle que soit la théorie admise de la vaporisation de l'eau, la chaudière représentée ici a des dispositions intérieures très-favorables au dégagement de la vapeur du coffre à eau V au coffre à vapeur V'. C'est surtout sur ce point que porte la critique des chaudières tubulaires dont l'usage a prévalu.

L'encombrement, le poids, les formes planes beaucoup moins résistantes que les formes circulaires, sont des raisons sérieuses pour faire accorder la préférence au système tubulaire sur le système à galeries. La question de meilleure utilisation de la chaleur fournie par le combustible consommé, a été décidée un peu prématurément en faveur de la chaudière à tombeau. Il est logique d'admettre que, toutes choses égales d'ailleurs, la promptitude avec laquelle on obtient de la vapeur après la mise en feu, doit dépendre des mêmes causes qui donnent à l'appareil générateur la puissance vaporisatrice continue. La comparaison est, sur ce point, complétement favorable à la chaudière tubulaire. — Nous établirons plus tard tous les résultats comparatifs des systèmes en usage.

Les pointes métalliques fixées sur la partie supérieure du fourneau et des

Fig. 4.

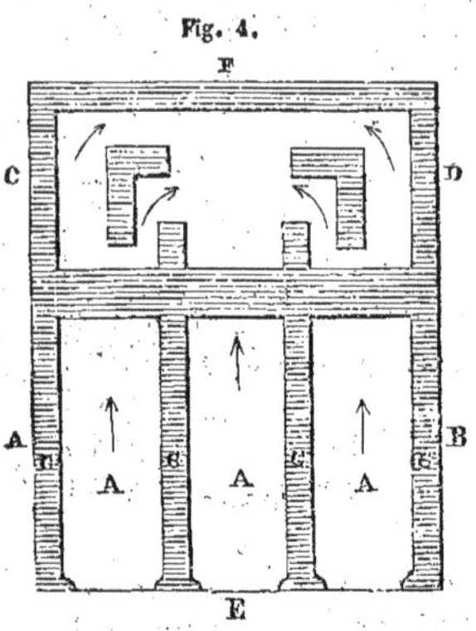

Coupe horizontale suivant G H de la fig. 7.

Fig. 5.

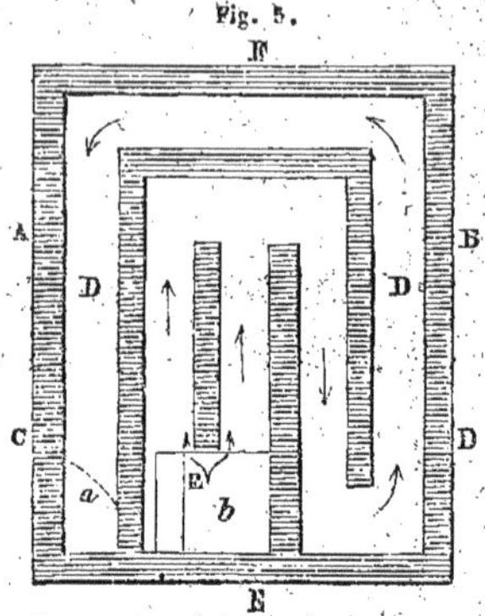

Coupe horizontale suivant JJ de la fig. 7.

Fig. 6.

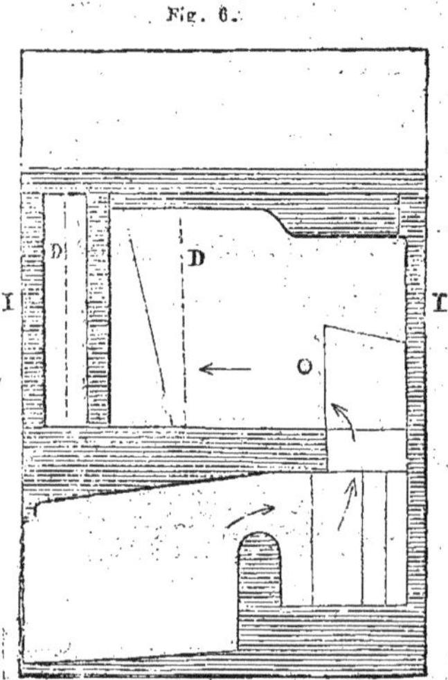

Coupe longitudinale suivant E F des fig. 7 et 8.

Fig. 7.

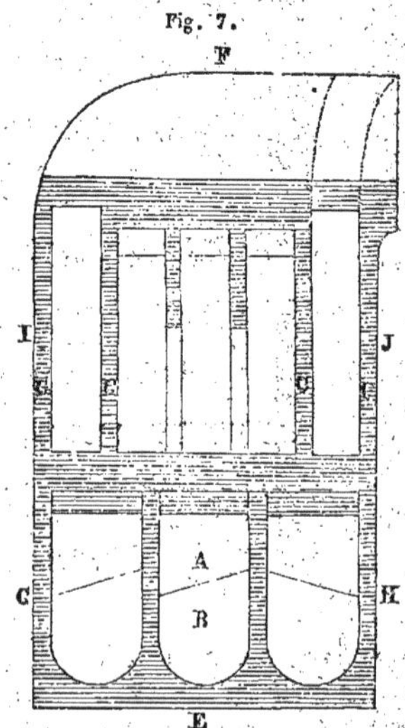

Coupe verticale suivant A B de la fig. 4.

galeries (fig. 2) ont pour but de présenter des conduits de dégagement de la chaleur dans le liquide à chauffer, et d'arrêter sensiblement la flamme qui *fait trop vite* vers la cheminée ; l'application de cette idée fondée en théorie, ne s'est pas généralisée dans la pratique.

La trop grande profondeur des fourneaux par rapport à leur longueur est une cause de mauvaise combustion. L'air qui entre par le cendrier, passant presque en totalité dans le fourneau par la partie Avant de la grille, le combustible placé sur la partie Arrière manque d'oxygène, ne brûle qu'imparfaitement, ou bien encore le travail pénible qu'exige l'entretien de cette partie trop éloignée de l'ouverture du fourneau la fait négliger par le chauffeur ; l'air froid, qui peut alors entrer dans les carneaux par le vide des grilles, produit un refroidissement des gaz et nuit à l'ensemble de la combustion.

Dans le but de diminuer l'encombrement en largeur, ne rencontrant aucun inconvénient à le reporter sur la hauteur, on a construit la chaudière à galeries superposées aux fourneaux, représentée par les fig. 4, 5, 6, 7 et 8, donnant la disposition intérieure et l'ensemble à l'échelle de 1/72. AA fourneaux, *a* origine de la cheminée, BB cendriers, D carneaux situés au-dessus du fourneau, *b* conduit où arrive la fumée avant de se diriger dans les carneaux, E flèches indiquant sur la fig. 5 les directions de la fumée.

Fig. 8.

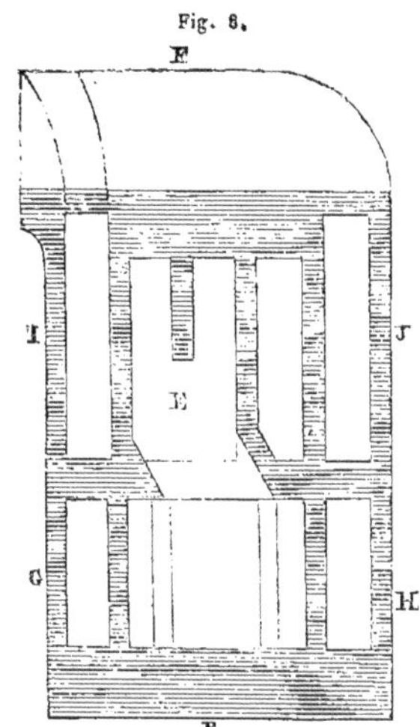

Coupe verticale suivant CD de la fig. 4.

Ces chaudières ont été construites par Maudslay et Field. A l'emploi, elles ont donné des résultats très-satisfaisants.

La chaudière à foyers superposés n'a pas répondu à l'attente des inventeurs. Les fig. 9, 10, 11, 12 et 13 en reproduisent la disposition.

Fig. 9. Vue en élévation de face.

— 10. Coupe verticale transversale passant par l'axe de la cheminée.

— 11. Coupe verticale longitudinale passant par le milieu de la largeur de la grille du fourneau du milieu.

Fig. 12. Coupe horizontale passant par le dessus de la grille supérieure.

Le seul bénéfice d'un pareil système est de diminuer la longueur de la chau-

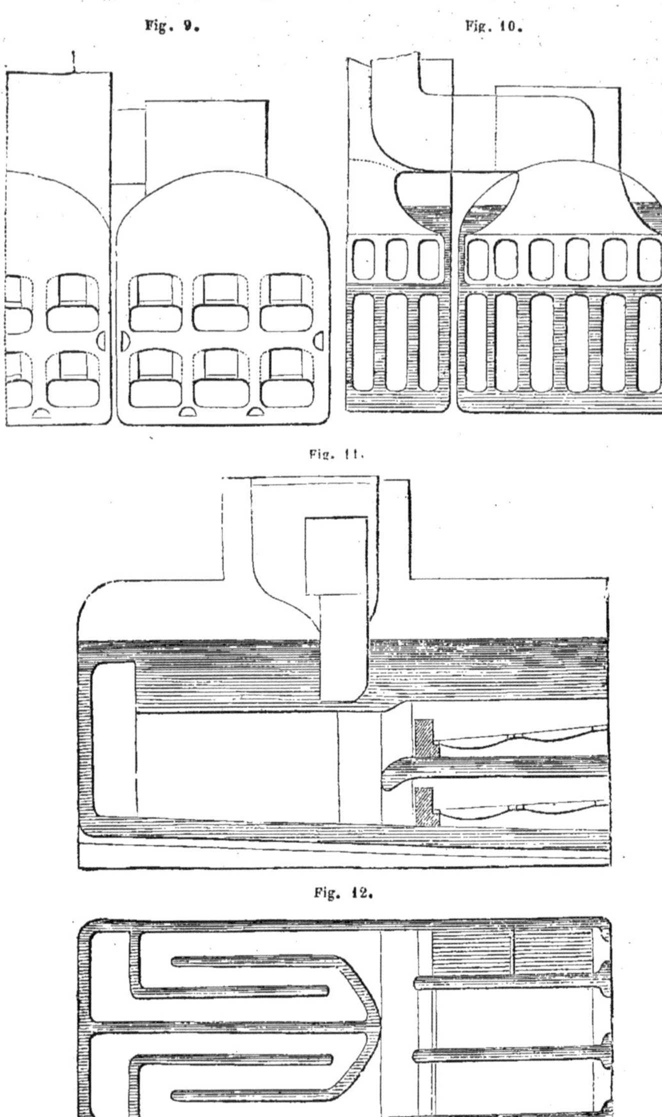
Fig. 9. Fig. 10. Fig. 11. Fig. 12.

dière sans augmenter sa hauteur en proportion. Les inconvénients sont : 1° Difficultés pour le chauffeur ayant à conduire un fourneau situé trop bas et un autre trop haut; 2° étranglement en hauteur des cendriers; 3° production plus grande de fumée, au lieu de la diminution que l'on se proposait d'obtenir; 4° refroidissement de la vapeur formée dans la lame d'eau intermédiaire aux deux fourneaux, parce que la tôle supérieure de cette lame forme le fond du cendrier du second fourneau superposé au premier.

Dans les chaudières à fourneaux superposés, les carneaux supérieurs des fourneaux des côtés aboutissaient à un conduit commun conduisant à la cheminée, et ceux des fourneaux du milieu débouchaient directement dans celle-ci. Les six corps formant l'ensemble du générateur de vapeur étaient dos à dos et divisés en deux parties comprenant trois corps ou douze fourneaux chacune (fig. 13).

Fig. 13.

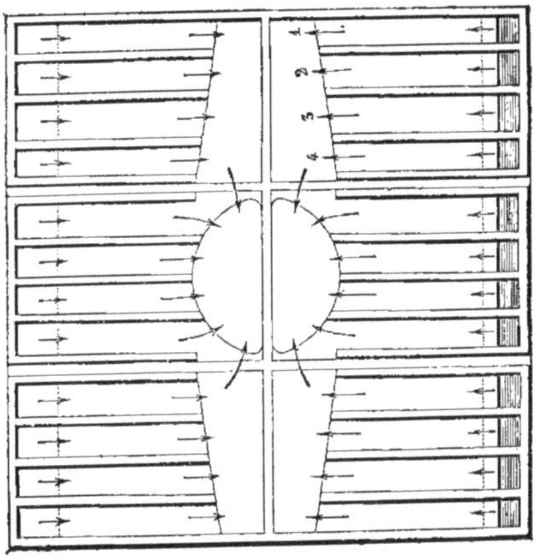

Par la direction des flèches indiquant les courants gazeux partis de chaque fourneau, on comprend qu'il devait y avoir conflit aux orifices de débouchement dans le conduit commun. Le tirage dans les corps de chaudière extrême était inférieur à celui des corps du centre.

La question de préférence à accorder aux grands tubes sur les petits tubes paraissait tranchée par une preuve expérimentale : La chaudière représentée en coupe verticale, fig. 14, porte pour les trois fourneaux de gauche des tubes cylindriques de 76 millimètres de diamètre, et pour les trois fourneaux de droite des tubes méplats de 178 millimètres sur 127 millimètres. Les petits tubes ont souvent réclamé des réparations coûteuses, et, bien que la somme de leur surface fût double de celle des grands tubes méplats, ils fournissaient moins de vapeur. Ces résultats étaient dus, non pas au petit diamètre du conduit, mais au trop grand rapprochement des tubes l'un de l'autre et à l'insuffisance de rigidité des plaques de tête.

Un fait isolé ne saurait confirmer une vérité par déduction, car, il faut le dire, la chaudière à tubes de 76 millimètres a donné lieu à des critiques exagérées dont les résultats d'une pratique continue ont fait justice.

La chaudière du *système mixte* porte de petits tubes et de grands tubes. On se propose ainsi de réunir les avantages des carneaux à ceux des conduits tubulaires à faible diamètre.

Fig. 14.

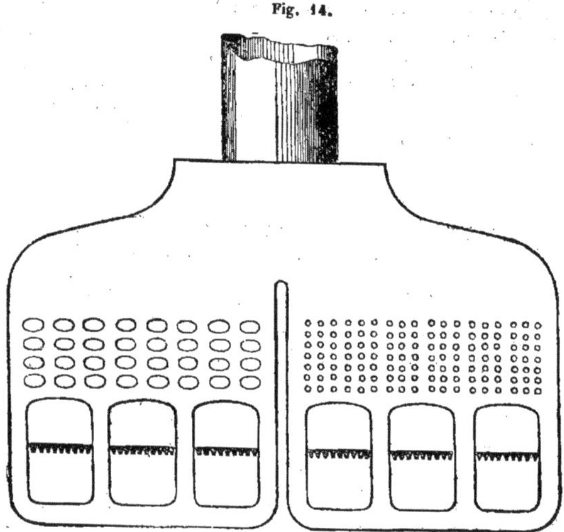

Les fig. 15 et 16 font voir la disposition de ce système. Il est à regretter qu'une longue mise en service ne soit pas encore venue accuser des résultats instructifs. — Les lettres de repère indiquent les mêmes détails sur les deux figures.

Fig. 15.

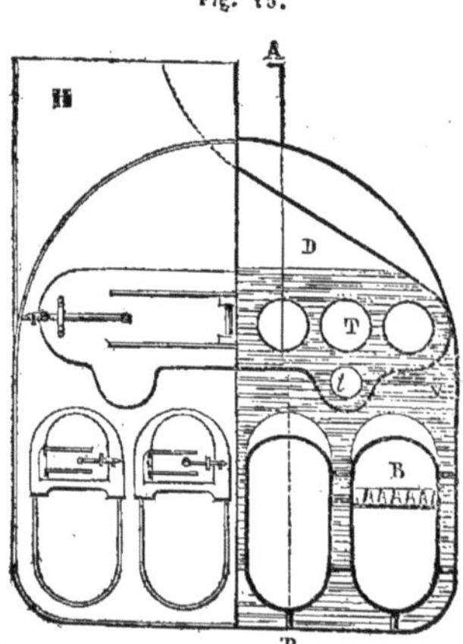

Vue de face et coupe transversale par le milieu de la longueur des deux fourneaux.

Un appareil de vaporisation pour une machine de 160 chevaux de force nominale a les dimensions suivantes :

	Pour un corps de chaudière représentant 80 chevaux,	Pour les deux corps.	Par force de cheval.
Nombre de corps de chaudière............2	»	»	»
Nombre de fourneaux par corps............4	»	»	»
Largeur des foyers....................$0^{m},52$	»	»	»
Profondeur des foyers.................$2^{m},52$	»	»	»
Hauteur des fourneaux...............$1^{m},17$	»	»	»
Surface des grilles.........................	$4^{m2},78$	$9^{m2},56$	$0^{m2},059$
Aire du vide entre les grilles...............	$0^{m2},956$	$1^{m},912$	»
Aire de l'entrée des cendriers..............	$1^{m2},268$	$2^{m},536$	»
Volume des cendriers........................	$2^{m3},360$	$4^{m},600$	»
Diamètre extérieur des grands tubes..$0^{m},334$	»	»	»
Diamètre intérieur des grands tubes..$0^{m},320$	»	»	»
Diamètre extérieur des petits tubes....$0^{m},270$	»	»	»
Diamètre intérieur des petits tubes...$0^{m},262$	»	»	»
Longueur des tubes.................$5^{m},32$	»	»	»
Aire de la section des tubes.................	$0^{m2},538$	$1^{m2},076$	»
Diamètre de la cheminée............$1^{mt},20$	»	»	»
Aire de la cheminée................$1^{m2},23$	»	»	»
Hauteur de la cheminée au-dessus des foyers..........................$10^{mt},00$	»	»	»
Surface de chauffe des foyers................	$12^{m2},768$	$25^{m2},536$	»
Surface de chauffe des grands carneaux L...	$47^{m2},880$	$95^{m2},760$	»
Surface de chauffe de la chambre à feu.....	$9^{m2},717$	$19^{m2},434$	»
Surface de chauffe de la chambre à fumée...	$2^{m2},400$	$4^{m2},800$	»
Surface de chauffe des gros tubes...........	$32^{m2},400$	$64^{m2},800$	»
Surface de chauffe des petits tubes..........	$9^{m2},020$	$18^{m2},640$	»
Surface de chauffe totale...........	$114^{m2},185$	$228^{m2},370$	$1^{m2},42$
Volume de la vapeur..................	$11^{m3},245$	$22^{m3},490$	158 litres
Volume de l'eau........................	$13^{m3},122$	$26^{m3},244$	164
Poids de la chaudière sans eau.........	$17^{tx},533$	$35^{tx},066$	»
Poids de la chaudière avec eau.........	$30^{tx},655$	$61^{tx},310$	»

Fig. 16.

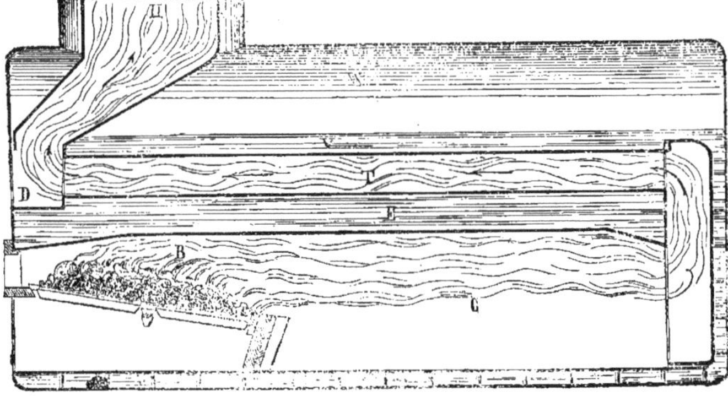

Coupe suivant A B de la fig. 15.

Les longs tubes à faible section fléchissent, ils se remplissent promptement de suie et de cendres entraînées par le tirage; par le fait de leur longueur, le tirage y est trop vif, la flamme y passe trop rapidement, et la gerbe qui sort du fourneau, en se divisant pour passer dans les tubes, s'éteint en partie; tel est le résumé des critiques plus ou moins fondées dont les conduits tubulaires ont été l'objet. On a cherché à mieux faire en construisant la chaudière à tubes courts figurée ci-dessous.

Fig. 17.

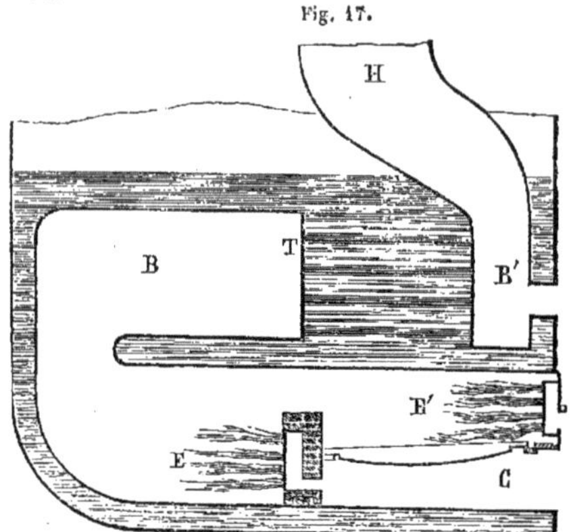

De la chambre à feu E', la flamme passe dans le carneau B, là elle se divise passer dans les tubes T. — Cette chaudière a donné d'excellents résultats.

Fig. 18.

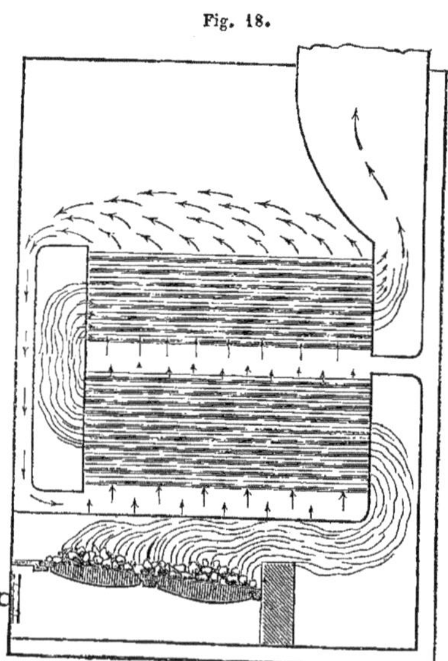

Le désir d'obtenir une très-grande surface de chauffe, en ménageant la longueur de la chaudière, sans compter avec sa hauteur, a fait imaginer la disposition indiquée par les figures 18 et 19.

Fig. 19.

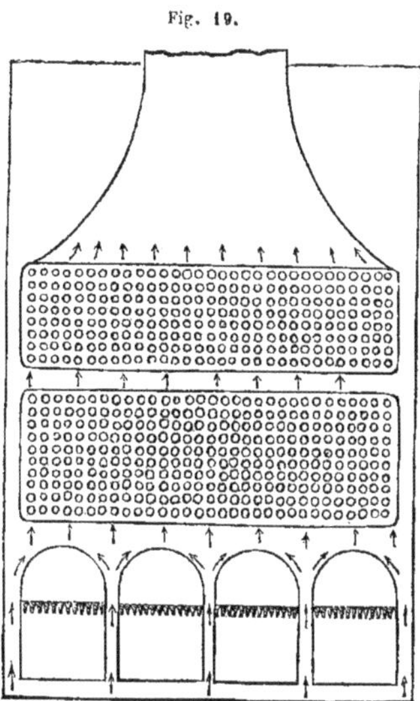

La flamme serpente en deux retours et passe dans deux séries de tubes et dans deux carneaux. Résultats très-médiocres.

Par une combinaison heureuse de tubes verticaux et horizontaux et de carneaux, on a obtenu le type reproduit à la page suivante (fig. 20).

Chaque fourneau est séparé, comme à l'ordinaire, par une lame d'eau qui s'étend jusqu'à 0m,35 au delà de l'autel. C'est dans l'espace situé derrière l'autel que s'effectue l'union des gaz et de l'air des deux fourneaux; de cette manière, le dégagement du gaz est uniforme. Au lieu de prolonger la lame d'eau, on y a placé des tubes verticaux TT, dans lesquels *l'eau circule* et qui servent d'étais et de supports aux ciels des carneaux supérieurs et inférieurs. Ces tubes ont 0m,152 de diamètre pour que les courants verticaux de l'air et de la vapeur puissent circuler librement.

Les critiques plus ou moins fondées dont les chaudières à grands carneaux et celles à tubes font l'objet, sont en partie évitées par le type remarquable de générateur à lames d'eau, breveté par les inventeurs Lamb et Summers.

Les tubes y sont remplacés par des lames d'eau verticales *m* (fig. 21), séparées par des conduits de même forme L, qui aboutissent de la chambre à feu à la chambre à fumée et dans lesquels circulent les gaz enflammés, après leur sortie du foyer; les faces verticales de ces conduits sont consolidées par des tirants, qui traversent verticalement les conduits de flamme. Les entretoises en fer *n*, qui traversent les carneaux, consolident les tôles et remplissent l'office de conducteurs de chaleur, comme les tiges placées sur le ciel des fourneaux de la chaudière, représentés fig. 3, page 117.

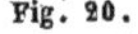
Fig. 20.

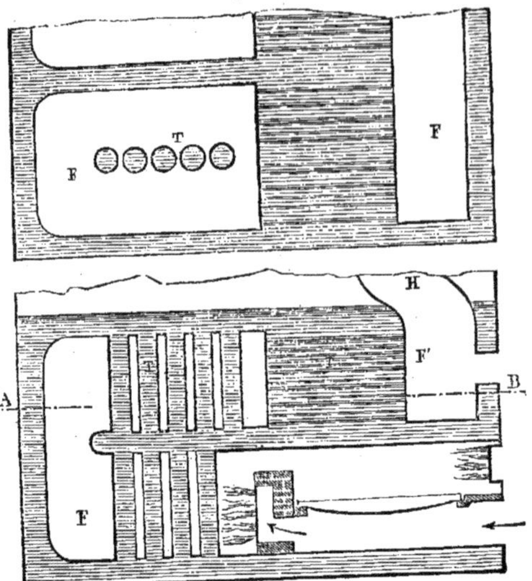

Le système de générateur ci-dessous (fig. 21) a obtenu, en Angleterre, une ra-

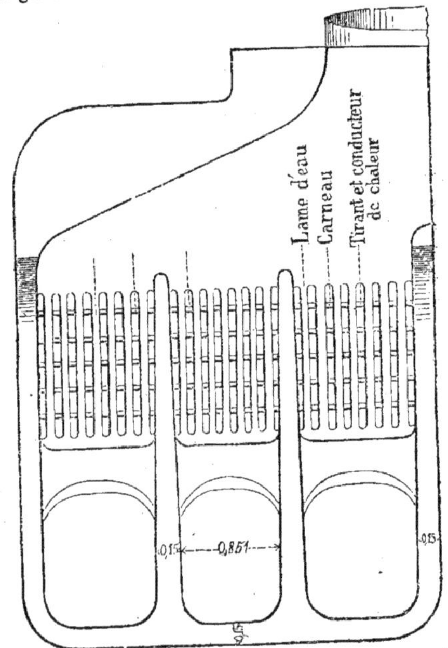

Fig. 21. Coupe verticale transversale passant par le milieu de la longueur des fourneaux

veur méritée. Le seul reproche qu'on lui fait, c'est de présenter des difficultés sérieuses pour les réparations dans les carneaux et l'impossibilité d'y aveugler une fuite, en marche, comme on le fait presque instantanément dans un tube en le tamponnant à chacune de ses extrémités.

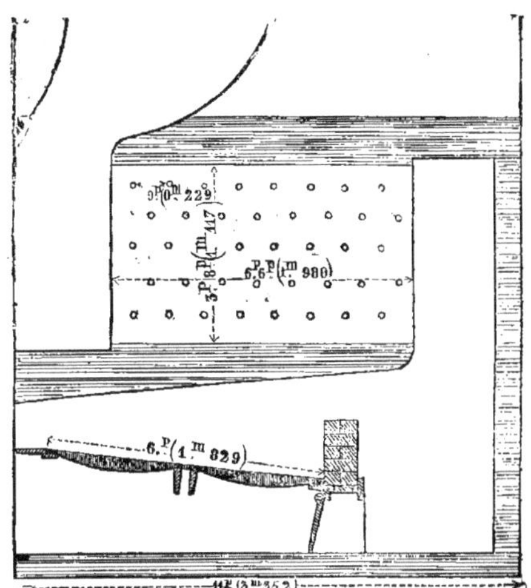

Fig. 22. Coupe verticale passant par l'axe longitudinal d'un fourneau.

Les dimensions suivantes se rapportent à un jeu de chaudières à lames d'eau, destiné à une machine de 450 chevaux.

Nombre de corps de chaudière		4
Longueur de chaque corps de chaudière		2m,83
Largeur de chaque corps de chaudière		4m,56
Hauteur des chaudières		3m,70
Longueur totale de l'encombrement des chaudières		11m,18
Foyers.	Longueur	9m,28
	Largeur	2m,728
	Hauteur	0m,975
	Nombre dans chaque corps de chaudière	5
	Nombre total de foyers	20
	Longueur des grilles	2m,15
	Largeur des grilles	0m,725
	Écartement des grilles	0m,015
Courants de flammes verticaux.	Longueur	1m,97
	Largeur	0m,039
	Hauteur	1m,16
	Nombre par corps de chaudière	35
	Nombre total	140
	Section	6m²,496
Hauteur de la cheminée au-dessus du seuil de la porte des foyers		15m,80
Diamètre de la cheminée		2m,04
Surface des grilles		30m²,96

Surface de chauffe.	directe des foyers.	$55^{m^2},95$
	des boîtes à retour de flammes.	$43^{m^2},00$
	des courants de flammes verticaux.	$639^{m^2},85$
Surface de chauffe totale.		$738^{m^2},77$
Section des courants de flammes verticaux.		$6^{m^2},496$
Section de la cheminée.		$3^{m^2},2628$
Rapport entre la section de la cheminée et la section des courants de flamme.		:: 1 : 2
Rapport entre la surface des grilles et la section des courants de flamme.		:: 5 : 1
Rapport entre la surface de chauffe et le volume d'eau.		:: 105 : 1
Volume d'eau.		$69_{tx},839$
Volume de vapeur.		$52^{m^3},076$
Volume total de la chaudière.		$121^{m^3},906$
Poids d'un corps de chaudière.		25.680 kil.

De la théorie et de la pratique est née la chaudière tubulaire, actuellement en usage dans la grande navigation en France et en Angleterre. Le spécimen qui figure à l'Exposition doit être un sujet d'étude pour les ingénieurs et les constructeurs. Les détails y ont été étudiés avec soin, les dimensions, les dispositions répondent aux exigences de l'emploi spécial de l'appareil. Sans doute le système tubulaire, à retour de flamme, n'est pas encore le *desideratum* poursuivi depuis que Fulton a prouvé que la vapeur pouvait devenir une des bases de la puissance maritime et commerciale d'une nation, mais jusqu'à ce jour, il s'en rapproche le plus, et le type que nous allons décrire, avec tous les détails nécessaires à la construction, ne sera remplacé que le jour où la chaudière à *circulation forcée* aura affirmé, par un emploi de longue durée, la supériorité qu'on lui attribue aujourd'hui.

La pl. VIII contient six figures représentant un des corps de la chaudière tubulaire à retour de flamme, fournissant la vapeur aux machines de 900 chevaux nominaux qui fonctionnent à l'Exposition.

Les quatre corps réunis à l'Exposition forment l'ensemble de l'appareil générateur pour la consommation de vapeur d'une machine de 450 chevaux.

Légende des figures de la pl. VIII.

Les mêmes lettres désignent les mêmes détails dans les six figures.

A. Autel.
AR. Soupape d'arrêt.
AL. Tuyau d'alimentation.
bb°. Barre d'appui pour les outils de chauffe.
C. Cendrier.
D. Tuyau d'évacuation de la vapeur par la soupape de sûreté.
d. Rondelles de consolidation des tirants.
d'. Robinet de vidange.
e. Entretoises.
ex. Tuyau de l'extraction continue.
F. Boîte à feu.
FN. Fourneau.

f. Patte de fermeture des portes.

G. Grille.

H. Cheminée.

HL. Portion de la cheminée destinée au quart du nombre total de corps de chaudière que comprend l'appareil générateur.

h. Tuyau interieur de l'extraction continue.

L. Lames d'eau.

LA. Levier de soulèvement à la main de la soupape de sûreté.

lv. Levier de charge de la soupape de sûreté.

M. Boîte à feu.

M'. Culotte de la cheminée.

M[1]. Manomètre.

m. Soupape atmosphérique.

N. Colonne de bronze creuse, qui porte le tube niveleur.

nn. Cornières verticales sur lesquelles sont fixés les tirants horizontaux qui passent au-dsesus et au-dessous des faisceaux de tubes.

P. Porte des boîtes à fumée.

P[o]. Porte du cendrier.

PV. Prise de vapeur.

p. Contre-poids de la soupape de sûreté.

pt. Patins en cornière, sur lesquels les tirants sont fixés.

R. Porte de regard et de vidange.

r. Trous percés dans l'autel, pour une injection d'air dans la boîte à feu.

S. Soupape de sûreté.

SF. Surface de chauffe.

s. Sole du fourneau.

TT. Tubes formant carneau.

t. Tirants de consolidation.

th. Trou d'homme.

1. 2. 3. Système de tiges et de manivelles pour manœuvrer à la main la soupape de sûreté.

4. 5. 6. Robinets de jauge.

7, 8. Supports intermédiaires des grilles.

9. Tuyau et robinet de vapeur pour l'extinction du feu dans les soutes à charbon.

Données numériques pour 900 chevaux.

Épaisseur de la tôle de l'enveloppe.	Fond.	14 millimètres.
	Faces verticales.	11 —
	Contour ou coffre à vapeur.	11 —
	Dôme.	10 —
Épaisseur de la tôle des foyers.	Cendriers, faces verticales et ciel.	11 millimètres.
	Porte du foyer.	10 —
	Porte du cendrier.	5 —
Épaisseur de la tôle des boîtes à feu.	Ciel et face opposée à la plaque à tubes.	11 millimètres.
	Faces verticales latérales.	10 —
Épaisseur des plaques à tubes		16 millimètres.
Épaisseur de la tôle des boîtes à fumée.	Fond.	14 millimètres.
	Faces verticales latérales.	10 —
	Porte et contre-porte.	5 —

Épaisseur de la tôle des conduits de fumée intérieure. 10 millimètres.

Cornières..., 75 millimètres de côté pèsent 11 kilogrammes le mètre.

Épaisseur de la tôle de la cheminée.	Tôle du contour.	5 millimètres.
	Tôle des divisions.	5 —
Tubes en laiton.	Longueur.	2 mètres.
	Diamètre extérieur.	75 millimètres.
	Diamètre intérieur.	70 —

Tirants longs... Fer carré; dimensions des côtés. . . . . . 40 millimètres.

Surface de grille.	Pour un foyer.	$1^{mq},336$
	Pour 36 foyers donnant. . . . . 800 chevaux de force.	$48^{mq},816$
	Par cheval nominal.	$0^{mq},061$
Section d'ouverture des cendriers.	Pour un conduit.	$0^{m},300$
	Pour 36 conduits.	$10^{mq},800$
	ou les 0,221 de la surface de grille.	
Section des tubes avec bagues, de $0^{m},065$ de diamètre intérieur.	Pour un tube.	$0^{mq},003318$
	Pour un foyer.	$0^{mq},212352$
	Pour 36 foyers.	$7^{mq},644672$
	ou les 0,156 de la surface de grille.	

Section de la cheminée. . . . . $0^{mq},05$
ou les 0,139 de la surface de grille.

Surface de chauffe par foyer.	Foyer et boîte à feu.	$5^{mq},6382$
	Surface intérieure des 64 tubes.	$28^{mq},1472$
	Surface totale par foyer.	$34^{mq},8314$
Surface de chauffe.	Pour les 36 foyers.	$1252^{mq},9308$
	Pour cheval.	$1^{mq},567$
Volume d'eau.	101 mètres cubes, soit par cheval.	126 litres.
Volume de vapeur.	98 mètres cubes, soit par cheval.	122 litres.

Données numériques pour 450 chevaux.

Les chaudières destinées à une machine de 450 chevaux ont exactement les mêmes épaisseurs de matière que les chaudières pour les 800 chevaux; ces dernières sont plus hautes, de là vient la désignation de *chaudière basse à grille courte*, dont la pl. VIII donne les dessins; et *chaudière haute, à grille longue*, représentée pl. IX, et dont voici les dimensions qui diffèrent de l'autre type.

Surface de grille.	Pour un foyer.	$1^{mq},85$
	Pour 16 foyers représentant 450 chevaux.	$29^{mq},44$
	Par cheval nominal	$0^{mq},0654$
Section d'ouverture des cendriers.	Pour un conduit.	$0^{mq},368$
	ou les 0,2 de la surface de grille.	
	Pour 16 conduits.	$5^{mq},888$

Section des tubes avec bagues, de $0^m,065$ de diamètre intérieur.	Pour tube.	$0^{mq},003318$
	Pour un foyer. . . . . ou les 0,160 de la surface de grille.	$0^{mq},2919$
	Pour les 16 foyers.	$4^{mq},6767$
Section de la cheminée. ou les 0,124 de la surface de grille.		$3^m,65$
Surface de chauffe par foyer.	Foyer et boîte à feu.	$8^{mq},055$
	Surface intérieure des 88 tubes.	$38^{mq},445$
	Surface totale par foyer.	$45^{mq},500$
Surface de chauffe.	Pour les 16 foyers.	$7^{mq},00$
	Par cheval nominal.	$1^{mq},6533$
Volume d'eau.	61 mètres cubes; par cheval nominal. . .	122 litres.
Volume de vapeur.	50 mètres cubes; par cheval nominal.. . .	112 litres.

Données numériques pour 120 chevaux.

Le corps de chaudière, réprésenté pl. IX, est destiné à une machine de 120 chevaux. Il est muni d'un surchauffeur de la vapeur (1).

	Pour 1 foyer.	Pour 4 foyers.
Surface de grilles.	$1^{mq},84$	$7^{mq},36$
Rapport de la surface de chauffe des carneaux à la surface de grille.	»	1,25
Surface de chauffe des carneaux (*entretoises déduites*).	$2^{mq},300644$	$9^{mq},202578$
Rapport de la section des passages de fumée à la surface de grille.	»	0,1258
Section des passages de fumée (*écrous déduits*). . . .	$0^{mq},23163$	$0^{mq},92635$
Section de la soupape de prise de vapeur sur le sécheur.	$150^c/_{m^2}$	$600^c/_{m^2}$
Section du passage de vapeur, à travers le sécheur (*entretoises déduites*).	$153^c/_{m^2},75$	615
Section du passage de vapeur de la chaudière au sécheur..	$198^c/_{m^2},75$	795
Diamètre de la cheminée.	»	$1^m,078$
Dimensions des carneaux. Longueur.	»	$1^m,060$
Dimensions des carneaux. Largeur.	»	$0^m,300$
Dimensions des carneaux. Hauteur.	»	$1^m,160$

A. Communication de vapeur de la chaudière au sécheur.
B. Boîte de prise de vapeur sur le sécheur.
C. Boîte de sûreté.
D. Tuyau de purge.

MACHINES A VAPEUR

Par M. **Jules Gaudry**, Ingénieur au chemin de fer de l'Est,

et M. **A. Ortolan**, Mécanicien principal de la marine impériale

AVEC LA COLLABORATION DE DIVERS INGÉNIEURS.

LOCOMOTIVES.

DEUXIÈME ARTICLE.

(Planches XX, XXI et XXII).

Dans le fascicule de mai, nous avons décrit les locomotives qui s'écartent le plus des dispositions accoutumées. Nous arrivons maintenant aux types qu'on peut appeler classiques, et, comme dans la première partie de nos études, nous recueillerons même en dehors de l'Exposition les machines dignes d'intérêt qu'on eut pu y voir.

IV

Locomotives ordinaires à marchandises à 8 roues fixes.

(Planche XX et tableau final C.)]

Le support des locomotives ordinaires sur plus de 3 paires de roues, est un des faits saillants de la période que traversent, depuis quelques années, les chemins de fer. A l'Exposition de Paris en 1855, on remarqua la locomotive autrichienne à 8 roues couplées d'Haswel, dite *Wien Raab.* (Voir sa description détaillée au *Bulletin de la Société d'encouragement.*) A l'exhibition de Londres en 1861, la locomotive Petiet-Gouin fut la seule ayant plus de 6 roues, et il y eut en plus deux projets : l'un de M. Forquenot, l'autre de M. Polonceau. Sur les lignes, le nombre de 6 roues n'avait été encore que rarement dépassé. Aujourd'hui il existe en Angleterre, comme ailleurs, des locomotives à 4 roues couplées, ayant en outre 4 roues libres, simplement porteuses, ordinairement groupées en *bogie* ou train mobile autour d'une cheville ouvrière, soit en avant, soit en arrière. Le mémoire de M. Morandière, à la Société des ingénieurs, en 1866 [1], en relate plusieurs appartenant aux lignes à voie étroite, aussi bien qu'à la large voie du *Great-Western.*

Pour le service à petite vitesse, l'accouplement de 8 roues fixes par les moyens ordinaires, sauf le jeu des boîtes à graisse, est un fait qu'on peut regarder comme entré dans la pratique courante en tous pays; c'est à ce système qu'appartenait la locomotive autrichienne ci-dessus relatée.

A l'Exposition actuelle, il y a deux locomotives à 8 roues fixes, avec des dispositions diverses, plus quelques dessins, auxquelles peuvent s'ajouter trois autres machines au dehors; suit leur énumération :

[1] Voir *Annales du Génie civil* 5e année, page 807 et suivantes.

1° *Nord-Fives,* figure ci-dessous [1] et figure 1, planche XX, colonne 3 du tableau C. — Machine ordinaire à marchandises du chemin de fer du Nord, sur le courant de la ligne à grandes courbes, construite à Fives-Lille sur les plans étudiés de concert avec les ingénieurs de la Compagnie du Nord. — On remarquera le long foyer à grille et porte du système Belpaire, la position de l'essieu des roues d'arrière sous le foyer, l'installation du frein sur la machine elle-même et non plus sur le tender ; les longerons sont intérieurement entre les roues ; au contraire, tout le mécanisme est extérieur : les bielles, tiges, etc, sont en acier fondu. Les 8 essieux sont sans articulation ; il y a seulement du jeu latéral dans les boîtes à graisse des roues extrêmes

Fig. 1

2° **Sigl** [2], à Neustadt (Autriche), fig. 5 et colonne 4 du tableau C. — Cette locomotive destinée au service des marchandises, sur les voies russes, est une des plus curieuses de l'Exposition, par l'ensemble de ses dispositions qui sont la pure expression du type allemand. Le châssis est en dehors des roues, ainsi que tout le mouvement. Des manivelles très-minces sont rapportées aux bouts des essieux, et leur tête d'emmanchement sert de fusée, suivant le système dit de Hall. — Les longerons sont à double flasque en tôle de 9 millimètres, découpée comme il est indiqué au dessin ; entre les deux flasques est une bande de fer laminée, ayant 185 millimètres de hauteur, 30 millimètres d'épaisseur. La cheminée est en forme dite de Pavillon, pour brûler du bois. Tous les ressorts, sauf ceux d'avant, sont reliés à des balanciers d'équilibre. La coulisse de distribution, du système Allen, la longue chaudière, le parquet en bois de la plate-forme de conduite, la vaste guérite qui le couvre pour abriter le conducteur, les balances des soupapes de sûreté, dite de Egenhoffen, la contre-tige du piston, le type spécial d'injecteur Giffard sont également à noter. La charge sur les roues est, comme suit : sur l'avant, 11.5 tonnes ; sur les secondes roues, 12.5 ; 13 tonnes sur l'essieu moteur ; 12 tonnes sur l'essieu d'arrière. Cette machine devra être l'objet plus tard d'une description spéciale et détaillée.

3° *Midi-Cail,* fig. 3 et col. 1 du tableau C. — Cette locomotive, dont les dessins seuls sont à l'Exposition, fait partie d'un lot des 15 construites en 1862 par Cail, sur les plans de la Compagnie du Midi. Le châssis est intérieur, tout le

1. Cette figure dans le texte et les suivantes sont empruntées à nos collègues anglais du journal *Engineering*, dirigé par M. Z. Colburn.

2. La maison Sigl, qui ne s'était encore révélée aux expositions universelles que par des machines secondaires, et dont les produits ont une telle importance en 1867, possède trois établissements : l'un à Vienne, le second à Neustadt-Vienne et le troisième à Berlin. La locomotive exposée porte le numéro 476. Nous retrouverons plus loin une locomotive mixte venant de la même maison.

mouvement est en dehors, le foyer est en porte-à-faux et très-vaste, les ressorts sont accouplés deux à deux par des balanciers. — L'attelage au tender est fait par bielles latérales, s'attachant entre les 3e et 4e roues, et reliées à l'arrière du foyer par un balancier. — Les tôles de la chaudière ont 10 millimètres. La chaudière en ordre de marche contient $5^{mc},63$ et 2450 litres de vapeur. La répartition du poids sur les roues est la suivante : av. 10 tonnes; 2e paire, 11 tonnes; 3e paire, $11^t.9$; roues d'arrière $11^t.6$.

4° *Orléans-Cail*, colonne 2 du tableau C. — Locomotive à marchandises, construite en 1863 par Cail, sur les plans de M. Forquenot, presque semblable à celle du Midi, mais avec chaudière un peu plus courte, munie d'un fumivore Tembrinck. (Voir *Génie civil*, 1865 [1].) Les roues extrême ses déplacent latéralement dans les courbes, avec un jeu de 15 millimètres par l'effet de boîtes à graisse munies de *plans inclinés* du système Forquenot. La charge est répartie ainsi qu'il suit sur les roues : $11^t,35$; 12^t; $10^t.55$; 10.30.

5° *Est-Graffenstaden*, fig. 4 et n° 5 du tableau C. — Cette machine, figurant seulement à l'album de la Compagnie de l'Est, a été construite dans les ateliers de Graffenstaden, sur les plans étudiés par la Compagnie, pour les lourds trains de certaines marchandises en transports réguliers, sur des sections à rampes et courbes ordinaires. Elle reproduit à peu près le type connu des locomotives Engerth, découplées d'avec le tender articulé qui existait à l'origine. Il y a toutefois cette différence que le foyer en porte-à-faux a été allégé et qu'il n'a pas été nécessaire de lester l'avant, comme on avait dû le faire dans les Engerth découplées; — tout le mécanisme est extérieur, le châssis est entre les roues et évasé en coude de part et d'autre du foyer élargi lui-même. Les deux paires de roues intermédiaires ont des ressorts communs. Les essieux extrêmes ont du jeu latéral dans leurs boîtes à graisse, sans agencement particulier. Les pistons sont munis de contre-tiges qui les soutiennent, empêchant leur poids d'ovaliser les cylindres.

6° *Atelier de Saint-Léonard*, à Liége (ancien atelier de Reigner Poncelet), fig. 6, n° 7 du tableau C. — Locomotive tender pour traction sur fortes rampes, avec rayon usuel des courbes. — Mouvements extérieurs, ressorts sous les essieux avec balanciers d'équilibre, sauf au milieu; chaudière Crampton avec dôme à l'avant, et cheminée évasée du système Sinclair. — Caisses à eau longitudinales des 2 côtés du corps tubé. Cette machine ne figure à l'Exposition qu'en dessin.

7° *Kitson*, fig. 2 et colonne 6 du tableau C. — Locomotive tender du Great-Northern railway, à mouvements intérieurs; grand foyer supporté à peu près en son milieu par les roues derrière. — Caisses à eau longitudinales. — Cette machine est à remarquer comme spécimen des locomotives à 8 roues, que commencent à adopter les ingénieurs anglais. Divers autres ont été construites pour les Indes et pour le pays de Galles, avec ou sans tender, avec ou sans déplacement des roues extrêmes en vue des courbes

V

Locomotives à 6 roues couplées ordinaires.

(Planche XX et tableau final C.)

Les machines de cette catégorie rentrent dans le courant habituel de l'exploitation des grandes lignes ferrées. Celles qui sont exposées ne le sont qu'à titre de spécimen de fabrication et comme expression des idées sur les propor-

1. *Annales du Génie civil*, 4e année, page 65, avec planches.

tions adoptées. Il en existe quatre à l'Exposition, que nous allons décrire sans en chercher d'autres en service, en mentionnant toutefois, comme spécimens remarquables, nos types français dits des Ardennes et du Bourbonnais, qui sont devenus classiques. L'Exposition contient, en outre, un grand nombre de dessins de locomotives étrangères à 6 roues couplées, affectant toutes les formes possibles sans particularités nouvelles. Elles seront relatées sommairement à la suite des 4 locomotives exposées, qui sont celles du Midi, de Carlsruhe, d'Evrard et du Creusot.

1° *Ateliers du chemin de fer du Midi*, fig. 7, pl. XX et colonne 8 du tableau C. — Cette machine porte le n° 1 de la construction aux ateliers de la Compagnie, à Bordeaux, sous la direction de M. Laurent; la chaudière est en tôle d'acier des forges Pétin; elle a 9 millimètres d'épaisseur, elle contient 4^{mc} d'eau et 1980 litres de vapeur. Les boîtes à graisse et les supports des glissières sont en bronze, les cylindres sont extérieurs, le châssis et la distribution, avec coulisses du type Allen, sont entre les roues; on remarque le grand diamètre de celles-ci. Les ressorts sont indépendants dans la machine exposée; mais, dans une machine analogue, dont le dessin nous a été communiqué, les roues motrices ont ressorts et balanciers communs, comme il est indiqué à la figure 7. On se propose au besoin de remplacer les roues d'avant par d'autres qui seraient libres et découplées en vue de constituer une machine mixte proprement dite, sans faire aucun autre changement que la substitution immédiate des roues montées, n'ayant ainsi qu'un seul type de matériel. La répartition disposée sur les roues en marche est la suivante : Av., 11^{t}.2; mot, 12^{t},5; arr., 11^{t}.

2° *Ateliers de Carlsruhe* (1867, n° 459), voir fig. 8 et colonne 9 du tableau C. — Cette machine est un spécimen de la bonne fabrication des ateliers de Carlsruhe, l'un des meilleurs de l'Allemagne, et qui avaient déjà envoyé une belle locomotive à l'Exposition de Paris, en 1855. Celle qui est actuellement au Champ de Mars est une locomotive ordinaire à marchandises, rappelant notre type français dit des Ardennes, lequel fait partie de l'album de la Compagnie de l'Est précité.

Parmi les dessins de locomotive exposés par la Compagnie de Carlsruhe, il y en a trois appartenant à la classe des locomotives à 6 roues couplées, savoir :

1° Locomotive du type belge à très-long foyer, châssis extérieurs, mouvements intérieurs, bielles d'accouplement évidées sur le plat pour l'allégement. La chaudière est du type Crampton, mais avec boîte à fumée renflée et dôme à l'avant. Cylindre, 450 millimètres; course, 600; roues, 1^{m}.45; surface de chauffe, 109^{mq}.70, dont 11.24 pour le foyer; poids en marche, 33.5 tonnes.

2° Locomotive avec chaudière du même type que celle de la machine exposée. — Mouvements extérieurs du type Engerth : cylindre, 432; course 612; roues, 1^{m}.12; entre axes, 3^{m}.45; chauffe, 106.84, dont 6.24 pour le foyer; poids en marche, 30^{t}.40.

3° Machine disposée comme celle de l'Exposition, mais avec cylindres de 457; course, 686; roues, 1.52; entre axes, 3^{m}.45; chauffe, 119^{mq}.24, dont 6.71 pour le foyer; poids, 35^{t}.60.

3° *Evrard*, à Bruxelles, voir fig. 9 et colonne 10 du tableau C. — Locomotive à marchandises à grandes roues, dans le genre anglais, construite aux ateliers du matériel des chemins de fer, sous la direction de M. Evrard; — foyer carré, supporté vers son milieu par les roues d'arrière; — longerons extérieurs, auxquels est ajouté un longeron au milieu, sous le corps tubé seulement. La charge sur les roues en marche est ainsi repartie : Av., 12^{t}; motrices, 12^{t}; arr., 11.5.

Le même constructeur expose les dessins de plusieurs locomotives à 6 roues couplées, savoir : 1° pour les chemins russes, avec châssis intérieurs et mouvements extérieurs, les roues entre les boîtes à feu et à fumée; 2° pour le chemin du Luxembourg, type analogue à celui de l'Exposition, mais avec foyer vulgaire; 3° pour les chemins de l'état belge, type qui paraît être celui qui est exposé, au moins dans les agencements principaux.

4° *Ateliers du Creusot*[1], voir colonne 11 du tableau C, et figure ci-dessous.

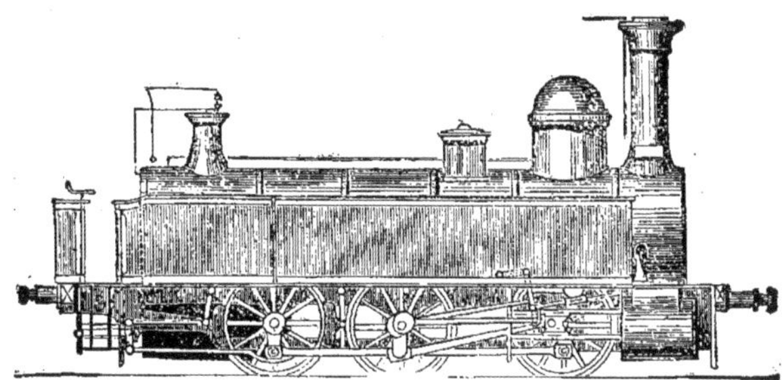

Fig. 2.

— Cette machine construite au Creusot, sous le n° 1080, appartient à la classe des locomotives tender, et a pour objet de remorquer des lourds trains de marchandises sur des embranchements à petits parcours et à profil accidenté, où les rampes atteignent 22 millimètres. En palier, elles remorquent, dit-on, facilement 700 tonnes de poids utile. Elle a été étudiée et construite au Creusot. Tout le mouvement est extérieur, rappelant le type Engerth. Les caisses à eau s'allongent de part et d'autre sur les côtés du corps tubé.

5° *Dessins divers.* — Les dessins photographiés de locomotives à marchandises à 6 roues couplées abondent à l'Exposition. Nous mentionnons les suivantes :

1° *Fowler.* Ce constructeur, dont les ateliers considérables, primitivement affectés à la construction des machines agricoles, ont adopté la spécialité des locomotives, a exhibé divers dessins, parmi lesquels sont deux locomotives à 6 roues couplées ordinaires d'un élégant modèle : la première, où tout le mécanisme et le châssis sont intérieurs, les roues d'avant et du milieu sont pourvues de balanciers. La chaudière appartient au type Stephenson, avec boîte à feu et boîte à fumée renflées. L'autre locomotive est entièrement conforme au type bien connu en Angleterre, du Dover and Chatam Railway. Voir le mémoire déjà cité de M. Morandière, sur les railways anglais, et le rapport de M. Gaudry, sur l'Exposition universelle de Londres, en 1861.

2° *Hartmann.* Parmi les dessins exhibés, nous avons remarqué une locomotive tender à 6 roues couplées, de forme exceptionnelle, avec boîte à feu très-élevée au-dessus du corps cylindrique, lequel, en outre, a un dome de vapeur

1. Les ateliers du Creusot sont bien connus. Ce gigantesque établissement, entièrement réorganisé, a construit ses premières locomotives en 1838. Le chiffre 1,100 est aujourd'hui dépassé. La moyenne peut être évaluée à 120 locomotives construites par an. Des fournitures considérables ont été faites à la Russie, l'Espagne, l'Italie, la Belgique et l'Angleterre. Plusieurs types admis comme classiques ont été étudiés au Creusot, notamment les Engerth, le type dit Ardennes, Nord-Espagne, Paris-Lyon, etc. On sait que le Creusot a en outre une fabrication spéciale de machines marines et une forge à fer avec dix hauts-fourneaux ; — le reste en proportion.

à l'avant : le châssis est intérieur, tout le mouvement est extérieur; les caisses à eau et à coke, sont en arrière du foyer, comme dans nos anciennes locomotives françaises, dites du Midi; les roues d'arrière, placées en arrière de la boîte à feu, portent cette charge des caisses. La machine a été construite en 1866, sous le n° 281 et sous le nom de Castrop; l'accueil inhospitalier qui nous a été fait auprès des machines Hartmann, à l'Exposition, ne nous a pas permis de recueillir d'autres renseignements.

3° *Sharp*. Cette célèbre maison de Manchester a exposé les photographies d'un grand nombre de locomotives de toutes formes et pour tous pays, parmi lesquelles sont plusieurs locomotives à marchandises à 6 roues couplées, notamment : 1° Machine tender à châssis extérieur, mouvements intérieurs, caisse à eau placée concentriquement sur la chaudière; les ressorts des roues d'avant et du milieu sont pourvues de balanciers d'équilibre; 2° Même genre de machine, avec châssis intérieur, et caisses longitudinales de part et d'autre du foyer; 3° Même genre de machine avec châssis extérieur.

4° *Sigl*, à Vienne. — Machine ordinaire à marchandises, construite en 1866, sous le n° 451. — Châssis et mécanisme extérieurs; les ressorts d'avant sont indépendants, les autres sont équilibrés par des balanciers. Suivent les principales dimensions : cylindres, 450 millimètres; course, 630; 171 tubes longs de 4m.30, sur 51 millimètres de diamètre dans un corps tubé de 1m.38; pression de 7.5 atmosphères; chauffe totale de 128mq.30, dont 7.73 dans le foyer. Poids de la machine vide, 34 tonnes, et en marche, 38 tonnes, dont 13.25 sur les roues motrices, et le reste également sur les roues extérieures.

5° *Compagnie du Nord-Ferdinand* (*Autriche*). — Dessin d'une locomotive ordinaire à marchandises à 6 roues couplées, de la ligne d'Ostrau, à Cracovie, n'ayant que des rampes de 4 millimètres. La charge réglementaire remorquée est 600 tonnes. Cette machine est du pur type allemand, où les châssis découpés et les mouvements sont extérieurs et disposés suivant le système dit de Hall, comme dans la machine de Sigl. (Voir ci-dessus à l'article des locomotives à 8 roues.) Les 6 roues couplées sont comme dans nos Engerth, entre la boîte à fumée et la boîte à feu. Celle-ci est donc en porte à faux, quoique de dimensions considérables pour contenir une vaste grille en vue de brûler du menu de houille. On annonce que la consommation est inférieure à 5 kilog. brûlés par kilomètre et par 100 tonnes transportées. La forme de la chaudière est celle à boîte à feu renflée par rapport au corps tubé, lequel à un dôme à l'avant. La chaudière est construite en tôle d'acier Krupp, à laquelle on substitue maintenant la tôle Bessemer. Suivent les principales dimensions : pression, 8 atmosphères; grille, 1m.60; 165 tubes longs de 4m.10, sur 53 millimètres de diamètre. Surface de chauffe, 120 mètres carrés, dont 8 mètres dans le foyer. Roues, 1.20, avec 3 mètres d'entr'axes; cylindres, 480 millimètres; course, 630 millimètres; poids en marche, 29 tonnes.

VI

Locomotives à quatre roues couplées.

(Planches XX et XXII, et tableau final D et E.)

La classe des locomotives à quatre roues couplées, dites mixtes, aujourd'hui prédominantes sur les chemins de fer, est représentée à l'Exposition par une très-grande variété de types résumés en onze locomotives, plus un grand nombre de dessins ou photographies. Parmi ces machines, les unes sont suivies d'un tender distinct proprement dit; tantôt elles constituent une machine-tender d'un corps unique, en adaptant une ou plusieurs paires de roues porteuses souvent agencées en train mobile dit *bogie*. Aux machines exhibées au Champ de Mars, nous en ajoutons quelques autres restées en service et de construction récente qui compléteront notre étude comparative. Quelques-unes vont être représentées dans le texte même par des dessins que nous empruntons à nos collègues anglais d'*Engineering*.

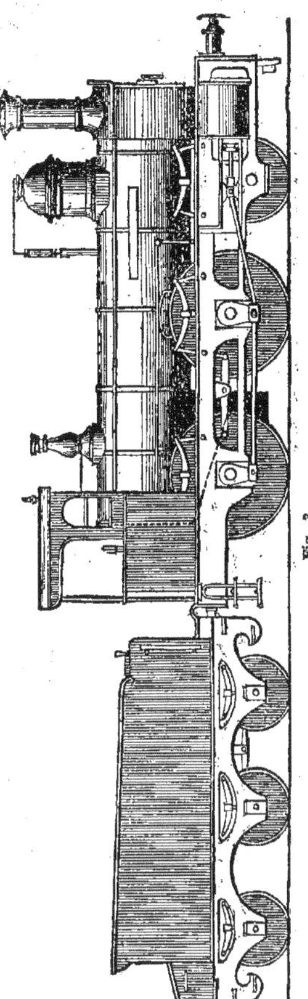

Fig. 8.

1° *Borsig*, à Berlin. — Figure ci-contre et colonne 3me du tableau D. — Ce constructeur, dont les œuvres magnifiques au point de vue de l'exécution ont fait une si mémorable apparition à l'exposition universelle de 1855, où il obtint la première médaille, a envoyé présentement une locomotive à voyageurs portant le numéro de construction 2000. Comme proportions, agencement et travail, elle est encore un des beaux ouvrages de l'Exposition, tout en conservant son type allemand avec châssis en dehors, mécanisme extérieur, manivelles rapportées extérieurement aux bouts des essieux. Une guérite élégante à vitres mobiles abrite le mécanicien sur la plateforme. Les roues couplées sont munies de balanciers d'équilibre. Les pièces du mécanisme sont en acier fondu et de dimensions très-réduites, suivant l'usage de Borsig. La charge sur les roues est répartie comme il suit : av. 12,25 ; mill. 11,75 ; charge arr. 11,25. Les ressorts ont 1 mètre de largeur et comptent à l'avant 9 lames et à l'arrière 12 lames de 12 millimètres. La chaudière est en tôle de 11 1/2 millimètres ; elle contient 3m25 d'eau et 1830 litres de vapeur. La grille a une disposition particulière à deux gradins, l'un à 1m,72 du ciel de foyer, l'autre à 0m,72 seulement sous lequel est logé l'essieu d'arrière qui est ainsi à peu près sous le milieu de la boîte à feu.

Le tender qui accompagne la machine à l'Exposition, est un type des tenders allemands. Il est d'une très-grande dimension, monté sur six roues. Le châssis est en tôle de 8 millimètres, découpée suivant l'indication du dessin ci-contre, et très-ouvragé.

Toutes les pièces sont peintes au gris de zinc verni jouant le poli et donnant à la machine un cachet de fini et d'élégance remarquable usuel en Allemagne.

On peut voir dans *Engineering* du 10 janvier 1867 une autre locomotive mixte de Borsig à 2 dômes sur le corps tubé qui est un type caractéristique de ce constructeur.

2° *Hartmann*, à Chemnitz, Saxe. — Fig. 8, Pl. XXI et colonne 4e du tableau D. — Locomotive express du chemin de fer de Luxembourg où elle a servi six mois sans réparation, portant le numéro de construction 273. Le constructeur semble avoir pris pour programme de reproduire tous les agencements des premières machines allemandes, notamment le châssis simple et intérieur à longerons avec plaques de garde rapportées; cylindres extérieurs; distribution entre les roues avec relevage des coulisses par mécanisme à vis débrayable à volonté pour la manœuvre du levier à bras. Les roues de derrière, placées au delà du foyer, sont couplées avec les roues motrices et munies de balanciers équilibrant les ressorts. La chaudière est, dit-on, en tôle de 15 millimètres; elle contient 3,300 litres d'eau et 1,600 litres de vapeur, y compris le dôme vers l'avant du corps tubé. La cheminée est conique et en fonte; les balanciers de soupape de sûreté sont d'un système analogue à celui dit Lemonnier et Vallée, où par le jeu d'un déclic la soupape s'ouvre de suite en grand à l'émission en cas d'excès de vapeur. Une guérite élégante à vitres mobiles abrite le mécanicien.

Outre la locomotive exposée, M. Hartmann a un dessin de locomotive mixte à foyer mis en porte-à-faux sur laquelle les renseignements nous manquent.

3° *Sigl*, à Neustadt (Autriche). — Fig. 1 et colonne 5me du tableau D. — Locomotive dite du système Hall, portant le numéro 125 de construction. Expression complète du type allemand. Cylindres extérieurs, distribution intérieure, châssis simple en dehors des roues; celles-ci ayant des manivelles rapportées aux bouts des essieux; leur tête d'emmanchement sur l'essieu sert de tourillon. Les longerons du châssis sont formés de plaques en tôle de 9 millimètres, découpées et entretoisées par une bande de fer laminée comme sur la machine à huit roues ci-devant décrite. — Alimentation par deux giffards d'une forme spéciale. La plate-forme est parquetée, le mécanicien y est protégé par une guérite confortable et élégante, à verres pivotant sur un axe vertical de manière à en permettre très-aisément l'ouverture en route pour le nettoyage. La chaudière est, dit-on, en tôle de 15 millimètres à double rivure. La cheminée est fixée sur sa base par des collets boulonnés. Sous la boîte à fumée il existe, comme dans beaucoup de machines allemandes, une valve ou sorte de robinet pour évacuer les cendres sans poussière au dehors. La charge est répartie ainsi qu'il suit sur les roues : av. 10 t. 5 ; mill. 11 ; arr. 11,5.

Outre la locomotive exposée, M. Sigl a le dessin d'une mixte où les roues d'arrière sont couplées avec les roues motrices : les agencements sont à peu près les mêmes que dans la machine exposée. Suivent les dimensions principales : cylindres 430 ; course 584 ; 173 tubes longs de 3m43 sur 51 millimètres de diamètre ; pression de 7 atmosphères 1/2 ; surface de chauffe de 103m40 dont 8m24 dans le foyer ; diamètre des roues couplées 1.678 ; base totale extrême 4m72. La machine pèse vide 33 tonnes, et en marche 36,25 ainsi réparties : av. 13 tonnes 25 ; mill. 12.50 ; arr. 10.75.

4° *Kessler*, à Esslingen. — Fig. 5 et colonne 12me du tableau D.— Ce constructeur, l'un des plus importants de l'Allemagne, est connu en France par les belles locomotives qu'il avait exposées, en 1855, à Paris, et par quelques Engerths construits pour le chemin de fer du Nord. La machine mixte portant le numéro 806, qu'il expose aujourd'hui, est destinée à la ligne indienne de Calcutta à Delhi en rails Brunel à écartement de 1m70 : elle est exécutée d'après des plans anglais : — cylindres et châssis extérieurs; ressorts indépendants et non réglables; le ressort d'arrière est à cheval sur les deux boîtes à graisse derrière le foyer. Distribution intérieure : la chaudière contient 2,800 litres d'eau et 1,130 de vapeur. La charge sur les roues en marche est réglée comme il suit : av. 11.6 ; mot. 10.4; arr. 10.4. Le tender qui suit la machine est à six roues de 1m14, ayant 3m63 d'entr'axe extrême chargées également. La plate-forme du mécanicien est abritée par une tente en toile sur carcasse en fer. L'exécution de la machine Kessler est fort belle.

5° *Kitson*, de Leeds. — Fig. 2 et colonne 2me du tableau D. — Locomotive mixte portant le numéro de construction 1423 et destinée à une des lignes indiennes, ayant à cet effet au-dessus de la plateforme du mécanicien une élégante toiture. Mouvement intérieur du type anglais avec doubles glissières latérales; coulisse simple avec relevage par mécanisme à vis débrayable à volonté pour les manœuvres à bras. Les pièces du mouvement sont en fer sauf les tiges des pistons qui sont en acier. Double châssis dont les longerons intérieurs servent aux roues couplées et les longerons extérieurs à la paire de roues libres; les longerons intérieurs ont 25 millimètres et les longerons extérieurs 12 millimètres d'épaisseur. Les essieux des roues couplées ont des fusées de 152 millimètres de diamètre sur 228 millimètres de longueur ; les coussinets sont en alliage blanc. Les roues de devant ont un jeu latéral de 25 millimètres et les fusées sont munies de coussinets inclinés dits du système Cortazzi. Les ressorts de suspension sont calculés pour une flexion de 5 millimètres par tonne. Ceux des roues motrices sont seuls réglables à volonté. La charge sur les roues est répartie en charge comme il suit : 9 tonnes sur les roues d'avant; 19 tonnes divisées également sur les roues couplées.

La chaudière est munie de divers appareils spéciaux, savoir: 1° un fumivore composé d'une voûte en brique à moitié foyer et d'une plaque dite defflecteur, pour diriger sous la voûte l'air entrant par la porte accoutumée ; 2° un *anti-incrustateur* du système Becker; 3° des soupapes de sûreté du système Naylor; 4° un *arrête-escarbille* cylindrique placé dans la boite à fumée. Ils seront décrits plus tard. Les boîtes à feu et à fumée sont raccordées par des cornières au corps tubé. Les cuivres du foyer ont 12 millimètres d'épaisseur, sauf la plaque tubulaire qui a 21 millimètres. Le dôme au milieu du corps tubé contient une prise de vapeur à tiroir régulateur équilibré. L'alimentation de la chaudière se fait par deux petits giffards installés sur la plateforme.

6° *Fowler*, de Leeds. — Fig. 10 — Locomotive express du Great-Northern, rail way, construite sur les plans de M. Sturrock. Roues couplées de 2m13 sur lesquelles la charge est répartie également avec balanciers d'équilibre entre les ressorts. Les roues libres d'avant et les six roues du tender ont 1m27 de diamètre. L'entre-axe extrême de la machine est 5m42; les cylindres ont 430 millimètres de diamètre sur 600 de course. La chauffe égale 93 mètres, dont 10m48 dans le foyer, lequel a 1m76 de grille. Le mouvement est intérieur et le châssis extérieur à doubles flasques entretoisées du système bien connu de M. Sturrock. La machine remorque, dit-on, sur la ligne courante à faibles pentes vingt voitures à la vitesse de 96 kilomètres. Voir la description détaillée d'une machine analogue dans le journal *Engineering* (1867).

Outre la machine du Great-Northern, dont le dessin seul est exposé (dans la galerie de l'agriculture) M. Fowler exhibe aussi celui des locomotives tenders d'Irlande à peu près agencées comme la précédente, mais avec chaudière du type Crampton munie d'un dôme vers le milieu du corps tubé. Les roues sont moins écartées et les caisses à eau sont longitudinales.

7° *Seraing* [1]. — Fig. ci-après et colonne 10me du tableau D. — Locomotive express de l'État belge. Grand foyer, du système Belpaire; châssis à double longeron de part et d'autre des roues. Mouvement intérieur du type anglais avec

1. Les établissements de Seraing, E. Sardoine, directeur, comptent parmi les plus vastes du monde. Ils ont dans la même enceinte, sur quatre-vingt-dix hectares de superficie, les houillières minières. fourneaux, forges, ateliers. Ils sont spécialement organisés pour la fourniture annuelle de 50 locomotives et ils en ont livré 675, non compris les autres engins de toute sorte, tels que navires, souffleries, outils, ponts, etc. La maison a une succursale à Anvers et une autre à Pétersbourg, en Russie.

glissières latérales. La chaudière contient 3,000 litres d'eau et 2,500 de vapeur. La charge est répartie comme il suit en marche : avant 9 tonnes 3; milieu et arrière 24 tonnes également par moitié, dit-on.

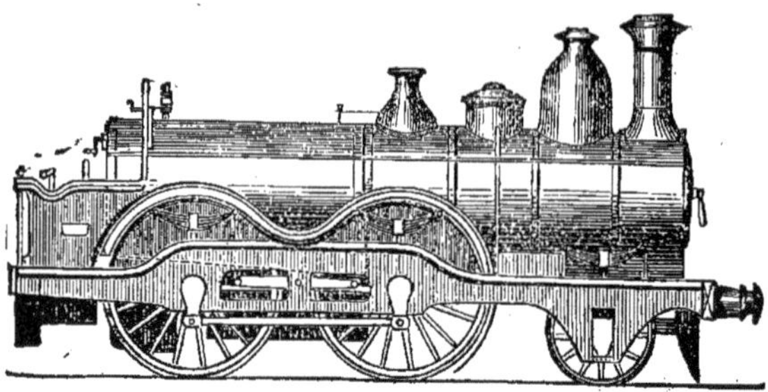

Fig. 4.

8° *Urban-Central belge.* — Fig. 12 et colonne 11 du tableau D. — Locomotive express de la ligne d'Anvers à Rotterdam, surtout remarquable par la position inusitée des cylindres extérieurs; bâti intérieur; très-long foyer du type Belpaire avec grille à jours étroits, dôme sur le milieu du corps tubé, lequel contient un régulateur ordinaire. L'essieu moteur a quatre ressorts placés sous les boîtes à graisse, avec balancier d'équilibre au-dessous du cadre du foyer; ressort d'avant au-dessus des boîtes à graisse avec un support transversal qui les rejette, en porte à faux des roues, sur les flancs de la chaudière, comme dans certaines machines françaises de Cail et de Kœchlin; tuyau d'échappement sous la chaudière; distribution extérieure du système Walschaert; injecteurs Giffard verticaux, du type français dit du chemin de fer de Lyon. La chaudière est ovalisée de 6 centimètres, sans tirants. La machine est lourde, mais la charge est très-bien répartie.

9° *Creusot-Sinclair.* — Fig. 7, colonne 1re du tableau D. — Quoique non exposée, nous décrivons cette locomotive construite en 1866 au Creusot sur les plans de M. Sinclair pour le Great-Eastern railway. C'est une de ces machines dont la commande en France a tant indigné le patriotisme britannique, mais qui a fait remarquablement ses preuves en concours avec les locomotives d'Hawthorn, Kitson et Vulcan-foundry. — Cylindres extérieurs, châssis de la locomotive entre les roues, ceux du tender sont à doubles flasques en tôle de 11 millimètres. Les essieux et les bandages des roues sont en acier Krupp. Les fusées ont la forme en arc propre à M. Sinclair; les boîtes à graisse, coquilles et coussinets rapportés, les tiroirs et pistons sont en bronze; ces derniers sont garnis de segments en fonte, leur tige est en acier Krupp, les colliers d'excentrique et leurs barres sont d'une seule et même pièce. La chaudière est à simple rivure, les tubes sont garnis de viroles en fonte malléable, l'échappement est variable suivant le type français. La cheminée est évasée de bas en haut. La machine remorque en service courant 35 wagons de marchandises chargés à 10 tonnes, ou de 18 à 28 voitures à voyageurs. Suivent quelques dimensions complémentaires du tableau: épaisseur des tôles 11 millimètres; surface de grille $1^{m}26$; diamètre d'essieux 152 millimètres à la fusée et 178 millimètres en callage. Longueur de la fusée 178 millimètres, tige de piston en acier Krupp 52 millimètres de diamètre, charge sur les roues couplées 21 tonnes.

10. *Ateliers du chemin de fer de Lyon.* — Figure ci-après et colonne 7me du tableau D. — Cette locomotive originairement construite en 1851, a été transfor-

mée, en 1867, aux ateliers de la Compagnie de Paris. Les modifications ont été les suivantes : 1° Corps tubé allongé de $0^{m}75$, et par suite le foyer reculé ; 2° l'essieu d'arrière et ses supports ont été changés; les fusées primitivement en dedans sous les longerons prolongés en droite ligne, ont été reportées en dehors et on a appliqué le faux châssis extérieur; l'essieu peut en outre se déplacer par les plans inclinés du système Sharp; 3° changement de marche

Fig. 5.

par mécanisme à vis du système Kitson ; 4° frein à vapeur Lechatellier ; 5° giffard spécial type de Lyon ; 6° fumivore par injection de vapeur et introduction d'air par entretoises creuses, système Thierry. — La chaudière contient 3,000 litres d'eau et 1750 litres de vapeur. La charge sur les roues est répartie comme ilsuit : avant et milieu 19 tonnes également par moitié, arrière 6 tonnes 825.

11. *Cail, à Paris.*— Figure ci-dessous et colonne 6me du tableau D. — Locomotive du nord-belge ayant à peu près les dispositions de la précédente notamment pour les roues d'arrière avec longeron partiel extérieur, laissant les ressorts et boîtes à graisse en saillie, contrairement au système précédent de Lyon.

Fig. 6.

12. *Forquenot.* — Fig. 13 et colonne 8me du tableau D. — Construite en 1864 sous le numéro 203 aux ateliers du chemin de fer d'Orléans, à Ivry-Paris, sur les plans de M. Forquenot et sous la direction de M. Thétard, chef des ateliers, pour le service d'Agen à Toulouse, où 12 voitures sont traînées à grande vitesse sur rampes de 10 à 16 millimètres avec rampes de 300 à 500 mètres, en consommant 6 kilogrammes au plus de houille par kilomètre. 24 locomotives semblables sont en service ou en construction. La machine exposée arrive à l'Exposition ayant fait 100,000 kilom. de parcours en 18 mois continus sans réparation

d'atelier. Elle a les mouvements extérieurs du système Engerth, un fumivore Tembrinck, des roues étampées du système Arbel, le relevage des coulisses de distribution se fait par un mécanisme à vis débrayable à volonté pour les manœuvres à bras par le levier ordinaire. Les roues ont des bandages d'acier fondu, le frein est sur la machine. Les pièces du mouvement sont en acier et très-allégées; les tôles de la chaudière également en acier ont 8 millimètres d'épaisseur. La chaudière contient 2,000 litres de vapeur. La charge adhérente des roues couplées est ensemble 24.3 tonnes réparties également avec balancier d'équilibre disposé comme il est indiqué sur la figure.

13. *Gouin-Ouest.* — Fig. 9 et colonne 9me du tableau final D. — Locomotive express du chemin de fer de l'Ouest, construite par Gouin sur les plans de la Compagnie, non exposée, mais à citer ici comme l'un des types les mieux réussis que nous ayons. Cylindres intérieurs, distribution et châssis extérieurs très-bien agencés. La chaudière contient 2,850 litres d'eau et 1,450 litres de vapeur y compris le contenu du dôme à l'avant du corps tubé. La charge sur les roues, avec ressorts tous indépendants, est la suivante en marche : avant 11 tonnes 10 ; milieu 11 tonnes 40 ; arrière 11 tonnes 55.

14. *Ouest.* — Colonne 1 du tableau E. — Locomotive tender transformée aux ateliers du chemin de fer de l'Ouest pour service de banlieue. Mouvement et châssis intérieurs; chaudière à foyer renflé avec dôme de vapeur à l'avant du foyer. Caisses longitudinales de part et d'autre du foyer. La même Compagnie possède une nombreuse série de locomotives à 4 ou à 6 roues couplées et mouvements extérieurs dont il faut recommander l'étude sur place. Voir spécialement celle qui fait le service de la rampe du Pecq.

15. *Grant,* à Paterson, état de New-Jersey (Amérique), 1867, numéro de construction, 471, fig. 3 et colonne 4 du tableau E. — Cette machine est le premier spécimen des constructions américaines venues en France, mais il paraît qu'en Allemagne et en Espagne ce système, si différent des nôtres, se rencontre quelquefois. La machine exposée est une locomotive mixte à puissante chaudière et grand foyer; les tôles ont, dit-on, 8 millimètres; elle a 4 grandes roues couplées et 4 petites roues libres groupées en avant-train mobile. Ces roues sont en fonte, mais avec bandages en acier Krupp. Le châssis est intérieur et n'a plus rien de commun avec nos longerons en tôle découpée; il est composé de pièces rapportées à soudure, et rappelle les bâtis des anciennes locomotives du constructeur anglais Bury, à l'origine des chemins de fer. Tout le mécanisme moteur et distributeur est en dehors et analogue à celui des locomotives usuelles en Europe, sauf quelques formes insolites de pièces. La chaudière est alimentée par des pompes à grande course directe et non par des giffards. La charge sur les roues est distribuée ainsi qu'il suit : sur le truc d'avant, 7.8 tonnes, et 20 tonnes également sur les roues couplées, entres lesquelles il y a des balanciers d'équilibre. Le tender qui suit la machine est de très-grande dimension et porté sur 8 roues en fonte, groupées en 2 trains articulés, dit *bogie* ou *truck.* La richesse décorative dépasse tout ce que nous pourrions imaginer, les peintures, festons, sculptures et dorures abondent; le corps tubé a une enveloppe en maillechort poli; la cheminée elle-même est polie. Un énorme phare est à l'avant de la machine, et une cloche d'avertissement est sur la chaudière. La sablière est en forme de dôme, semblable et symétrique au réservoir de vapeur, placé au-dessus du foyer. A l'avant de la machine est un *chasse-bœuf,* suivant l'usage du pays. Voir description détaillée dans *Engineering* de juillet 1867.

16. *Ateliers de Carlsruhe,* fig. 6 et colonne 5 du tableau E. — Cette locomotive, dont le dessin seul est au palais du Champ de Mars, doit être relatée ici

comme spécimen curieux de locomotive express, pour les lignes à profil très-accidenté de la Suisse. Leur particularité capitale est le support sur 8 roues, dont les 4 petites sont en avant-train mobile ou articulé. Tout le mouvement est en dehors, rappelant le type Engerth, les châssis sont extérieurs, selon la mode allemande, avec manivelles rapportées aux extrémités des essieux couplés. L'alimentation se fait par deux giffards. La soupape de sûreté d'avant est équilibrée par un poids, au lieu de la balance usuelle à ressort.

Parmi les autres dessins de la Compagnie de Carlsruhe, nous remarquons ceux de 3 autres bonnes machines mixtes : 1° Type : chaudière avec boîte à fumée renflée, et deux dômes aux extrémités opposés de la machine. Roues d'arrière accouplées avec les roues du milieu. Cylindres extérieur ; mouvement distributeurs et châssis entre les roues. Cylindres, 457 millimètres; course, 610; roues, 1m.292; entre-axes, 3m.19; chauffe, 113mq.44, dont 7.60 pour le foyer; poids, 35 tonnes; 2° Type : ne différant du précédent que par un peu plus de légèreté, quoique avec plus de surface de chauffe par les tubes ; 3° Type : chaudière du même type que la machine à marchandise décrite; tout le mécanisme et le châssis sont extérieurs à la mode allemande. Cylindres, 402 millimètres; course, 612; roues, 1m.524; entre-axes, 3m.45; chauffe, 105mq., dont 5.78 dans le foyer; poids en marche, 28.90 tonnes.

17. *Neilson*, à Glascow. — Locomotive du Great-Northern, non exposée, mais à signaler à cause de ses particularités; elle a été récemment décrite, avec détail, dans l'*Engineering*, de Zerach-Colburn, et dans les *Annales du génie civil*, numéro de mars 1867, auquels nous renvoyons en relatant seulement : 1° la rigidité du châssis commun à la machine et au tender. Celui-ci n'ayant pour ainsi dire qu'une seule paire de roues commune avec la machine, et qui se déplace latéralement par un jeu de coussinet courbe, suivant le système Roy, bien connu en France; 2° à l'émission de la vapeur hors des cylindres, celle-ci peut être dirigée à volonté ou dans la caisse à eau du tender par un long tube, ou dans la cheminée, suivant l'ordinaire.

18. *Cudworth*, figure 11 et colonne 6 du tableau E. — Locomotive tender, pour le service des voyageurs de Charing-Cross à Greenwich (Londres), étudiée par M. Cudworth, ingénieur en chef du South-Eastern railway, et exécutée au *Canada Works*, à Birkenhead. Cette machine n'a pas été exposée, mais elle se recommande par ses particularités. A vrai dire, c'est une machine réellement distincte du tender qui suit, mais ayant ensemble un seul et même châssis double et rigide, sous lequel est un arrière-train articulé portant la caisse à eau. Les mouvements sont intérieurs et du type ordinaire anglais avec glissières latérales. La suspension sur 4 ressorts en tout, avec l'intermédiaire de 2 paires de balanciers compensateurs doit être également remarquée. Les roues sont entre 2 longerons, également découpés dans des tables laminées. Les roues couplées de la locomotive proprement dite ont des boîtes à graisse extérieures et intérieures; les roues du train articulé n'ont que des boîtes à graisse extérieures. Suivent quelques dimensions complémentaires du tableau : distance de l'axe des roues motrices au foyer, 0m,43, tourillon des essieux couplées : à l'extérieur, long., 0.152; sur diamètre, 0.149; à l'intérieur, long., 158 millimètres, sur 139 de diamètre. Diamètre d'essieu coudé au corps, 152 millimètres ; au callage, 178 millimètres.

19. *Graffenstaden*, figure ci-après et colonne 2 du tableau E. — Locomotive à voyageurs du chemin de fer Badois, à profil accidenté, construite aux ateliers de Graffenstaden, sur les plans de la Compagnie, — spécimen des locomotives à 4 roues qui existent en Allemagne, — cylindres extérieurs, distribution entre les roues, — châssis extérieur à la mode allemande, ayant cette particularité

que les longerons sont découpés dans des tables laminées, munies de nervures extrêmes, comme un large fer en I; une guérite élégante abrite le mécanicien sur la plate-forme.

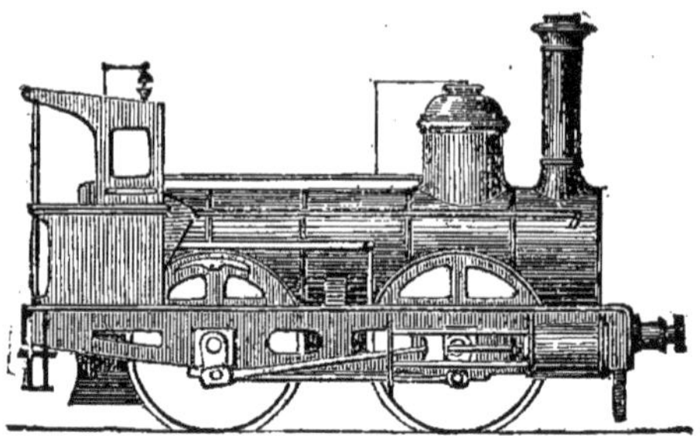

Fig. 7.

Cette machine, une des plus jolies de l'Exposition, y est accompagnée d'un tender simple et de bonne forme, dont le châssis a, de même que précédemment, des longerons en I : suivent les dimensions complémentaires du tableau : volume d'eau dans la chaudière, 3me, tuyaux du giffard alimentaire; pour l'aspiration, 40 millimètres; pour le refoulement, 45 millimètres. Lumières d'admission 360/32; d'émission, 360/70; longueur de bielle motrice, $2^m.42$; bouton de manivelle, longueur, 96 millimètres; diamètre, 92 millimètres. Diamètre d'essieu, au milieu, 170; aux fusées, 226. Longueur de fusée, 150. Ressorts : longueur à l'entraxe des tiges, 880; 11 lames ayant 90/12. La charge étant également répartie sur les essieux, chacun porte 13 tonnes en marche.

20. Parmi les machines allemandes à 4 roues en service, nous citerons celle des ateliers de Carlsrhue, construite en 1863, et dont les dessins ont été communiqués à l'Exposition. C'est une machine tender, portant ses provisions de route dans des caisses latérales longeant la chaudière de part et d'autre. Celle-ci est du type dit Crampton, sans renflement de boîte à feu ou de boîte à fumée, avec dôme à l'avant du foyer. — Tout le mécanisme est extérieur, y compris la distribution, le tout est disposé à peu près comme dans les locomotives Crampton. Le châssis est simple et placé entre les roues. Suivent les dimensions principales : diamètre de cylindre, 280 millimètres; course, 460; diamètre des roues, 940; entraxe, $2^m.100$; surface de chauffe, $50^m.36$, dont 4,02 dans le foyer; poids en marche, $17^t.50$.

Une autre machine du même constructeur ne diffère de la précédente que par la position de la caisse à eau, qui est sous le corps tubé, et par les dimensions que voici : diamètre de cylindre, 280; course, 540; roues, $1^m.230$; entr'axe, 2.10; surface de chauffe, 46, dont, 4.43 pour le foyer; poids en marche, 20 tonnes.

21. *Kraus*, à Munich, fig. 4 et n° 3 du tableau E. — Ce nouveau constructeur nous envoie sa première locomotive tender à 4 roues, l'une des plus curieuses de l'Exposition; elle devra faire l'objet d'une description complète et détaillée, car elle est remplie de particularités spéciales, que nous nous bornerons à indiquer ici : 1° légèreté et réduction à l'extrême de toutes les parties, chaudière en tôle de 8 millimètres, pour 10 atmosphères de pression; 2° les longerons et leurs entretoises ne sont autres que les parois de la caisse à eau placée sous le corps tubé; les ressorts d'avant sont indépendants et non réglables; les roues d'arrière ont un ressort commun transversal; 3° les injecteurs giffards, les lubrificateurs, les bielles à section évidée, leur tête à frette extérieur, comme à

Orléans; la forme et l'attache des glissières, les soupapes de sûreté, le régulateur placé dans la boîte à fumée, avec tringle de manœuvre sur le côté, sont également spéciaux; 4° le foyer est ondulé pour se prêter aux dilatations. Les mouvements sont extérieurs et du type Crampton, les coulisses sont du système Allen, et les roues en fer du système Arbel. On affirme que la machine remorque largement 160 tonnes à la vitesse de 40 kilomètres en rampe de 20 millimètres.

22. *Sharp*, à Manchester. — Cette célèbre maison a exposé les nombreuses photographies de locomotives mixtes de toutes formes que nous relatons seulement pour mémoire, les publications techniques anglaises les ayant fait connaître avec détails.

23. *Creusot.* — Locomotives express des chemins russes, à 8 roues, dont 4 couplées, représentées planche XXII en élévation extérieure. Double châssis; les longerons intérieurs embrassent les deux essieux couplés, les longerons extérieurs portent sur les roues libres extrêmes : suit le tableau des principales dimensions :

Foyer. Longueur moyenne.	2.00
— Largeur Id.	1.06
— Hauteur Id.	1.34
Tubes. Nombre.	180
— Diamètre intérieur.	46 millimètres.
— Longueur entre plaques	$4^{m}.35$
Chauffe. Du foyer.	$10^{mq}.14$
— Des tubes.	113.28
— Totale.	123.32
Capacité de la chaudière. Eau.	3635 litres.
— Vapeur.	1985 litres.
Diamètre moyen du corps tubé.	$1^{m}.30$
Cheminée. Longueur.	2.45
— Diamètre.	0.44
Section des tuyaux de prise de vapeur.	$0^{mq}.095$
— d'échappement.	0.200
Cylindre. Diamètre.	0.33
— Course.	0.60
Bielle motrice. Longueur.	1.65
— Section petite tête, 48 sur.	78 millimètres.
— — grosse tête, 48 sur	96 —
Bielle d'accouplement. Longueur.	2.2
Sections aux extrémités, 48 sur	78
— au milieu. . . 46 sur	100
Angle de calage des excentriques.	30°
Avance à l'introduction de 1 et demi à.	7 millimètres.
Recouvrement intérieur.	3 —
— extérieur.	31 —
Introduction en centièmes de course, de 0.09 à.	0.77
Rayon d'excentricité.	$0^{m}.065$
Course des tiroirs.	0.130
Lumière d'admission.	5 × 330
— d émission.	86 × 330
Longueur des barres d'excentriques.	$1^{m}.50$
Largeur des poulies.	0.07
Rayon de la coulisse.	1.58
Longueur des longerons.	$8^{m}.78$
Écartement des longerons intérieurs.	1 .31
— extérieurs.	2 .46

Épaisseur des longerons intérieurs	24
— extérieurs	20
Hauteur de l'attelage	1 .02
— la plate-forme	1 .25
Entraxe des tampons	1 .78
Roues couplées. Diamètre	2 .10
— Entraxe	2 .20
— Libres	1 .30
Entr'axe total des roues	5 .80
Essieux moteurs, en fer.	
— Diamètre aux fusées	0 .18
— — au calage	0 .21
— Longueur de fusée	0 .26
Essieux libres, en fer	
— Diamètre aux fusées	0 .15
— — au calage	0 .21
— Longueur de fusée	0 .27
Poids de la machine vide	35 .50
— en marche, roues avant...... 10.03	30.77
— — 1res en millim. 11.12	
— — 2e en millim. 10.08	
— — Arrières.... 7.52	

24. On construit en ce moment en Angleterre des locomotives pour le Métropolitan railway, qui paraissent se rapprocher du type Cudworth, ayant, comme dans celui-ci, 4 roues couplées de grand diamètre en avant et des roues d'arrière ayant la faculté de se déplacer latéralement dans les courbes; elles ont un très-grand foyer, peu de tubes, un fumivore en arche de brique sur moitié de la longueur du foyer. Les cylindres ont 0m.457 de diamètre, sur 0.60 de course. Les roues couplées auront 2m.13, et les roues porteuses 1.22

VII

Locomotives à roues libres. (Planche XXII et tableau G ci-après.)

D'après certains ingénieurs, les locomotives pourvues d'une seule paire de roues motrices, et ne pouvant guère dépasser une puissance adhérente de 2,000 kil., seraient condamnées à disparaître tôt ou tard du courant du service, en raison de l'accroissement continu du poids des trains. Le fait paraît acquis, sauf pour les trains à grande vitesse, auxquels il sera toujours dangereux de faire dépasser le poids de 100 tonnes. Avec cette charge, le train est déjà presque ingouvernable, si la vitesse est de 80 kilomètres à l'heure et si l'arrêt subit est nécessaire à la vue d'un obstacle. L'accouplement des roues de grand diamètre a d'ailleurs, on le sait, des difficultés pratiques de divers ordres, et nous croyons que la locomotive express, proprement dite, restera probablement encore pourvue seulement d'une paire de roues motrices, avec réunion spéciale des conditions pour obtenir le maximum de stabilité. A ce titre, l'Exposition nous offre trois locomotives express, qui ont droit à notre intérêt parce qu'elles sont l'expression des tendances anglaises, lesquelles continuent à ne pas varier à cet égard, comme si elles obéissaient à un programme ayant *force de loi*. La Crampton, si estimée en France, continue à être bannie d'Angleterre, où l'on est bien intimement convaincu qu'elle est incapable de travailler pratiquement.

En Allemagne, il existe plusieurs Crampton, mais à châssis simple et extérieur, construites notamment à Carlsruhe, en 1863, à peu près sur le modèle de celle qui figura à l'Exposition de Paris, en 1855. Suivent les dimensions principales : diamètre des roues motrices, 2m.13; cylindres, 405 millimètres; course, 558; entr'axe des roues, 3m.75; surface de chauffe, 38 mètres carrés. dont 6 mètres carrés dans le foyer; poids en marche, 26t.75.

Arrivons aux 3 locomotives express à roues libres, exposées par Stephenson, la Compagnie Lilleshall et le Creusot.

1° *Stephenson*, à New-Castle, numéro de construction 2,002, fig. 1 et colonne 1 du tableau G ci-après. — Les dispositions et dimensions respectives sont celles des locomotives qui se construisaient il y a quinze ans, et l'on pourrait croire qu'on a devant les yeux une vieille machine arrivant victorieuse avec les preuves d'un long service, comme la Crampton de la Compagnie française du Nord, à l'Exposition de 1848, si les longerons et la chaudière ne révélaient une construction toute récente : le mécanisme est intérieur et du pur type anglais, avec glissières doubles latérales, le tout bien dégagé. Les longerons sont doubles : l'un extérieur, l'autre entre les roues, les entretoises étant multipliées partout où il a été possible; l'un et l'autre longeron sont découpés dans des tables de tôle, suivant la méthode actuelle; le longeron extérieur n'est plus formé de deux plaques de tôle, avec semelle de bois intermédiaire, comme ce fut si longtemps la mode anglaise de toute une école. Les roues motrices ont, de chaque côté, double boîte à graisse en bronze et double ressor de suspension; tous les ressorts sont à écrous réglables à volonté.

La chaudière a son corps tubé fait de 3 cylindres réunis avec plate-bandes extérieures, et laminés circulairement à la façon des bandages de roues de chemin de fer, dits *sans soudure*. Évitant la rivure longitudinale, on simplifie la fabrication dès que le laminoir est créé. Ce système est mis en pratique aux forges de Lowmoore; il existe un spécimen à la classe de la métallurgie, dans l'exhibition de cette célèbre maison. Toute la rivure de la locomotive Stephenson est d'ailleurs à double rang, avec tête boutrollée hémisphérique. La locomotive de Stephenson, qui est à l'Exposition, est destinée au chemin de fer d'Égypte : il n'y a pas de giffard, mais des pompes alimentaires à grande course directe, suivant l'ancien système. Le relevage des coulisses de distribution se fait par un mécanisme à vis et débrayable, d'un type spécial qui sera décrit plus tard. La chaudière contient 2530 litres d'eau et 1440 de vapeur, y compris le contenu du dôme.

2° *Compagnie de Lilleshall* (Shropshire, en Angleterre), fig. 2 et colonne 2 du tableau G ci-après. — Ces ateliers, dont lord Granville est, dit-on, le commanditaire, et qui n'avaient eu jusqu'ici que la spécialité des grosses machines de forge, nous ont envoyé une jolie locomotive destinée aux Indes, et qui est encore l'expression du pur type anglais. Les mouvements sont intérieurs, avec doubles glissières latérales pour les crosses de pistons, mais avec une légère inclinaison des cylindres de bas en haut. Double châssis; les longerons intérieurs portent les boîtes à graisse de l'essieu moteur; les longerons extérieurs retiennent les roues libres extrêmes, ainsi que l'indique la figure. Les ressorts sont tous indépendants, ceux des roues motrices ont seuls des écrous de serrage à volonté. Les essieux et bandages de roues sont en acier. La coulisse de distribution appartient au type à forme droite, dite d'Allen (voir le tableau des résultats dans *Engineering* de 1867.) Dans le foyer, il y a pour la fumivorité une demi voûte de brique et un déflecteur d'air. La chaudière est garnie de lubrificateurs selfacting et de soupapes de sûreté, du système Ramsbottom; on s'est inspiré des formes usuelles de cet ingénieur dans le type général de la machine. Une guérite complète en tôle abrite le mécanicien sur sa plate-forme.

3° *Creusot*, fig. 3 et n° 3 du tableau ci-après. — Locomotive express du Great-Eastern railway, construite en France sur les plans de M. Sinclair. Châssis double, longerons découpés; le longeron extérieur porte les petites roues extrêmes, le longeron intérieur embrasse les roues motrices. Les cylindres sont en dehors des roues et fixés entre les deux longerons avec inclinaison de 1/17. Le tender accompagnant cette machine est porté sur six roues; il contient 8 tonnes 1/2 d'eau, 2 tonnes 1/2 de combustible et il pèse en marche 24 tonnes. Les publications techniques d'Angleterre ont rendu complet hommage à l'excellente construction et au très-bon service de ces machines françaises introduites pour la première fois dans la Grande-Bretagne, et qui sont en concours avec celles des meilleures maisons de Manchester et de Leeds.

4° Outre les trois locomotives à roues libres qui précèdent, l'Exposition offre quelques photographies de machines analogues, notamment une d'Hartmann dans la section allemande, et deux autres de Sharp dans la section anglaise : l'une presque exactement conforme à la machine exposée de Stephenson; l'autre, machine tender, où les mouvements et châssis sont entre les roues, la caisse à eau étant placée excentriquement sur le corps tubé.

Suit le tableau comparatif des trois locomotives exposées.

TABLEAU G COMPARATIF DES LOCOMOTIVES A ROUES LIBRES.

	1 STEPHENSON.	2 LILLESHALL.	3 CREUSOT.
Timbre de la chaudière en atmosphères..	13	8.5	10.5
Diamètre du corps tubé en mètres......	1.22	1.22	»
Tubes. Nombre..................	161	186	190
— Diamètre extérieur en millimètres.	50	»	47
— Longueur en mètres............	3.62	3.40	3.66
Foyer. Longueur moyenne............	1.10	1.60	»
— Largeur id.	»	»	»
— Hauteur id.	1.50	»	»
Surface de grille en mètres carrés.......	1.28	1.63	1.45
Surface de chauffe du foyer Id.	7.63	9.10	7.04
— des tubes Id.	89.00	91.00	101.60
— totale Id.	96.63	100.10	108.64
Cylindre. Position......................	intérieur.	intérieur.	extérieur.
— Diamètre en millimètres.......	406	406	400
— Cours en millimètres..........	558	531	610
— entr'axe en mètres............	0.761	»	1.87
Roues. Motrices Id.	1.97	2.13	2.16
— d'avant Id.	1.14	1.40	1.09
— d'arrière Id.	1.14	1.40	1.09
Entr'axe des roues Id.	4.77	4.95	4.57
Poids à vide en tonnes...............	27	27	»
Poids en marche id..................	30	31.6	29.5
Répartition sur roues motrices..........	13.5	12.6	11.4
— d'avant..........	9.5	10.6	9.6
— d'arrière..........	7	8.5	8.5
Cheminée. Hauteur en mètres...........	»	»	1.22
— Diamètre..................	»	»	0.38 0.46
Hauteur de l'axe de la chaudière.........	2.02	»	1.97

VIII

Petites locomotives dites de mines, de gares ou de chantiers.

(Planche XXII et tableau final E.)

Ces machines sont depuis longtemps conseillées comme aptes à rendre dans une multitude d'industries, autant de services que les machines à vapeur dites locomobiles qui meuvent aujourd'hui sur place des engins de toutes sortes, même dans la campagne. Un jour viendra, comme cela a déjà été entrevu, il y a quelques années, où la locomotive et la locomobile, confondant leurs propriétés respectives, deviendront le *factotum* des ports, chantiers et ateliers.

En ce moment, les locomotives dont nous nous occupons n'en sont encore qu'à remorquer des trains sur des voies ferrées dont l'écartement de rails est souvent moindre que la jauge habituelle de 1m50. Elles sont du moins caractérisées par un ensemble de conditions spéciales que j'ai précisées dans mon ouvrage sur les machines à vapeur, et dont voici les principales :

1° Réduction à l'extrême limite, de l'entr'axe des essieux extrêmes afin de passer dans les plus petites courbes. Souvent il n'y a que deux essieux distants de 2 mètres et moins.

2° Égale répartition de la charge sur les roues, et vitesse de l'homme au pas pour l'ordinaire du service, avec faculté de prendre l'allure du cheval au trot.

3° Réunion de toutes mesures contre l'incendie afin de permettre à la machine d'arriver jusqu'au centre de l'établissement.

4° Grande facilité de conduite, obéissance instantanée aux manœuvres de mise en marche et d'arrêt, sans brutalité. Visite, inspection, entretien faciles en service et à toute place.

5° Renouvellement facile des provisions, notamment de l'eau nécessaire à la chaudière, sans installation spéciale.

6° Absence d'organes compliqués, mais choix de pièces qu'on puisse remplacer partout sans avoir besoin de renvoyer la machine aux ateliers de construction.

Il est un caractère des locomotives dont nous parlons et contre lequel nous protesterons : c'est le bas prix extrême de leur construction obtenu non-seulement, ce qui est rationnel, par la simplicité des ajustements et des formes, mais grâce à l'économie sur la main-d'œuvre et sur le choix des matériaux. On arrive ainsi à produire un mauvais outil dispendieux en service et dépensant en réparation plus que les frais d'acquisition d'un appareil égal à ceux du courant des chemins de fer, où la perfection du travail est toujours regardée comme essentielle.

Quant aux autres conditions qui précèdent, bien qu'elles ne soient pas toujours suffisamment remplies, les expositions nous ont offert des locomotives de gares et de chantiers très-intéressantes. Toutes les compagnies de chemins de fer en possèdent des types variés. Au palais du Champ de Mars nous en trouvons sept qu'il suffira de relater brièvement quand elles n'ont pas de particularités spéciales.

1° *Boigues*, à Commentry.— Fig. 8 et colonne 11me du tableau E. — Spécimen de locomotive pour voie d'intérêt local, construite à l'atelier de la Compagnie de Commentry pour le service de ses mines, où 40 wagons sont remorqués à la vitesse de 10 kilomètres sur rampes de 5 millimètres avec courbes de 40 mètres. La première a été construite en 1854. Celle qui est exposée est la onzième; elle a déjà effectué, dit-on, un assez long service sans réparation. Mouvements extérieurs du type Crampton, mais incliné et avec coulisse spéciale par son mode de suspension. Deux caisses à eau A et B placées aux extrémités. Sous le dôme de la chaudière est le régulateur qui est équilibré et dans le genre des soupapes des pompes d'épuisement dites de Cornwal. La chaudière contient 1,380 litres d'eau et 641 litres de vapeur. La répartition du poids sur les roues est de 6,800 kilogrammes à l'arrière et 6,440 sur les autres roues. Celles du milieu sont dépourvues de boudin. Les ressorts sont indépendants et placés en-dessous.

2° *Atelier de Couillet*, près Charleroy.— Fig. 5 et colonne 10me du tableau E. — Locomotive de gare et de mine, très-curieuse pour toutes ses particularités; elle devra faire l'objet d'une description complète et détaillée. — Elle est à quatre roues couplées, plus un faux essieu moteur ayant un palier de support au centre, outre les deux extrêmes s'appuyant sur les longerons. Ceux-ci sont extérieurs; les mouvements sont intérieurs avec boîtes à tiroirs en dehors sur les côtés, et distribution à un seul excentrique, l'autre extrémité de la coulisse prenant son point d'appui par des tringles et bielles sur la crosse de piston selon le système Walschaert. Foyer Belpaire; caisses à eau latérales élevées au-dessus de la plateforme de manière à démasquer le mécanisme; frein à pression sur la voie.

3° *Carels*, à Gand. — Fig. 4 et colonne 9me du tableau E. — Très-curieuse machine de gare à six roues pour le chemin de fer de l'État belge, construite sur les plans de M. Belpaire, ingénieur en chef du chemin de fer. Mouvements intérieurs dans le genre anglais; détente variable dite belge ; châssis extérieur et simple où les plaques de garde sont rapportées comme dans l'ancien système; foyer carré de M. Belpaire, consommant, dit-on, 600 kilogrammes de houille menue par journée de 10 heures. Ressorts indépendants; essieux et bandages en acier Krupp ; pistons en acier trempé dans l'huile ; joints où des baguettes de cuivre rouge dans les rainures remplacent le mastic ; frein spécial à pression sur la voie entre les roues d'arrière et du milieu. Caisses à eau longitudinales de part et d'autre du corps tubé et installées de manière à dégager le bas. Le poids en marche est réparti comme il suit : avant 8 tonnes 56 ; milieu 9 tonnes 46 ; arrière 8 tonnes 56.

4° *Ruston-Proctor*, à Lincoln. — Fig. 9.— Très-petite locomotive d'entrepreneur, à cylindres extérieurs très-inclinés, distribution intérieure ; à quatre roues couplées, bien dégagée, bien construite. Caisse à eau à l'avant. Caisse à houille à l'arrière, dans les rampes. Suivent les seules dimensions que nous ayons pu recueillir : 64 tubes de 50 millimètres dans un corps tubé de 0^{m}86. Cylindres de 220 millimètres sur 400 millimètres de course. Diamètre des roues 0^{m}82. Poids vide 9 tonnes et en marche 11 tonnes.

5° *Hughes et Comp.*, à Longhborough.— Fig. 11 et colonne 7me du tableau E. — Petite locomotive tender à quatre roues, type de la machine de mine, construction très-rustique et à très-bas prix, quoique dans des conditions de service qu'on dit satisfaisantes. Les roues sont des disques pleins en fonte, les cylindres sont extérieurs, les châssis et la distribution sont entre les roues. Les cylindres sont munis de lubrificateurs self acting.

6° *Walker et Comp.*, (Atlas iron works), à Bristol. — Expose dans la galerie d'agriculture le dessin d'une locomotive de chantier d'assez forte dimension, où les cylindres sont extérieurs, les longerons et la distribution entre les roues.

7° *Creusot*. — Fig. 7 et colonne 8me du tableau E. — Charmante locomotive à quatre roues, vrai bijou d'exécution, le plus petit modèle qu'on ait peut-être exécuté, appropriée à un petit service de mine ou docks à voie de 74 centimètres, peut passer dans des courbes de 15 mètres et franchir des rampes de 6 à 7 millimètres. Elle a quatre roues couplées, des mouvements entièrement extérieurs, longerons intérieurs découpés, caisses à eau longitudinales des deux côtés du corps tubé. La chaudière contient 730 litres d'eau et 270 litres de vapeur y compris le contenu du dôme à l'avant. La longueur totale est de $4^{m}.60$.

Ce type, qui a été construit déjà plusieurs fois, porte à l'Exposition le numérc de construction général 1078.

8° *Anjubault*, à Paris. — Fig. 10. — Ce constructeur, qui a exposé, en 1855, la locomotive à quatre cylindres du système Arnoux à train articulé et à galets, a la spécialité des locomotives dites d'entrepreneur, dont il a plusieurs types ne différant guère que par les dimensions. Ses huit dessins exposés représentent des locomotives à quatre et six roues depuis 6 jusqu'à 24 tonnes. Dans toutes les séries, le châssis est intérieur et les mouvements sont entièrement extérieurs, comme dans le numéro précédent. La chaudière appartient au type Crampton avec dôme au-dessus du foyer. Les caisses à eau et à combustible sont latérales.

9° *Petau*, à Paris. — Fig. 13 et colonne 12me du tableau final E. — Ce constructeur, qui a aussi la spécialité des petites locomotives terrassières, a exposé divers dessins de locomotives-tenders à quatre roues; chaudière de forme Crampton avec dôme à l'avant, caisses à eau latérales. Châssis et mouvements extérieurs. La chaudière contient 1,400 litres d'eau et 900 de vapeur.

10° *Voruz-Forquenot.*— Fig. 6, planche XXII.— Petite locomotive de la ligne départementale de Vitré à Fougères, exposée seulement en dessin, construite par Voruz, à Nantes, d'après les études de M. Forquenot, pour remorquer sur ligne, rampes de 15 millimètres, des charges de 80 tonnes, à la vitesse de 35 kilomètres. — Locomotive-tender à 4 roues couplées, ayant un faux essieu intermédiaire actionné par un mouvement à cylindres extérieurs du type Forquenot sur la ligne d'Orléans. Les manivelles sont équilibrées par des contre-manivelles, comme dans les machines marines. Le châssis est intérieur ; les caisses à eau et à combustible s'allongent latéralement de part et d'autre de la boîte à feu. Suivent les principales dimensions : cylindres, 300 millimètres; course, 560; roues, $1^{m}.28$, ayant 3 mètres d'entr'axes; pression, 9 atmosphères; 138 tubes longs de $2^{m}.52$ sur 48 millimètres de diamètre, dans un corps tubé dont les tôles ont 7,5 millimètres; chauffe, $54^{mq}.65$, dont $5^{mq}.82$ dans le foyer. Les caisses contiennent 2000 litres pour l'eau et 850 pour le combustible. La machine vide pèse 14 tonnes et en marche 17.

Tableau C. — Comparatif des locomotives à marchandises à huit et à six roues fixes couplées.

DÉSIGNATION.	1 MIDI. Cail. 8 roues.	2 ORLÉANS. Cail. 8 roues.	3 NORD. Fives. 8 roues.	4 SIGL. 8 roues.	5 EST. Graffenstaden 8 roues.	6 KITSON. 8 roues.	7 S.-LÉONARD 8 roues.	8 ATELIERS du Midi. 6 roues.	9 CARLSRUHE 6 roues.	10 ÉVRARD. 6 roues.	11 CREUSOT. 6 roues.
Timbre de la chaudière en kilogrammes	9	8	8	9	»	10	8	9	9	9	9
Diamètre du corps tubé en mètres	1.50	1.50	1.50	1.52	1.50	»	1.40	1.36	1.38	1.32	1.28
Tubes. Nombre	249	251	249	220	217	160	296	223	203	200	181
— Diamètre extérieur en millimètres	50	48	50	50	50	50	45	48	50	50	50
— Longueur en mètres	5.20	5.16	4.11	4.72	5.28	4.05	3.50	4.46	4.25	3.66	4.23
Foyer. Longueur moyenne en mètres	1.90	1.50	{ 2.14 / 2.21 }	1.63	1.45	2.10	2.00	1.45	1.30	1.80	1.28
— Largeur id.	1.00	0.97	1.08	1.10	1.33	»		1.08	1.06	1.10	1.00
— Hauteur sous-ciel en mètres	1.50	1.60	1.15	1.56	1.65	»	1.10	1.52		»	1.58
Chauffe du foyer en mètres carrés	10.80	10.64	9.16	9.68	9.37	9.24	7.90	8.36	7.60	9.17	8.00
— des tubes id.	183.04	196.20	153.84	166.00	192.75	102.54	146.00	137.25	120.60	115.00	112.00
— totale id.	193.84	206.84	163.50	175.68	222.12	111.78	153.90	145.61	128.20	124.17	120.00
Grille. Surface	1.90	1.50	2.20	1.81	1.89	1.85		1.46	1.37	1.98	1.28
Longueur de chaudière en mètres	»	»	7.25	7.55	7.90	7.00	6.56	7.00	»	6.20	»
Hauteur du centre de chaudière	»	2.00	2.05	»	1.97	1.90	2.08	1.98	»	»	1.84
Cheminée. Forme	ord.	ord.	ord.	pavill.	ord.	évasée	évasée.	ord.	ord.	évasée	ord.
— Diamètre en centimètres	50	45	50	{ 52 / 63 }	44	{ 33 / 50 }	{ 40 / 50 }	42	40	{ 35 / 45 }	38
— Longueur en mètres		1.50	1.80	2.00	1.97	1.35	1.30	1.50	1.70	1.30	1.70
Cylindres. Position	{ horiz. / ext.	horiz. ext.	horiz. ext.	horiz. ext.	horiz. ext.	horiz. ext.	horiz. ext.	horiz. ext.	horiz. ext.	inclin. int.	horiz. ext.
— Diamètre en millimètres	500	500	500	520	500	457	460	450	457	450	440
— Course id.	650	630	650	630	660	600	600	650	635	650	600
— Entr'axes en mètres	»	2.10			2.04		2.22	1.88	»	»	
Roues. Diamètre en mètres	1.30	1.28	1.30	1.22	1.22	1.22	1.22	1.60	1.212	1.45	1.20
— Entr'axes	4.14	4.08	4.25	3.85	3.93	4.65	3.99	3.60	3.45	4.10	3.50
Poids vides en tonne	39	38.19	39	43.5	38.96	39	»	30.5	3.06	31.5	
— en marche	43.50	42.18	44	49	46.17	50	»	34.70	35.06	35.5	38.50
Longueur des machines en mètres	»	9.22	8.41	9.33	9.36	10.00	8.00	»	8.57	8.15	9.04
Tender. Roues. Nombre	6	4	4	6	4			»	»	»	
Tender. — Diamètre en mètres	»	1.12	1.06	1.02	1.20			»	»	»	
Tender. — Entr'axes	»	2.60	2.50	3.16	2.50			»	»	»	
Tender. Contenance des caisses d'eau en litres	»	7000	8000	10.50	6000	6810	4800	»	»	»	4400
Tender. — de combustible	»	4000	2500	4000	5000	»	2500		»	»	1000

Tableau D. — Comparatif des locomotives ordinaires à voyageurs à six roues fixes dont quatre couplées.

DÉSIGNATION.	1 CREUSOT. Sinclair. g. v.	2 KITSON.	3 BORSIG.	4 HARTMAN g. v.	5 SIGL.	6 CAIL. g. v.	7 LYON. g. v.	8 FORQUENOT g. v.	9 MAYER. Ouest. g. v.	10 SERAING. g. v.	11 URBAN. g. v.	12 KESSLER.
Pression en atmosphères	10.5	»	9	9	9	8	7.5	9	9.5	9	9	9
Diamètre du corps tubé en mètres	1.22	1.22	1.32	1.26	1.26	1.30	1.23	1.24	»	1 27	1.09-1.25	1.22
Tubes. Nombre	192	140	194	193	150	164	158	179	156	208	223	168
— Diamètre extérieur en millim.	47.5	50	46	40	50	50	50	48	50	45	45	47
— Longueur en mètres	3.57	2.27	3.45	3.16	4.30	3.80	4.00	5.00	4.00	3.06	3.30	3.35
Foyer. Longueur en mètres	»	1.30	1.72	1.37	1.10	1.59	1.24	1.30	1.18	2.68	1.72	1.30
— Largeur moyenne en mètres	»	1.08	0.99	0.99	1.08	1.02	1.02	1.01	1.05	1.08	1.28	1.30
— Hauteur, id. id.	»	»	{ 0.72 / 1.37 }	1.58	1.38	1.30	1.30	»	1.45	1.25	1.30	1.30
Chauffe du foyer en mètres carrés	6.50	7.54	6.77	8.50	7.50	7.65	7.40	8.13	7.37	10.50	8.20	9.40
— des tubes id.	98.50	81.68	86.29	76.60	101.5	94.80	91.20	128.8»	98.0	80 00	104.30	79.0
— totale id.	105.0	89.22	93.06	85.10	109.0	102.4	98.60	137.00	105.4	90.50	112.50	88.4
Surface de grille id.	»	1.33	1.71	1 38	1.31	1.67	1.26	1.39	1.24	2 90	1.75	1.68
Longueur de chaudière en mètres	»	5.30	5.80	5.30	6.64	5.25	»	»	6.30	»	»	»
Hauteur du centre id.	1.82	1.88	»	»	»	2.10	2.07	»	1.92	2.18	1.93	»
Cheminée. Longueur id.	2.00	»	1.67	»	»	1.80	»	2.10	1.70	»	»	»
— Diamètre en centimètres	{ 38 / 46 }	35 / »	37	{ 38 / » }	»	40	42	41	42	»	»	39
Cylindre. Position	{ horiz. ext.	horiz. int.	horiz. ext.	horiz. ext.	horiz. ext.	incl. int.	incl. int.	horiz. ext.	horiz. int.	horiz. int.	horiz. ext.	incl. ext.
— Diamètre en millimètres	430	406	405	407	406	420	420	430	420	430	440	406
— Course id.	610	558	560	560	632	560	560	650	560	560	600	559
— Entr'axes en mètres	1.90	0.73	»	»	»	»	»	1.90	0.98	»	»	»
Roues d'avant en mètres	1.10	1.22	1.08	1.03	1.27	1.80	1.80	1.24	1.08	1.20	1.20	1.09
— milieu id.	1.85	1.68	1.52	1.83	1.57	1.80	1.80	2 03	1.90	2.00	2.10	1.70
— arrière id.	1.83	1.68	1.52	1.83	1.57	1.22	1.10	2.03	1.90	2.00	2.10	1.70
Entr'axes de roues en mètres	4.60	4.60	4.08	4.39	3.37	4.40	4.60	4.00	4.00	4.63	4.93	4.52
Poids de la machine vide en tonnes	»	25.60	31.00	30.40	29.50	29.0	»	29.8	27.04	»	31.00	29.60
— — en marche en tonnes	31.70	28.00	35.25	33.70	33.00	32.0	28.6	34.0	30.0	33.00	34.00	32.40
Tender. Roues. Nombre	6	»	6	»	»	4	4	4	4	4	»	6
Tender. — Diamètre en mètres	1.10	»	1.10	»	»	1.22	»	1.13		»	»	1.14
Tender. Entr'axes id.	3.46	»	3.50	»	»	3.00	»	2.50		»	»	3.62
Tender. Contenance d'eau en litres	8000	»	8930	»	»	7000	»	6000	6300	»	»	6350
Tender. — Combustibles en litres	2600	»	4500	»	»	4000	»	2000	3000	»	»	2000
Tender. Poids : vide en tonnes	»	»	»	»	»	9.90	»	9.31		»	»	11.25
Tender. — en marche	23	»	»	»	»	18.50	»	»		»	»	19.66

Tableau E. — Comparatif de locomotives à quatre roues couplées de divers systèmes.

DÉSIGNATION.	1 OUEST. 6 roues.	2 GRAFFEN. Staden. 4 roues.	3 KRAUSS. 4 roues.	4 GRANT. 8 roues.	5 CARLSRUHE 8 roues.	6 CUDWORTH. 8 roues.	7 HUGHES. 4 roues.	8 CREUSOT. 4 roues.	9 CARRELS. 6 roues.	10 COUILLET 4 roues.	11 BOIGUES. 6 roues.	12 PETAU. 4 roues.
Pression en atmosphères	9	9	10	»	9	»		9	10	9	»	8
Diamètre du corps tubé en mètres	1.06	1.28	1.16	1.22	1.20	1.28	0.98	0.76	1.14	1.14	0.89	1.0
Tubes. Nombre	149	171	156	142	»	140	100	73	168	162	98	93
— Diamètre extérieur en millimètres	50	48	44	51	»	50	51	38	46	45	45	50
— Longueur en mètres	3.89	3.60	3.50	3.33	»	3.10		1.80	2.76	2.53	2.60	3.0
Foyer. Longueur en mètres	1.30	1.21	0.95	1.70	»	0.91	0.94	0.61	1.40	»	1.08	0.90
— Largeur moyenne en mètres	1.02	1.13	1.00	0.85	»	1.07	0.73	0.49	»	»	0.86	0.85
— Hauteur id	1.29	1.28	1.38	1.40	»	»	1.06	0.92	»	»	1.17	»
Chauffe du foyer en mètres carrés	6.00	5.82	4.07	7.05	6.10	6.62	»	2.18	6.02	5.70	4.85	4.50
— des tubes id	91.04	85.20	75.05	74.00	87.60	76.08	»	14.33	65.14	56.89	32.80	43.80
— totale id	97.04	91.02	80.02	81.00	93.70	83.70	»	16.51	71.23	62.59	36.85	48.30
Surface de grille en mètres carrés	1.04	1.16	0.95	1.44	»	»	»	0.30	»	»	0.63	0.83
Longueur de chaudière en mètres	4.93	5.60	»	»	»	4.80	»	3.00	4.85	»	»	»
Hauteur du centre id	1.80	1.64	»	»	»	1.95	»	1.15	»	»	»	»
Cheminée. Longueur id	1.90	1.95	»	1.70	»	1.10	»	0.90	»	»	»	»
— Diamètre en centimètres	34	43	{33 / »}	40	»	38	»	0.20	{32 / »}	»	32	»
Cylindres. Position	horiz. int.	horiz. ext.	horiz. ext.	horiz. ext.	horiz. ext.	horiz. int.		horiz. ext.	incl. int.	incl. int.	incl. ext.	horiz. ext.
— Diamètre en millimètres	420	436	355	404	405	380	305	204	380	350	320	300
— Course id	560	610	560	558	558	500	508	306	460	460	400	500
— Entr'axes id	0.73	2.36	»	1.88	»	0.80	»	1.15	»	»	»	»
Roues d'avant en mètres	1.10	1.67	1.50	0.75	0.90	1.68	0.91	0.76	1.20	1.20	1.03	1.20
— du milieu id	1.65	1.67	1.50	1.70	1.67	1.68			1.20		1.03	
— d'arrière id	1.65			1.70	1.67	1.12	0.91	0.76	1.20	1.20	1.03	1.20
Entr'axes fixes id	3.44	2.60	2.45	2.59	1.92	2.20	1.75	1.25	3.10	2.75	3.05	2.40
— extrêmes id	3.44	2.60	2.45	6.80	4.50	6.23	1.75	1.25	3.10	2.75	3.05	2.40
Poids. A vide en tonnes	25.8	23	16.30	»	»	34	»	5.60	24.0	19.5	15.10	16
— En marche id	33.11	26	21.80	27.50	28.75	37	11.50	7.00	26.6	23.20	19.68	20
Tender. Roues. Nombre		4		8	»	»						
Tender. — Diamètre en mètres	»	1.07		0.75	»	»			»	»	»	
Tender. — Entr'axes id	»	2.70		4.40	»	»			»	»	»	
Tender. Contenance d'eau en litres	3800	5600			»	3871		700	»	2000	2400	2000
Tender. — combustible en litres	1000	2000			»	1000		160	»	400	800	1800
Tender. Poids. A vide	»	8.60		9.00	»	»			»	»	»	
Tender. — En marche	»	15.0		18.00	»	»			»	»	»	

MACHINES A VAPEUR

(Planches XCV, XCVI, XCVII, XCVIII et XCIX.)

LOCOMOBILES.

I

Les locomobiles ou machines à vapeur ambulantes sont représentées à toutes les expositions industrielles et agricoles par un grand nombre de spécimens. Le concours universel de 1867 offre au moins une centaine de locomobiles de toutes formes, tant au Champ de Mars qu'à l'annexe de Billancourt. La France, l'Allemagne, l'Angleterre et la Belgique, plus la Suède, ont seules fait les frais de cette exhibition considérable. Tous les constructeurs de ces nations n'ont pas exposé. Partout où l'on fabrique des machines à vapeur on fournit des locomobiles à l'industrie, et si chaque atelier d'Europe ou des États-Unis avait envoyé ses spécimens, l'Exposition nous offrirait plusieurs centaines de ces machines à vapeur ambulantes si répandues aujourd'hui partout, dans tous les genres de travaux.

Le premier projet de locomobile connu jusqu'ici en France est celui du brevet d'invention Girard en 1809. M. Hallette, le célèbre constructeur d'Arras, l'un des fondateurs de la fabrication des machines en France, prit également un brevet en 1823 pour une *machine à vapeur ambulante;* en 1839 Bourdon, Rouffet et Cavé, construisirent des locomobiles dont les deux premières ont figuré à des expositions publiques.

En 1849 parurent les *batteuses locomobiles* à vapeur de Lotz, de Nantes. Mais ce fut à l'Exposition universelle de 1851 que les locomobiles se révélèrent définitivement avec éclat, pour une application générale dans la forme que nous lui connaissons aujourd'hui et qui semble devenue classique. L'exposition de 1851 en offrit 17 specimens. Dès l'année suivante, l'utilité de ces appareils avait été comprise en France, et M. Calla choisissait avec le tact de l'ingénieur praticien parmi les types de Londres celui de Clayton ; il l'étudiait à nouveau ; il le modifiait suivant nos idées françaises. A partir de ce moment les locomobiles naturalisées chez nous entraient largement dans nos exploitations industrielles ou agricoles et dans les chantiers de constructions publiques ou privées.

Duvoir-Albaret, Cumming, Lotz, Thomas et Laurens furent aussi les premiers pionniers de l'industrie des locomobiles en France, avec des types originaux qui ont encore leurs caractères particuliers.

L'Exposition universelle de Paris en 1855 prouva que l'enseignement de l'exhibition de Londres n'avait pas été perdu, et elle offrit presque autant de locomobiles françaises que d'anglaises. Il en fut de même au concours agricole universel de 1856. Au concours général et national de 1860, il n'y en eut pas moins de 60 sortant toutes des ateliers français. On y distingua les machines de Rouffet, Farcot, Thomas, Daubrée, Frey, Gargan, Duvoir-Albaret, Cumming, Bréval, Cail et Calla qui, nous l'avons dit, peut être considéré comme le vulgarisateur des locomobiles auxquelles il consacra un atelier spécial et important, prenant pour point de départ la machine anglaise de Clayton. Celui-ci et Hornsby, Garett, Tuxford, Ransomes, Dray, Smith, Exall-Andrews, furent les premiers propagateurs de ce genre de machine en Angleterre.

La plupart de ces célèbres maisons se trouvent en concours au Champ de Mars et à l'enclos de Billancourt, et l'impression générale que nous avons d'abord recueillie est que les différences de types s'effacent de plus en plus. Chaque constructeur ne caractérise plus guère ses œuvres que par des détails d'installation et des formes extérieures d'organes : encore ne sont-elles pas exclusives, et il n'est pas rare qu'un même constructeur ait plusieurs types représentant tous les systèmes connus. Les locomobiles françaises affectent au contraire une variété infinie. En général, elles se reconnaissent de suite à la table dite de fondation qui porte solidairement tout le mécanisme moteur et n'est elle-même appuyée sur la chaudière que par un petit nombre d'attaches dont l'enlèvement suffit pour isoler le mécanisme. Cette table d'assise ou de fondation, dont le caractère rationnel ne peut être contesté, est regardée à peu près partout autre part qu'en France comme une complication pratiquement inutile, qui ajoute au poids et au prix de revient d'un appareil qui doit être essentiellement léger et peu coûteux. En outre la locomobile française est plus complète, pourvue de tous les appareils propres à faciliter le service et à le rendre économique : tuyau d'évacuation, réchauffeur d'eau, alimentateur perfectionné, appareil de détente variable, changement de marche par coulisse, etc.

La locomobile anglaise au contraire n'a guère tous ces accessoires que dans les expositions et concours. Pour la pratique elle est réduite au maximum de simplicité et de légèreté, et il nous sera permis de dire qu'elle réalise plus complétement, à notre avis, le programme des conditions générales que nous avons détaillées au Traité des machines à vapeur que nous avons publié il y a quelques années. Toutefois nous n'osons recommander en France la locomobile anglaise surtout dépourvue de sa table de fondation, tant il y a, en France, parti pris à cet égard.

Une autre impression générale éprouvée dans l'étude comparative des locomobiles à l'Exposition de 1867 est la perfection de leur exécution, égale aujourd'hui à celle des meilleures machines à vapeur. On paraît en avoir fini presque partout avec ces constructions dignes de l'enfance de l'art, qui ont tant retardé la vulgarisation des locomobiles loin des centres industriels. Il y a encore des œuvres pitoyables ; mais la grande majorité des machines exposées mériterait, au contraire, le reproche d'excès de luxe, s'il n'était admis qu'on ne paraît pas aux expositions publiques sans une certaine élégance de vernis et de poli qui ne constitue pas le mérite d'un appareil, mais qui attire cependant complaisamment l'attention. Nos bonnes maisons françaises valent certainement aujourd'hui les célèbres spécialistes anglais.

Nous allons passer en revue les principaux types exposés en y joignant quelques autres qui sont caractéristiques et ont droit à tout notre intérêt, quoique absents du Champ de Mars ou de l'enclos de Billancourt. Les types ne sont pas assez tranchés pour donner lieu à un classement méthodique ; nous diviserons simplement par nation les locomobiles dont nous allons rendre compte.

Quelque peine que nous ayons prise, nous n'avons pas pu toujours réunir tous les documents voulus pour notre description. Quant aux dessins qui accompagnent celle-ci, nous prions le lecteur de ne les considérer que comme des croquis indiquant l'agencement général. Quelques constructeurs ont bien voulu nous donner leurs plans pour l'exécution des dessins exacts ; nous aurons soin d'en avertir en décrivant les locomobiles, et nous les remercions au nom de nos lecteurs.

Nous commencerons par étudier la locomobile dans son ensemble pièce à pièce, et pour en rendre la connaissance bien complète, nous décrirons d'abord un type, celui de M. Calla, qui forme le trait d'union entre les systèmes anglais et français. La planche XCV la représente en élévation longitudinale ; la planche suivante la donne en deux élévations transversales : l'une vue d'avant, l'autre vue d'arrière. Comme en toute machine à vapeur, on distingue la chaudière et le mécanisme proprement dit, à quoi s'ajoute le train de roulement pour la rendre ambulante. Ce dernier consiste en une paire de grandes roues R, dont l'essieu est fixé sur ou près la boîte à feu B de la chaudière. Une autre paire de roues plus petites R' forme avant-train mobile autour d'une cheville-ouvrière, comme sous toute voiture. De l'avant-train dépend la flèche ou le brancard d'attelage T et U qui sont articulés à l'ordinaire.

Quant à la chaudière qui crée la vapeur motrice, comme il importe qu'elle soit réduite aux moindres poids et volume, on emploie généralement le type multitubulaire des locomotives de chemins de fer, qui se compose essentiellement d'une *boîte à feu* ou foyer B, d'un corps tubé A contenant le faisceau des tubes traversés par la fumée et les gaz chauds qui, du foyer B, aboutissent dans la *boîte à fumée* C et de là dans la *cheminée* DD'. Celle-ci est en deux morceaux rejoints à charnières. On relève la partie mobile D pour travailler. On la rabaisse comme il est indiqué dans le dessin pour voyager.

Le *mécanisme moteur* est placé sur le sommet de la chaudière, et il repose tout entier sur la table de fondation A' qui est d'un seul jet de fonte. E est le *cylindre* où le *piston* se meut alternativement sous l'action de la vapeur admise et émise à temps voulu par le *distributeur* ci-après. F est la *tige* du piston ; *d d* sont les *glissières* qui dirigent sa course rectiligne. Sous la glissière inférieure est *l'égoutoir j* qui recueille l'huile ou la graisse employée au lubrifiage des glissières. On filtre cette graisse et on l'emploie de nouveau. G est la bielle motrice qui transmet l'action du piston à la manivelle H de l'arbre moteur I, sur lequel est calée la poulie-volant K où on applique la courroie de commande des engins à mouvoir. Tels sont les organes fondamentaux de la machine à vapeur. Elle se complète pratiquement par ceux qui suivent :

La *pompe alimentaire* M qui envoie l'eau dans la chaudière ; l'*aspiration* se fait dans une bâche par le tuyau à crépine K. Le *refoulement* dans la chaudière a lieu par le tuyau L.

Le *distributeur de vapeur* au cylindre comprend deux séries d'organes placés de part et d'autre du cylindre. Le distributeur proprement dit, étant sur le côté opposé à celui que montre la figure, n'a pu être représenté ; mais il consiste simplement, comme dans les machines à vapeur classiques, en un *tiroir à coquille* que meut un excentrique calé sur l'arbre moteur du volant, et qui démasque à temps voulu les passages de la vapeur soit à son *admission* dans le cylindre, soit à son *émission*. Quant aux passages de la vapeur hors du cylindre, celle qui vient de la chaudière est prise sur la boîte à feu par la tubulure à robinet O ; une manette *g* descendant sur la façade du foyer sert à ouvrir et à fermer à volonté le robinet d'introduction. En sortant du cylindre, la vapeur descend en une tubulure ménagée dans le corps de la table de fondation. A l'autre extrémité se trouve un tuyau de raccord *n* qui conduit la vapeur dans la cheminée, où son émission produit un tirage énergique qui est l'âme de la chaudière tubulaire.

L'autre série d'organes distribuant la vapeur, et visible en la planche XCV, a pour objet spécial de *régler* les passages de la vapeur proportionnellement au travail moteur à fournir et d'uniformiser ainsi la vitesse. On y distingue le *pendule* à action centrifuge, dont les boules N tournent en s'écartant plus ou moins suivant la vitesse acquise. Par le jeu de deux petits leviers que relie la tringle *ff*, le tuyau O introduisant la vapeur est plus ou moins obstrué par une valve intérieure.

Les organes accessoires pour la sûreté et la régularité du service sont nombreux. On remarque surtout le *manomètre* à cadran Q, qui indique la pression dans la chaudière; les *soupapes* de sûreté P, qui se lèvent automatiquement pour laisser évacuer la vapeur accidentellement en excès; *l'entonnoir* X, qui est une tubulure sur le flanc du foyer et dont on démonte le bouchon à étrier quand on veut remplir la chaudière à froid; le robinet *p*, dit de *vidange*, placé également sur le flanc du foyer mais vers le bas; le *cendrier q*, sous le foyer, avec sa chaîne pour ouvrir à volonté la porte par laquelle passe l'air appelé dans le foyer suivant l'activité à donner au feu.

La robinetterie comprend : les *robinets jauges r* et le *tube jauge h*, qui indiquent le niveau d'eau dans l'intérieur de la chaudière; les *robinets purgeurs*, placés au bas du cylindre à vapeur pour évacuer l'eau et l'air qui s'y amassent; des tubes S S′ conduisant à terre les produits évacués; enfin le double *robinet graisseur i*, pour introduire dans le cylindre l'huile lubrifiante nécessaire au frottement du piston. Le manomètre et les tubes de la pompe alimentaire ont aussi leurs robinets pour fermer au besoin le passage de l'eau.

Voyons maintenant, en prenant l'ensemble des locomobiles connues, comment les divers organes qu'on vient de relater sont plus ou moins modifiés dans les types si variés des constructeurs.

I. *Chaudières*. Le type tubulaire direct, dit des locomotives, que nous venons de voir, est le plus généralement admis; mais l'Exposition nous offre des systèmes particuliers, tubulaires ou non, dont la description aura lieu en leur place. Nous relaterons cependant ici les chaudières *tubulaires en retour*, dont la forme extérieure est celle d'une tonne cylindrique ayant la boîte à fumée et la cheminée sur la même façade que la porte du foyer. On a rendu *amovibles* le foyer et le faisceau tubulaire : en démontant un joint mastiqué et boulonné, on peut les retirer pour les nettoyer à fond. Ce système, éminemment propre aux locomobiles, a apparu à l'exposition de Paris en 1856 dans la locomobile Thomas et Laurens, et à l'exhibition de Londres en 1862 dans celle de Ransomes. On le retrouve chez plusieurs exposants du concours actuel qui s'en disputent la priorité d'invention. Une discussion s'est élevée à cet égard dans les *Annales du Génie civil* de l'année dernière; nous ne voulons pas nous rendre juge.

Dans les très-petites locomobiles, on fait quelquefois usage de chaudières verticales tubulaires ou en forme de deux calottes concentriques, avec lame d'eau intermédiaire. L'Exposition n'en offre d'exemple que pour les machines dites *demi-fixes* qui ne diffèrent des locomobiles que par l'absence du train de roulement.

Par contre, nous y signalerons un système de chaudière appliqué aux locomobiles, et d'un système tout à fait spécial. C'est celui bien connu de M. Belleville, lequel est composé d'une série de tubes chauffés extérieurement et dérivés du serpentin. L'eau y est refoulée par un injecteur *self-acting* et réglable. Cette eau, chauffée graduellement dans son trajet dans le serpentin, arrive à se vaporiser et même à se surchauffer avec une rapidité qui rendra l'appareil précieux pour les locomobiles qu'il importe de préparer très-vite à fonctionner.

Nous avons dit que le type multitubulaire direct des locomotives de chemin de fer était prédominant aussi pour les locomobiles, surtout en Angleterre. On sait qu'il y a deux types pour l'assemblage du corps tubé aux deux coffres extrêmes qui sont l'un, la boîte à fumée, et l'autre la boîte à feu. Dans l'un, dit de Stephenson, ces deux coffres sont en saillie et raccordés au corps tubé par collets emboutis ou par cornières. La planche où est représentée la locomobile de Calla donne ce type. Au lieu de la forme rectangulaire du foyer ici donnée, le constructeur anglais Bury préférait, à l'origine des chemins de fer, un foyer cylindrique plus simplement armé contre la déformation et que surmontait une calotte sphérique. Beaucoup de constructeurs de locomobiles ont adopté, surtout en France, cette forme de foyer cylindrique, mais avec dessus plus ou moins plat. Elle est caractéristique dans les types de Rouffet et de Duvoir-Albaret, que nous décrirons.

L'autre forme de chaudière, dite de Crampton, est celle où les deux coffres extrêmes forment sans saillies le prolongement du corps tubé. Nous la retrouverons préférée dans beaucoup de locomobiles étrangères ou françaises à cause de sa simplicité.

L'addition d'un dôme-réservoir de vapeur tend à se répandre. Il y a beaucoup de divergences sur la place qui lui est assignée; il est mis près de la cheminée par les constructeurs qui veulent prendre la vapeur aussi peu aqueuse que possible. C'est un problème dont plusieurs semblent très-préoccupés, et nous verrons divers systèmes d'installation dans ce but.

Une particularité que l'on remarquera dans beaucoup de locomobiles françaises est l'agencement de la boîte à fumée, rattachée au corps tubé par quelques boulons, et construite en mince tôle aussi économiquement que possible; tous les constructeurs étrangers installent au contraire leur boîte à fumée avec autant de soin que dans les locomotives des chemins de fer. Il en est de même du cendrier.

La cheminée rabat en arrière au moyen d'une charnière. Rarement elle est en plus de deux pièces, et presque toujours, au contraire, elle est à tirage forcé par le jet de la vapeur d'émission, lequel est assez faible lorsque cette vapeur a servi à réchauffer l'eau alimentaire ainsi que cela se pratique souvent. Quelquefois un robinet, dit *souffleur*, permet de lancer dans la cheminée un jet de vapeur pris à la chaudière.

On verra diverses formes des couronnements de la cheminée en vue d'empêcher la projection des escarbilles. A l'exposition de Londres il y eut une locomobile de Ransomes, avec cheminée à *pavillon* conique, comme sur les locomotives des chemins de fer destinées à brûler du bois. Au Champ de Mars il y a deux *pare-étincelles* du même système : celui de la locomobile suédoise où le cône a sa grande base en bas, et celui de Renaud, de Nantes, où il a la forme d'une boule.

La construction proprement dite de la chaudière ne donne lieu à aucune observation, non plus que ses armatures. Les tôles sont destinées à supporter une pression effective de régime qui excède rarement 4 kilogrammes par centimètre carré de surface. Elles sont réduites au minimum d'épaisseur, surtout en Angleterre, en vue de l'allégement. On y emploie, disent les constructeurs anglais, les matériaux de premier choix, les fers du Yorkshire et du Staffordshire, ou même les tôles d'acier.

Le coffre intérieur de la boîte à feu, le foyer proprement dit, se fait ordinairement en fer dans les locomobiles et non en cuivre comme dans les machines de chemin de fer. Deux ou trois constructeurs soudent les tôles, au lieu de les réunir, à rivures; ils ont même exposé des chaudières entièrement soudées, sans rivures, et ils ont présenté des ouvrages, vrais tours de force, pour prouver la possibilité de généraliser leur système.

Les tubes de fer ne sont généralement préférés aux tubes en laiton que par économie. Plusieurs maisons anglaises de premier ordre tiennent à ne livrer que des locomobiles à tubes de laiton, dans l'intérêt de leur réputation. Les maisons qui se prévalent de l'expérience acquise paraissent aussi disposées à ne pas multiplier les tubes et à préférer plutôt un accroissement de diamètre, un grand espacement et la disposition en carré plutôt qu'en quinconce, ainsi que la facilité des démontages et du nettoyage.

Les proportions suivantes nous ont paru les plus usuelles :

Diamètre des tubes, de 65 à 70 millimètres.

Écartement des tubes, de 25 à 30 millimètres.

Longueur au plus, 2^{m},50.

Surface de chauffe par cheval nominal de 1^{m},30 à 1^{m},60.

Les dimensions du foyer, de la grille et de la cheminée dépendent de la nature du combustible à brûler. Quand le foyer doit brûler de la houille, il est assez petit ; il est très-grand pour le bois et la tourbe ; il a des dimensions moyennes quand on se propose d'y brûler tout combustible indifféremment.

Si, en terminant cet examen d'ensemble des chaudières de locomobile, nous le portons sur la fabrication, nous remarquerons que la grosse chaudronnerie est presque partout très-soignée, mais que la petite tôlerie de la boîte à fumée, de la cheminée et des bâches est au contraire très-négligée, sauf dans quelques maisons de premier ordre.

2° *Accessoires de chaudières*. Ils offrent peu de variété et de particularités.

Le cendrier est un accessoire indispensable. En Angleterre surtout, il est très-bien fermé avec une porte mobile servant à régler l'activité du passage d'eau sous la grille et par conséquent à régler l'action du feu. Dans toute locomobile bien installée, les précautions sont au moins prises pour que le cendrier reçoive les escarbilles sans qu'il y ait aucun danger de communiquer des incendies, quelle que soit la proximité des matières inflammables près desquelles les locomobiles peuvent être appelées à travailler.

Le robinet de vapeur, dit souffleur, pour injecter de la vapeur dans les cheminées et activer le tirage, se remarque sur quelques locomobiles.

Les soupapes de sûreté sont au nombre de deux. En France, elles sont généralement équilibrées par des poids et mis côte à côte. En Angleterre, elles sont distancées, et l'une d'elles est mise sous clef pour être à l'abri des surcharges si communes et si dangereuses.

Partout l'indicateur de pression, proprement dit, est le manomètre métallique à cadran gradué. Les Anglais le recouvrent d'un grillage protecteur.

Les indicateurs de niveau d'eau sont partout les robinets-jauges et le tube jauge accoutumés. Ce dernier est souvent protégé par un grillage, comme celui du manomètre, ou par un fourreau métallique fendu de manière à laisser voir suffisamment le niveau de l'eau dans le tube de verre.

Le sifflet avertisseur se voit rarement.

L'entonnoir d'emplissage de la chaudière est un accessoire que toute locomobile emporte ; il s'adapte à un appendice *ad hoc* appliqué sur le flanc de la chaudière et fermé soit par un bouchon à vis suivant l'usage anglais, soit par un autoclave à la façon de M. Calla.

Les tampons de nettoyage, robinet de vidange et trou d'homme pour entrer dans la chaudière ne nous ont offert aucune particularité. Nous avons seulement constaté leur existence sur toutes locomobiles bien comprises.

3° *Alimentateur*. L'injecteur Giffard, appareil délicat à manier, ne se trouve que sur un petit nombre de locomobiles, surtout en Angleterre ; on lui préfère une pompe ordinairement à petite course de plongeur mue par un excentrique. Quelquefois il n'y a qu'un seul et même excentrique pour la pompe et pour le distributeur de la vapeur au cylindre. Quelquefois aussi l'aspiration se fait, comme dans la locomobile d'Albaret, dans une bâche attenant à la machine, et où on peut la chauffer par une injection de vapeur lorsque celle-ci est momentanément en excès. Le plus souvent la pompe aspire tout simplement au moyen d'un tube flexible dans un baquet posé sur le sol. Souvent en France l'eau refoulée est chauffée soit en traversant un tube contourné dans la boîte à fumée, ce que font quelquefois aussi les Anglais, soit au moyen d'un appareil spécial dont le type varie, mais qui a pour principe l'emploi de la vapeur amenée du cylindre après son action sur le piston.

En général, ces appareils chauffeurs d'eau alimentaire n'existent sur les locomobiles anglaises que pour les besoins de l'exposition, sauf sur les grosses locomobiles de 12 chevaux et plus, où l'économie du combustible commence à devenir importante.

Une particularité remarquée à l'Exposition de 1867 est l'addition d'un levier à bras pour manœuvrer la pompe alimentaire après l'avoir déclanchée d'avec la machine, lorsqu'on veut la faire fonctionner sans mouvoir la machine elle-même dont elle dépend. Nous retrouvons cette installation en Suède, de même qu'en Angleterre et en France. On remarque aussi quelques alimentateurs automatiques; mais quoique de date ancienne, ils ne paraissent pas se généraliser.

4° *Mécanisme moteur.* Le mouvement des locomotives, à cylindre fixe horizontal, à tige de piston guidée par des glissières et à bielle actionnant directement un arbre coudé que porte un volant ainsi qu'une ou plusieurs poulies de commande par courroie, tel est le système usuel des locomobiles. Au delà de 12 chevaux le mouvement est généralement double, c'est-à-dire qu'il y a deux cylindres accolés dont les pistons conjugués commandent l'arbre par des manivelles disposées respectivement à angle droit.

L'axe du mécanisme est parallèle à celui de la chaudière. Cependant au concours général de Paris, en 1860, on a vu une locomobile de Cumming dont le cylindre était transversal au corps de la chaudière. Il y a eu aussi, à diverses époques, quelques essais de locomobiles à cylindre oscillant. Mentionnons aussi la locomobile à piston-fourreau, exposée par Cowan, à Londres, en 1862. Enfin, dans l'une des annexes de l'enclos du Champ de Mars, on voit en ce moment une locomobile à piston rotatif de M. Mollard, à Lunéville, aussi simple que légère : elle sera décrite ci-après.

Parmi les systèmes spéciaux nous en citerons deux autres très-remarquables à l'Exposition : la première est la locomobile verticale de M. Belleville et celle de la maison Wehyer et Lorreau, où la chaudière portant le mécanisme accoutumé est installée dans une sorte de chambre roulante. Ce type, très-bien étudié par MM. Thomas et Laurens, avait déjà été vu, mais à l'état rudimentaire, au concours régional de Versailles, exposé par M. de Selve, agriculteur.

L'Exposition de 1867 ne nous offre pas le système de Tuxford où le mécanisme, ordinairement vertical avec ou sans bielle en retour, était renfermé dans un coffre à l'avant. Ce système a été très-apprécié par une école d'ingénieurs et vivement critiqué par d'autres, parce que le mécanisme est, disent-ils, peu abordable. Une locomobile exposée à Billancourt a son mécanisme distribué comme à l'ordinaire sur la chaudière, mais avec recouvrement d'un coffre à panneaux tombants. C'est la seule réminiscence du mécanisme enfermé que nous ayons retrouvée à l'Exposition de 1867.

Les cylindres et pistons ont peu de particularités. Ils sont garnis des graisseurs et purgeurs accoutumés. Nous verrons que la place du cylindre est très-variée surtout en France. Il est quelquefois engagé dans le dôme de vapeur, dans le prolongement de la boîte à feu ou dans celui de la boîte à fumée, afin d'éviter son refroidissement. Quand il est en dehors, on a du moins soin de bien l'envelopper avec du bois et de la tôle. En France, nous enveloppons de même très-soigneusement tous les appareils contenant de la vapeur ainsi que la chaudière. En Angleterre la boîte à feu reste assez souvent découverte en tout ou en partie, mais le cylindre à vapeur est au contraire très-soigneusement protégée, ce que ne font pas tous nos constructeurs français.

Dans l'installation du cylindre, on s'attache à rendre aisément démontable, pour la visite, celui des couvercles que ne traverse pas la tige du piston.

Les glissières ou guides de celui-ci sont très-variés depuis la glissière unique de Duvoir-Albaret qu'on a vue à l'exposition de 1856 à Paris, jusqu'à la quadruple glissière anglaise.

La plupart des grandes maisons anglaises signalent le plus qu'elles peuvent à l'attention ce fait que les glissières et en général tout le mécanisme, autant que possible, est fait en fer, parfois même en acier, ou du moins écroui et trempé. Leur formule usuelle est celle-ci : on a évité l'emploi de la fonte partout où il a été rigoureusement possible. La locomobile suédoise témoigne de la même préoccupation. Sont également en acier ou du moins aciérés, les boulons et pièces qui se démontent souvent et dont la déformation serait un inconvénient.

5° Le *mécanisme de distribution*, organe si délicat des machines à vapeur, est radicalement simple dans les locomobiles. Il se compose usuellement d'un simple *tiroir à coquille* donnant admission à la vapeur par ses bords extrêmes, et émission par le dessous de la coquille. Il est mû par un seul excentrique. On n'adapte le changement de la marche et la coulisse avec arbre de relevage que lorsqu'on en fait la demande pour des besoins spéciaux.

Les appareils spéciaux pour la *détente* ne se rencontrent guère que sur les grosses locomobiles. On évite, au contraire, cette complication sur les petits appareils où il y a plus d'économie à simplifier le mécanisme qu'à épargner un peu de vapeur.

Le régulateur ou modérateur de vitesse est un organe usuel dans toute locomobile, mais les systèmes sont très-variés. En Angleterre, il est très-simple et dans la forme vulgaire de pendule à boules actionnant une valve ou un papillon.

On verra, au contraire, divers systèmes perfectionnés dans les locomobiles françaises, allemandes, belges, suédoises, etc. Parmi eux on distinguera les systèmes isochrones de Foucaud, Farcot, etc., ainsi que le système Meyer et le modérateur à anneau de Duvoir-Albaret, qui ont été l'objet de nombreuses publications descriptives.

6° Le *bâtis du mécanisme* des locomobiles françaises se caractérise généralement par la table de fondation d'un seul jet de fonte qui porte tout ce mécanisme depuis le cylindre jusqu'aux chaises à palier portant l'arbre de couche. On verra cette table reliée à la chaudière par un petit nombre d'attaches parfois sans aucune trouée dans les tôles. C'est là une idée fixe en France, et beaucoup de praticiens ne comprennent pas la locomobile autrement. Partout autre part qu'en France, on omet généralement la table de fondation. Le cylindre est boulonné sur la chaudière ; un autre support sert d'appui aux glissières de la tige de piston, et l'arbre de couche porte sur deux chaises à palier isolées ; il en est ainsi du pendule modérateur, etc. Dans les locomobiles anglaises de Ransomes et dans quelques autres à son imitation, les chaises de l'arbre et le cylindre sont reliés au cylindre par deux tiges-armatures ; c'est une tendance vers l'idée de solidarité du mécanisme.

Il est évident que la table de fondation est rationelle en théorie, mais elle ajoute beaucoup au poids et au prix d'un appareil qui doit être essentiellement léger et peu dispendieux. Dans la pratique, elle a contre elle l'exemple de plus de 20,000 locomobiles étrangères, qui font un très bon service et n'ont jamais eu cette plaque. J'ai eu moi-même l'exemple d'une locomobile dépourvue de table, et qui, au bout de 14 ans, ne manifestait aucun de ces tiraillements qu'on prétend éviter au prix de la complication en question. Il est à remarquer que le jeu laissé au piston, aux deux extrémités du cylindre, est suffisant pour se prêter aux mouvements de la dilatation d'une extrémité à l'autre du mécanisme; et qu'en ovalisant les trous d'assemblage sous les écrous des boulons, les effets de la dilatation ne sont pas à redouter. Ainsi deux courants d'idées contraires ont lieu relativement aux bâtis et supports des locomobiles. Dans *l'idée française*, tout est solidaire dans le mécanisme et indépendant de la chaudière au degré maximum. Dans *l'idée anglaise*, au contraire, tout est isolément distribué sur la chaudière. Les supports, tables ou bâtis, diffèrent d'ailleurs beaucoup dans la forme ainsi qu'on le remarquera dans les dessins.

7° Le *train de roulement*, qui rend la machine à vapeur ambulante, comporte ordinairement 4 roues. Les deux grandes sont fixes et à proximité du foyer. Les petites roues d'avant sont en avant-train mobile, comme dans les véhicules ordinaires des routes. Il y a eu, et il y a encore quelques exemples de locomobiles à deux roues et à brancard fixe pour l'attelage. On remarquera notamment la locomobile de Vehyer et Lorreau, qui n'a pas de roues par elle-même et est installée dans une voiture à 2 roues. MM. Thomas et Laurens, Rouffet et M. de Selve, au concours de Versailles, en 1858, ont employé le même système.

On remarquera que les trains des locomobiles anglaises sont très-largement proportionnés comme pour des voitures de vitesse. Nos fabricants français font des machines déplaçables plutôt que vraiment ambulantes. Ils donnent souvent un trop petit diamètre aux roues. Pour la construction de celles-ci, il y a deux systèmes à peu près également suivis. Celui des roues de bois, soit avec moyeu de fonte, soit de pur charronnage. Dans l'autre système, le moyeu et les jantes sont en fonte, quelquefois avec addition d'une frette en fer autour de la jante, et les rais sont en fer rond. C'est ce que nous appelons en France des roues Calla, parce que celui-ci les ayant empruntées à un des constructeurs anglais dans nos premières locomobiles françaises, elles ont été très-souvent faites ainsi par nos fabricants à son imitation. On verra quelques exemples de roues en fer imitées de celles des chemins de fer, et aussi quelques exemples de roues en fonte.

Une locomobile belge a des ressorts de suspension. Elle est seule. Une locomobile anglaise eut également des ressorts à l'Exposition universelle de 1855. Je n'en connais guère d'autre exemple ; mais la locomobile-voiture dont nous avons parlé offre et a toujours offert des ressorts installés avec les particularités que nous relaterons.

L'avant-train joue autour d'une cheville ouvrière. En France, il est généralement d'une simplicité radicale. En Angleterre, son installation compliquée et soignée le rend analogue à celui des meilleures voitures de vitesse.

On remarquera trois systèmes de cheville ouvrière : 1° une cheville vulgaire traverse un œil ménagé dans l'essieu des roues d'avant-train; 2° à la cheville sont ajoutées deux plaques de friction : l'une attenant à la cheville ouvrière elle-même et au corps de la locomobile, l'autre attenant à l'essieu. Quelquefois, au lieu de la plaque, on adopte des croissants comme dans les avant-trains des voitures ordinaires; 3° la cheville et les plaques de friction sont remplacées par des rotules sphériques qui permettent aux roues et à leurs essieux de s'incliner sur les inégalités du chemin, sans que les véhicules ressentent au même degré les effets de cette inclinaison.

8° *Le mode d'installation* des locomobiles pour travailler est, sauf un petit nombre d'exceptions, conforme à celui que représente la figure suivante. On y voit une locomobile proprement dite du système Calla, actionnant en plein champ un engin fixe, qui est ici une pompe rotative de M. Coignard pour une élévation d'eau. Cet appareil est pourvu d'une poulie qui lui appartient; c'est

Locomobile Calla. — Pompe rotative Coignard.

a grande poulie à 6 bras en s qu'on remarque en bas, à gauche. On la réunit à la poulie-volant de la locomobile par une courroie de transmission sans fin, médiocrement tendue, en cuir ou en caoutchouc. La locomobile, surtout en Angleterre, porte généralement deux poulies d'inégal diamètre, une à chaque bout de l'arbre de couche : la plus grande est le volant proprement dit, l'autre est en général beaucoup plus petite, afin de permettre de varier les vitesses.

Nous avons déjà dit qu'on n'appliquait le mécanisme de changement de marche qu'à des cas spéciaux. On donne donc aux engins à actionner la direction voulue à l'aide de la courroie de transmission, dont à volonté on tient les bandes parallèles ou croisées.

Dans la figure qui précède, on a supposé la locomobile assez lourde pour ne pas se déranger de sa place en travaillant. Mais ordinairement on la cale, soit avec les premiers matériaux venus qu'on trouve sous la main, soit à l'aide de buttoirs, que plusieurs constructeurs fournissent comme accessoire de service. Il n'est pas possible d'indiquer ici les procédés de conduite et de direction. L'auteur de la présente étude y a consacré des détails étendus dans son Traité de l'installation et de la conduite des machines à vapeur. Il faut ajouter que les principaux fabricants de locomobiles livrent à l'acheteur des *instructions* qui sont parfois de petits traités véritables et très-instructifs, et qu'ils permettent au besoin qu'on vienne faire un certain apprentissage dans leurs ateliers.

En terminant cette revue générale, nous remarquerons qu'on fait aujourd'hui des locomobiles depuis 2 jusqu'à 30 chevaux. Mais, pour le courant des travaux où la machine est réellement ambulante, la force de 6 chevaux reste toujours la moyenne. C'est là, par excellence, la locomobile des fermes et des chantiers, réduite au minimum du poids facile à traîner par la bonne disposition du train de roulement. Quant aux usages de la locomobile, on peut dire qu'elle s'applique aujourd'hui à tout et partout. Cependant ses principales applications sont le pompage, la scierie, le levage des fardeaux par les treuils, le labourage, la mouture.

Nous arrivons maintenant à la description des locomobiles de l'Exposition de 1867 et de celles qui peuvent s'y rattacher.

Nous ferons un premier groupe des locomobiles anglaises, un second des locomobiles françaises, et nous réunirons dans un troisième les locomobiles belges, allemandes et suédoises.

II

Locomobiles anglaises.

(Pl. XCVII et XCVIII.)

Il existe, en Angleterre, environ quinze établissements de premier ordre comparables aux plus grandes fabriques de machines à vapeur; plus, un égal nombre d'ateliers secondaires spécialement affectés à la construction du matériel agricole, et, en particulier, des machines à vapeur. Clayton, Ransomes, Ruston-Proctor, Robey, Marshall, May, Barrett, Barrows, Garrett, Tuxford, Turner, Fox-Walker, Hornsby, Howard, Fowler, etc., que nous retrouvons à l'Exposition de 1867, comme à presque tous nos concours depuis 1855, sont depuis longtemps connus en France et dans le monde entier. Quelques-unes de ces maisons ont construit plusieurs milliers de locomobiles. Clayton touche au nombre de 8000. La plupart de ces maisons célèbres ont exposé, non-seulement des séries multiples d'un même système, mais parfois plusieurs types différents.

Nous allons les passer en revue en y joignant, quand il se pourra, quelques renseignements sur la fabrique elle-même.

Si nous examinons d'abord dans l'ensemble les locomobiles anglaises, nous constaterons les particularités suivantes:

1° Adoption à peu près générale de la chaudière dite multitubulaire directe ou des locomotives, très-largement proportionnée, eu égard à la force nominale que la force effective dépasse environ d'un tiers.

2° Mécanisme radicalement simple, avec l'absence caractéristique de notre table de fondation française.

3° Uniformité sensible des types; on compte à peine trois ou quatre formes caractéristiques et un peu tranchées. Les constructeurs ne se spécialisent guère que par des agencements secondaires ou par des formes.

4° Les types de chaque constructeur sont aujourd'hui à peu de chose près ce qu'ils étaient à l'origine. Il ne faut pas en conclure qu'aucun progrès n'a été fait, car chaque détail révèle au contraire une grande étude. Mais il faut reconnaître que, pour les locomobiles comme pour le matériel des chemins de fer, les Anglais ont adopté des formes traditionnelles consacrées dans le public. Nous croyons que la vulgarisation si merveilleuse de ces machines, en Angleterre, est due en grande partie à cette uniformité des types; leur variation a, au contraire, pour effet de dérouter ceux qui les emploient, de les tenir dans l'incertitude, et de leur ôter toute confiance dans le succès d'appareils sur lesquels les fabricants eux-mêmes sont si peu d'accord.

5° On remarquera encore que les locomobiles anglaises sont étudiées avec un grand soin au point de vue des facultés ambulatoires; leurs grandes roues, l'agencement de l'avant-train, la légèreté relative de la machine doit appeler toute l'attention.

6° Il ne faut pas demander aux locomobiles anglaises de concourir avec quelques-unes de nos françaises pour l'économie du combustible. Ce n'est guère qu'à l'Exposition et entre les mains de conducteurs d'élite, qu'on a comparés aux *jokeys d'entraînement*, qu'elles obtiennent certains résultats très-vantés. Cependant, par les excellentes proportions respectives de toutes les parties, plusieurs maisons sont arrivées à des perfectionnements économiques sensibles. Nous avons déjà dit que les Anglais considéraient la simplicité et les allures aisées comme une économie beaucoup plus pratique pour le courant du service que l'épargne d'un peu de charbon, se résumant à un faible chiffre eu égard à la force réduite de l'appareil.

7° Enfin, les visiteurs de l'Exposition ont été frappés de l'exécution soignée des locomobiles anglaises; nous pouvons affirmer que les bonnes maisons livrent leurs machines dans l'industrie à peu près dans le même état de fabrication, en y joignant une série très-complète d'agrès de service. Les matériaux de construction sont du premier choix et l'ajustage est aussi soigné, aussi parfait que les œuvres offertes à la réception des plus exigeants ingénieurs de la marine et des chemins de fer. Si nous appelons encore avec insistance l'attention sur ce point, c'est que ce soin de construction est un des plus sûrs moyens de vulgariser de plus en plus la locomobile.

Nous entamerons maintenant la description des locomobiles exposées.

1° *Clayton, Shuttleworth et Cie*, usine de Stamp-End, à Lincoln.— Cette maison, dont les ateliers situés entre un canal et deux railways sont très-considérables, a des succursales de vente dans toutes les capitales. Elle s'est placée sous le patronage des principaux souverains et d'une multitude d'hommes puissants en Europe. Elle est un exemple de l'admirable initiative des négociants anglais pour *lancer* leurs entreprises et les faire réussir en y joignant la perfection du travail.

Nous avions à l'Exposition la 7362e locomobile de Clayton ainsi que sa 6000e batteuse à blé. Lors de l'exposition de Londres en 1862, la maison avait à peu près construit 5000 locomobiles et 4000 batteuses, dont 500 dans les douze derniers mois. Ces nombres dépassaient peut-être la production totale de la France; ils montrent quelle différence il y a entre les deux nations pour l'application de cet engin utile.

Nous avons déjà dit que la locomobile de Clayton était celle qui avait servi de point de départ à M. Calla pour la construction de ses premières machines en France. Depuis 1855, elle a peu varié; entre la machine originaire et celle d'aujourd'hui il y a même encore de l'identité, ainsi qu'on peut le voir par la comparaison des fig. 1 et 2, pl. XCVII. La premiere est la locomobile de 1851, et la seconde est celle de 1867. Les seules différences sont: 1° La position des roues; elles étaient sur les flancs de la boîte à feu; elles sont aujourd'hui en avant de cette même boîte à feu. 2° La pompe alimentaire était accolée au cylindre à vapeur, et le plongeur à grande course était conduit par la crosse du piston; elle est aujourd'hui inclinée sur le flanc du corps de la chaudière et avec plongeur à petite course mû par un excentrique. 3° L'enveloppe de la chaudière était en feutre et bois cannelé; elle est maintenant en tole. 4° Le mécanisme était d'une simplicité radicale : pas de glissières; la tige du piston prolongée passait dans un simple anneau, l'arbre moteur était actionné à un bout et muni d'un volant-poulie à l'autre bout; la chaise-palier était entre eux et par suite le cylindre était un peu sur le côté de la chaudière. Cet agencement, qui peut encore être recommandé à cause de la simplicité pour les très-petites locomobiles de 3 chevaux au plus, avait été modifié dès 1855. A cette époque la chaise fut double, en deux pièces distinctes, recevant l'appui de l'arbre à ses extrémités, le piston reporté dans l'axe de la chaudière actionnant cet arbre en son milieu; aujourd'hui ces chaises sont creuses, à la façon des bâtis bien connus des *Outils-Withworth*. La tige du piston fut guidée entre une paire de glissières, et la bielle à fourche fut remplacée par une bielle droite. A partir de 1862, les roues de bois à moyeu de fonte à graissage *self-acting*, d'un modèle breveté, remplaçaient également ces roues primitives en fonte avec rais de fer rond qu'on s'est habitué en France à nommer *roues Calla*. L'avant-train avec cheville ouvrière, munie de deux plaques de friction respective, est encore une particularité distinctive des locomobiles Clayton, ainsi que le panier en fil de fer servant de *pare-étincelles* qui couronne la cheminée.

Nous compléterons cette étude comparative en faisant connaître les prix[1] de ces machines à diverses époques. L'élévation de 1855 s'explique par les additions faites au mécanisme. A partir de 1862, la seule modification importante est la substitution des roues de bois aux roues de fonte et fer. L'abaissement du prix est dû à la concurrence et au progrès de la fabrication. Le prix est évalué en livres sterling, valant 25 francs de France. L'estimation en chevaux est relative à la force nominale, que dépasse notablement la force réelle.

1. Ces prix se rapportent à la machine prise à l'usine et livrée avec tous les accessoires de service, y compris la bâche en toile goudronnée.

MACHINES.	ANNÉES.			
	1851.	1855.	1862.	1867.
A UN CYLINDRE.	livres.	livres.	livres.	livres.
3 chevaux	135	»	»	»
4 —	155	175	165	150
5 —	175	190	180	165
6 —	195	210	210	180
7 —	215	230	215	195
8 —	»	250	230	210
9 —	D. 255	»	»	»
A DEUX CYLINDRES.				
10 chevaux[1]	D. »	285	290	260
12 —	»	»	335	300
14 —	»	»	375	365
16 —	»	»	415	375
18 —	»	»	455	410
20 —	»	»	495	445
25 —	»	»	»	540
30 —	»	»	»	640

Il serait intéressant de mettre en comparaison le poids des machines avec ces prix ainsi que leur rendement de travail. Les seuls documents que nous possédions sont les suivants : la houille brûlée, l'eau vaporisée ou pour mieux dire dépensée, le blé battu se rapportant à un travail journalier de 10 heures. Les données du tableau sont extraites du catalogue du constructeur. On remarquera que les machines de 1865, quoique plus compliquées, ne sont pas plus lourdes que les premières, mais que leur travail est bien supérieur. Quant au rendement de blé battu, s'il n'y a pas erreur, il faut attribuer l'énorme accroissement de 1855 au perfectionnement de la batteuse sinon en totalité, du moins en bonne partie.

FORCE.	MACHINES DE 1851.					MACHINES DE 1855.				
	Prix.	Poids.	Houille brûlée.	Eau vaporisée.	Blé battu.	Prix.	Poids.	Houille brûlée.	Eau vaporisée.	Blé battu.
	fr.	k.	k.	k.	hecto.	fr.	k.	k.	k	hect.
3 chevaux.	3375	1524	150	1218	20	»	»	»	»	»
4 chevaux.	3875	2040	200	1627	36	4375	2000	175	1455	70
5 chevaux.	4375	2550	255	2034	36	4550	2500	225	1816	90
6 chevaux.	4875	2805	300	2440	»	5250	2725	275	2180	110
7 chevaux.	5375	3060	357	2486	62	5750	3000	325	2540	125
8 chevaux.	»	»	»	»	»	6250	3225	375	2905	160
9 chevaux. Double cylindre.	6375	3825	460	3616	86	»	»	»	»	»
10 chevaux. Double cylindre.	»	»	»	»	»	7125	3750	475	3632	190

Arrivant maintenant à la locomobile exposée en 1867 et représentée en la figure 2, on remarquera son mécanisme horizontal avec quadruple glissière et sa

1. La force de 10 chevaux avec un cylindre coûte 230 et 240 livres.

pompe alimentaire à action continue *self-acting*, le batis creux, la fonte remplacée par le fer partout où il a été possible, l'aciérage des parties frottantes, les cales de rappel en cas d'usure sous les paliers, l'excentrique à toc pour le renversement de la marche à la main; les vastes proportions de la chaudière pour brûler indifféremment tous combustibles. On remarquera que le constructeur n'enveloppe pas son foyer.

Clayton possède un autre type breveté, qui fut exposé à Londres en 1862 sous le n° de construction 4706, qu'il recommande comme économique et qui a été souvent imité. Ce n'est déjà plus la très-petite locomobile réduite au maximum de simplicité. C'est la locomobile d'une certaine force où l'économie du combustible a une importance notable et qu'on a dû compliquer un peu plus. Cependant celle de Londres avait seulement la force de 4 chevaux et elle avait des roues de charron, ce qui prouve que le constructeur la propose pour toute force et pour toute destination. Ce qui la caractérise est la position du cylindre et de la boîte du tiroir dans l'intérieur de la boîte à fumée suffisamment prolongée en hauteur. Le cylindre est à double enveloppe avec espace annulaire rempli de vapeur. Au contact des 400 degrés auxquels, dit le constructeur, s'élève la chaleur moyenne dans la boîte à fumée, il n'y a pas de condensation de vapeur dans le cylindre, et d'autre part en raison de la double enveloppe il n'y a pas à craindre le grippement du piston ni la brûlure des garnitures. Ce système s'applique avantageusement surtout aux locomobiles à double cylindre. Il est intéressant de comparer les prix lors des trois expositions universelles en livres sterling (25 fr.).

FORCE.	ANNÉES		
	1855.	1866.	1867.
	liv.	liv.	liv.
4 chevaux. 1 cylindre.....	»	170	160
6 — —	220	205	170
8 — —	255	235	220
10 chevaux. 2 cylindres....	»	295	270
14 — —	»	380	345
18 — —	»	460	420
20 — —	»	500	455

Le système Clayton avec cylindre dans la boîte à fumée a eu des imitateurs nombreux parmi lesquels nous relaterons ci-après Howard, Gargan et Elwell-Poulot. A l'exposition de Londres, en 1862, il y avait une locomobile de Cambridge ainsi disposée: elle avait deux cylindres dans un coffre rectangulaire très-élevé en prolongement supérieur de la boîte à fumée. Sa chaise porte-arbre avait la forme du type Hornsby ci-après, voir fig. 11. La soupape de sûreté unique était très-élevée dans une sorte de dôme.

2° *Ransomes et Sims*, à Ipswich (voir fig. 4). — Ce constructeur, qui possède comme le précédent une des plus vastes fabriques de machines agricoles d'Angleterre, a envoyé à toutes les expositions des locomobiles d'une exécution remarquable. L'une de celles qui sont au Champ de Mars porte le numéro de construction 1369. On signalera les particularités suivantes : 1° La chaudière appartient au type Crampton et elle est complétement enveloppée, ce qui est assez rare en Angleterre. Elle contient des tubes analogues à ceux des locomotives des chemins de fer, mais très-écartés. 2° Le mécanisme moteur est pourvu d'un tiroir spécial pour la détente. Le pendule modérateur est pourvu d'un ressort outre les boules accoutumées. La partie supérieure du mécanisme moteur est consolidée par deux tiges entretoises reliant le cylindre à vapeur à la chaise porte-arbre. Ransomes ne craint pas comme Clayton les pièces de fonte : les supports et glissières sont en fonte. 3° L'avant-train est caractéristique pas ses roues de bois, œuvre de pur charronage, réparable et remplaçable partout ; la cheville ouvrière est sphérique, se prêtant aux oscillations du véhicule sur les mauvaises routes. Toute l'installation de cet avant-train est fort simple et analogue à nos types français. Par le démontage de 3 clavettes, tout le train peut quitter la chaudière si on veut la fixer au sol, avec une assise qu'on obtient difficilement en la laissant sur les roues.

Depuis 1859 la locomobile Ransomes n'a presque pas varié. Celle de l'Exposition universelle de Paris en 1855 était au contraire assez différente dans les détails d'agencement du mécanisme beaucoup plus ramassé. Cette machine de la force de 7 chevaux avait un cylindre de $0^m,18$ de diamètre sur $0^m,24$ de course. Elle était garantie pour consommer $2^k,30$ de houille par cheval et par heure, et pour actionner une batteuse rendant 145 hectolitres de blé battu par jour. Son prix rendu à Londres était de 5482 fr. avec tous les accessoires de service. Nous pourrions comparer les locomobiles des expositions 1862 et 1867 comme nous l'avons fait ci-dessus pour celles de Clayton. On reconnaîtrait de même un grand abaissement de prix, quoiqu'il y ait eu progrès et même un renforcement de certaines pièces dont il résulte un accroissement de poids. Nous donnerons seulement le tableau comparatif des machines de diverses forces en 1867, dans lesquelles le foyer et les tubes sont comme précédemment en fer. Chaque prix comprend tous les accessoires de service et le transport à Londres, moins l'emballage.

1° *Tableau comparatif des locomobiles de Ransomes.*

	SIMPLE CYLINDRE.						
Force en chevaux	3 chev.	4	5	6	7	8	10	12
Prix en francs	3260 fr.	3750	4125	4500	4875	5250	6000	6750
Houille brûlée par heure à la pression de 3 atmosph. effectiv.	11 kilogr.	14	17	20	23	27	33	40
Eau vaporisée par heure à la même pression	73 kilogr.	91	118	136	159	182	227	273
Nombre de tours de volant par minute	200	150	150	150	150	150	140	130
Poids de la machine vide	1734 kil.	2091	2443	2650	3060	3213	3723	4284

2° *Tableau comparatif des locomobiles de Ramsomes.*

	DEUX CYLINDRES.					
Force en chevaux	10 chev.	12	14	16	18	20
Prix en francs	6500 fr.	7500	8375	9375	10250	11125
Houille brûlée par heure à la pression de 3 atm. effectives.	33 kil.	40	46	52	56	64
Eau vaporisée par heure à la même pression	227 kil.	273	318	364	409	445
Nombre de tours de volant par minute	140	130	125	125	120	120
Poids de la machine vide	»	4335	5202	»	»	6477

Les locomobiles de Ransomes ont fonctionné à peu près dans toutes les sections anglaises de l'Exposition de 1867. Celles qui ont actionné les outils Withworth dans la grande galerie et les machines marines dans l'annexe de la berge, étaient à double cylindre et reconnaissables à leur cheminée conique terminée par un panier pare-étincelles. A Londres, en 1862, une des locomobiles de cette maison, forte de 20 chevaux, portant le n° 707, et coûtant 13,500 fr., eut comme particularité principale d'avoir une chaudière tubulaire en retour de flammes et à foyer amovible selon le type dit en France système Thomas et Laurens. M. Ransomes continue à fournir ce type à l'industrie.

3° *Robey et Cie. Perseverance Iron Works*, à Lincoln (fig. 5), expose plusieurs locomobiles appartenant à peu près au type n° 2 de Clayton son voisin. Leurs principales particularités sont la porte fumivore percée de trous et l'addition dans la boîte à fumée de tampons coniques qui viennent se placer à l'entrée des tubes pour varier le tirage. La vivacité de ce tirage est telle, par moment, dit le constructeur, qu'il nettoye les tubes en attirant les escarbilles sans rendre nécessaire aucun autre nettoyage. Ce type se construit depuis 4 jusqu'à 12 chevaux nominaux et coûte de 3,750 à 6,950 avec des roues de bois et un train d'attelage très-complet et très-bien installé à l'anglaise. Le même type à 2 cylindres se construit pour les forces de 10 à 25 chevaux.

En 1865, la compagnie Robey a exposé aussi un autre type sous le numéro de fabrication 950, fort de 10 chevaux, différent par la boîte à feu qui est composée de 2 coffres concentriques complets, laissant passer la lame d'eau sous le cendrier. C'est là que se rendent les résidus. Le constructeur recommande ce type qui coûte 4,050 francs pour locomobile de 4 chevaux à un seul cylindre, et progressivement jusqu'à 12,375 francs pour force de 25 chevaux. La locomobile de 9 chevaux exposée à Billancourt, porte le numéro de construction 1183.

Les ateliers de Robey, situés dans la même ville que ceux de Clayton et de Ruston-Proctor ci-après, sont également considérables. Autour d'un grand enclos voisin du railway, sont 9 grands corps de bâtiments principaux remplis surtout par des forges. Quatre grandes cheminées desservent les chaudières des moteurs, des rails font communiquer les ateliers. Cette fabrique de matériel agricole a été fondée en 1848.

4° *Marshall fils et Cie, Britania Iron Works*, à Gainsborough. — La locomobile du Champ de Mars porte le numéro de construction 706; elle est élégante, soignée, forte de 5 chevaux, et appartenant comme la précédente au type Clayton sauf des différences de formes. Les principales sont dans l'installation des roues et celle de l'essieu des grandes roues qui est coudé horizontalement pour arriver dans le foyer tout en reportant les roues sur les flammes de ce foyer. La pompe est verticale. Les principales pièces du mouvement sont en acier, les autres en fer écroui; la chaudière, en tôle du Yorkshire et enveloppée de feutre, bois et tôle, sauf la boîte à feu qui reste découverte. Suit un tableau des principales dimensions:

1° *Tableau comparatif des locomobiles de Marshall.*

	SIMPLE CYLINDRE.								
Force nominale, en chevaux . . .	2 1/2	3	4	5	6	7	8	9	10
Diamètre du cylindre en millimèt.	143	152	174	190	215	228	240	260	276
Nombre de tours par minute. . .	180	180	150	125	126	125	125	125	110
Prix courants, avec accessoires, en francs	2600	3085	3750	4125	4500	4875	5210	6625	6000
Poids de la machine vide, en kilog.	1400	1750	210	2400	2700	3150	3600	3800	4250

2° *Tableau comparatif des locomobiles de Marshall.*

	DOUBLE CYLINDRE.					
Force nominale, en chevaux . . .	8	10	12	14	16	20
Diamètre du cylindre en millimèt.	174	190	215	228	240	266
Nombre de tours par minute. . .	125	125	125	125	125	110
Prix courants, avec accessoires, en francs..	5875	6500	7500	8375	9375	11025
Poids de la machine vide, en kilog.	3700	4350	4750	5500	5850	8000

5° *Ruston, Proctor et Cie. Sheaf Iron Works*, à Lincoln (fig. 6). Cette maison, l'une des plus ingénieuses dans l'art de cette réclame anglaise qui s'impose à l'attention publique en y joignant le mérite des œuvres de vraie valeur, expose plusieurs locomobiles de diverses forces également analogues au type n° 2 de Clayton, son voisin. La chaudière est en tôle du Yorkshire et enveloppée de même que le cylindre à vapeur en feutre, bois et tôle. Les pièces du mécanisme sont toutes en fer. Les glissières et pièces frottantes sont aciérées et trempées. Le constructeur annonce qu'il donne au piston moteur 538 millimètres carrés de surface par cheval. Le prix, rendu à Londres, Hull ou Liverpool est 3,750 francs pour force de 4 chevaux et progressivement jusqu'à 6,000 fr. pour force de 10 chevaux, y compris les accessoires de service. Les deux locomobiles exposées sont de la force de 8 et 10 chevaux. Celle de 10 chevaux est à deux cylindres et elle porte le numéro de construction 1084. Elle est à détente variable par le changement de position qu'on peut donner à l'excentrique suivant un agencement breveté par M. Chapman, sur lequel les renseignements nous manquent. Une autre particularité des locomobiles de Ruston, est la circulation du tuyau de refoulement de l'eau alimentaire dans la boîte à fumée. Les machines à deux cylindres sont de 8 à 30 chevaux; leur prix va progressivement de 5,625 à 16,125 francs. La maison Ruston-Proctor est celle qui a exposé dans la classe 63 la jolie petite locomobile de terrassier, dite *Prince impérial*.

7° *Garrett et ses fils, — Leiston Works*, à Suffolk (fig. 7), — exposent plusieurs locomobiles à simple ou à double cylindre, disposition analogue à celle de Clayton, sauf quelques détails secondaires. La force varie de 2,5 à 12 chevaux, avec simple cylindre et prix correspondant de 3,250 à 6,875. Et pour le double cylindre, de 8 à 25 chevaux, avec prix croissants, de 6,000 à 12,250.

Les locomobiles de M. Garrett ont paru, depuis 1851, à toutes les expositions et concours, où leur bonne et solide construction a toujours été signalée. Leurs ateliers de fabrication de machines agricoles datent de 1778. Des deux côtés d'une rue sont placés perpendiculairement les bâtiments principaux séparés respectivement par des cours suivant le système moderne.

A l'exposition de Londres, l'une des locomobiles à 2 cylindres, de Garrett, se distinguait par sa cheminée conique, dite à pavillon, pour brûler du bois, par ses roues de pur charronnage, sa coulisse de changement de marche, du type dit *coulisse simple*. La chaudière contenait 27 tubes de locomotive, mais très-écartés.

8° *Barrett Exall et Andrewes*. — *Reading Iron Works*, à Reading, comté de Berkshire (fig. 8). Cette vieille maison, dont on a vu les machines à toutes les expositions, se distingue peu des précédentes. On remarquera cependant la circulation du tuyau de refoulement de la pompe alimentaire dans la boîte à fumée et cette particularité du mouvement moteur où toutes pièces, notamment les glissières, sont en forme de tiges faites sur le tour. Toutes les pièces qui fatiguent sont en acier. L'enveloppe très-complète de la chaudière, du type Crampton, est aussi une particularité des locomobiles de Barrett, d'ailleurs exécutées avec tant de soin d'ajustage. La chaudière est garantie faite en tôle de première qualité, du Yorkshire, notamment en provenance de Lowmoor ou de Farnley; la chaise porte-arbre est en deux pièces. Dans le train on remarquera la cheville ouvrière en rotule et les roues de pur charronnage, tout en bois, qu'on peut réparer partout. Les locomobiles, de Barrett, sont réputées très-économiques de consommation; il nous est affirmé qu'une même maison en a demandé 60 pour elle, en plusieurs années, et qu'une entreprise italienne en a pris successivement 15.

Suit un tableau comparatif de quelques dimensions et du travail des locomobiles de différentes forces, lequel est extrait du catalogue du constructeur :

Tableau comparatif des locomobiles de Barrett.

FORCE EN CHEVAUX.	DIAMÈTRE DU CYLINDRE.	COURSE DU PISTON.	POIDS.	HOUILLE CONSOMMÉE EN 10 HEURES.	EAU VAPORISÉE EN 10 HEURES.	PRIX.
	millim.	millim.	kilogr.	kilogr.	kilogr.	fr.
2 chevaux...........	123	203	1150	100	681	»
3 —	146	203	1300	125	999	3060
4 —	158	254	2000	150	1362	3825
5 —	178	304	2250	200	1725	4208
6 —	200	304	2500	250	2288	4590
7 —	215	304	2750	300	2451	4973
8 —	228	555	3000	350	2815	5354
10 —	254	555	3500	450	3541	6120

Les prix comprennent les agrès de service, même la bâche, mais non le mouvement de renversement de marche qui s'ajoute, en sus, sur la demande, non plus que l'emballage et l'expédition. La maison Barrett construit des locomobiles à 2 cylindres, dont la force croît de 10 à 20 chevaux, avec prix correspondants de 6,630 à 11,348 francs. Comme justification de ses consommations de houille le constructeur nous a fourni les procès-verbaux d'expériences constatant une dépense de 2,54 livres, à des concours publics en 1867, sur une machine de 10 chevaux, à un seul cylindre, avec un rendement de travail en chevaux effectifs de moitié en sus de la force nominale. Lors de l'exposition de Londres, en 1862, la maison Barrett avait construit, paraît-il, 690 locomobiles environ.

9° *Barrows et Carmichael* à Banburg - Oxfordshire (fig. 9). La locomobile exposée est forte de 8 chevaux, très-soignée d'exécution et radicalement simple; elle porte le numéro de construction 310, coûte 5,250 francs et elle se distingue par les particularités suivantes : 1° le foyer en tôle de Lowmoor est assez large pour brûler indifféremment de la houille ou du bois; 2° la chaudière appartient au type Crampton pur et n'est enveloppée qu'en partie; 3° le cylindre à vapeur du mouvement est placé à l'avant de la chaudière pour prendre, dit le constructeur, de la vapeur sèche dans la région la plus calme; 4° le cylindre est pourvu d'une enveloppe de fonte avec espace annulaire contenant de la vapeur; 5° les soupapes de sûreté sont sur cette enveloppe; la crosse du piston s'appuie sur une glissière unique suivant le système français de Duvoir-Albaret. La machine exposée a deux autres particularités non indiquées sur la figure : 1° la pompe alimentaire est accolée au cylindre à vapeur et son plongeur à grande course est actionné par la crosse du piston; 2° le pendule modérateur a un ressort à boudin, autour de la tige, outre les boules, comme dans le régulateur dit isochrone de Foucaud.

Outre le type exposé, la maison Barrows-Carmichael possède l'autre type représenté figure 10, lequel se rapproche beaucoup plus des types usuels et notamment du système de Clayton. On remarquera notamment sa boîte à feu élevée, sa chaise porte-arbre en une seule pièce et la position verticale de la pompe.

10° *Hornsby et ses fils* à Grantham (fig. 11). Ce type de locomobile qui a paru à tous les concours où il a obtenu presque toujours les premiers prix pour ses économies de consommation, est l'un des plus caractéristiques. Ses particularités principales sont : 1° la position du cylindre dans le dôme de vapeurs prolongeant par le haut la boîte à feu. Cette forme de dôme peu rationnelle en théorie au point de vue de la solidité n'a cependant pas donné lieu jusqu'ici à des plaintes. Je ne crois pas que le cylindre ait une double enveloppe comme dans la locomobile de Barrows qui précède; 2° les deux chaises, porte-arbre, de la locomobile Hornsby et les tiges qui la relient au dôme de vapeur, sont encore par leur forme, une particularité de ce système; 3° toutes les pièces du mouvement, y compris la double glissière, sont en forme de tiges faites au tour comme chez Barrett. Le fer forgé a été employé au lieu de la fonte, partout où il a été possible; les pièces sujettes à fatigue ont été trempées au paquet; 4° l'eau refoulée par la pompe circule dans la boîte à fumée. Dans les concours la pompe aspire en une tonne close où l'eau est chauffée par une injection de vapeur, venue de la chaudière.

On a expliqué les remarquables abaissements de dépense de houille de la machine Hornsby dans les concours par le chauffage de l'eau alimentaire, par le milieu chaud où se trouve le cylindre et par l'habileté extraordinaire du chauffeur. Notre devoir est de dire, qu'à notre connaissance et en service courant, le même degré d'économie n'a pas été conservé, bien qu'on ait été satisfait de l'appareil dans son ensemble. En faisant cette rectification, nous ne voulons que garantir contre toute illusion au sujet des locomobiles en général.

Les locomobiles Hornsby varient, comme d'usage, de 4 à 24 chevaux, avec prix correspondants de 3,750 à 13,250 fr., y compris les agrès de service, et frais de livraison à Londres, Hull ou Liverpool.

L'usine très-considérable de M. Hornsby est située en pleine campagne sur le bord du Northern-railway; elle se compose principalement de deux grands bâtiments parallèles séparés par une cour; l'un est la forge et l'autre un atelier mécanique à deux étages, — à quoi s'ajoutent quatre groupes de bâtiments à un ou deux étages avec cours séparatives; six groupes de chaudières ont leurs cheminées respectives.

La locomobile exposée en 1856, à Paris, où elle obtint le prix principal à cause de ses économies de combustible, a été décrite en divers recueils. J'en ai donné les principales dimensions dans mon *Traité des machines à vapeur*. La locomobile de 10 chevaux, exposée à Londres en 1862, sous le numéro de fabrication 1401 était très-luxueuse et du même type que celle qui nous est venue à l'Exposition de 1867. Voici quelques-unes de ses dimensions : cylindre 254 millimètres, course 355 millimètres. Dans la chaudière 34 tubes de 70 millimètres, foyer 70 centimètres de large sur 50 centimètres de long, pression de régime 3 atmosphères effectives. Cheminée 3 mètres de haut sur 25 centimètres de diamètre. Diamètre des roues $1^{m},30$ pour les grandes et $0^{m},906$ pour celles de l'avant-train. Les jantes ont 25 centimètres de large.

11° *Howard. Britania Iron Works* à Bedford, fig. 12. Nous relatons ce type de locomobile quoiqu'il diffère peu de celle du système de Clayton, et quoiqu'il ne soit pas à l'Exposition de 1867. C'est celle qui accompagne les célèbres laboureuses mécaniques de ce constructeur. Pour cette destination spéciale, elle a des roues de grands diamètres et à très-larges jantes, qui ont souvent un mécanisme additionnel, bien connu, de roues dentées avec chaîne pour les rendre propulsives. Elle est de la force de 8 à 10 chevaux, à deux cylindres, enfermés dans le prolongement supérieur de la boîte à fumée suivant le système Clayton, dont le mécanisme moteur, y compris les quadruples glissières, est en fer forgé. Le prix de la machine de 10 chevaux, sans son appareil propulsif, est de 5,520 fr., livrable à l'un des principaux ports anglais. L'appareil propulsif coûte, mis en place, 2,755 francs au plus.

La maison Howard, l'une des plus réputées pour la construction du matériel agricole depuis la *charrue-Howard* jusqu'à sa *laboureuse à vapeur*, a un magnifique atelier neuf sur le bord du railway, avec lequel il communique par un raccordement direct. Les vastes galeries principales, construites avec élégance, presque avec luxe, sont juxtaposées perpendiculairement au railway, au milieu d'un spacieux enclos; deux de ces galeries sont occupées par une forge à comble de fer sur colonnes de fonte ayant environ 7 mètres de haut; elles sont très-bien éclairées par la toiture. On y compte environ cent feux de forge maréchale par groupe de 2 fourneaux dos à dos sous la même cheminée.

12° *Fowler à Leeds*, fig. 8, Pl. XCVIII. Dans ce type de locomobile, la chaudière appartient au type Crampton, le cylindre est accolé sur le côté du dôme de vapeur et placé à l'avant de la chaudière, là où la vaporisation est moins tumultueuse et la vapeur moins aqueuse comme il a été dit ci-dessus à propos de la locomobile de Barrows. On remarquera encore la forme de la double glissière, la position des roues d'avant si exceptionnellement placées à l'extrémité de la machine et la pompe alimentaire qui est *self-acting* et à jet continu, l'eau revenant au baquet quand le niveau est suffisant dans la chaudière. Cette locomobile, très-simple, et d'excellente construction, est de la force de 6 à 25 chevaux avec prix correspondants très-élevés de 5,125 à 16,250 francs.

M. Fowler, le vulgarisateur par excellence du labourage à vapeur, possède à Leeds des ateliers considérables ayant pour spécialité les machines à vapeur de toutes sortes applicables à l'agriculture et à la traction sur les routes de terre. Il y a joint récemment la spécialité des locomotives de chemin de fer. Ceux de ses types de machines qui ne sont pas à l'Exposition de 1867 y figurent en dessins.

13° *May et Brown. Nordwils foundry*. La petite locomobile exposée a été construite en 1866 sous le n° 328. Elle appartient à peu près au type Clayton avec roues de fonte et fer. Mouvement à quadruple glissières, train du pur type anglais. La pompe alimentaire qui peut être mue à la main a des particularités, mais nous n'avons pu obtenir aucun document sur la machine.

14° *Turner*, — *Saint-Peter's Iron Works* à Ipswich, — encore inconnu dans nos concours français, expose au Champ de Mars une petite locomobile de 5 chevaux sous le numéro du constructeur 279, presque entièrement analogue au type de Ransomes son voisin, mais avec absence de ses tiges-entretoises. D'après son catalogue, la maison Turner se contente de construire des locomobiles de 2 à 10 chevaux, à un seul cylindre, au prix correspondant de 2,250 à 5,875. Nous avons déjà vu à l'exposition de Londres les locomobiles de Turner où l'enveloppe très-complète de la chaudière à la façon française était caractéristique.

15° *Fox et Walker. Atlas Iron Works*, à Bristol. Cette maison, qui construit du gros matériel mécanique et des locomotives de chemin de fer, a exposé une locomobile de 12 chevaux, ne différant du type Clayton n° 2 que par des formes de pièces, la position des grandes roues sur le flanc du foyer et par la pompe alimentaire qui est inclinée et appliquée contre la boîte à fumée, ayant jet continu *self-acting* et circulation d'eau refoulée dans ladite boîte à fumée. La chaudière est faite en tôle du Yorkshire, le corps tubé seul est enveloppé de feutre, bois et tôle. On a employé le fer partout où il a été possible spécialement pour la quadruple glissière. Les parties qui fatiguent sont aciérées et trempées. Suit un tableau comparatif des machines de diverses formes de la maison Fox, celle affective étant garantie deux fois et demie la force nominale;

	SIMPLE CYLINDRE.						DOUBLE CYLINDRE.		
Force en chevaux	2 1/2	4	6	7	8	10	10	12	14
Prix avec accessoires de service, en francs	2375	3750	4500	4875	5250	6000	6500	7500	8375
Nombre de tours du volant	100	150	150	150	150	140	140	130	125
Consommation de houille par heure.	15^k	20	24	28	32	40	40	48	55
Poids de la machine vide en kilog.	1400	1900	2500	2650	2800	3500	3750	4200	5000

16° *Tuxford* à Boston Lincolnshire. Ce constructeur, dont la locomobile avait jusqu'ici constitué un type à part dans tous nos précédents concours, a exposé sous le numéro de fabrication 3250 une machine dite du type breveté d'Allen, qui a été enlevée au cours de l'Exposition, mais dont nous retrouverons un spécimen dans la section française (voir Malo, fig. 12, Pl. XCVIII). Jusqu'ici ce qui distinguait la locomobile de Tuxford, si combattue par une école d'ingénieurs, et si approuvée par une autre, était l'installation du mécanisme dans une boîte fermée, mise à l'avant au bout d'une chaudière tubulaire en retour. Ce mécanisme moteur était vertical, tantôt avec cylindre en bas et mouvement par bielle directe, tantôt à cylindre en haut, et renversé avec mouvement de bielle soit en retour soit directe. Le Conservatoire des arts et métiers possède dans ses galeries et dans les plans du *portefeuille* une locomobile de ce système, vrai chef-d'œuvre d'exécution. Il nous est affirmé que tout en fabricant les types usuels, M. Tuxford continue à livrer à l'industrie le type qui lui fut propre dès l'origine. En France, les ateliers de construction de Stehelin, en Alsace, se sont approprié ce système.

La figure 10, planche XCVIII, représente la machine du Conservatoire, elle est indiquée en coupe. On voit que la chaudière se compose d'un foyer ordinaire de locomotive suivi d'un gros tube chauffeur et qu'il a ensuite au-dessus un groupe de 17 petits tubes ramenant les gaz en retour vers la façade. Dans le mécanisme le cylindre est vertical et reposant sur son fond. L'extrémité de la tige du piston porte un T transversal d'où pend une paire de tiges ramenant au pied du cylindre l'attache de la paire de bielles motrices qu'actionne l'arbre de couche. Ce mouvement n'est autre chose que celui des machines marines dites de Bury qui ont été en vogue il y a quelques années. Un même excentrique meut la pompe alimentaire verticale installée à côté du cylindre ainsi que le tiroir distributeur. La poulie à disque, le volant et le pendule modérateur sont hors de la boîte. Les roues sont en bois à moyeu de fonte, leur diamètre est 1m,30 et 0m,90; l'avant-train très-complet est muni de deux grands disques et d'une simple cheville ouvrière. Cette machine fabriquée avec un grand soin se construit depuis la plus petite force jusqu'à celle de 20 chevaux. Celle du Conservatoire est de 6 chevaux, son piston moteur a 176 millimètres de diamètre et 310 millimètres de course, elle a été livrée en 1855 sous le nº de fabrication 106.

LOCOMOTIVES. — QUELQUES RECTIFICATIONS.

Nous avons remarqué, et on nous a fait remarquer, certaines erreurs de détail dans le long travail descriptif auquel nous nous sommes livré dans les premier et sixième fascicules, relativement aux locomotives. Relevant aujourd'hui celles qui regardent les locomotives du Midi, nous avons à rectifier ainsi qu'il suit :

1° La disposition des ressorts de suspension avec balanciers, indiquée en la planche XX, figure 7, ne doit pas être appliquée aux machines en construction, comme nous l'avions cru sur le vu d'un dessin resté à l'état d'étude. Les ressorts sont tous indépendants.

2° Des renseignements mal compris par nous, nous le croyons volontiers, nous ont également trompé sur l'hypothèse du découplement des roues. Ce qu'on se propose est la substitution, au besoin, de ces roues de 1m,60, si approuvées des Anglais, par des roues de 1m,30, sans aucune autre modification.

3° Nous avons aussi commis une bien grosse erreur, qui nous vaut la verte semonce d'un lecteur : nous nous sommes laissé dire que, sous la couleur qui enduit les boîtes à graisse, celles-ci étaient en bronze, suivant la mode anglaise La vérité est qu'elles sont en fer. Nous avons aussi dit que les supports des glissières étaient en bronze : nos souvenirs de l'Exposition, rapportés dans notre cabinet, nous ont servi très-mal, et, pour calmer le mécontentement de notre réclamant, nous nous empressons de dire que lesdits supports sont un peu plus jaunes que nous ne pensions, et qu'ils sont en laiton.

4° Une autre erreur que nous regrettons sérieusement est relative aux locomotives à huit roues. Nous avons indiqué le dessin exposé par la Compagnie du Midi comme ayant été simplement un projet : la vérité est qu'un lot considérable de machines semblables a été mis en service dès les premiers temps de l'application des locomotives à huit roues couplées aux chemins de fer. Nous sommes d'autant plus heureux d'avoir l'occasion de rétablir les faits, que les ingénieurs de la Compagnie du Midi ont eu une part considérable au progrès des chemins de fer, et qu'ils ont les plus justes droits à la reconnaissance de l'industrie.

5° A l'égard de la locomotive de montagne de M. Forquenot, nous avons laissé passer sans correction qu'elle était montée sur *dix paires* de roues. Le lecteur a sans doute reconnu que nous avons voulu dire *dix roues* ou cinq paires, ainsi que l'indique le dessin.

Sur la figure 7, Pl. II, qui représente la même machine, une ligne non venue accuse une interruption entre les secondes et troisièmes roues, d'où l'on pourrait conclure que les roues forment deux groupes d'accouplement. C'est une erreur; toutes les roues d'un même côté sont mises en connexion par une suite continue de bielles articulées.

En terminant ces rectifications, nous dirons que, si nous avons trouvé le plus souvent un cordial empressement pour nous fournir les éléments de nos études de l'Exposition, nous avons aussi parfois rencontré l'accueil inhospitalier d'exposants naïfs qui en sont encore à garder le secret d'un diamètre de piston ou d'une surface de chauffe. Il y a telle machine dont nous n'avons pu prendre les croquis si sommaires de nos planches qu'au milieu des difficultés de tous genres, et il y a des documents fournis comme officiels dont nous avons pu constater l'inexactitude sur place.

Malgré les soins consciencieux que les rédacteurs des *Annales du Génie civil* ont apportés aux *Etudes sur l'Exposition*, ils peuvent donc craindre d'avoir commis quelques erreurs de détail comme celles qui précèdent. Les gens qui ont le bonheur d'être infaillibles s'en indigneront peut-être; mais ceux de nos lecteurs qui ont publié des études analogues se rappelleront à quel point elles sont ingrates, difficiles, parfois décourageantes. Ils se contenteront de nous avertir confraternellement de nos méprises, et, heureux nous-même d'être mieux éclairé, nous rectifierons au plus tôt ce qui pourrait tromper le lecteur.

Pour compléter notre étude des locomotives, nous aurions eu à décrire cinq autres systèmes spéciaux qui sont venus dans la dernière période de l'Exposition. Nous nous réservons de publier les principales. Mais nous les relaterons du moins ici.

1° Locomotive de montagne, de M. Dubied (dessin dans la section suisse).

2° Projet de chaudière de locomotive de M. Colson, de Gand, exposée en dessin et modèle dans la section belge. La forme extérieure est celle usitée; mais, au lieu des tubes accoutumés, tout l'intérieur du foyer rectangulaire et du corps cylindrique est rempli de petits bouilleurs verticaux contenant l'eau, donnant 222 mètr. carrés de chauffe, dont 83 mètr. sont considérés comme directs.

3° Locomotive Fell, pour la traversée du mont Cenis, par le plateau de la montagne, en attendant la percée du tunnel; construite chez M. Gouin. On sait qu'empruntant l'idée ancienne du baron Seguier, la machine Fell a deux paires de roues horizontales appuyées sur les flancs latéraux d'un rail central fixe, le long duquel il se produit une sorte de touage. Les roues de support ordinaires sur les rails de la voie, proprement dites, ajoutent leur action à celles des roues centrales. Un même mécanisme à deux cylindres commande toutes ces roues par l'intermédiaire de bielles. Suivent les principales dimensions : surface de grille, $0^{mq}.93$; surface de chauffe, 61 mètres, dont 56 par 160 tubes. Dans un corps cylindrique ayant $0^{m}.90$ de diamètre et des tôles en acier de 8 millim. pour 8 atm. de pression. Les cylindres ont 406 millim. de diamètre sur une course égale. La base de la machine est de $3^{m}.70$, sur ses trois paires de roues accoutumées, dont deux seulement sont accouplées et ont $0^{m}.712$ de diamètre.

Nous indiquerons simplement pour mémoire : 4° la locomotive funiculaire d'Agudio, sur laquelle M. Soulié a déjà publié une étude spéciale; et 5° le *Mahovos* de M. Schubersky. Ses avantages et ses inconvénients ont été examinés dans les *Annales du Génie civil* (février 1868).

MACHINES A VAPEUR

(Planches 95, 96, 97, 99 et 160, 165.)

III

LOCOMOBILES FRANÇAISES.

En France, où la machinerie agricole est encore si peu comprise, où le morcellement des terres la rend d'ailleurs plus difficilement applicable, nous possédons en très-petit nombre ces grands ateliers de fabrication du matériel rural qu'on pourrait comparer à ceux de Clayton, Garrett, Fowler, Howard et autres. Quelques grands constructeurs, comme Caïl, ont une spécialité de locomobiles. Calla, leur premier propagateur en France, y a consacré principalement ses ateliers réorganisés au point de vue de l'excellence du travail.

Nous possédons la fabrique importante de Duvoir-Albaret à Liancourt. Deux ou trois autres la suivent sans grande distance. Viennent ensuite quelques maisons inférieures comme étendue, fournissant un contingent de machines agricoles assez respectable; tout le reste n'est livré que par des ateliers qui ne comptent plus parmi les usines proprement dites, et par les charrons de villages, ce qui ne veut nullement dire que le matériel sorti de ces petites maisons soit toujours sans valeur.

Il a toutefois le défaut d'être fait sans ensemble, suivant des variétés infinies de types qui déroutent les consommateurs, et ne permettent pas de remplacer sur place les organes avariés, comme on le fait avec les grandes usines anglaises qui, sur la simple indication d'un numéro de série, envoient de suite la pièce de rechange à poser et prise en magasin. Pourquoi faut-il que nous soyons forcés d'ajouter que lorsqu'on s'écarte des principales maisons françaises justement réputées, on ne trouve trop souvent que des machines solides peut-être, mais exécutées grossièrement et avec négligence ?

On a déjà vu au paragraphe 1er de cette étude, qu'en général la locomobile rançaise se distingue de la locomobile anglaise par divers agencements spéciaux, dont les deux principaux sont : 1° la simplicité radicale et la construction économique du train de roulement; 2° la pose de tout le mécanisme sur une plateforme ou table de ondation, rendue aussi indépendante que possible de la chaudière. La locomobile française reçoit la complication de tous les organes accessoires qui peuvent aider à l'économie du combustible. Elle montre de très-grandes études à première vue ; chaque constructeur cherche à s'y spécialiser : elle est plus *savante* que la locomobile anglaise; celle-ci, au contraire, tend comme principal objet au maximum de simplicité et d'aisance de service, ainsi que vers l'unité des types.

Dans l'énumération, qui va suivre, des locomobiles exposées par nos fabriques françaises, nous nous abstiendrons d'indiquer nos préférences. Nous décrirons avec impartialité, le lecteur et le visiteur jugeront. Il y a des machines que nous pourrons décrire amplement, parce que les constructeurs ont bien voulu nous fournir les renseignements voulus. D'autres ne seront que très-sommairement relatées, parce qu'il n'a pas plu aux constructeurs de répondre à nos demandes de renseignements. Quelquefois, cependant, nos mentions sommaires auront pour motif que la machine a été suffisamment décrite dans des ouvrages spéciaux, tels que les *Annales du Génie civil*, et qu'en raison de l'étendue de notre travail nous devons chercher à éviter des répétitions superflues.

Nous allons diviser les locomobiles françaises en deux classes : la première comprendra les locomobiles se rapprochant des types pour ainsi dire traditionnels, et se ressemblant plus ou moins dans les organes fondamentaux; la seconde classe s'appliquera aux locomobiles tout à fait originales dans leur agencement, et constituant des types spéciaux.

1° LOCOMOBILES FRANÇAISES DE TYPES USUELS.

1. *Calla*, à Paris. (Chaligny, Guyot, Sionnest et Cie, successeurs.) Voir pl. 95 et 96, ainsi que la figure ci-contre. Celle-ci est la dernière expression des modifications

Fig. 1.

et des détails adoptés par le constructeur. La comparaison indiquera aisément les différences.

Ce type de locomobiles, devenu classique, a fait l'objet d'une description détaillée au début de la présente étude. Nous avons déjà dit que le constructeur avait pris pour point de départ la locomobile anglaise de Clayton, mais qu'il l'avait francisée par plusieurs dispositions neuves.

La locomobile Clayton a été représentée fig. 1, planche 97. Il est facile de la comparer avec celle de Calla, et de constater les différences, dont la principale est l'assise du mécanisme sur la table de fondation déjà mentionnée. On remarquera encore, comme particularités constitutives, ce qui suit : 1° la forme de la chaudière est celle du pur type des locomotives, avec foyer en fer et tubes en laiton, le tout donnant $1^m,50$ de surface de chauffe par cheval. Le foyer est proportionné avec des dimensions moyennes en vue de brûler indifféremment toute espèce de combustible, depuis la houille jusqu'à la sciure de bois. La chaudière est très-soigneusement revêtue d'une enveloppe en bois recouverte elle-même d'une autre enveloppe en tôle, dans les derniers modèles. Dans ceux-ci, on a souvent ajouté un dôme de vapeur au-dessus du foyer, et on a modifié la porte de chargement, qui repose sur un cadre en fer qu'on a évité de fixer avec des rivets à têtes fraisées; 2° dans le mécanisme, les guides de la tige du piston sont en fonte et quadruples; il existe au-dessous un égouttoir pour recueillir la graisse tombant. La robinetterie en bronze est très-complète, ainsi que la tuyauterie. Dans les derniers modèles, toutes les pièces frottantes sont munies d'un godet-graisseur à règlement par une vis qui rend le lubrifiage à la fois méthodique et économique; 3° les roues en fonte avec rais de fer rond et l'avant-train agencé avec une simple cheville ouvrière dans un œil *ad hoc* de l'essieu, sur lequel se fait directement l'attelage, est un système radicalement simple qui constitue un type.

La maison Calla est une des plus anciennes de France. Ses ateliers, nouvellement réorganisés en vue de la spécialité des locomobiles, avaient envoyé des spécimens représentés dans toutes les parties de l'Exposition, où on n'a cessé de les voir travailler jusqu'à la fin sans aucune réparation, même de détail. Elles ont été vues à tous les concours depuis 1855. Le n° de construction 1200 est près d'être atteint aujourd'hui. Les forces varient de 2 à 15 chevaux nominaux, avec des prix correspondants de 3,000 à 11,000 fr. Elles sont à un seul cylindre. Des machines de 20 et 25 chevaux se font à deux cylindres, et coûtent de 16,000 à 19,000 fr. Le tout avec agrès de service, et pris à Paris. Il faut se rappeler que les tubes sont en laiton. Des épreuves nous ont donné à nous-même des forces réelles supérieures de 35 à 40 p. 100 aux forces nominales.

M. Calla a beaucoup contribué à populariser l'emploi des locomobiles en faisant faire gratuitement un apprentissage de plusieurs jours dans ses ateliers au chauffeur qui doit les conduire et les entretenir.

2. *Duvoir-Albaret et Cie*, à Liancourt (Oise), fig. 6, pl. 99. Cette importante maison, dont on voit les machines à tous les concours, et à qui ont été décernées tant de médailles, offre à l'Exposition de 1867 d'abord un type avec cylindre à vapeur placé dans un appendice de la boîte à fumée, à la manière de Clayton, fig. 2, pl. 97, et surtout un autre type qui peut être considéré comme le système propre de M. Albaret, et qui est celui représenté en la figure. Il est caractérisé par les dispositions suivantes : 1° la chaudière tubulaire directe a sa boîte à feu en forme de cylindre : en évitant les parties planes on se dispense des nombreuses armatures qui consolident les foyers rectangulaires; 2° le mécanisme moteur posé sur le corps tubé a pour principaux caractères la glissière et le pendule modérateur. La glissière unique, à l'imitation des machines marines, a été remarquée sur les locomobiles Duvoir dès les premiers concours,

notamment en 1856. Le pendule modérateur a la forme d'un anneau contenant un ressort intérieur tendant à le ramener transversalement, la vitesse tendant, au contraire, à le placer dans le plan longitudinal de la machine; 3° la pompe alimentaire, dont le plongeur à petite course est actionné par un excentrique, aspire dans une bâche attenant à la chaudière. On en réchauffe l'eau au besoin par une injection de vapeur empruntée à la chaudière lorsqu'elle y est en excès, comme sur les chemins de fer; 4° l'avant-train est réduit au maximum de simplicité, ainsi qu'on le voit sur la figure.

Les locomobiles de première catégorie pour petites forces de 3 à 8 chevaux sont à un seul cylindre et à détente fixe; elles donnent, suivant la force, de 135 à 120 tours de volant par minute. Celles de 4 à 6 chevaux sont les machines rurales proprement dites; celle de 4 chevaux, médaillée dans presque tous les concours, a donné généralement en travail effectif 45 p. 100 en plus de la force nominale.

La seconde catégorie comprend les machines analogues à un ou deux cylindres de 8 à 15 chevaux, avec détente variable; leur vitesse égale, suivant la force, de 100 à 115 tours de volant.

M. Albaret, qui avait employé jusqu'ici les roues en bois avec moyeux de fonte, usuelles en Angleterre, a mis des roues du type Calla à sa locomobile de l'Exposition de 1867.

Les ateliers de M. Albaret, créés originairement par M. Duvoir, sont situés à Liancourt, près du chemin de fer du Nord. Ils forment deux groupes de bâtiments considérables, généralement juxtaposés et parallèles. Ils sont organisés pour une fabrication très-importante de machines agricoles. C'est, en France, la maison qui peut être la mieux comparée aux grandes usines similaires de l'Angleterre, que nous avons mentionnées.

Les machines à vapeur de toutes sortes pour l'agriculture et l'industrie, jusqu'à la force de 20 chevaux, constituent sa spécialité. Ses batteuses de grains, ses manéges et diverses machines agricoles, ainsi que les locomotives routières, sont bien connues des praticiens.

3. *Rouffet*, à Paris, figure 2, planche 160.

Ce constructeur, dont on a vu la première machine à vapeur déplaçable à l'Exposition de Paris en 1839, est auteur d'une forme de locomobile qu'on peut regarder comme un de nos types classiques, et qui a eu des imitateurs nombreux. Il en existe à l'Exposition de 1867 des spécimens de diverses forces, dont l'excellente construction est bien connue. Ce qui caractérise le type Rouffet, c'est sa chaudière multitubulaire directe avec boîte à feu cylindrique, à laquelle les armatures sont inutiles. Un trou d'homme sur l'avant permet de la nettoyer à fond. La disposition du mécanisme avec ses robustes organes, sa quadruple glissière en fonte, sa table de fondation sont également caractéristiques. On a remarqué à l'Exposition, surtout dans la machine de 15 chevaux, près le pont du quai, les particularités suivantes : 1° le pendule modérateur isochrone est du système Foucaud; 2° le cylindre est dans une enveloppe de vapeur communiquant librement avec la chaudière; 3° le tuyau de refoulement d'eau alimentaire passe dans un manchon placé sur le côté du corps de la chaudière, et recevant la vapeur émise du cylindre qui s'en va à la cheminée; 4° les roues ont leurs rais composés de deux pièces de fer méplat rivées ensemble, et engagées par les bords dans des moyeux de fonte. La jante est en fer. L'avant-train mobile est du système dit à plaques de friction. Voici les principales dimensions de la machine : diamètre du cylindre, $0^m,28$; course, $0^m,50$; vitesse de l'arbre par minute, 85 tours; surface de chauffe, $19^{mc},75$, dont $2^{m},50$ par le foyer, et le reste par des tubes ayant 65 millimètres de diamètre extérieur. La grille a 47 décimètres carrés. Pression effective, 6 atmosphères, avec introduction de vapeur au cylindre, égale au quart de la course du piston; la machine a donné réellement ses 15 chevaux, avec une dépense de 16 litres et demi d'eau et 2 hectol. 10 de houille, par cheval et par heure.

La force de 20 chevaux a été fournie facilement avec détente au tiers et une dépense de 40 kilog. de houille et 315 litres d'eau par heure.

M. Rouffet estime que la locomobile telle qu'elle est installée sur ses quatre roues, est plutôt *déplaçable* que réellement *ambulante*. Pour lui donner complétement cette dernière faculté, l'appareil a été agencé sur une charrette à deux roues (Voir fig. 5, pl. 165), dont nous retrouverons des exemples. Le mécanisme qu'on a évité de répéter dans ladite figure est identique à celui qui précède. Mais on remarquera le nouvel agencement de la pompe alimentaire avec sa bâche dont on chauffe l'eau par un emprunt de vapeur à la chaudière.

Les locomobiles du type Rouffet ont été construites avec un seul cylindre, en ses ateliers, pour la force de 1 à 18 chevaux. Depuis 1855 il en a été livré à l'industrie 472, représentant une force collective de 2086 chevaux.

4. *Bresson*, à Orléans. Locomobile exactement du style Rouffet.

5. *Gérard*, à Vierzon, fig. 8, pl. 99. Ce constructeur, l'un de nos principaux spécialistes pour les machines rurales, a exposé un grand nombre de locomobiles, dont la principale porte le nº de fabrication 227. Les unes ont une chaudière de locomotive à foyer renflé, et dôme de vapeur sur ce foyer; les autres ont une chaudière à boîte à feu cylindrique du type Rouffet; elles ont un foyer du système Imbert fabriqué sans rivets par emboutissage et soudure des pièces; d'autres, enfin, ont une boîte à feu ovale comme dans la figure présente. Le mouvement est disposé comme dans le type Rouffet; toutefois, à l'Exposition, il n'y a qu'une seule paire de glissières.

La pompe alimentaire est accolée au cylindre à vapeur, et son plongeur est directement actionné par la crosse du piston. La principale particularité des locomobiles Gérard est leur pendule modérateur à boules équilibrées par un contre-poids mobile sur un levier horizontal; la course varie à la main pour modifier la vitesse, laquelle reste ensuite constante.

Ce type de locomobile se construit pour la force de 3 à 15 chevaux avec prix correspondant de 2,800 à 12,000 fr., les tubes de la chaudière étant en cuivre.

Les ateliers Gérard, fondés en 1847, se composent de cinq groupes de bâtiments distribués régulièrement et avec ensemble dans un vaste enclos. Ils sont complets sans exception de la fonderie, où se traitent les bonnes fontes locales du Berry. Outre ses machines à vapeur locomobiles, nous avons vu dans tous les concours ses batteuses de grains et ses manéges locomobiles, à quoi s'ajoute toute la machinerie agricole en général.

5 bis. *Del*, à Vierzon, reproduit presque complétement le type à foyer cylindrique de Gérard, son voisin. Ses locomobiles, nombreuses à l'Exposition, portant les nºˢ 48 et suivants, ne diffèrent que par la pompe alimentaire, qui est mue à petite course par un excentrique. La pompe aspire dans une bâche attenant en dessous au corps tubé de la chaudière. L'attache de la double glissière est également un peu différente.

6. *Cail*, à Paris, fig. 2, pl. 99. Cette colossale maison a une spécialité de locomobiles à détente variable, chaudière tubulaire avec foyer cylindrique, roues Calla, réchauffeur d'eau alimentaire dans un serpentin placé sous le corps tubé, enfin,

une cheminée à charnière se coupant en deux pièces. La figure fait suffisamment connaître ces dispositions. Elle s'exécute avec un seul cylindre de 2 à 16 chevaux. Elle est spécialement appliquée dans les usines avec des conditions de service économique analogues à celles qu'on demande aux locomotives. Les immenses ateliers de la maison Caïl, réorganisés à Grenelle-Paris après incendie, n'ont pas d'autre moteur.

7. *Decauville*, à Petit-Bourg, a exposé comme spécimen de la construction de ses établissements agricoles une locomobile qui est la reproduction du type Caïl.

8. *Artige et Cie*, à Paris-Grenelle. (Voir fig. 10, pl. 99.) Le caractère distinctif de ces locomobiles, dont l'exécution est très-soignée, est d'avoir des glissières et ajustements cylindriques, qui sont spéciales à ce constructeur. L'eau alimentaire est réchauffée dans le passage de la vapeur émise du cylindre en un tube sur le flan de la chaudière. On remarquera la longueur inusitée du corps tubé de la chaudière.

9. *Decoster*, à Paris, fig. 9, pl. 99. Locomobile de 10 chevaux portant le numéro de construction 107, rappelant le type Rouffet dans ses dispositions principales. La forme de la table de fondation, la simple paire de glissières en fonte, la bielle à fourche diffèrent. Mais il faut surtout remarquer la détente variable à la main, du système Meyer, qui est ajoutée à la distribution et le pendule modérateur à boules équilibrées dans toutes les positions par un contre-poids. Les roues, qui dans la figure appartiennent au type Calla, sont à l'Exposition comme celles de Rouffet et Frey, à rais de fer méplat superposés.

Voici quelques dimensions de la machine : diamètre du cylindre 230 millimètres ; course du piston 350 millimètres ; le volant fait 95 tonnes par minute ; la chaudière contient 21 tubes ayant 7 centimètres de diamètre et la longueur remarquable de 3 mètres. La machine a bien fonctionné pendant toute la durée de l'Exposition comme moteur de divers engins de travail très-robustes. La maison du constructeur est une des plus anciennes de Paris. Les machines-outils sont restées sa principale spécialité.

12. *Cart*, à Paris. Ce spécialiste réputé des outils-machines à débiter le bois a exposé une locomobile portant le numéro de construction 25, sur laquelle nous regrettons le défaut de renseignements, car elle est très-intéressante ; par la forme extérieure de sa chaudière tubulaire, par ses roues, sa table, ses glissières, etc., elle appartient au type Rouffet ; mais elle a deux cylindres accolés et inégaux où la détente se fait suivant le système Woolf. Elle est de la force de 12 chevaux et coûte 9,000 francs ; elle est considérée moins comme une machine rurale que comme un moteur d'usine.

13. *Claparède*, à Saint-Denis, fig. 12, pl. 99. Dans l'exhibition considérable[1] de ce constructeur, on remarque des locomobiles d'un type analogue à celui de Rouffet par ses dispositions principales et qui a eu de la réputation par ses excellents services dans les chantiers du nouvel Opéra. On remarquera son bâti et la position des roues qui sont particulières.

14. *Durenne*, à Courbevoie, près Paris. Cette ancienne maison, créée en 1818 pour la chaudronnerie et dont les ateliers ont été réorganisés avec un bel ensemble, a exposé plusieurs locomobiles différentes surtout par la chaudière.

1. M. Claparède a exposé principalement une machine marine, type Pilon, avec des dispositions nouvelles, munie de sa chaudière, une puissante machine à vapeur horizontale, pour forge, la grande grue à chariot de la berge, plusieurs canots à vapeur, etc...

Celle-ci appartient tantôt au type Rouffet tantôt au système usuel des locomotives dites du type Crampton avec un dôme sur le foyer. — Le mécanisme est disposé, comme dans le type Rouffet mais avec simple paire de glissières, bielle à fourche, pompe alimentaire accolée au cylindre, pendule vulgaire le plus rapproché possible du cylindre. Dans sa grosse machine de 25 chevaux qui meut les outils à bois de l'annexe près la porte Rapp, il y a un mouvement de coulisse et de relevage très-bien étudié. Les roues de M. Durenne sont des disques pleins en tôle rivée.

Dans son exposition du palais principal on remarque un appareil désincrustateur, dit du système Wagner, qui a été appliqué aux locomobiles au-dessus du cylindre à vapeur. En principe il consiste en une bâche cylindrique, contenant une série de plaques étagées, munies de rebords, sur laquelle l'eau alimentaire introduite par le haut descend en cascade. Une injection de vapeur chauffant cette eau à 90 degrés, elle abandonne naturellement les principaux sels qu'elle tenait en dissolution et elle entre dans la chaudière à un état de pureté relative.

On remarque aussi dans l'exposition de M. Durenne, sa chaudière fabriquée par soudage et sans rivures comme dans le procédé Imbert ci-dessus mentionné.

15. *Aubert,* à Paris, fig. 7, pl. IC. La particularité importante à l'occasion de laquelle nous relatons cette locomobile est que ses tubes de chaudière sont mobiles et rendus parfaitement étanches dans leur plaque tubulaire sans vis, bague ou mastic et qu'ils peuvent se démonter et se remonter, dit le constructeur, sans le secours d'ouvriers spéciaux. Cette faculté permet de nettoyer à fond l'appareil. On sait que ce démontage des tubes est en ce moment en grande vogue notamment dans la marine. Non-seulement M. Aubert, mais M. Berendorf, de Paris, et quelques autres en offrent des systèmes brevetés, qu'on peut regarder comme très-heureusement applicables aux locomobiles.

16. *Cumming,* à Orléans, figures 2 ci-dessous et 3, page suivante. L'un des pre-

Fig. 2.

miers en France il s'est donné à la spécialité de locomobiles dont il a modifié sans cesse le type, jusqu'à placer le mécanisme moteur transversalement, de manière que l'arbre de couche fût parallèle à l'axe de la chaudière. Celle-ci appartenait jusqu'ici au type multitubulaire soit en retour, soit direct et précédé d'un gros tube-foyer.

Au premier abord les locomobiles Cumming paraissaient se rapprocher des locomobiles anglaises, par l'absence de la table de fondation française et l'agencement symétrique des organes du mouvement, ce qui lui donnait un cachet de grande simplicité. Mais en réalité la table de fondation existait dissimulée concentriquement à la chaudière avec l'enveloppe de celle-ci. Les locomobiles de l'Exposition de 1867, nombreuses comme à tous les concours précédents, se rapprochent beaucoup plus des types usuels en France. Ainsi qu'on le voit dans les figures 2 et 3, l'une est munie d'une chaudière de locomotive, l'autre a une chau-

Fig. 3.

dière à foyer cylindrique comme dans les types Rouffet, Albaret, etc., déjà cités. On y remarquera le chauffeur d'eau alimentaire consistant en un gros tube en forme d'U par lequel la pompe alimentaire refoule l'eau. La disposition du mécanisme n'a pas sensiblement varié; la pompe est toujours actionnée horizontalement par la crosse du piston. Celle-ci est guidée par deux paires de glissières en fonte; le cylindre est à double enveloppe avec couche de vapeur entre deux; une manette à contre-poids permet de varier la détente fixe de la vapeur en marche; la position du pendule modérateur est caractéristique, ainsi que le siége des soupapes de sûreté et le chapeau — pare-étincelles de la cheminée. On remarquera encore le grand écartement des roues. Outre le type Calla que recommande le constructeur, il a employé, sur l'une des locomobile exposées, des roues en bois de pur charronnage. Des bandes de caoutchouc intercalées entre l'essieu et les supports de chaudière amortissent les chocs. L'avant-train trèssimple, avec cheville-ouvrière en rotule permet à l'essieu de se déplacer sans faire ressentir à la machine les cahots de la route.

Les locomobiles de Cumming se construisent couramment pour la force de 4 à 12 chevaux, avec un seul cylindre, aux prix de 4,000 à 9,500 francs, les tubes de la chaudière étant en cuivre. Mais le réchauffeur se paye en sus, au prix de 200 à 300 francs. M. Cumming est encore un de ces fabricants qui pour faciliter l'apprentissage du conducteur et du propriétaire, livrent gratuitement avec la machine une instruction ou petit traité pratique sur le chauffage et la conduite de sa machine.

17. *Renaud*, à Nantes, fig. 1, pl. 99. Ce constructeur, bien connu dans tous les concours, possède l'un de nos plus importants ateliers de machines agricoles. On sait que les premières batteuses à vapeur lui sont dues ; qu'il a été, avec Calla, le propagateur des locomobiles en France, mais avec d'autres types. Sa locomobile de 6 chevaux, exposée au Champ de Mars, porte le numéro de construction 845. Outre les particularités visibles sur la fig. 1, il faut signaler la double enveloppe du cylindre avec couche de vapeur entre deux, et la traversée du tuyau de refoulement de la pompe alimentaire dans le corps de la table où se rend la vapeur à son émission hors du cylindre, ainsi que les coussinets en 4 pièces de l'arbre de couche, dont on peut facilement régler le serrage. Ce type s'exécute de 1 à 20 chevaux.

La fig. 4, pl. 99, montre un autre type de locomobile qui a été exposée en 1860 et qui continue, paraît-il, à être demandée au constructeur : son réservoir de vapeur contenant le cylindre, la forme des guides de la tige de piston, l'absence de table de fondation à la façon anglaise, la coulisse de changement de marche, la bâche chauffant l'eau à la base de la cheminée; la forme de la chaudière, les roues de bois, caractérisent le type. Sa force est de 6 chevaux et son prix 5,500 francs.

M. Renaud a rédigé pour l'étude, la conduite, l'entretien et même la réparation de ses machines, un petit traité pratique qui en rend le service facile soit au propriétaire, soit à l'agent préposé.

18. *Barbier et Daubrée*, à Clermont-Ferrand et à Blanzat (Puy-de-Dôme), fig. 11, pl. 99, ont exposé dans un grand nombre de concours un type de locomobile que nous retrouvons à celui de 1867. La chaudière est tubulaire en retour de flamme, le cylindre est dans le dôme de vapeur, lequel est lui-même dans un appendice de la boîte à fumée. Les glissières en fonte sont attenantes au couvercle du cylindre et restent en porte-à-faux. Dans les anciennes machines, comme celle qui est donnée ici, la chaise porte-arbre était fixée isolément. Dans la machine de l'Exposition de 1867, le mécanisme repose sur une table de fondation qui est dissimulée, mais réelle et les roues précédemment en bois comme dans la figure, sont en fonte avec les rais en fer creux. La cheville ouvrière est sphérique. La machine a la force de 8 chevaux ; elle pèse 3,900 kilogrammes et coûte 6,500 francs. Dans les expériences, la consommation de houille est restée au-dessous de 2 kilogrammes par cheval et par heure.

19. *Damey*, à Dôle (Jura). Grâce à l'obligeance du constructeur, nous sommes à même de nous étendre sur la description de sa curieuse locomobile portant à l'Exposition le numéro de construction 320. (L'atelier a aujourd'hui atteint le n° 460). Les dessins 1 et 4 de la planche 160 représentent la locomobile exposée au Champ de Mars [1]; les deux autres figures ci-contre (fig. 4 et 5), sont relatifs à deux organes de détails décrits ci-après. Voici les principales particularités : 1° La chaudière est tubulaire directe et en même temps pourvue de carneaux extérieurs d'aller et de retour pour le passage des gaz. Elle a donc, d'abord, un foyer ordinaire cylindrique comme dans les générateurs en forme extérieure de tonne ; puis à l'extrémité de la grille commence une *chambre de combustion*, où les gaz se brûlent en se mêlant à une petite injection variable d'air venant de l'extérieur à travers le cendrier sous la grille. C'est une sorte de fumivore

1. C'est par erreur que la figure 4 de la planche 160 porte le nom de MM. Hermann et Glover. La locomotive représentée est celle de M. Damey, comme l'indique du reste le nom qui se trouve sur la plaque.

dans le système W. Williams. Au fond de la chambre de combustion sont les tubes qui n'occupent qu'environ la seconde moitié de la chaudière. A leur débouché dans la boîte à fumée, les gaz peuvent à volonté passer ou bien directement dans la cheminée, ou bien dans des carneaux en U qui longent extérieurement la chaudière et les ramènent dans la boîte à fumée. Celle-ci a donc une double enveloppe de tôle et sur celle de l'extérieur s'applique un mastic anticonducteur du calorique, plus une enveloppe de bois ou tôle qui le recouvre. 2° La boîte à fumée est munie sur le devant d'un disque tournant, percée d'une ouverture qui vient se présenter tour à tour devant chaque carneau pour permettre le ringardage. Il y a une autre ouverture centrale fermée à porte pour donner accès aux tubes. 3° La prise de vapeur est dans un dôme à l'avant, là, dit le constructeur, où la vapeur est plus sèche. 4° Au sortir du cylindre, la vapeur entre dans le corps de table de fondation où circule le tuyau de refoulement d'eau alimentaire à contre-sens du courant de vapeur. 5° L'avant-train et sa cheville ouvrière traversant l'essieu sont d'une simplicité radicale. Les roues sont en fonte à nervure avec frette en fer posée à chaud. Le constructeur les applique à sa batteuse aussi bien qu'à sa locomobile, depuis 8 années au prix de 38 francs les 100 kilogr. 6° Le double organe représenté dans les 2 figures ci-jointes a pour but de changer la marche et de va-

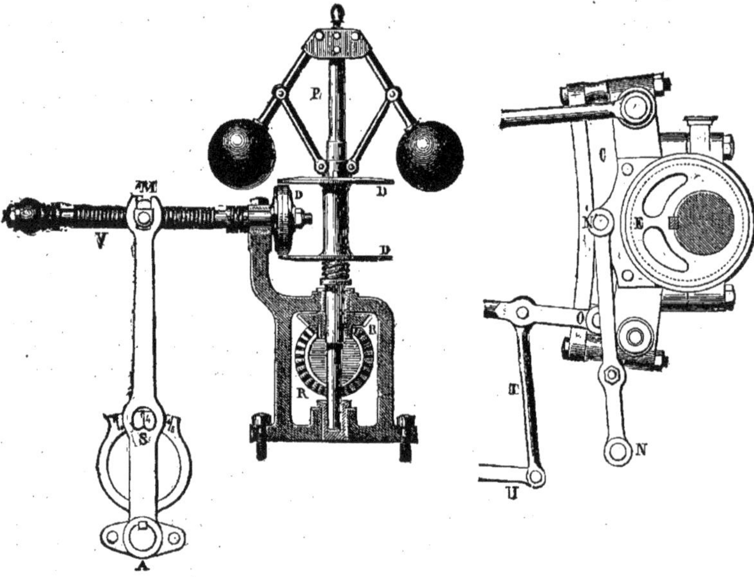

Fig. 4. Fig. 5.

rier la détente automatiquement par le modérateur. La figure 4 est le pendule modérateur. La figure 5 est le *collier-coulisse*. L'excentrique unique E est calé directement en face et à l'opposé de la manivelle de l'arbre de couche, c'est-à-dire sur le même plan que celui passant par l'arbre et par l'axe de la manivelle. Le collier de l'excentrique fait corps avec la coulisse. La bielle N la maintient à sa hauteur constante en permettant le jeu voulu. La tringle O qui actionne le tiroir de détente, varie comme à l'ordinaire dans la coulisse. Elle est relevée ou rabaissée par la bielle de suspension T et le levier U qui est lui-même en communication avec le levier M A dépendant du pendule dans la figure 4 et qui lui-même est mû par la vis V. Celle-ci est actionnée dans un sens ou dans un autre par les disques DD agissant sur le galet qui fait corps avec la vis. Dans la position intermédiaire de vitesse normale et d'écartement des boules du pendule, ni l'un ni l'autre disque ne sont en prise ; mais à la moindre oscillation, l'un des disques agit sur le galet tandis que l'autre s'éloigne d'autant et il fait tourner la vis ; son mouvement déplace le levier M A en avant ou en arrière et la variation de la tringle O dans la coulisse s'ensuit immédiatement. Le tiroir de détente est une simple plaque superposée au tiroir distributeur, interrompant tôt ou tard les orifices d'admission suivant la position du coulisseau dans la coulisse. On peut d'ailleurs par un levier à main faire dépasser au coulisseau le point de suspension ou point mort et changer ainsi immédiatement la marche sans troubler le jeu de la détente et du pendule. M. Damey nous a dit que ce mécanisme est appliqué par M. Revollier, à Saint-Étienne, à une machine de forge de 400 chevaux. Quant à la locomobile, d'après les expériences dynamométriques faites à l'Exposition sur un appareil de 10 chevaux, la dépense aurait été de $1^k,50$ de houille par cheval et par heure, et 11 kilogr. d'eau par kilogr. de houille brûlée. M. Damey affirme avoir vu la consommation de houille descendre à 1 kilog. 25.

20. M. *Frey*, Paris, fig. 3, pl. 99. Le type représenté dans cette figure est celui que M. Frey avait présenté dans les concours précédents et nous le relatons comme plus original. Le type de l'Exposition de 1867 n'en diffère qu'en deux points : 1° la chaudière appartient au modèle Rouffet ; 2° la pompe alimentaire, au lieu d'être inclinée sur le côté de la chaudière, est accolée horizontalement sur le cylindre et le tube de refoulement traverse dans la table de fondation ; 3° il y a une coulisse mue par deux excentriques comme dans les locomotives ; elle est pleine, dans l'axe de la tige du tiroir qu'elle actionne, mais suspendue et mue par les barres d'excentriques latéralement en porte à faux. La locomobile exposée a la force de 6 chevaux et elle coûte 5,200 fr. On remarque que sa chaudière n'est nullement enveloppée. Peut-être est-ce seulement pour montrer l'exécution, à l'Exposition. Quant au type de la figure, on remarquera son foyer oval contenant le cendrier au-dessous duquel le tartre vient descendre, et la glissière unique en fer du système Duvoir. Les roues en fer méplat que nous voyons aujourd'hui dans la locomobile Rouffet existait déjà dans celle de M. Frey, qui fut exposée en 1860.

21. MM. *Warral Elwell et Poulot* à Paris, fig. 9, pl. 98. Cette maison, dont les ateliers réorganisés ont une spécialité de machines-outils réputées, offre à l'Exposition son spécimen de locomobile où l'on distingue les particularités suivantes : 1° chaudière de locomobile avec dôme et prise de vapeur sur le foyer ; 2° mécanisme disposé comme dans le type Clayton n° 2, avec cylindre dans le prolongement supérieur de la boîte à fumée ; une coulisse attenant à un excentrique permet de changer la marche et de varier la détente. Ce système est à peu près celui que nous venons de remarquer dans la locomobile Damey ; 3° l'eau alimentaire est aspirée par la pompe dans un serpentin à l'intérieur de la boîte à fumée. 4° Comme dans les types anglais, il y a absence de table de fondation. 5° Les roues sont largement proportionnées ; elles sont en fonte avec rais de fer rond, l'avant-train est agencé à l'anglaise avec plaque de friction. La locomobile exposée ayant la force de 5 chevaux, a un piston de $0^m,165$ de diamètre, et $0^m,250$ de course ; il imprime 130 tours au volant. La chaudière contient 23 tubes ayant $1^m,54$ de long sur 6 centimètres de diamètre.

22. M. *Gargan* (Bézy-Denoyer, successeur), à Paris, fig. 11. La locomobile exposée en 1867, comme celles des concours précédents, se caractérise par une simplicité radicale et une division des pièces qui les rapprochent plus des types anglais que de nos systèmes français. Dans la machine exposée au Champ de Mars, la chaudière a la forme de celle des locomotives. Le dôme de vapeur au-dessus du foyer est en fonte et contient le cylindre venu avec lui ; la tige du piston suffisamment prolongée passe dans une douille faisant partie du support du pendule modérateur, sans qu'il y ait d'autres glissières pour la tige. L'alimentation se fait par un injecteur Giffard. Les roues sont à rais formés de 2 bandes en fer et superposées comme on l'a vu chez MM. Rouffet et Frey. L'avant-train est pourvu d'une cheville ouvrière en rotule. D'autres locomobiles du même constructeur diffèrent de la précédente par un plus long foyer et par la substitution d'une pompe alimentaire accolée au dôme de vapenr horizontalement et actionnée directement par la crosse de la tige du piston ; enfin celle-ci au lieu de la douille qui la guide, a pour appui une glissière unique à la façon d'Albaret et de Barrow-Carmichaël. D'autre fois encore la pompe alimentaire est en face du cylindre, et son plongeur n'est autre que la tige du piston prolongé comme dans le troisième type qui va suivre.

22 *bis*. La figure 4, pl. 165, montre encore un type de la maison Gargant qui a figuré aux expositions précédentes et qui a beaucoup d'originalité. La chaudière a un foyer cylindrique à la façon de Rouffet ; le dessus est fermé par un plateau en fonte boulonné et le dôme de vapeur contenant comme précédemment le cylindre fait corps avec ce plateau. A l'autre bout du corps tubé est une bâche entourant la boite à fumée et où l'eau alimentaire s'échauffe. La tige de piston n'a pas de glissières ; son prolongement sert de plongeur à la pompe alimentaire qui est en face, et les presses étoupes accoutumés servent respectivement de guide à la tige. La bielle motrice est à fourche. Le train de roulement consiste en une seule paire de grandes roues avec ressorts de suspension, et pour l'attelage on passe les deux brancards dans les douilles attenant aux flancs de la boite à fumée. Ces ressorts de suspension qui ménagent la machine quand le cheval la traîne sont neutralisés, durant la période de travail, par le calage de la machine à ses extrémités.

22 *ter*. Nommons ici en même temps la locomobile de 3 chevaux qui fut exposée en 1855 par feu M. Nepveux. On la trouve décrite au Portefeuille de Conservatoire. Elle est montée sur deux roues de charronnage. Sa chaudière, sous un volume très-réduit et une très-faible longueur, est très-puissante. Elle contient dans un même corps cylindrique : 1° un foyer ordinaire de locomotive ; 2° un premier groupe de 11 tubes directs aboutissant à une boite à fumée située comme d'habitude à l'autre bout du corps tubé ; 3° un second groupe de 17 tubes retourne au-dessus du premier, prenant naissance dans la susdite boite à fumée suffisamment élevée et débouchant dans une seconde boite à fumée au-dessous du foyer, sur la façade. Un dôme de vapeur est sur le corps cylindrique et le cylindre moteur y est engagé. Dans le mécanisme, la distribution se fait par double excentrique et coulisse Stéphenson ; il n'y a pas de glissières, la tige de piston suffisamment prolongée est guidée dans une douille, comme dans le système Gargan de la figure 4.

23. *Bréval*, à Paris, fig. 5, pl. 99. Locomobile dans le genre anglais, sauf le foyer ovale à la façon de Frey. Le dôme de vapeur au-dessus de ce foyer est en fonte et contient le cylindre formant avec lui une seule et même pièce. Le train de roulement avec roues de bois de pur charronnage et cheville ouvrière en rotule est très-bien installé.

24. *Nillus*, au Havre, fig. 10, pl. 165. La forme de cette locomobile dite de 12 chevaux, paraît la rattacher au type Rouffet. Mais elle en diffère surtout par sa chaudière tubulaire en retour. Elle a des roues Calla, une cheville ouvrière de disposition spéciale, des formes robustes, un réchauffeur d'eau alimentaire engagé dans la table de fondation. Voir dans Armengaud, T. 16, la description détaillée de la machine. Des essais dynamométriques faits sur une machine de ce système ont donné les résultats suivants : pression 5 1/2 atmosphères; nombre de tours par minute 97; force effective développée 15 chevaux 1/2. Houille dépensée par cheval et par heure, 2k,14. Eau dépensée par kilog. de houille brûlée 8k,86. Avec 92 tours et introduction de vapeur à moitié course, la machine a développé jusqu'à 23 chevaux, soit presque le double de la force nominale.

25. *E. Gouin*, à Clichy-Paris, fig. 1, pl. 615. Cette maison considérable a adopté depuis dix ans la spécialité des locomobiles, suivant un type spécial, uniforme dont les forces varient de 4 à 15 chevaux, et qui est principalement une machine d'usine. La chaudière est tubulaire en retour. Le mouvement est condensé et rigidement installé sur sa table de fondation, avec addition de tringles unissant le cylindre et la chaise de l'arbre de couche, comme dans la locomobile anglaise de Ransomes. Il y a pour guider la tige du piston une glissière unique. La distribution se fait à la manière des locomotives par double excentrique et coulisse relevée à hauteur variable pour la détente. L'alimentation se fait par un injecteur Giffard. Les roues sont des disques de tôle. Celles d'avant sont très-rapprochées de la cheville ouvrière et l'on pourrait presque dire qu'elles ne forment qu'une seule roue à deux flasques et que le véhicule est un tricycle.

26. *Voruz*, à Nantes. Nous n'avons pu nous procurer aucun renseignement sur la locomobile de ce constructeur, qui a obtenu la médaille d'argent. Nous ne pouvons que relater ce qui suit : La chaudière est à peu près comme celle de Gouin, qui précède, tubulaire en retour, ayant extérieurement la forme d'une tonne. La double glissière qui guide la tige du piston est venue de fonte avec le cylindre, suivant la coutume des constructeurs nantais. La bielle est à fourche, la distribution est actionnée par un excentrique et munie d'une détente par tiroir additionnel. La pompe alimentaire accolée horizontalement au cylindre, est mue par un excentrique spécial. Il existe un réchauffeur d'eau alimentaire qui paraît analogue à celui de la locomobile Cail (voir ci-dessus, n° 6). Les roues sont en fonte avec rais de fer rond. La machine étant très-élevée, il existe sur le côté une plate-forme à laquelle on arrive par un marchepied mobile et qui permet d'atteindre le mécanisme pour lui donner les soins voulus.

48. *Hermann Lachapelle* et *Glover*, à Paris[1]. La machine représentée n'est pas exactement celle qui a été exposée ; elle n'en diffère que par la forme extérieure du foyer et elle est la dernière expression de l'œuvre du constructeur, qui a livré en tout une quarantaine de locomobiles de diverses forces. Elles sont remarquables par les particularités suivantes : 1° la forme de chaudière; au lieu d'avoir le corps tubé, encastré dans le foyer suivant le type Rouffet, on a au contraire le foyer encastré sous le corps tubé. Cette disposition, moins accusée

1. Le dessin de cette machine devait occuper la place du n° 4 dans la planche 160. Une erreur d'impression y a fait placer une figure représentant la locomobile de M. Damey, qui par suite de l'encombrement des matières a été gravée deux fois à des échelles différentes. Nous donnons donc dans la page suivante, fig. 6, le dessin de la machine de M. Hermann-Lachapelle et Glover.

que dans la machine de l'Exposition, est cependant réelle encore dans la figure, bien que la façade ait été redressée et aplatie; 2° le corps tubé, même dans les plus petites machines, est relativement très-gros, afin d'offrir une vaste capacité pour la vapeur et de permettre à un homme d'y entrer pour nettoyer à fond la chaudière. Les tubes sont inclinés de l'arrière à l'avant, très-espacés et non en

Fig. 6.

quinconce, mais en carré et de gros diamètre; 3° dans le mécanisme, le cylindre est à double enveloppe, la distribution à détente variable, si ce n'est pour les forces inférieures à 4 chevaux où la détente est fixe, un cercle protecteur entoure le pendule à boules; toutes les articulations sont sphériques et la plupart des coussinets sont disposés à serrage réglable à la clef; 4° la table de fondation qui porte le mécanisme n'est fixée à la chaudière que par des frettes sans aucune percée; 5° pour le chauffage de l'eau alimentaire la pompe aspire dans un bac attenant à la machine et que traverse le tube d'échappement de vapeur vers la cheminée; 6° les roues dont le diamètre est largement proportionné, sont en fonte avec rais de fer rond. La cheville ouvrière est en forme de rotule sphérique.

Nous donnons page suivante un tableau comparatif de quelques dimensions des locomobiles de MM. Hermann-Lachapelle et Glover.

A l'égard du prix mentionné dans la seconde colonne on observera qu'il est celui de la machine livrée à Paris complète en ordre de marche, avec accessoires de services et menues pièces de rechange. Les dimensions se rapportent d'ailleurs à une consommation de 20 à 25 litres d'eau par heure et par cheval. La quantité de charbon garantie est de 3 à 4 kilog. pour la force de 2 à 6 chevaux et de 2,5 à 3 kilog. pour la force supérieure, également par heure et par cheval.

Tableau synoptique

DE LA FORCE, DU PRIX, DE LA VITESSE, DE LA CONSOMMATION ET DU POIDS DES MACHINES

FORCE par chevaux-vapeur.	PRIX.	PISTON.		VITESSE — Nombre de tours.	DIAMÈTRE DES VOLANTS-POULIES.		POIDS de la machine.
		diamètre.	course.		petit volant.	grand volant.	
	fr.	millim.	millim.	par min.	millim.	millim.	kilogr.
2 — 3	3600	0.115	0.220	180	0.600	0.800	1.500
4	4200	0.150	0.260	160	0.700	0.900	1.900
6	5600	0.180	0.300	140	0.800	1.000	2.500
8	7000	0.215	0.330	125	0.850	1.100	3.000
10	8400	0.235	0.360	115	0.900	1.200	3.600
12	9500	0.250	0.380	105	0.950	1.300	4.500
15	11000	0.280	0.400	100	1.000	1.400	5.500

49. *Chevallier*, à Lyon, fig. 2, pl. 165. Ce constructeur qui a été un des premiers propagateurs de la locomobile en France, en a exposé une au Champ de Mars, portant le n° de construction 158 et qui a fonctionné comme moteur de l'un des appareils d'aérage. Elle diffère dans quelques parties de celle qui est représentée en la figure. Le mécanisme y repose sur une table de fondation suivant l'usage français et la distribution est à double excentrique avec coulisse embrayable à hauteur variable. Pour le reste, la machine exposée est analogue à celle de la figure, où l'on remarquera les particularités suivantes : 1° La chaudière est multitubulaire mais avec des tubes en U qui ramènent la flamme à la cheminée au-dessus du foyer. Le foyer et la boîte à feu sont en forme ovale comme dans le type de Frey relaté ci-dessus; devant la plaque tubulaire du foyer, il y a une autre plaque tubulaire en brique réfractaire qui s'échauffe au blanc, allume les gaz produits par la combustion et brûle les particules fumeuses. En d'autres termes, cette doublure de briques est un fumivore ayant un peu le caractère de ces arches de briques bien connues dans les locomotives des railways anglais, le foyer et le faisceau tubulaire sont *amovibles*, c'est-à-dire, disposés de manière à être retirés par la façade pour un nettoyage à fond, grâce au déboulonage d'un simple collet. 2° Le cylindre à vapeur est logé dans le dôme de vapeur placé sur la boîte à fumée. Ils sont venus de fonte ensemble. Il existe dans le mécanisme un changement de marche à coulisse; il n'y a pas de pendule modérateur ni de table de fondation. 3° Pour le réchauffage de l'eau alimentaire il y a un appareil tubulaire où la vapeur émise du cylindre traverse les tubes à l'intérieur, l'eau étant au dehors. Cet appareil est placé tantôt sous la chaudière comme dans la figure 2, tantôt sur la boîte à feu entre le cylindre et la cheminée, figurant un second dôme. 4° Les roues sont en fonte avec rais de fer rond. L'avant-train est agencé très-simplement à la française avec rondelles de friction. Ces machines se construisent en fabrication courante depuis 2 jusqu'à 20 chevaux au prix croissant de 3,000 à 14,000 fr. En réponse à l'objection qu'on pourrait faire sur la forme des tubes courbes de la chaudière, nous ajouterons qu'ils se nettoyent soit par une injection de vapeur, soit à l'aide d'une *brosse articulée* livrée avec la machine.

50. *Malo*, à Dunkerque, fig. 12, pl. 98. Locomobile dite du système Allen. Chaudière multitubulaire directe et usuelle; mécanisme disposé à l'anglaise avec sup-

ports indépendants sans table de fondation, train de roulement également à l'anglaise. La particularité fondamentale du système est dans la forme du piston. Ainsi qu'on le voit fig. 13, ce sont deux disques ou plutôt deux pistons complets, avec leur garniture respective, que réunit un fourreau glissant lui-même à joint étanche dans une cloison qui divise le cylindre en deux parties égales. La vapeur venant de la chaudière est introduite successivement dans les espaces annulaires, d'où elle passe ensuite au retour du piston dans les deux capacités indiquées où elle se détend suivant le principe de Woolf. Un seul tiroir à coquille mû par un excentrique sur une table percée de 6 lumières suffit pour distribuer la vapeur. (Voir fig. 14.)

Cette locomobile à détente Woolf est radicalement simple; elle est venue à l'Exposition accompagnée de certificats très-favorables. Pour la force de 12 chevaux sa consommation au concours de la société agricole de Bath a été 175 kilog. de houille et 900 litres d'eau, soit 1k.45 de houille par cheval et par heure. Sa douceur de mouvement a été remarquée. Les ateliers de M. Malo, concessionnaire en France du brevet Allen, la construisent pour des forces variables de 4 à 20 chevaux aux prix correspondant de 4,600 à 11,000 francs.

§ 2. LOCOMOBILES EXCEPTIONNELLES.

Les locomobiles françaises qui précèdent sont, on l'a vu, loin de présenter cette uniformité de types qui a caractérisé les locomobiles anglaises. Mais celles qui suivent et dont plusieurs ont figuré à l'Exposition constituent des types bien plus originaux encore.

1. *Wehyer*[1], *Loreau et Cie*, à Paris (successeur de Martin et Calrow). Voir fig. 3, pl. 160. Spécimen de *locomobile-voiture* spécialement commandée par la maison *Coignet* pour la fabrication sur place de ses *bétons*. Le concours régional de Versailles en 1857 eut un appareil de ce genre exposé par M. de Sève agriculteur. M. Thomas et Laurens ont disposé sous le nom de *locomobile-wagon* leur système de machine dite *demi-fixe* enfermé dans un véhicule fermé, véritable wagon monté sur 4 roues-disques pleines en tôle. M. Rouffet a aussi depuis plusieurs années adopté ce type de locomobile-voiture à deux roues et à voiture, analogue au type exposé par M. Wehyer au Champ de Mars. L'enclos de Billancourt renfermait aussi la locomobile-voiture de M. Gautreau, constructeur à Dourdan, sur laquelle nous n'avons aucun document. A cet exemple, on peut ajouter la machine de M. Renaud, figure 9, planche 165. Enfin M. Rouffet lui-même a de nouveau adopté ce système. (Voir figure 5, même planche.)

L'appareil de MM. Wehyer et Loreau, prenant pour point de départ celui de M. Thomas-Laurens, se distingue par les particularités que voici: 1° La chaudière tubulaire en retour est munie d'un foyer amovible en vue de laisser toute liberté à la dilatation et de faciliter le remplacement immédiat du foyer avarié, par le simple démontage du joint boulonné de la façade. 2° Quant à la machine, on remarquera que le cylindre est dans le réservoir de vapeur; le pendule modérateur appartient au type dit à pression d'air de *Larivière*; il produit la détente variable. 3° L'eau alimentaire est chauffée dans la vapeur d'échappement en vue de l'économie de charbon. Le constructeur garantit une consommation courante de 2 kilog. à partir de 10 chevaux de force et 2 kilog. et demie pour les forces inférieures. 4° L'appareil est porté sur deux grandes roues de pur charronnage. La suspension par l'intermédiaire des ressorts évite,

1. C'est par erreur que la planche porte Vehyer et Loreau.

dans le transport, les détériorations par l'effet des cahots. Pour travailler, on annule l'élasticité des ressorts, soit en calant le châssis aux quatre coins, soit en châssant les roues dans le sol jusqu'à cè que le bâtis porte à terre. L'appareil devient alors une machine fixe. Cette application des ressorts ne se retrouve à l'Exposition que dans une seule machine belge, et on l'a vue préalablement deux fois à Londres.

2. *Buette, Dupuy et Cie*, à Dijon et à Paris. Nous ne relaterons ici que sommairement la très-curieuse locomobile de cette maison. Il nous suffira de résumer ses particularités : 1° La chaudière est tubulaire en retour, ayant un gros foyer cylindrique et extérieur en la forme d'une tonne. Il existe une porte à chaque bout pour nettoyer les tubes ainsi que le foyer dans lequel on peut entrer. 2° Le cylindre moteur est dans le dôme de vapeur qui lui-même reçoit la fumée dans une double enveloppe en vue de sécher la vapeur emmagasinée. Ce triple appareil est d'une seule pièce de fonte, situé au-dessus de la boîte à fumée et sert de base à la cheminée. Celle-ci se plie en deux pièces comme dans la locomobile Cail, voir fig. 2, pl. 99. 3° La course du piston dans le cylindre est systématiquement réduite à la moitié de son diamètre, et le constructeur démontre par des calculs que ce rapport est le plus favorable à la diminution des frottements. 4° Le conduit d'eau alimentaire circule en une espèce de serpentin dans le corps de la table de fondation recevant la vapeur d'émission avant son départ dans la cheminée. 5° La pompe alimentaire et le tiroir de distribution de la vapeur au cylindre sont actionnés par un même excentrique et le plongeur de la pompe sert en même temps de guide à la tige du tiroir. 6° La glissière de la crosse du piston et le pendule modérateur à deux contre-poids, l'un fixe, l'autre variable.

3. *Farcot*, à Saint-Ouen, près Paris, fig. 11, pl. 165. Sa locomobile monumentale de 16 chevaux qui active un des appareils d'aérage de l'Exposition, restera comme une des curiosités du concours de 1867.

Elle n'est pas celle de la figure, mais elle n'en diffère que par les dimensions et par l'addition d'une distribution à coulisse mue par deux excentriques et par celle d'un condenseur avec sa pompe à double effet, inclinée sur le côté de la chaudière et agencée à peu près suivant le système dit de M. Thomas et Laurens. Cette locomobile est étudiée surtout au point de vue de l'économie du combustible pour service d'usine, et elle contient tous les principes usités de cette importante maison. Savoir : détente, pendule isochrone à bielles croisées, double enveloppe de cylindre et des chaudières, vastes proportions d'organes. La particularité essentielle de la machine est sa chaudière composée de deux corps, l'un au-dessus de l'autre, communiquant et renfermés dans une chambre où circule la fumée avant de se rendre à la cheminée. Le corps cylindrique inférieur contient le foyer et le faisceau tubulaire à la suite. Ils peuvent être retirés ensemble par la façade suivant le système dit à foyer amovible de Thomas et Laurens. Le corps cylindrique supérieur communiquant avec le premier par deux tubulures est le réservoir de vapeur pour moitié seulement, l'autre moitié étant remplie d'eau ainsi que tout le premier corps. Les gaz chauds à leur sortie des tubes, dans une boîte à fumée commune, reviennent entre les deux corps déboucher à la cheminée qui est au-dessus de la façade. Le cylindre à vapeur est à la base de la cheminée enfermé dans un coffre qui forme la base de celle-ci.

4. *Mollard*, à Lunéville, fig. 3, pl. 165. Locomobile de 4 chevaux coûtant 3,200 francs, remarquable surtout par sa machine rotative rappelant le type dit

à disque de Rennie. La description détaillée en est donnée dans *Armengaud*, tome 16, et nous y renvoyons, empêchés que nous sommes de nous étendre à volonté. Il existe un injecteur Giffard pour l'eau alimentaire, et celle-ci est dans une bâche d'eau alimentaire attenant sur le côté de la chaudière. Les roues sont en fonte avec rais en S.

5. ***, fig. 8, pl. 165. Il a été construit par divers fabricants un autre type de locomobile que nous ne retrouvons pas à l'Exposition, du moins monté sur des roues, car cette disposition du mécanisme appliquée verticalement sur une chaudière en forme de cylindre vertical, avec ou sans tubes, se voit partout à l'Exposition et dans les ateliers. La chaudière surtout est très-variée dans ses formes. Pour les très-petites machines auxquelles il suffit de 2 mètres carrés de surface de chauffe environ, le système se compose de 2 cylindres concentriques dont celui de l'intérieur est le foyer entouré d'eau. D'autres fois, suivant le système Herman, il y a des bouilleurs tubulaires transversaux ou des tubes de dispositions diverses. Parmi ceux qui étaient à l'Exposition, nous relaterons les tubes bouilleurs verticaux du Prussien Weber, les tubes à fumée ordinaires d'Aubert, dont le bout supérieur émergé hors de l'eau et entouré de vapeur sert à sécher celle-ci, ou bien le gros tube bouilleur unique de Maulde et Wibart.

Quant au mécanisme, sa disposition la plus commode paraît être celle de la figure où il est sur la façade au-dessus de la porte du foyer. Dans ce système, il y a plaque de fondation appliquée de bas en haut sur la chaudière, glissière unique du type Albaret, deux petits volants poulies et alimentateurs Giffard, puisant dans un bac quelconque. L'appareil est monté sur deux grandes roues; on cale l'appareil pour travailler, et quelquefois les deux brancards d'attelage servent eux-mêmes à arc-bouter.

6. *Belleville*, à Paris, fig. 6, pl. 165. Cette locomobile est totalement différente des types usuels. Elle a été amplement décrite dans les *Annales du Génie civil* et dans le *Nouveau Portefeuille des principaux appareils, machines et outils*[1]. Nous nous bornerons à en donner une idée sommaire : 1° La chaudière à forme extérieure rectangulaire est une application du système à tubes multiples en U, dérivé du serpentin qui a constitué dans l'origine le système bien connu de M. Belleville. Cette chaudière est accompagnée de son alimentateur graduel et *self-acting*, de son sécheur de vapeur, de sa soupape de sûreté, d'une soupape régulatrice du courant d'eau et autres accessoires; 2° le mécanisme est verticalement appliqué sur l'une des façades de la chaudière, celle qui est opposée aux portes du foyer; 3° le pendule modérateur a son axe horizontal et c'est dans le plan vertical que se meuvent les boules, suivant un système bien connu dans les machines de M. Flaud; 4° il n'y a qu'une seule paire de grandes roues en bois avec brancard fixe pour l'attelage d'un cheval.

La locomobile exposée au Champ de Mars porte le numéro de construction 140. Elle a 4 chevaux de force 0^{mq},26 de grille, 5^{mq},26 de surface de chauffe. Elle pèse 1,480 kilogr. dont 250 kilogr. pour les roues et brancard.

7. *Renaud*, à Nantes, fig. 9, pl. 165. Nous avons vu ci-dessus deux types de locomobiles proprement dites, de ce constructeur. L'appareil indiqué ici est sa batteuse locomobile portant le numéro de construction 840, et qui a eu un grand succès dans l'Ouest. La batteuse et son moteur de 4 chevaux sont sur le même charretis locomobile. La chaudière est à retour de flamme dans un petit nombre de tubes ayant 10 centimètres de diamètre. Elle est munie d'un grand dôme

1. Consulter le *Nouveau Portefeuille* mars et août 1867, planches 9, 10, 29 et 30.

de vapeur dans lequel plonge le cylindre du mécanisme qui est vertical. Une bâche existe à la base de la cheminée pour chauffer l'eau alimentaire. La boule au-dessus est un pare-étincelles. Il a été livré à l'industrie bientôt un millier de machines de ce système qui peuvent être adaptées à tous usages agricoles lorsqu'il n'y a pas de battage à faire.

8. *Carville*, à Lille, fig. 7, pl. 165. La particularité fondamentale est la chaudière composée de bouilleurs en lames d'eau verticales et à surfaces ondulées. La vapeur formée dans la partie supérieure de chaque bouilleur se rend dans un réservoir cylindrique commun qui surmonte l'appareil. Le tout est enfermé dans une boîte formée à feu de 2 coffres concentriques rappelant celle des locomotives. Le mouvement moteur est sur le côté et placé horizontalement. Les roues ou plutôt les galets de roulement annoncent par leur petit diamètre que l'appareil est déplaçable, mais non disposé pour voyager. Tout autre renseignement nous manque.

9. *Gache*, à Nantes, fig. 12, pl. 165. La chaudière de cette locomobile-locomotive, qui est très-curieuse, a une chambre dite de combustion entre le foyer proprement dit et les tubes dont la longueur est réduite à 1 mètre. Il y a deux cylindres inégaux l'un à la suite de l'autre, où la vapeur est utilisée deux fois avec détente selon le principe de Woolf. Ces deux cylindres, qu'un même corps extérieur enveloppe, sont sous la chaudière, et cette bielle actionne une paire de grandes roues motrices fixes, comme dans les locomotives. En soulevant un peu la machine on la rend libre comme les volants-poulies des locomobiles proprement dites. Le train mobile autour d'une cheville ouvrière est sous le foyer. La bâche d'eau alimentaire est sous la boîte à fumée, la vapeur condensée s'y rend et la pompe alimentaire y puise directement, étant actionnée par la crosse du piston.

Quelques autres projets de locomotives-locomobiles ont été proposés à la même époque; nous en citerons notamment un présenté par l'auteur de la présente Étude.

Locomobiles de diverses nations.

(Planche 98.)

Quoiqu'on construise des locomobiles partout où il existe des fabriques de machines à vapeur, l'Exposition universelle ne nous offre, à la suite des locomobiles anglaises et françaises, que dix autres machines étrangères, savoir : une suédoise, six belges et trois allemandes, à laquelle nous pouvons joindre le dessin d'une autrichienne. Ainsi qu'on va le voir, ces machines sont intermédiaires entre les types anglais et les types français.

En voici la nomenclature :

1. *Bolinder*, à Stockholm (Suède), fig. 1. Locomotive de 10 chevaux dans le genre anglais, offrant les particularités suivantes : 1° chaudière de locomotive dont le corps tubé contient 42 tubes de 55 millimètres de diamètre disposés en carré, et non alternant en quinconce. La boîte à fumée n'offre aucune rivure, non plus que la base de cheminée; les tôles sont probablement embouties et soudées comme dans les systèmes Imbert, Durenne et autres, qui ont été remar-

qués à l'Exposition. J'ignore comment est fait le corps tubé seul enveloppé; il est rattaché aux boîtes à feu et à fumée par le procédé usuel des cornières; le foyer paraît également fait et armé comme d'usage; 2º la cheminée a un *pavillon pare-étincelles*, avec cette particularité que la grande section est en bas; 3º il y a absence de table de fondation pour le mécanisme, et l'arbre de couche repose sur deux chaises distinctes en fonte creuse, comme dans les types anglais. Dans le mécanisme lui-même, on remarque que la double glissière et leur support sont en fer. Le tiroir est cylindrique. Il y a une détente spéciale mue par le pendule modérateur à boules équilibrées et à cône, rappelant le système Meyer, et sur lequel le défaut de renseignements est à regretter; 4º la pompe alimentaire est verticale sur le flan de la chaudière, elle est pourvue d'un levier additionnel pour alimenter à bras au besoin; elle est également pourvue d'une soupape de sûreté à ressort. L'eau alimentaire est réchauffée dans un manchon appliqué sur le côté du corps tubé où se rend la vapeur émise du cylindre, et au besoin une injection de vapeur; 5º les roues sont en fonte, avec rais de fer rond; l'essieu des grandes roues peut sortir par l'enlèvement de deux simples boulons à deux écrous chacun. La cheville ouvrière est sphérique.

L'exécution de cette machine est remarquable, et elle s'ajoute aux autres machines suédoises qui nous sont venues depuis l'Exposition de 1855, pour nous donner une haute idée des œuvres mécaniques de cette nation, qui ont d'ailleurs tant d'originalité dans les formes.

2. *Kesseler* et *Sohn*, à Greifswald (Prusse), fig. 2. Très-curieuse locomobile de 10 chevaux, portant le nº de fabrication 40, coûtant 7,500 fr. prise à l'usine. Voici, d'après le peu de renseignements à notre disposition, les particularités principales : 1º chaudière de locomotive à boîtes à feu et à fumée renflées concentriquement au corps tubé, complétement enveloppées, sauf la façade de la boîte à feu. Elle a 14 mètres carrés de surface de chauffe, et elle est munie d'un dôme sur le foyer; 2º le mécanisme est installé à la française sur une table de fondation; 3º il y a deux cylindres fondus d'un seul jet, bien enveloppés, et dont les pistons actionnent un arbre de couche porté par les deux bouts sur les paliers et coudé à trois manivelles seulement, dont celle du milieu est une équerre commune aux deux tourillons de bielle; 4º outre un giffard alimentateur appliqué sur la droite du foyer, il y a deux pompes alimentaires horizontales en face des cylindres à vapeur; leurs tiges de piston prolongées servent de plongeur de pompe, sans qu'il y ait d'autre guide que la pompe elle-même. Le constructeur observe qu'au besoin ces deux pompes alimentaires serviraient immédiatement de pompes à incendie; 5º l'eau alimentaire, refoulée, est chauffée dans le corps de la table de fondation par la vapeur émise des cylindres; 6º le pendule modérateur appartient au système à anneau de M. Duvoir-Albaret (voir locomobiles françaises nº 2); 7º les roues d'avant-train sont en bois, les grandes roues d'arrière ont des rais à pincettes en fer plat, comme les roues de wagons de chemins de fer. L'avant-train, agencé à l'anglaise, est pourvu de la simple et primitive cheville ouvrière.

3. *Sigl*, à Vienne et à Berlin, fig. 3. Cette maison, dont nous avons mentionné les très-remarquables locomotives pour les railways russes dans nos précédentes études, nous a fait connaître les dessins de ses locomobiles, dont elle a deux types : l'un, qui est l'exacte reproduction du système anglais d'Hornsby (voir pl. 97, fig. 11); l'autre, est celle représentée en la fig. 3, pl. 98. On remarquera : 1º la forme de chaudière du type Crampton, laquelle est garantie en tôle au bois, de Styrie, et éprouvée à 10 atmosphères. La boîte à feu n'est que partiellement enveloppée; 2º il y a absence de la table de fondation française; 3º le

mécanisme, y compris la quadruple glissière en fer, est également garanti en fer anglais de première qualité; 4° les roues appartiennent au type Calla, mais l'avant-train rappelle les types anglais avec plaques de friction. Suivent le poids et le prix comparé des locomobiles de Sigl de l'un et de l'autre type :

Pour 8 chevaux,	pèse 4,750 kil.,	et coûte	8,320 fr.
— 10 —	— 5,500	—	9,360
— 12 —	— 5,600	—	10,400

La fabrique de la maison Sigl, à Vienne, a une spécialité de machines agricoles. Elle est très-considérable. Elle consiste en un bâtiment principal faisant la double équerre, et a trois étages; au-dessus du rez-de-chaussée est l'atelier d'ajustage; la forge et fonderie forment, à l'autre bout du même enclos, un ensemble de bâtiments d'un seul étage, formant de même la double équerre.

4. *Ateliers de Darmstadt*, fig. 4. Locomobile de 8 chevaux, dans le genre anglais; chaudière entièrement enveloppée, roues en bois avec moyeux de fonte, cheville ouvrière à rotule. Les tubes de la chaudière ont 7 centimètres de diamètre. Le même atelier de construction, qui paraît n'être que l'accessoire d'une grande forge à fer, a exposé aussi le dessin d'une puissante locomobile de 20 chevaux, disposée comme la précédente, mais avec deux cylindres à vapeur; distribution à coulisse, dôme de vapeur sur la chaudière, et roues en fer. Elle a 28 mètres carrés de surface de chauffe.

5. *Borrosch* et *Eichmann*, à Prague, fig. 5. Ces fabricants de machines rurales distribuaient à l'Exposition le dessin de la locomobile en question. Elle appartient au genre français, et se rapproche du type Calla, sauf par la forme de sa plaque de fondation concentrique à la chaudière, et par ses roues en bois à moyeux de fonte, ainsi que par l'agencement du train, qui imitent plutôt les types anglais.

6. *Tilkin, Mention et Cie*, à Longdoz (Liége). Nous n'avons obtenu aucun renseignement sur cette locomobile, qui se fait remarquer dans la section belge par son fini exceptionnel et sa riche enveloppe en cuivre poli. Sa force est de 10 chevaux et elle coûte 5,800 fr., non compris l'enveloppe qui la protége complétement. Elle appartient au type anglais de Clayton (voir fig. 3, pl. 97) par la forme de sa chaudière, l'installation du mécanisme sans table de fondation, les chaises isolées portant l'arbre de couche et les larges proportions du train de roulement. Les roues sont en bois avec moyeux de fonte. L'avant-train a plutôt l'agencement simple et primitif de nos types français, avec cheville ouvrière sphérique. Les principales particularités sont : le tiroir de détente et le pendule modérateur à bielles croisées du système Farcot. Cette locomobile porte le n° de construction 140.

7. *Société de Longdoz*, à Liége, n° de construction, 122. Chaudière dite du système Petrie-Chaudoir, composée d'un foyer tubulaire, comme dans le système bien connu du Cornwall, suivie d'un faisceau de tubes directs, comme dans les locomotives. Le cylindre est dans le dôme de vapeur, venu de fonte avec lui, et placé sur le foyer. Il n'y a qu'une glissière, comme dans le type Duvoir-Albaret, pas de table de fondation. Roues de bois à moyeux de fonte; train à la française.

8. *Leclercq* et *Bourguignon*, à Bruges. Chaudière en forme extérieure de tonne contenant à l'intérieur un foyer cylindrique, suivi d'un faisceau tubulaire dont le foyer est séparé par un autel en briques laissant une chambre de combustion

suivant un système bien connu en marine; mouvement à double glissière de fonte, sur une table de fondation, suivant les types français. C'est, avec la machine prussienne, l'unique exemple fourni par les machines étrangères. Une autre particularité est l'existence des ressorts de suspension au-dessus des roues d'arrière. Les roues sont en bois, et l'avant-train, fort simple, a des plaques de friction.

9. *Enthoven*, à Bruxelles. La locomobile exposée portant le n° de construction 256, appartient au pur type anglais, avec chaudière de locomotive à boîte à feu non enveloppée. Le mécanisme, sans table de fondation, à quadruple glissière en fonte, pour guider la tige du piston, rappelle la disposition de Clayton, fig. 3, pl. 96; mais la pompe est sur le haut du corps tubé presque horizontale, et la cheminée, de très-forte dimension, est évasée de bas en haut. Le train est du type anglais à plaques de friction, et roues en bois avec moyeux de fonte.

Il nous a été fourni un autre type de locomobile de M. Enthoven, que nous mentionnons de préférence, parce qu'il a plus d'originalité. C'est celui de la fig. 7, pl 98. Ses particularités sont : 1° une chaudière de locomotive du type Crampton, avec cheminée ordinaire très-forte; 2° le cylindre engagé dans le réservoir de vapeur, tous deux étant venus de fonte; 3° la table de fondation à la française, mais isolée du cylindre; 4° la glissière unique, du type Albaret.

Houget et *Teston*, à Verviers. La fig. 6, pl. 98, qui représente cette curieuse locomotive, de la force nominale de 8 chevaux, n'est qu'un à peu près. Les particularités principales sont : 1° la chaudière multitubulaire en retour de flamme à foyer, amovible comme dans le système Thomas et Laurens; elle a 12 mètres carrés de surface de chauffe; la porte est trouée pour introduction d'air en vue de brûler la fumée; 2° le mécanisme est installé de part et d'autre d'un bâtis creux, sorte de poutre fixée elle-même un peu sur le côté de la chaudière; le cylindre à enveloppe de vapeur est solidement emmanché sur le côté de cette poutre au-dessus du foyer; à l'autre bout est le large palier avec coussinet, en quatre pièces, qui porte l'arbre moteur avec sa manivelle en dehors. L'autre bout de l'arbre est sur une chaise additionnelle fixée à la chaudière, le volant en dehors. Entre les deux paliers est l'excentrique qui conduit le tiroir distributeur, et la poulie qui actionne le pendule modérateur; 3° la vapeur émise du cylindre traverse le bâtis creux où elle chauffe l'eau alimentaire dans son tube de refoulement en U. La paire de glissière en fonte, écartée pour laisser jouer la bielle droite, et la pompe alimentaire horizontale actionnée directement par la crosse du piston, le support du pendule modérateur, sont, de même que le cylindre, fixés en porte-à-faux, sur le côté du bâtis. Le tiroir à coquille est à pression équilibrée. Les organes mécaniques qui fatiguent sont en acier; 4° la forme du train est inusitée, il se compose de deux longerons en bois attenant à la chaudière, et supportés sur les grandes roues à la façon des locomotives. Le train mobile est tout à fait en avant et en dehors de la chaudière, relié aux longerons par deux cols de cygne; les roues sont en bois; 5° sur les flancs de la chaudière deux bâches reçoivent les eaux de purge et d'alimentation.

BIBLIOTHÈQUE NATIONALE
R.F.
IMPRIMÉS.

III *bis*.

MACHINES A VAPEUR

DE NAVIGATION FLUVIALE ET MARITIME.

SUITE DES CHAUDIÈRES.

(Planches 8, 9, 42, 43, 157, 158, 159, 161, 162, 163, 167.)

Force nominale et force effective des générateurs. — L'expression de *force nominale* habituellement en usage lorsqu'il est question de chaudières ou de machines de navigation, et dont nous nous sommes servi dans les tableaux du résultat des calculs des chaudières décrites dans la 1re partie de notre travail (p. 128 et 130 du tome Ier), a motivé de la part de plusieurs abonnés aux *Études sur l'Exposition* une demande d'explication sur la valeur réelle de cette force nominale. Elle diffère beaucoup de la force effective, accusée par les machines à l'aide d'instruments spéciaux ou de calculs de mesure dynamométrique. En conséquence de ces demandes, nous résumerons ici la note que nous avons insérée dans le nº 1 *des Mémoires et travaux des mécaniciens de la Marine*, 1866.

La puissance de vaporisation d'une chaudière de navigation ou de sa machine est considérée à deux points de vue : la puissance ou *force nominale,* et la puissance ou *force effective.*

La puissance nominale est une mesure de convention à l'aide de laquelle on peut facilement comparer les résultats fournis par deux machines. La formule qui la donne permet d'établir numériquement quel est le volume de vapeur que l'appareil pourra dépenser dans une seconde de temps, et par suite, de déterminer le point de départ pour arriver à connaître la puissance maxima que cet appareil pourra développer, en lui fournissant la vapeur à une pression aussi élevée que le permettent la puissance vaporisatrice de la chaudière et les dimensions des pièces de la machine.

La force nominale donne, en outre, une base assez exacte du prix d'achat d'une machine y compris la chaudière, car, au point de vue du travail de main-d'œuvre et de la quantité de matières employées à la construction, le prix d'une machine de 10 chevaux nominaux, par exemple, est double de celui d'une machine de 5 chevaux, y compris le générateur de vapeur.

La force nominale s'écrit $F = A\,\frac{D^2CN}{0{,}59}$ **(A)**

A étant le nombre de cylindres à vapeur de la machine;
D le diamètre du piston en mètres;
C la course du piston en mètres;
N le nombre de révolutions de la manivelle par minute.

Cette expression provient des données suivantes :

Le travail brut T, développé sur le piston pendant une minute, est exprimé par :

$$T = \frac{1}{4}\pi D^2 2CN\,(P - p)$$

P, étant la pression brute moyenne de la vapeur pendant toute la durée de la course du piston et exprimée en kilogrammes par mètre carré de surface du piston ; p, étant la contre-pression ou pression moyenne de résistance de la vapeur évacuée, exprimée de la même manière que l'est la pression brute P.

Pour obtenir le travail utile T_u, il faudrait retrancher de T_u le travail résistant dû aux frottements, aux pompes à air, aux pompes alimentaires, à la force d'inertie des pièces dont il faut changer la direction de mouvement afin que la manivelle motrice puisse accomplir une révolution entière. Watt arriva à peu près à ce résultat, en faisant fonctionner la machine déchargée du travail utile qu'elle était destinée à accomplir, c'est-à-dire en supprimant l'action de l'outil ou du propulseur mis en mouvement par elle; l'introduction de la vapeur était alors réglée par le registre, de manière à faire marcher le piston avec la même vitesse de régime que lorsque l'outil travaillait. Dans cet état de fonctionnement de l'appareil, le produit du chemin parcouru par le piston dans une minute, par la surface du piston, exprimait le travail dépensé seulement à faire mouvoir les organes. Watt admettait que le travail était le même, que la machine marchât déchargée ou non du travail accompli par l'outil ou le propulseur.

Appelant t ce travail de résistance ainsi déterminé, le travail utile était :

$$T_u = T - t = \left[\frac{1}{4}\pi D^2 CN(P-p)\right] - t.$$

L'illustre mécanicien trouva que le terme soustractif t, variait très-peu avec la vitesse de la machine et avec la pression et qu'il variait davantage avec la dimension des appareils. Il trouva également que pour déterminer le travail utile sur l'arbre, c'est-à-dire que pour tenir compte de la résistance t et de la contre-pression p, il fallait déduire de P (la pression brute sur le piston), 1.730 kilogrammes par mètre carré de surface du piston dans les machines de 10 à 15 chevaux, et 1405 kilogrammes par mètre carré dans les machines d'une plus grande puissance. A l'époque où Watt proposait cette règle, la pression presque exclusivement en usage était de 48 centimètres de mercure, correspondant à 6.324 kilogrammes par mètre carré du piston ; le travail utile en kilogrammètres était donc :

$$T_u = \frac{1}{4}\pi D^2 2CN\,(6324-1405)$$

et en chevaux-vapeur de 76 kilogrammètres, tel qu'on le compte en Angleterre

$$T_u \text{ ou puissance } F = \frac{1/4\,\pi D^2 2\,CN\,4919}{76.60} \qquad \text{(B)}$$

En opérant sur les quantités constantes, quantités dont fait partie la pression sur le piston, et en faisant entrer le nombre A de pistons à vapeur que comporte la machine (2 habituellement), l'expression (B) est amenée à la forme (A), ci-avant, *dite* formule de la force nominale. D'après ce qui précède, la formule de la force nominale n'exprime la force réelle que dans la proportion qui existe entre la pression nette 4919 kilogrammes par mètre carré de surface de piston adoptée par Watt (soit 36 centimètres de mercure) et celle qui agit réellement sur cette même surface dans la machine considérée. Or, dans les machines marines actuelles, la pression moyenne dans le cylindre est de 80 centimètres de mercure, et en admettant que le nombre de tours N faits par la manivelle reste le même que lorsque la pression était de 36 centimètres, il s'ensuit que la force réelle est à la force nominale :: 80 : 36, ou 2 fois et demie plus grande, environ. L'augmentation de N avec la pression porte ce rapport à 2,66.

On peut donc conclure, qu'une chaudière marine est capable d'alimenter de vapeur une machine d'une puissance effective, 2 fois 68 plus grande que la puissance nominale dont cette chaudière porte la qualification numérique.

On peut dire que pour cette catégorie de machines et de chaudières, le cheval nominal est de 200 kilogrammètres, au lieu de 75, force du cheval effectif.

Les indications spéciales au calcul de la puissance réelle des machines marines trouveront leur place dans la partie du travail consacrée à ces appareils moteurs.

Dans les différents systèmes de chaudières marines, décrites ci-avant, on produit de la vapeur à une pression maxima de $2^{atm}.75$ (pression absolue), ce qui correspond à $1^{atm}.75$ de charge sur la soupape de sûreté, ou a une hauteur de colonne de mercure de 133 centim. au manomètre à air libre; la température correspondante de la vapeur est alors de 130° centigrades. Dans ces conditions, et en chassant de la chaudière par des *extractions* rapprochées ou continues, les 0,5 de la quantité d'eau vaporisée dans le même temps, on évite le dépôt des matières calcaires et salines, contenues dans l'eau de mer. La meilleure pratique, au point de vue de l'économie et de la conservation des chaudières, est de ne faire les extractions que dans la proportion de 0,4 du volume de l'eau consommée en vapeur. Mais quelque volumineuses que soient les extractions, les dépôts calcaires sont abondants dès que la température de l'eau de mer dépasse 135°. Or, à cette température, la pression de la vapeur saturée est de 3 atmosphères, donc les hautes-pressions, avec une alimentation d'eau salée, sont d'un emploi très-dangereux par suite de l'interposition d'une couche épaisse de matières réfractaires entre le liquide et le métal chauffé et sont le contraire de l'économie de combustible, même en écartant la première considération[1]. Quelques tentatives infructueuses ont démontré sans réplique, que dans de semblables conditions, les machines à haute-pression ne pourraient être en usage sur mer; aussi a-t-on tourné la difficulté en substituant la condensation par contact à la condensation par mélange.

Dès lors, la chaudière est alimentée avec l'eau distillée provenant de la condensation de la vapeur qui a passé dans les cylindres, et les pertes provenant des fuites des joints, des échappements de vapeur, etc., sont remplacées par les produits d'une distillation de l'eau de mer opérée dans un appareil spécial peu volumineux, ou par l'eau douce, prise en approvisionnement à cette intention; ou encore, par une petite quantité d'eau de mer introduite directement dans la chaudière en fonction. La description des machines à condenseurs tubulaires, nous fournira l'occasion de revenir sur ce sujet avec des détails explicatifs. Il ne s'agit en ce moment que des chaudières à haute pression, pour la navigation, alimentées avec l'eau douce, et dont les spécimens figurent à l'Exposition.

Chaudière Claparède, cylindrique tubulaire.

Sans vouloir méconnaître les qualités des chaudières nouvelles à ranger dans la catégorie des générateurs de vapeur à haute pression, applicables au service des bâtiments de mer, nous placerons en première ligne la chaudière de M. Claparède, représentée pl. 157, fig. 1, à l'échelle de 1/33 et destinée à la machine de 60 chevaux nominaux placée à côté d'elle dans l'annexe de la classe 63 (hangar de la berge de la Seine). L'appareil évaporatoire pour cette machine comprend deux corps de chaudière semblables, de 30 chevaux chacun.

Après les chaudières fournissant de la vapeur aux machines du *Friedland* (pl. 8), c'est le seul exemple de grande chaudière marine que le visiteur rencontre à l'Exposition. Si après une étude détaillée de la chaudière de M. Claparède, on conclut qu'elle ne présente rien de nouveau dans son installation intérieure ni dans sa forme extérieure, on ne peut pas nier que les dimensions proportionnelles y soient étudiées et arrêtées en parfaite connaissance de

1. Dans les *Annales du Génie civil*, année 1863, page 218, nous avons traité la question des extractions et des salinomètres permanents.

cause, et que le travail de main-d'œuvre soit le fait d'ouvriers habiles, jaloux de faire ou de maintenir une bonne réputation à leur chantier. Les surfaces planes dont la résistance à la déformation n'est obtenue que par des tirants nombreux, lourds et encombrants, sont évitées avec soin. La forme extérieure est celle d'un gros bouilleur cylindrique à fond semi-sphérique; la partie F F formant le fourneau et le cendrier est également cylindrique et terminée par une cloison courbe C, dont le haut fait le ciel de la boîte à feu ; des tubes en laiton T sont rangés en quinconce des deux côtés et au-dessus du cylindre inférieur F F; ils font retour de flamme en partant de la boîte à feu pour aboutir à la cheminée H placée à l'avant de la chaudière. Par sa disposition d'ensemble, ce qu'on appelle la chaudière est du système dit à foyer intérieur, multitubulaire et à retour de flamme. Le coffre à vapeur V est traversé dans sa hauteur par la cheminée : ainsi se trouve établi de la manière la plus simple un sécheur de vapeur très-efficace. Sur la partie du cylindre extérieur est fixé le réservoir de vapeur; on n'a pas fait qu'une seule et grande ouverture pour établir la communication entre le bouilleur et le réservoir, comme il est habituel, mais de nombreux petits trous y sont percés et suffisent au passage de la vapeur : ainsi, non-seulement la résistance du bouilleur est très-peu affaiblie sur cette partie, mais les entraînements d'eau par la vapeur sont arrêtés par l'espèce de crépine formée par la partie percée.

Le résultat des calculs faits avec les dimensions portées sur les deux plans réduits à l'échelle de 1/33 (fig. 1) donne les nombres suivants; et la comparaison de ces nombres à ceux provenant de la chaudière marine du type réglementaire (pl. 8, page 128) fait ressortir les avantages que la pratique doit retirer des chaudières établies avec les dimensions adoptées par M. Claparède :

	Chaudière Claparède.	Chaudière marine du type réglementaire
Épaisseur des tôles	15mm	»
Surface de grille	2m².0250	»
Soit par cheval nominal	0m².0675	0m².0654
Section d'ouverture du cendrier	0m².2475	»
Soit de la surface de la grille les	0.122	0.200
Section des tubes	0m².3782	»
Soit de la surface de la grille les	0.186	0.160
Longueur des tubes	2m	
Nombre de tubes	144	
Section de la cheminée	0m².2827	
Soit de la surface de grille les	0.139	0.124
Surface de chauffe directe	8m².50	
— tubulaire	46m².51	
— totale	55m².01	
— par cheval nominal	1m².83	1m².65
Volume d'eau	3915 litres.	
Soit par cheval nominal	130 litres	122 litres.
Volume de vapeur	2150 litres.	
Soit par cheval nominal	71 litres.	112 litres.
Volume total de la chaudière	11m³	
Pression effective par centimètre carré	5k	1k.400
Pression absolue [1] par centimètre carré	6k	2k.400
Température correspondant aux chaleurs ci-dessus	160°	127°
Chaleur en calories pour 1 kil. de vapeur aux pressions ci-dessus	550+160=710	550+127=677

1. La *pression absolue* appelée quelques fois *pression totale* est celle qu'exerce la vapeur

En prenant pour point de départ d'un calcul final, que dans les machines marines alimentées de vapeur par les chaudières types dont il est ici question, la détente commence aux 3/5 de la course du piston, on trouve que le rapport de V', volume de vapeur à fournir par la chaudière Claparède à V, volume de vapeur à fournir par la chaudière type pour produire le travail de 1 kilogrammètre est $\frac{V'}{V} = 0,253$.

$$\frac{P'}{P} = \frac{V'}{V} \times \frac{\text{densité de V'}}{\text{densité de V}} = 0,253 \times \frac{3,05}{1,32} = 0,585.$$

Le rapport de la chaleur C et C' observée dans les deux cas est :

$$\frac{C'}{C} = \frac{P'}{P} = \frac{710}{677} = 0,585 \times \frac{710}{677} = 0,613.$$

Le calcul ainsi établi prouverait que, pour un même travail, la chaudière et la machine du système Claparède procureraient une économie de charbon de 4 p. 0/0, en nombre rond, sur le système en usage dans la marine militaire. Pareille prétention n'est pas à coup sûr dans l'esprit du directeur de l'usine de Saint-Denis, et la première preuve est dans les dimensions qu'il a données à sa chaudière : la logique arithmétique le conduisait à se tenir aux 0,613 des dimensions des chaudières types exprimant la surface ou le volume nécessaire pour la production d'un cheval nominal ; on voit, au contraire, par le tableau précédent, qu'il a sensiblement augmenté les surfaces actives du générateur sans augmenter le poids et l'encombrement de l'ensemble. En somme, cette chaudière marque un progrès plus réel que les nouveaux systèmes dont les résultats n'ont pas encore été multipliés par le coefficient de l'expérience.

Chaudière Claparède pour embarcations.

Les fig. 2 et 3, pl. 147, représentent en coupe longitudinale et vu de face le générateur de 5 chevaux nominaux de puissance de machine, destiné à un canot à vapeur de 12 mètres de longueur. L'échelle de dimension est de 1/20. Le calcul donne les nombres suivants :

Surface de chauffe directe	$3^{m2}.65$
— tubulaire	$6^{m2}.60$
— totale	$10^{m2}.25$
— par cheval nominal	2^{m2}
Surface de grille totale	$0^{m2}.38$
— par mètre carré de chauffe	$0^{m2}.0370$
— par cheval nominal	$0^{m2}.0760$
Nombre de tubes	42
Longueur des tubes	1^{m}
Diamètre intérieur des tubes	$0^{m}.05$
— extérieur	$0^{m}.054$
Section totale des tubes	$0^{m2}.0824$

sur l'unité de surface à l'intérieur de la chaudière, sans tenir compte de la pression opposée qu'exerce l'air à l'extérieur sur la même unité de surface.

La *pression effective* est celle exercée par la vapeur à l'intérieur de la chaudière sur l'unité de surface et qui tend à déchirer la tôle : c'est donc la pression *absolue* moins celle de l'atmosphère extérieure, ou moins 1 atmosphère. En France, le décret impérial du 25 janvier 1865 prescrit d'apposer sur chaque chaudière un timbre indiquant en kilogrammes, par centimètres carrés, les pressions effectives que la vapeur ne doit pas dépasser.

Section de la cheminée	$0^{m2}.0615$
Volume d'eau	560 litres.
Soit par cheval nominal	112 litres.
Volume de vapeur	404 litres.
Soit par cheval nominal	80 litres.
Volume total de la chaudière	1^{m3}
Pression effective maxima	5 kil.
Poids de la chaudière vide	1500 kil.
— pleine au niveau d'allumage	2100 kil.

La comparaison des dimensions de la chaudière de 5 chevaux avec celles du générateur de 30 chevaux fait ressortir une augmentation des surfaces actives dans la première. En effet l'expérience a démontré qu'il fallait augmenter sensiblement les dimensions des chaudières au fur et à mesure qu'on se rapprochait des plus faibles puissances dynamiques à produire.

D'ailleurs, le type de générateur pour embarcations dont la description précède, a fait ses preuves sur un grand nombre de chaloupes à vapeur de la flotte militaire.

Chaudière basse, multitubulaire à deux retours de flammes.

Un des meilleurs types de la chaudière tubulaire destinée à des navires de faible tirant d'eau, et dont la hauteur ne doit pas dépasser le pont, est représenté pl. 157, fig. 4. L'usage en est très-répandu en Angleterre.

Les deux fourneaux sont placés dos à dos; la boîte à fumée M leur est commune, la cheminée y aboutit. La flamme, les gaz chauds et la fumée passent du fourneau F dans la première boîte à feu E, dans le faisceau tubulaire T, dans la première boîte à fumée E', et s'en vont à la deuxième boîte à fumée M par le faisceau tubulaire T'. Cette disposition permet de trouver une surface de chauffe très-étendue dans une chaudière de peu de hauteur, mais elle n'échappe pas à la critique fondée que l'on a faite des générateurs de vapeur dont les fourneaux placés dos à dos font arriver le courant gazeux dans les directions opposées et vis-à-vis, de telle sorte que le tirage de chacun des fourneaux en est diminué notablement (voir page 121).

Les calculs donnent pour résultat les nombres suivants : 100 chevaux de force nominale produite par l'ensemble de la chaudière comportant 2 corps semblables (fig. 4) et 4 fourneaux.

Surface de grille totale		$6^{m2}.90$
Par cheval nominal		$0^{m2}.069$
Tubes	Nombre	780
	400 d'une longueur de	$1^{m}.75$
	380 d'une longueur de	$2^{m}.30$
	Diamètre intérieur	$0^{m}.064$
Contenance totale du coffre à vapeur		20000 litres.
Par cheval nominal		200 litres.
Encombrement total		$68^{m3},600$
Par cheval nominal		$0^{m3}.686$

Ces proportions sont très-bien comprises et particulièrement celles du coffre à vapeur qui a presque 1/3 de plus de volume que dans les chaudières types de la marine française, où l'exiguïté du *magasin* de la vapeur est bien prouvée par l'expérience. Rappelons que ces dernières n'ont que 127 litres pour la force d'un cheval nominal.

Chaudière multitubulaire à tubes transversaux.

La chaudière représentée fig. 1, pl. 163, a été construite comme la précédente à l'intention d'éviter l'encombrement en hauteur. Elle sort des ateliers de construction de J. et C. Rennier. Les produits gazeux de la combustion sont appelés dans la cheminée H en passant du foyer F dans la boîte à feu E E', dans les tubes T et dans la boîte à fumée M. La surface de chauffe directe, au-dessus du foyer F, est dégagée complétement de l'encombrement qui caractérise les systèmes à retours de flamme dirigés au-dessus du foyer (fig.2, pl. 159); la formation et le dégagement de la vapeur en sont d'autant plus libres. Les tubes, dans la partie basse du faisceau T (section suivant F G), doivent avoir très-peu d'action sur la vaporisation, la flamme ne plongeant guère au-dessous de la moitié de la hauteur de l'autel. Leur suppression serait, il nous semble, un bénéfice sur le prix de revient de l'appareil, sans porter aucun préjudice au rendement. Le fourneau 1, dans chaque corps de chaudière, doit brûler plus de combustible, sans produire plus de vapeur que les fourneaux 2 et 3, en raison du parcours direct de la flamme qui s'y forme, à la boîte E, où le tirage par les tubes doit être très-énergique. La combustion active, nous l'avons déjà fait remarquer, n'est pas celle qui convient le mieux à une bonne utilisation du combustible.

Deux corps de chaudière comprenant ensemble 6 fourneaux satisfont à une puissance nominale de 130 chevaux-vapeur, et donnent par le calcul les nombres suivants :

Surface de grille totale		$8^{m2}.628$
Par cheval nominal		$0^{m2}.066$
Tubes	Nombre	528
	Longueur	$1^{m}.83$
	Diamètre extérieur	$0^{m}.064$
Contenance totale du coffre à vapeur		18200 litres.
Par cheval nominal		140 litres.
Encombrement total		72^{m3}
Par cheval nominal		$0^{m3}.554$

La comparaison des dimensions de la chaudière Rennier à celles de la chaudière décrite précédemment (pl. 157, fig. 4) est en faveur de cette dernière; la surface de grille y est un peu plus grande par cheval nominal, et le coffre à vapeur plus volumineux de 60 décimètres cubes par même unité de force nominale. L'une et l'autre marquent un progrès sur les chaudières en usage en France, sous le rapport des dimensions, mais non sous celui de la forme, car les parties composantes sont toutes à surface plane. Il n'y a d'excuse, pour adopter cette forme, que dans le cas où l'emplacement que doit occuper l'appareil dans le navire ne permet pas, par son exiguïté, de loger une chaudière cylindrique ou sphérique ayant une capacité suffisante pour qu'on y trouve les surfaces de grille et de chauffe, et les volumes d'eau et de vapeur nécessaires à la puissance vaporisatrice demandée.

Chaudière tubulaire à retour de flamme, de M. Gache aîné.

Quelques constructeurs préfèrent donner à leurs chaudières une forme d'ensemble tourmentée, dans le but de se rapprocher le plus possible des formes courbes que d'adopter les faces droites.

L'intention est sans doute très-bonne, mais souvent le résultat n'est obtenu que par un travail de main-d'œuvre long et difficile, qui augmente notablement le prix de revient de la chaudière. La chaudière construite par M. Gache aîné, de Nantes, à destination du navire la *Comtesse Luba*, est un exemple où des difficultés de construction ont été évitées avec intelligence. Elle est représentée en coupe transversale pl. 158, fig. 3. L'enveloppe, renflée sur les côtés faisant cloison aux deux faisceaux tubulaires extrêmes, est arrondie au raccordement avec la partie supérieure sensiblement convexe et avec la partie inférieure plane; il y a quatre foyers à grille inclinée; les gaz de la combustion reviennent, comme à l'ordinaire, du fond du fourneau à l'avant de la chaudière dans des tubes de retour de flamme TT, passent de là dans un cylindre sécheur de la vapeur SS autour de petits tubes que parcourt celle-ci avant de se rendre du réservoir V de la chaudière, dans le tuyau de distribution aux machines. Par ce moyen, la vapeur est séchée. Aux expériences, l'effet de ce surchauffage a augmenté la pression dans le rapport de 2,35 à 2,50 soit de 1,06.

Le calcul des dimensions donne les résultats suivants :

Surface de grille totale	6^{m2}
Par cheval nominal	$0^{m}.060$
Surface de chauffe de la chaudière totale	184^{m2}
Par cheval nominal	$0^{m2}.184$
Surface totale du sécheur de vapeur	$36^{m2}.217$
Par cheval nominal	$0^{m2}.0362$
Tubes de la chaudière. Nombre	258
— Longueur	$2^{m}.22$
— Diamètre extérieur	$0^{m}.085$
— — intérieur	$0^{m}.080$
— du sécheur. Nombre	108
— Longueur	$3^{m}.10$
— Diamètre extérieur	$0^{m}.042$
— Diamètre intérieur	$0^{m}.035$
Encombrement total	19^{m3}
Par cheval nominal	$1^{m3}.900$

Chaudière à surface de chauffe ondulée et à tirage en bas.

La fig. 1, pl. 159, représente en croquis une chaudière marine dont la disposition est originale. L'exposant (classe 53, section anglaise) n'a mis sous les yeux du public qu'un très-grand dessin, ou pour mieux dire un tableau, dont le croquis ci-dessus reproduit le contenu. La surface de chauffe directe ondulée *n* répond à une des conditions essentielles de la chaudière marine, l'étendue sous un faible volume à l'encombrement. Les ondulations forment des bouilleurs verticaux plongeant dans la flamme, dans le foyer même; la vaporisation doit y être très-active. L'appel des produits gazeux de la combustion se fait en bas, par la boîte à feu F, les tubes T T, la boîte à fumée M et le conduit horizontal G qui aboutit à la cheminée H. Autour de celui-ci, en *mm*, est emmagasinée l'eau d'alimentation qui profite ainsi d'une partie de la chaleur entraînée par le tirage. L'application de cette dernière idée, très-fréquente dans les chaudières fixes ou locomobiles, ne l'est que très-rarement dans les chaudières marines. La disposition adoptée ci-dessus ne remplit le but qu'en créant des difficultés d'installation et des complications, s'accordant peu avec l'espace restreint dont on dispose à bord d'un navire, et avec la nécessité de garder le fond de cale libre et dégagé d'un encombrement dangereux, comme l'est le conduit G et la cheminée partant du bas de la chaudière.

Toutes choses égales d'ailleurs, le tirage par *en bas* nécessite une plus grande longueur de cheminée; cette condition est ici tout naturellement remplie, puisque la cheminée doit avoir en plus de son élévation habituelle au-dessus du coffre à vapeur des chaudières ordinaires, la hauteur mesurée par la distance du parquet de chauffe à la partie supérieure de la chaudière.

L'utilisation de la chaleur dégagée par le combustible doit être meilleure dans ce générateur que dans ceux à surface de chauffe plane, et la vaporisation très-active, dans le fond des bouilleurs formés par la chute des ondulations, doit occasionner là un mouvement violent et rapide de l'eau; par suite, les dépôts calcaires ne doivent pas s'y accumuler, ainsi qu'on serait porté à le supposer au premier examen. La résistance de la surface de chauffe directe paraît être suffisamment établie par les tirants *tt*.

On peut, à la rigueur, critiquer dans l'agencement intérieur de cette chaudière le peu de facilité de dégagement laissé à la vapeur produite entre les tubes T et la surface refroidissante N appartenant à la tôle qui forme le fond du cendrier et le dessus de la lame d'eau E.

En somme, la chaudière dont il s'agit mérite à plus d'un titre la vérification de l'expérience, et nous sommes portés à croire, qu'à bord des navires où elle pourrait être établie sans les inconvénients de l'encombrement de la cale, son rendement serait sensiblement plus élevé que celui de la chaudière ordinaire à retour de flamme.

Mentionnons que l'idée de la surface ondulée formant des bouilleurs, se rapproche beaucoup de celle mise en exécution, en 1842, à bord de l'*Alecton*, par M. Beslay : deux bouilleurs cylindriques horizontaux, exposés à l'action du feu, portaient à leurs parties inférieures des tubulures verticales ayant la forme conique, comme la section *n* des ondulations de la chaudière décrite ici. C'est la disposition vicieuse de la partie contenante du bouilleur qui fut la cause de l'insuccès de l'appareil Beslay ; il a fourni depuis à quelques inventeurs des données intéressantes, comme tout ce qui provient de l'expérience.

Chaudière des paquebots du Danube. — Système Andrew. — Retour de flamme ; section elliptique ; surchauffeur fixe.

Le jury international a décerné une médaille à l'exposant de plusieurs modèles de chaudière, établis d'après celles qui fonctionnent depuis deux années à bord des paquebots du Danube.

La fig. 2, pl. 159, représente le générateur du système Andrew, moitié projection verticale, moitié coupe, suivant cette même projection à l'échelle de 1/65. La forme générale elliptique lui donne une très-grande résistance; les tirants horizontaux *t*, les armatures en cornières *nn* et les tirants verticaux T, faits avec des bandes de tôle rivées entre deux cornières, établissent une rigidité peu commune dans les chaudières marines à surfaces droites. Rien de particulier n'existe dans l'arrangement des foyers et des tubes; c'est comme on le voit le système multitubulaire à flamme renversée; mais les gaz chauds, au lieu de passer immédiatement de la boîte à fumée M, dans la cheminée, se rendent d'abord dans la chambre de surchauffe FF, où sont situés les cylindres surchauffeurs *a*, *b*, *c*... *e*.

La vapeur dont est rempli le réservoir V de la chaudière passe dans les surchauffeurs, c'est-à-dire pénètre d'abord dans le grand cylindre *a*, et successivement, ensuite, dans les petits cylindres *b*, *c*, *e*. C'est sur ce dernier que prennent les conduits aux machines, munis d'une soupape d'arrêt S. Une lame d'eau *mm* entoure la chambre de surchauffe; l'eau d'alimentation y séjourne au grand profit du rendement de l'appareil. Quarante paquebots de la compagnie du Danube et plusieurs autres navires sont munis, depuis plus de deux années, d'appareils générateurs de ce système; ce ne peut être qu'à la suite d'expériences décisives que l'administration en ait ainsi généralisé l'emploi. On accuse une économie de combustible de 20 à 30 p. 100, ce qui peut paraître un peu exagéré.

Les détails de l'installation ne sont pas exempts de critique : sans compter les inconvénients inhérents aux conduits de flamme à tubes de petits diamètres (de 30 à 60$^{m}/_{m}$), on remarque que la double cloison métallique L, qui forme le devant de la chambre de surchauffe, doit laisser rayonner une chaleur assez grande dans la chambre de chauffe, à moins que des écrans ne la recouvrent en entier. On remarque également que la forme elliptique a obligé à placer les deux fourneaux extrêmes à $1^{m}.30$ environ du parquet de chauffe, hauteur qui doit rendre pénible le travail du chauffeur. L'encombrement d'un seul corps de chaudière s'éloigne peu de celui donné par le type tubulaire à faces planes; mais dans le cas où plusieurs corps seraient nécessaires pour la puissance en chevaux-vapeur à produire, il augmenterait sensiblement par rapport au premier type. Le vide laissé entre trois corps consécutifs qui ne pourraient se toucher que par l'extrémité du grand rayon de l'ellipse, serait sans emploi utile au chargement ou à l'approvisionnement du navire.

Le dessin fig. 2, pl. 159, fournit ces données numériques :

Puissance vaporisatrice en chevaux nominaux......	150
Surface totale de grille........................	$10^{m2}.20$
Par cheval nominal...........................	$0^{m2}.068$
Surface de chauffe totale......................	$283^{m2}.65$
Par cheval nominal...........................	$1^{m2}.900$
Volume d'eau total..............................	18500 litres.
Par cheval...................................	123 litres.
Volume de vapeur, les surchauffeurs compris.......	1800 litres.
Par cheval...................................	120 litres.

Les dimensions des surfaces actives sont, on le voit, un peu plus fortes que dans les chaudières types de la marine. Cela ne peut suffire, croyons-nous, à faire produire aux générateurs dont il est question une économie de combustible de 20 p. 100. L'installation très-bien entendue du surchauffeur est sans nul doute la cause principale d'un succès si marqué.

Chaudière Field à petits bouilleurs verticaux garnis d'un plongeur.

Augmenter la capacité d'absorption de la chaleur par la chaudière, sous le régime d'une combustion active, tel est le but que prétend avoir atteint l'inventeur de l'appareil dont il s'agit. Le ciel du foyer d'une chaudière quelconque (nous prendrons la chaudière fig. 3, pl. 159, proposée pour la navigation par M. Georges Monbro, dans la notice sur le générateur Field) est percé de trous assez rapprochés et légèrement coniques, où sont passés et solidement retenus par une rivure, des tubes C en cuivre (fig. 4), fermés par le bas; dans chacun d'eux, descend jusqu'à quelques centimètres du fond un autre tube *f*, ouvert aux deux extrémités, et dont la partie supérieure *g* est évasée en entonnoir; trois petites ailettes X retiennent l'entonnoir à deux ou trois centimètres au-dessus de l'orifice du gros tube qui reste suspendu à une certaine hauteur dans le foyer. L'eau de la chaudière remplit les tubes, et son niveau dépasse les entonnoirs d'une certaine hauteur, suivant la capacité de l'appareil.

Dès que la chaleur atteint la colonne annulaire liquide, un mouvement ascensionnel de cette colonne et un mouvement descendant de l'eau contenue dans le tube intérieur se produit en raison des différences de densité. La circulation s'accélère jusqu'à former une cascade continue de vapeur.

Par l'analyse des faits produits appuyés sur certaines données théoriques, on est conduit à admettre les conclusions de l'inventeur ainsi formulées :

La quantité x de calorique qui passe dans un temps donné à travers une lame métallique, est proportionnelle à la différence (T-t) qui existe entre T, température du métal touché par la flamme ou la chaleur émanée d'un foyer quelconque, et t température du même métal touché par le liquide; elle est en raison inverse de l'épaisseur du métal et proportionnelle à un coefficient k variable avec la nature du métal même. Numériquement, ces vérités de fait sont exprimées par l'égalité

$$x = \frac{(T - t)\,k}{e}$$

La puissance d'absorption de chaleur par un générateur est d'autant plus grande, que cette chaleur est plus longtemps retenue en contact avec les surfaces à chauffer, sans toutefois qu'il y ait dans le courant gazeux un retard préjudiciable au tirage.

Or, dans l'appareil en question, la colonne d'eau intérieure est isolée momentanément, pour ainsi dire, de la colonne liquide annulaire dont la vaporisation est presque instantanée, et elle arrive au contact de la paroi intérieure du tube enveloppant, avec une différence très-grande de température. Le faible diamètre des bouilleurs verticaux f permet de leur donner une épaisseur e très-minime sans compromettre leur résistance, et de les faire avec un métal qui laisse la plus grande valeur au coefficient k.

Les gaz chauds forcés de serpenter autour des tubes en les léchant, portent ainsi successivement leur action aux parois tubulaires et la chaleur dont ils sont chargés a le temps physiquement nécessaire de pénétrer à travers le métal.

La question d'encombrement est encore à l'avantage de la chaudière Field, d'après la dimension donnée par le constructeur, et se rapportant à un générateur de machine fixe de la force de 80 chevaux effectifs. (Soit 30 chevaux nominaux pour une machine marine.)

Diamètre extérieur de la chaudière.	1m.980
Hauteur totale.	2m.642
Surface de chauffe représentée par les 289 petits bouilleurs verticaux.	46m².90
Diamètre extérieur de chacun des bouilleurs. . . .	0m,057
Diamètre intérieur de chacun des bouilleurs. .	0m.037
Diamètre des tubes intérieurs..	0m.025

Ces dimensions appartiennent à une chaudière cylindrique verticale à destination d'une machine fixe, avons-nous dit, et donnent en somme un encombrement total de 5 mètres cubes. Pour la même puissance, une chaudière du type de Woolff, formée d'un grand et de deux petits bouilleurs cylindriques et horizontaux, présenterait un volume plus que double.

La circulation de l'eau dans les bouilleurs est si rapide, que les sédiments dont les eaux douces sont plus ou moins chargées ne s'y attachent pas. Nous admettrons volontiers ce fait, sur l'affirmation de M. Monbro, qui a trouvé qu'après neuf mois de travail continu un générateur Field ne contenait qu'une boue très-ferme dans ses bas-fonds; mais lorsqu'il s'agira d'une chaudière marine alimentée à l'eau de mer, nous différerons entièrement de son avis. Nous ne pensons pas que la marine porte forcément son attention sur l'appareil Field, parce qu'il ne produira pas des incrustations; nous croyons, au contraire, qu'en raison même d'une vaporisation excessivement abondante dans les bouilleurs et de la haute température qu'ils conservent, les sulfates de chaux s'y attacheront fortement. L'expérience faite avec la chaudière Beslay dont nous avons parlé ci-avant (page 140) laisse prévoir ce résultat.

La concentration d'une grande puissance sous un petit volume, est le fait dominant de la chaudière Field; à ce titre, son usage à bord des chaloupes et des embarcations à vapeur a quelque chance de se généraliser.

La fig. 3, pl. 159, est la reproduction d'un projet de chaudière marine, dont la disposition d'ensemble serait celle de l'ancienne chaudière de Watt à galeries.

Foyers et tubes amovibles.

La chaudière à foyer amovible de M. L. Chevallier, dont nous avons à nous occuper comme faisant suite par son importance à celles dont la description vient d'être donnée, nous conduit naturellement à présenter quelques observations sur l'amovibilité des foyers ou des tubes et sur les installations partielles présentées à cette fin au jugement du public visiteur de l'Exposition.

L'amovibilité du foyer des chaudières multitubulaires de navigation, paraît être au premier examen un perfectionnement très-important. En somme il est beaucoup moins utile que quelques ingénieurs le supposent, et s'il permet un nettoyage moins incomplet de l'intérieur de la chaudière, c'est au prix d'une complication dans le travail de l'établissement du générateur et de certaines difficultés à refaire et à maintenir les joints démontables dans un état de parfaite étanchéité. L'amovibilité partielle ou totale des tubes eux-mêmes nous paraît préférable à tous égards et particulièrement en ce qui concerne les chaudières marines. A l'appui de cette opinion, un grand nombre de raisons peuvent être mises en avant : la difficulté qui reste presque la même pour désincruster les tubes situés dans le milieu du faisceau tubulaire, que ce faisceau soit à l'intérieur de la chaudière ou qu'il soit transporté au dehors ; la déformation partielle ou totale de la chaudière, à la suite de laquelle le remontage du foyer peut présenter des difficultés insurmontables, ou exiger un travail très-long, circonstances toujours fâcheuses et quelquefois désastreuses dans la navigation ; la possibilité qui reste toujours à la portée du mécanicien soigneux, de ne jamais laisser les dépôts calcaires s'accumuler dans la chaudière, et cela par le seul fait des extractions continues bien réglées ; le peu de dépense, relativement au résultat, nécessitée par l'enlèvement et le remplacement de tous les tubes, lorsque après un long service l'appareil a besoin d'un nettoyage intérieur complet ou de réparations importantes.

C'est, nous le répétons, uniquement au point de vue de la chaudière de navigation que nous invoquons les raisons qui précèdent, pour donner la préférence aux tubes amovibles sur l'amovibilité du foyer. Pour la chaudière fixe ou locomobile, tout en reconnaissant que la possibilité de démonter le foyer pour procéder à un nettoyage complet de l'intérieur de l'appareil constitue un progrès réel et entraîne à de moins grandes complications en raison des ressources locales et du volume relativement petit de la chaudière elle-même, nous pensons qu'il n'y a jamais lieu de sacrifier à ce détail les dispositions qui pourraient augmenter la puissance vaporisatrice du générateur.

Dans une chaudière marine, si les surfaces de chauffe sont accessibles pour y détacher ou piquer la croûte adhérente de dépôts calcaires, et si on peut atteindre les tubes à l'aide d'outils pour leur faire subir la même opération, il ne restera une couche de matières séléniteuses isolantes que dans les parties basses, où la transmission de la chaleur n'a lieu que faiblement par la conductibilité à longue distance du métal lui-même, ou par les mouvements accidentels du liquide. On peut alors poser la question ainsi : un corps isolant de la chaleur, tapissant les parois du vase dans les régions où l'eau ne trouve que des causes de perte de chaleur par rayonnement, ne produirait-il pas plutôt un bénéfice qu'un déficit?

Amovibilité des tubes. Les systèmes de tubes démontables admis à l'Exposition sont ingénieusement combinés. Celui de M. Langlois et celui de M. Bérendorff méritent, à différents égards une mention particulière.

M. Langlois brase à l'extrémité du tube qui aboutit à la boîte à fumée un écrou en cuivre rouge E qu'il appelle l'ajoutoir (fig. 5, pl. 159), portant à l'extérieur deux filets de vis qui prennent dans ceux de même dimension, pratiqués sur la plaque de tête P. Afin d'éviter l'oxydation de cette partie filetée, les filets de l'ajoutoir sont graissés avec une pâte faite avec du suif et une poussière très-fine de zinc. (L'expérience a démontré que cette pâte était un préservatif très-efficace et de très-longue durée.) Une limande *m*, de chanvre ou de plomb, placée sous le chapeau de l'ajoutoir, établit un joint étanche après le serrage qui se fait au moyen d'une clef à tenon ayant prise dans les entailles *e*. Du côté de la boîte à feu P', le tube passe dans un trou cylindrique et s'y trouve maintenu à serrage forcé par une bague en acier *b* très-légèrement conique (c'est le moyen le plus généralement employé actuellement pour la retenue des tubes fixes).

M. Bérendorff brase à chacune des extrémités du tube et extérieurement une bague conique *bb* (fig. 6) qui vient se loger dans un trou de même forme percé dans les plaques de tête P ou P'. C'est à l'aide d'une tige taraudée aux deux extrémités et portant des taquets et des écrous *c c'* que le tube est mis à poste ou qu'il est sorti des trous de plaque. Dans la position représentée fig. 6, le serrage de l'écrou *c'* fait sortir le tube; pour le mettre en place, on remplace les installations *c c'* l'une par l'autre, et le serrage du même écrou *c'* agit alors de façon à pousser les bagues du grand diamètre vers le petit (les dimensions des bagues ont été exagérées sur la figure 6).

L'un et l'autre de ces systèmes ont réussi dans la pratique. Celui de M. Bérendorff est plus simple dans sa confection et dans sa mise en place; nul doute qu'avec le temps son emploi ne se généralise.

Les tubes démontables n'étant plus un problème sans solution pratique, on peut s'étonner qu'il ne soit pas venu à l'idée des constructeurs de chaudières de les combiner avec un certain nombre de tubes fixes, de manière à permettre la désincrustation de toute la partie tubulaire par des procédés mécaniques rendus alors facilement applicables. L'Exposition n'offre aucun exemple d'un pareil arrangement, dont la simplicité n'aura pas tenté l'esprit inventif des chercheurs de nouvelles installations. Le progrès que l'on poursuit le plus souvent à travers des complications est quelquefois dans l'application intelligente de la chose déjà inventée. L'observation que nous soulevons ici en est un exemple.

Chaîne-grattoir. Sous le même hangar où se trouve exposé un spécimen des tubes Langlois appliqués à un fourneau de chaudière marine, les concessionnaires du brevet de M. Joublin ont placé un tableau représentant une chaîne-grattoir destinée à désincruster les tubes. Cette invention complète les deux précédentes. Le lecteur pourra en juger en lisant la description succincte que nous allons en donner sans craindre de nous exposer au reproche de consacrer trop de temps et d'espace à des détails secondaires. Si, lorsqu'une chaudière a perdu par les incrustations accumulées le tiers, plus ou moins, de sa puissance vaporisatrice, on peut, à l'aide d'un instrument simple et peu coûteux lui rendre en grande partiecette puissance après quelques jours de travail, cet instrument vaut la peine d'être signalé à côté des inventions pompeusement annoncées, alors surtout que le seul mérite de ces dernières est de tenir beaucoup de place et de donner occasion à une réclame dans le genre américain.

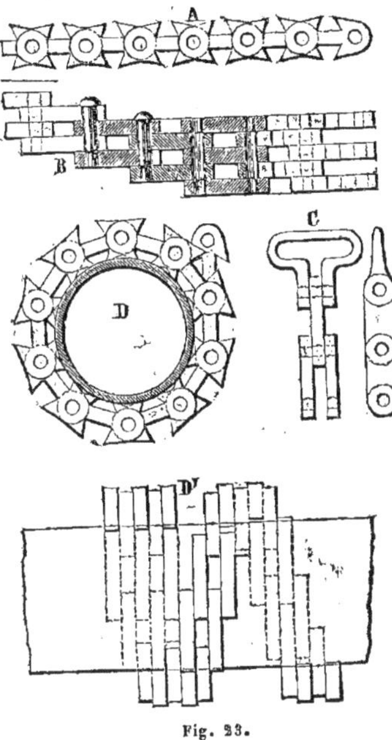

Fig. 23.

Des maillons en acier trempé A, portant chacun quatre biseaux coupants, forment, réunis, une chaîne articulée droite ou hélicoïde, comme le représente le détail D' (fig. 23) qui précède. Ladite chaîne enroulée à deux tours autour d'un tube incrusté, et manœuvrée à la main par ses deux extrémités de manière à parcourir toute la longueur du tube en frottant, coupe et détache les incrustations sans entamer le métal où elles sont attachées.

Le détail A (fig. 23) présente la vue de côté de la chaîne hélicoïde. Le détail B en représente le plan avec la coupe de deux séries de maillons consécutifs. Les huit premiers de chaque extrémité sont articulés de manière à former une certaine longueur rectiligne, afin de pouvoir gratter le tube au ras des plaques de tête. Le nombre des maillons disposés en escalier est susceptible d'être augmenté ou diminué; l'expérience conduit à leur donner une longueur totale, égale au double du développement du tube à désincruster.

La fig. C montre la manille qui termine la chaîne à chacune de ses extrémités et sur laquelle on attache la courroie destinée à être enroulée autour de la main de l'opérateur.

Les détails D et D' représentent en plan et en élévation la chaîne enroulée autour d'un tube.

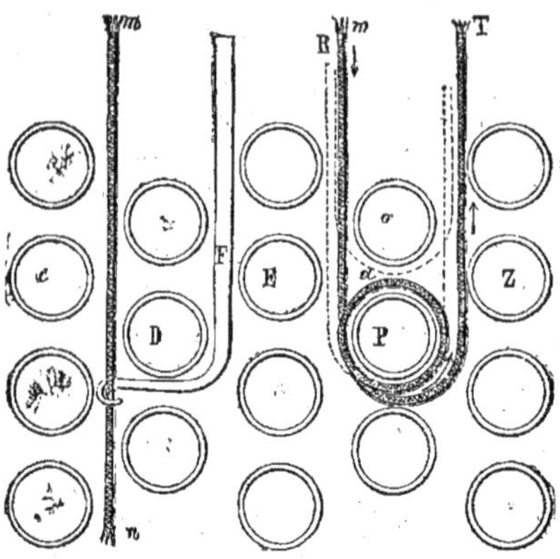

Fig. 24.

Pour faire l'opération sur le tube P, par exemple (fig. 24), on descend la courroie tenue sur la manille entre les deux rangées où se trouvent le tube E et le tube P. Un crochet en fer F est descendu entre les deux rangées P Z, comme il est représenté entre E et D ; le crochet est alors tourné sous le tube P, de façon à prendre la courroie; on le ramène à sa première position et l'on tire à soi. Lorsqu'on tient à la main la courroie, du côté T, on la passe de la même manière que précédemment entre les tubes *o* et P. Le bout est alors ramené en R. On lâche le double que l'on tenait en T, et le brin conducteur vient occuper sa première position sur P. On passe enfin la courroie de R en T, comme on l'a passée la première fois sous le tube P, et lorsqu'on la tient à la main en T, on lâche en R ; on fait couler en *m* et on tire à soi en T, jusqu'à ce que la chaîne soit sensiblement serrée autour du tube et s'y soit enroulée comme le montre le détail D' de la fig. 24. En imprimant à la chaîne un mouvement de va-et-vient combiné avec un mouvement de translation, les biseaux des grattoirs entament et coupent les incrustations, et la chaîne marche sur le tube de manière à en parcourir toute la longueur.

La fig. 24 représente à l'échelle de 1/4 de réduction une chaîne-grattoir destinée à pratiquer la désincrustation sur des tubes de $0^m.075$ de diamètre.

Chaudière à tubes recourbés et à foyer amovible, de M. L. Chevallier.

Il est très-rare qu'un inventeur arrive du premier coup à réaliser son idée a... complétement qu'il le désire; une amélioration en fait naître une autre, et les défauts du système mis en évidence par la première mise en pratique sont petit à petit remplacés par des qualités qu'on ne prévoyait pas au début.

Ainsi, M. Chevallier, de Lyon, partant de la chaudière cylindrique verticale parfaitement applicable à la navigation (fig. 25, page suivante), a été conduit à la chaudière horizontale (fig. 26) plus convenablement disposée, et enfin à celle dont sont munis actuellement les bateaux-omnibus de la Seine destinés au service spécial de l'Exposition, et représentée pl. 161, fig. 1.

Les améliorations réalisées par ces trois combinaisons d'une même idée sont : 1° L'amovibilité de toute la partie qui constitue le foyer; 2° la courbure en forme de pincettes des tubes pour que la dilatation s'y produise sans fatiguer leurs jonctions avec la boîte à feu et avec la boîte à fumée; 3° le changement graduel de direction de la flamme dirigée par la courbe des conduits, tandis que dans les autres systèmes tubulaires ce changement est brusque, ce qui nuit au tirage, et a en outre l'inconvénient d'arrêter les flammes au moment où elles pénètrent dans les tubes, d'occasionner alors une intensité calorifique très-grande là précisément où le dégagement des bulles de vapeur est le plus gêné; 4° l'espacement des conduits tubulaires entre eux, suffisamment grands pour laisser passer librement la vapeur formée sur la paroi cylindrique.

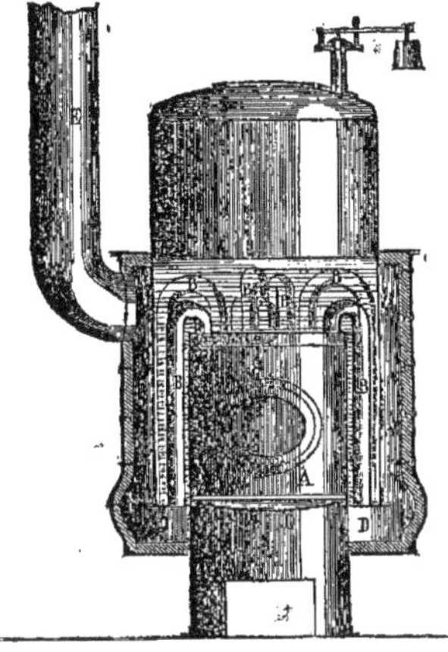

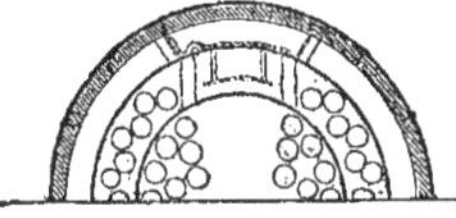

Fig. 25.

Si les résultats donnés par les générateurs des bateaux-omnibus ne sont pas ce qu'on pourrait appeler des résultats *de circonstance*, et rien n'autorise à le supposer, la chaudière marine système Chevallier mérite la confiance des ingénieurs et des mécaniciens.

Sur le modèle fig. 25, ci-contre, le corps de la chaudière est réuni au corps du foyer A par un assemblage à boulons ménagé sur la plaque D D; en défaisant le joint et celui des petites branches des tuyaux courbes B B, on peut séparer le corps du foyer de celui de la chaudière en soulevant ce dernier.

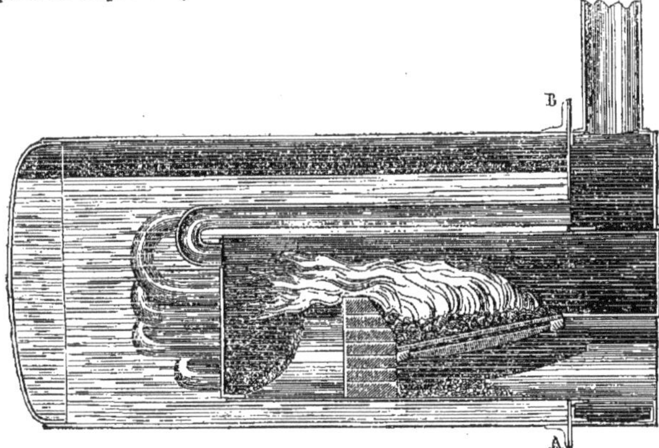

Fig. 26.

Sur le modèle fig. 26, en défaisant le joint A B, le foyer, les tubes et la cheminée peuvent sortir horizontalement du corps de chaudière.

La fig. 1, pl. 161, représente le générateur établi sur les bateaux-omnibus de la Seine. Le cylindre contenant le foyer F, la chambre de combustion C, et portant les tubes courbes T, peut être sorti horizontalement du corps de chaudière après que les joints tenus par les séries de boulons à écrous *a*, *b*, *c*, *d*, *e*, ont été défaits. Le réservoir de vapeur est formé par la chambre V, et le cylindre annexé V' traversé longitudinalement par la première section H de la cheminée. Cette dernière disposition établit de la manière la plus simple, comme dans la chaudière Claparède (pl. 157), un surchauffeur de vapeur suffisamment énergique. Le diamètre des tubes porté à 90 millimètres est plus favorable à la continuité de la flamme et s'accorde avec la longueur du conduit, pour un bon rendement de l'appareil.

Les calculs donnent les résultats suivants :

Puissance de vaporisation en chevaux nominaux.	20
Pression effective de la vapeur.................	6 atmosphères.
Surface totale de grille........................	$0^{m2}.95$
Par cheval nominal (*tirage forcé*)...............	$0^{m2}.047$
Surface totale de chauffe......................	32^{m2}
Par cheval nominal..........................	$1^{m2}.60$
Volume total de vapeur.......................	$3^{m3}.164$
Par cheval nominal..........................	$0^{m3}.158$

Chaudière à foyer amovible et à joint unique, de MM. Laurens et Thomas.

Le système de générateur pouvant être appliqué à la navigation, présenté par MM. Laurens et Thomas (noms bien connus dans l'industrie des machines motrices à vapeur), consiste en une chaudière tubulaire cylindrique, horizontale, à foyer intérieur, dans laquelle le foyer et la chauffe tubulaire forment un ensemble réuni à la calandre externe par un *joint unique* qui s'exécute à l'aide de boulons. Cette disposition rend *très-pratique* la mobilité du foyer et de la chauffe. Nous ignorons si des résultats ont été acquis à bord des navires naviguant à la mer ou sur les fleuves; mais, appréciant par comparaison, nous n'hésitons pas à dire que l'invention de MM. Laurens et Thomas, en ce qui concerne l'amovibilité, présente une simplicité et une solidité des plus grandes. Les dimensions que ces ingénieurs ont adoptées pour les détails et dans l'ensemble justifient une fois de plus la réputation qu'ils ont acquise, de faire procéder les idées ingénieuses qu'ils mettent en pratique des déductions scientifiques et des données expérimentales.

La fig. 2, pl. 161, représente en coupe longitudinale et verticale une chaudière marine. L'échelle de réduction est de 1/37.

a b est le joint à boulons du vaporisateur avec la calandre extérieure.

c d est le joint à boulons de la tubulure de la boîte à fumée avec le branchement fixe allant à la cheminée commune.

Dans le petit dessin qui nous a été communiqué, les appuis placés à l'extrémité et au-dessous du vaporisateur ne sont pas figurés. Ils sont indispensables pour la fixité du vaporisateur et pour ménager la fatigue au joint *a b*. Au point de vue de la simplicité et de la commodité du démontage, le foyer amovible du système Thomas et Laurent est jusqu'à ce jour sans rival, et nous n'hésiterions pas, à l'occasion, de le recommander, nos réserves faites, bien entendu, sur le choix entre les tubes et les foyers amovibles.

Les données numériques concernant cette chaudière indiquent que les surfaces actives ont des dimensions rationnelles :

Puissance vaporisatrice en chevaux nominaux.........	30
Surface totale de la grille.........................	2^{m2}
— par cheval nominal.........................	$0^{m2}.073$
Surface de chauffe totale.............................	60^{m2}
Par cheval nominal.................................	2^{m2}
Tubes. Nombre...	132
— Longueur...	2^{m}
— Diamètre..	$0^{m}.070$
Volume total de vapeur..............................	1400 litres.
Par cheval nominal..................................	46 litres.

Ces ingénieurs ont proposé un moyen assez simple et peu coûteux de rendre amovibles les foyers fixes des chaudières du type réglementaire dans la marine militaire. Le projet est étudié avec soin et en parfaite connaissance de cause. Nul doute que si l'on entrait dans cette voie de modification des générateurs de vapeur, il aurait l'avis favorable des hommes compétents.

Chaudières marines à haute pression, avec des surfaces planes.

Il y a à bord de certains navires telles obligations locales, qui empêchent de donner à la chaudière cylindrique le volume dont elle a besoin pour une puissance de vaporisation déterminée. Dans le cas qui s'est produit particulièrement pour les petites canonnières, on a combiné une chaudière avec des parties mi-cylindriques et des parties planes, en consolidant ces dernières au moyen d'armatures spéciales.

Les figures 27 et 28 en donnent le dispositif; mais c'est uniquement comme un exemple à éviter que nous le reproduisons ici.

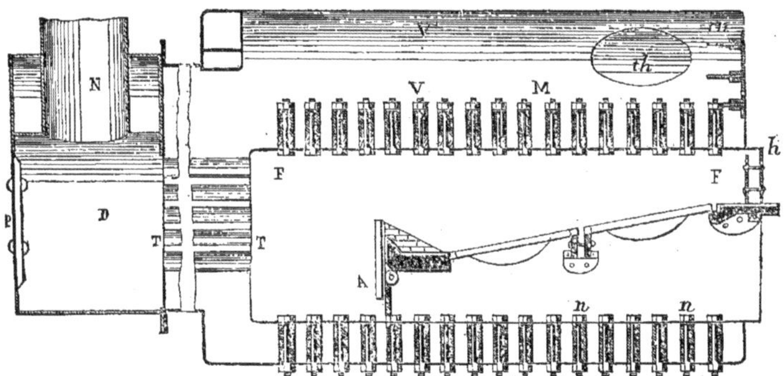

Fig. 27.

Les résultats ont été non-seulement médiocres, mais à bord de quelques-uns de ces bâtiments ils ont été désastreux. Le foyer F est terminé par l'autel en briques A ; des tubes T font suite à la chambre de combustion et aboutissent à la chambre à fumée D surmontée de la cheminée N. Le réservoir de vapeur V', limité par le niveau de l'eau contenue en V et par le dôme du corps de la chaudière, est beaucoup trop restreint. La pression de régime dans ces appareils étant de 5 atmosphères effectives, les surfaces planes formant le ciel, les côtés et le fond du foyer, sont maintenues contre l'effort de déformation par des armatures M en fer forgé, très-rapprochées les unes des autres et par des entretoises à fourreau *n n*. Les armatures sont appuyées par des oreilles *h* (fig. 28) sur les tôles de l'enveloppe, dans le sens qui soumet ces dernières à un effort d'écrasement suivant leur hauteur. Des fers de cornière *cn*, rivés sur la face intérieure de la devanture, assurent la rigidité de cette surface plane. La portion du corps de chaudière enveloppant la partie tubulaire est cylindrique. Les meilleures précautions ont été prises, on le voit, pour assurer la résistance des parties droites; mais, quand même, leur insuffisance a prouvé une fois de plus, qu'en dehors des formes sphériques ou cylindriques, les générateurs à haute pression étaient d'une construction très-coûteuse et d'un emploi dangereux. Pour quelques chaudières admises à l'Exposition, ces conseils de la théorie et de l'expérience n'ont pas été suffisamment écoutés par les constructeurs. Les données numériques suivantes ne seront pas sans intérêt pour les personnes qui cherchent avec raison à prendre des choses passées un enseignement que les faits seuls peuvent donner.

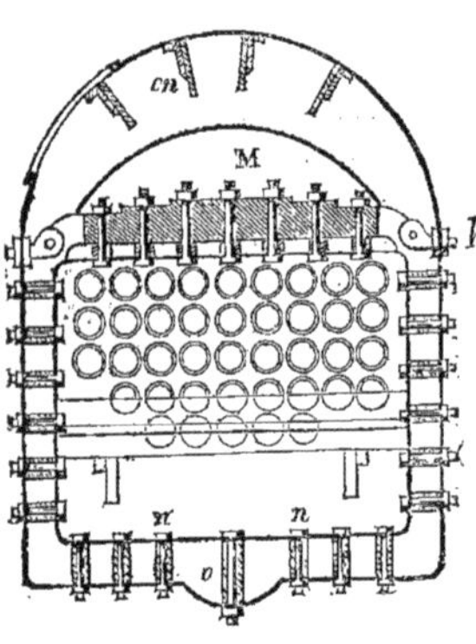

Fig. 28.

La chaudière à haute pression, représentée fig. 27 et 28, est à l'échelle de 1/44 pour les 4 corps formant l'ensemble du générateur d'une machine de la force de 60 chevaux. Chaque corps ne comporte qu'un seul fourneau.

Épaisseur de la tôle	12^{mm}
Surface totale des grilles	4^{m2}
Et par cheval nominal	$0^{m2}.0666$
Surface de chauffe totale	$116^{m2}.388$
Par cheval nominal	$1^{m2}.931$
Volume total de l'eau	$13^{m3}.824$
Par cheval nominal	230 litres.
Volume total de la vapeur	$4^{m3}.896$
Par cheval nominal	81 litres.
Poids de chaque corps de chaudière vide	4285 kil.
— des 4 corps	17140 kil.
Volume de l'ensemble des 4 corps	32^{m3}

Chaudière américaine à haute pression brûlant l'anthracite.

L'appareil que présente la figure 29 (page suivante) caractérise la construction ricaine. L'échelle de réduction est de 1 centimètre par mètre.

La disposition de l'ensemble est bien entendue; elle rappelle par la forme extérieure la chaudière de locomotive. L'emploi des petits tubes *t*, adjoints aux grands tubes T, n'a pas donné, en général, de bons résultats; mais, ici, l'absence presque complète de fumée dans la combustion de l'anthracite diminue notablement les inconvénients des conduits de flamme d'un faible diamètre.

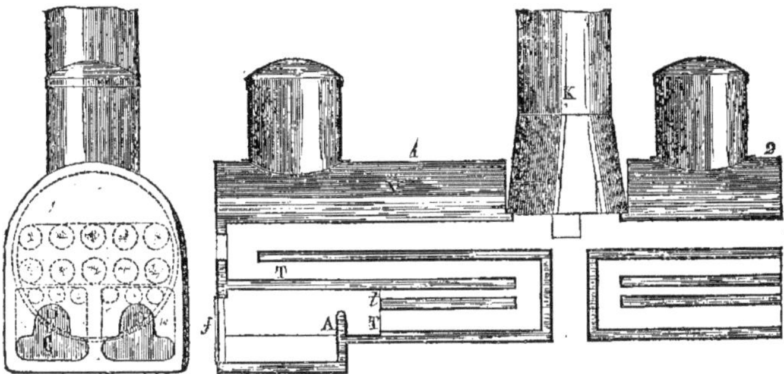

Fig. 29.

Les deux corps de chaudière 1, 2, placés dos à dos ont une cheminée commune K, disposition sensiblement défectueuse à cause de la rencontre des courants gazeux se mouvant dans des directions opposées (voir première partie, de la présente étude, t. Ier). Des cendriers C, de grande largeur, et des foyers *f* A, de grande hauteur avec peu de longueur, sont nécessaires pour une bonne combustion de l'anthracite compacte. L'adjonction d'un grand coffre à vapeur au réservoir V, indique que les Américains n'oublient pas toujours de mettre à profit les conseils de l'expérience.

On ne saurait signaler trop souvent aux constructeurs que le volume des réservoirs de vapeur sur le plus grand nombre de chaudières marines étant limité, moyennement, à 120 décimètres cubes par force de cheval nominal pour les moyennes pressions et à 70 décimètres cubes pour les hautes pressions, est insuffisant dans les deux cas; moins grande est la quantité de vapeur en réserve, plus grandes sont les intermittences de pression par suite d'un excès ou d'un ralentissement de la chauffe, d'un ralentissement ou d'une augmentation de la marche des pistons; en outre, les entraînements d'eau de la chaudière aux cylindres de la machine sont déterminés ou favorisés par ces intermittences et sont permanents, si la prise de vapeur se fait à une distance trop rapprochée du niveau de l'eau, ainsi que cela a lieu dans les réservoirs bas et peu volumineux.

La vue de face et la coupe longitudinale de la chaudière américaine représentée par les figures 30 et 31 (p. 152) font voir que le constructeur a préféré (à tort bien évidemment) les surfaces de foyer planes aux surfaces cintrées. Comme la précédente, elle affecte la forme de la chaudière locomotive; de petits tubes conduisent la flamme du foyer à la boîte à feu, et de grands tubes la dirigent de celle-ci à la cheminée : ainsi on a voulu donner une plus grande vitesse à l'écoulement des gaz chauds au dehors et une surface de chauffe un peu plus grande dans les régions basses correspondant au niveau du ciel du foyer. Cet appareil construit à titre d'essai ne porte qu'une épaisseur de tôle de $7^m/_m$ pour une pression de régime de 3 atmosphères effectives. Aucun accident n'a signalé jusqu'à aujourd'hui ce que l'on aurait quelque raison d'appeler une *imprudence*, non pas tant à cause de la faible épaisseur primitive du métal pour la résistance à laquelle il est appelé, mais parce qu'une chaudière de mer s'oxyde promptement et profondément, et qu'après un temps relativement très-court par rapport à celui après lequel une chaudière à terre est entamée par la rouille, la chau-

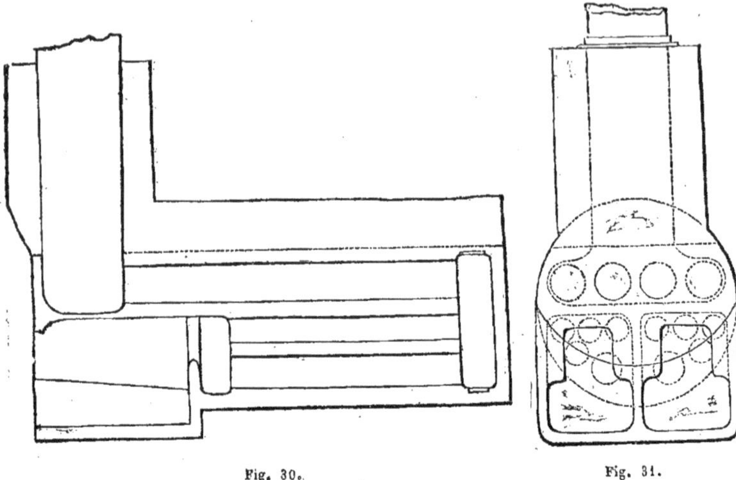

Fig. 30. Fig. 31.

dière marine a perdu une proportion assez grande de sa résistance. Les intermittences fréquentes de refroidissement et de mise en feu viennent encore augmenter les causes d'une fatigue prématurée de l'appareil de mer.

Chaudière à lames d'eau ondulées.

M. Carville aîné a exposé une chaudière à foyer intérieur, très-ingénieusement disposée pour remplir une des conditions recherchées dans les chaudières marines : grandes surfaces de chauffe sous un faible volume. Entre les lames d'eau verticales 1, 2, 3 (pl. 161, fig. 3), circulent la flamme et les produits gazeux de la combustion qui, en suivant la direction indiquée par les flèches, viennent aboutir aux deux conduits latéraux N et de là à la cheminée H placée sur le devant et sur un des côtés de la chaudière. Chaque lame d'eau communique au réservoir commun de vapeur V par deux tuyaux coudés *t t'*; P est la prise de vapeur de la machine. Les parois des lames d'eau sont en tôle de fer ondulée; elles présentent ainsi une plus grande surface de chauffe que les parois planes, et les entretoises *m n* placées aux étranglements formés par le rapprochement des ondulations leur donnent une très-grande résistance à la déformation. Cette dernière qualité s'explique ainsi : Etant donnée une chaudière à surfaces planes ayant les deux côtés A B et C D inflexibles (fig. 4) et les deux autres côtés A C et B D flexibles, mais retenus de distance en distance par des tirants *t t*, ces derniers côtés se bomberont entre les tirants sous l'action d'une forte pression intérieure; l'ensemble prendra la forme (fig. 5) et chaque onde *o o'* aura une courbure à peu près parabolique. Il est évident qu'après avoir pris cette forme, les parois verticales ne seront plus déformées par la même pression qui les lui a fait prendre, et la chaudière sera en somme beaucoup plus résistante.

Les courants ascensionnels et descendants qui se forment dans les lames d'eau dont les parois sont chauffées, rencontrent moins d'obstacles dans le système

Carville que dans ceux à courants de flamme superposés; dans ces derniers, le liquide étant emprisonné dans des tuyaux horizontaux, la vapeur formée n'a d'autre issue pour monter dans les parties supérieures de l'appareil, en vertu de sa moindre densité, que les deux extrémités de chaque tuyau.

Sur les tubulures de communication *t t'*, entre chaque bouilleur vertical et le coffre à vapeur commun V, un obturateur (robinet ou vanne) pourrait être placé pour permettre, en cas d'avarie, d'isoler un bouilleur, au risque évident de les laisser détériorer par le feu mais sans danger d'explosion.

En somme, cet appareil construit d'après une idée originale présente une solidité satisfaisante et donne une bonne utilisation (8 kil. de vapeur par kil. de houille de qualité médiocre). Son emploi à bord des navires dont l'appareil moteur est d'une grande puissance, présente les inconvénients de tous les systèmes à foyer extérieur exigeant une enveloppe métallique garnie d'une maçonnerie intérieure; et, bien que des autoclaves *p p* permettent l'accès à l'intérieur des bouilleurs pour le nettoyage et le piquage des dépôts adhérents, l'alimentation à l'eau de mer n'en est pas moins là une impossibilité. Le volume de l'eau soumise à la vaporisation y est très-petit; un système de tuyautage permettant de pratiquer l'extraction dans chaque bouilleur entraînerait une complication trop grande pour le service à la mer. Pour des machines d'une force nominale de 30 chevaux et avec une alimentation d'eau douce, la chaudière Carville rivalisera avec les générateurs les mieux disposés et actuellement en faveur.

Les fig. de 1 à 3 de la pl. 161 représentent à l'échelle de réduction de 0.068 la demi-projection verticale de face, la demi-coupe de cette même projection, et la coupe verticale suivant l'axe longitudinal du foyer, d'une chaudière applicable à la navigation.

Puissance de vaporisation en chevaux effectifs.........	10
— en chevaux nominaux.......	4
Surface de grille totale..............................	$0^{m2}.26$
Par cheval nominal................................	$0^{m}.065$
Surface de chauffe totale...........................	9^{m2}
Par cheval nominal................................	$2^{m2}.25$
Volume d'eau total..................................	390 litres
Par cheval nominal................................	75 litres.
Volume de vapeur total..............................	400 litres.
Par cheval nominal................................	100 litres.

Chaudière Thompson à vaporisateur sphérique.

La fig. 6, pl. 161, représente une coupe verticale d'un générateur dont la disposition intérieure, sans être absolument nouvelle, est parfaitement entendue en vue de la solidité et de l'utilisation de la chaleur. En *frappant* la surface du vaporisateur sphérique B, les gaz enflammés sont repoussés sur les côtés C', C, et gagnent les conduits tubulaires D D pour aboutir à la cheminée. Le contenant de l'eau comprend l'espace annulaire autour du foyer, qui est intérieur, la sphère B et les deux tiers environ de la hauteur des tubes verticaux D. L'autre tiers de ceux-ci forme un sécheur de vapeur.

On ne saurait contester l'avantage de la forme sphérique du vaporisateur sur toutes autres. La flamme *frappe* les parois, y reste en contact sans trop amortir sa vitesse, se dirige sans obstacle brusque vers les conduits d'appel D D, et ne laisse ni suie ni cendres sur les parties touchées; suspendue dans le foyer, la boule creuse reçoit en outre de la chaleur transmise par le contact de la flamme celle qui rayonne du foyer embrasé. A l'intérieur, les courants tourbillonnants déterminés par la vaporisation immédiate du liquide touchant la paroi, se produisent sans obstacles pour le dégagement de la vapeur dans le réservoir, et pour le remplacement de l'eau vaporisée par celle que les courants liquides les plus voisins des surfaces métalliques y amènent en contact.

Ces courants sont assez forts pour empêcher l'adhérence des matières calcaires sur le métal; elles sont continuellement entraînées comme dans les bouilleurs de la chaudière *Field*.

Un cylindre tend à prendre la forme d'une sphère sous un effort d'intensité égale sur tous les points touchés, et agissant à l'intérieur; la forme sphérique est donc la plus résistante dans ce sens.

Si, à ces qualités distinctives, on ajoute celle d'un nettoyage intérieur et extérieur faciles, on pourra conclure que la chaudière Thompson, affectée aux machines à vapeur de terre, se recommande particulièrement à la confiance des ingénieurs; qu'elle convient parfaitement, et mieux peut-être que les autres types de générateurs dont il est fait mention dans la présente étude, aux machines marines d'une puissance au-dessous de 20 chevaux. (Chaloupes et canots à vapeur, bateaux de plaisance, etc.) La production de vapeur accusée par le constructeur est de 9k.600 par kilogramme de charbon brûlé. La montée en vapeur, à compter du moment de l'allumage, n'exige pas plus de 20 minutes. Nous croyons ces données un peu à côté de la vérité marquée par des résultats constants.

Des chaudières à circulation d'eau rapide.

Le volume de l'eau dans les chaudières marines dont nous nous sommes occupés jusqu'ici, est moyennement de 125 litres par force de cheval nominal, ce qui permet au besoin une vaporisation de quelque durée sans nouvelle alimentation. Par l'adoption de ces systèmes de vaporisateur, on est conduit à un plus grand encombrement et à un poids plus élevé que si la quantité de liquide était moins grande; mais il en résulte cet avantage très-grand dans la navigation, de pouvoir soutenir une production de vapeur à peu près régulière avec des abaissements ou des élévations anormales du niveau, avec l'augmentation ou le ralentissement momentané de l'intensité des feux, et de ne pas fatiguer le chauffeur par une surveillance minutieuse et incessante de l'eau, de la pression et de la marche des fourneaux. D'autre part, l'alimentation à l'eau salée exige impérieusement la pratique des extractions continues ou partielles, et les chaudières à faible contenance de liquide fonctionneraient dans ce cas avec des écarts de pression brusques et continues. Les sulfates de chaux en dissolution dans l'eau de mer se précipitent d'autant plus vite et plus abondamment, que la différence entre le volume du liquide vaporisé dans un même temps et celui contenu dans la chaudière est plus petite. En un mot, les générateurs de vapeur ont besoin d'un *régulateur* de production, comme les machines en mouvement ont besoin d'un *volant*, et, jusqu'ici du moins, le volume d'eau fixé dans des limites que la pratique a déterminées, remplit le but; les nouvelles chaudières s'en écartent beaucoup.

En mécanique appliquée, un *régulateur* est un usurier dont on entretient les exigences sans bénéfice immédiat; mais au total, son action, en empêchant les excès et les insuffisances de vitesse n'est pas trop chèrement payée, puisqu'elle donne une certaine sécurité du fonctionnement de l'ensemble. En adoptant cette appréciation, en ce qui concerne les chaudières, nous nous trouvons en bonne et nombreuse compagnie.

Ce dernier argument, si c'en est un, peut être invoqué par les partisans du générateur à faible capacité, dit *générateur à circulation rapide*. Ces générateurs présentent évidemment à l'emploi certains avantages incontestables; nous les énumérerons après avoir décrit les principaux systèmes mis en évidence par l'Exposition et proposés à l'application de la navigation fluviale et maritime. Ainsi, le lecteur pourra établir son appréciation en connaissance de cause. En attendant, rappelons que le volume de l'eau contenue dans la chaudière n'influe pas d'une manière sensible sur la puissance vaporisatrice dans les limites extrêmes de 30 à 150 litres par cheval nominal, soit de 80 à 400 litres par cheval effectif. Les résultats donnés par les chaudières à circulation d'eau n'infirment pas ce fait mis en évidence par les observations faites d'une manière permanente, pour ainsi dire, sur les générateurs de l'autre système dont la valeur pratique est bien mieux constatée jusqu'ici. Étant trouvé un alimentateur automatique fonctionnant avec la régularité mathématique exigée dans le service des chaudières à faible volume d'eau, et un régulateur du tirage agissant soit dans le conduit de la cheminée, soit dans le cendrier, ces chaudières pourraient alors prendre rang à côté de celles qui les ont précédées dans la confiance des mécaniciens et des industriels. Des dispositions très-ingénieuses ont été proposées ou adoptées dans ce but par plusieurs constructeurs et notamment par M. Belleville. Cet habile ingénieur a affecté à l'alimentation un flotteur mettant en mouvement un robinet gradué et des ressorts à disques de son invention, mis en action par l'excès de la pression et faisant fermer graduellement le registre de la cheminée, afin de diminuer l'intensité des feux en diminuant le tirage. Nous pensons que ces deux installations peuvent répondre à ce qu'on en attend sur les chaudières de machine fixe : pour les chaudières marines, il est permis de faire des réserves en considérant les causes permanentes de l'irrégularité de fonctionnement d'un flotteur, dans un liquide dont le niveau est constamment mobile par le fait des mouvements du navire, en considérant en outre les fluctuations du tirage dans les fourneaux, amenées par les changements d'intensité ou de direction des courants atmosphériques à la mer. Il ne nous paraît pas que l'on tienne un compte suffisant de ces changements lorsqu'il s'agit d'expérimenter la valeur calorifique d'une quantité de charbon ou la puissance vaporisatrice d'une chaudière.

Il est évident qu'en tout état de choses l'alimentation à l'eau de mer est absolument inapplicable dans les chaudières à circulation forcée et à chambres d'eau tubulaires, ou à lames étroites et rapprochées; il faut donc affecter ces appareils au service des machines marines à condenseurs par surface.

Les chaudières dont la description va suivre sont proposées pour la navigation fluviale ou maritime à titre d'inexplosibles. C'est en effet là leur qualité distincte, la quantité d'eau qu'elles contiennent ne pouvant jamais donner lieu à un dégagement de vapeur suffisant pour produire les terribles effets d'une explosion dite fulminante.

Chaudières inexplosibles à circulation d'eau multiple, de J. Belleville.

On a fondé de très-grandes espérances sur la chaudière Belleville, dont la forme actuelle (pl. 162, fig. 2 et 3) paraît être définitivement adoptée par l'inventeur.

Elle a subi des changements nombreux dans les détails et dans l'ensemble. Primitivement elle a été conçue d'après ce principe : remplacer l'énorme masse d'eau en ébullition dans les chaudières ordinaires par de petites quantités introduites au fur et à mesure de la vaporisation et de la dépense. Un serpentin disposé autour d'un foyer était chauffé à une température voisine de la chaleur rouge; une pompe d'injection y introduisait alors une petite quantité d'eau, dont la vaporisation instantanée donnait la force motrice nécessaire à chaque coup de piston de la machine chargée. L'expérience poursuivie avec persistance passa condamnation sur ce premier essai. Plus tard, fut essayé un appareil dans lequel une seule circulation de l'eau avait lieu dans un tube en serpentin formant un parcours ascendant disposé autour du foyer. L'eau pénétrait par la base du serpentin, et s'élevait graduellement jusqu'à ce que la pression de la vapeur vint équilibrer celle à laquelle était soumise l'eau d'alimentation. L'insuccès de cette nouvelle tentative ne découragea pas l'inventeur ; insuccès qui fut suivi de la première chaudière à tubes horizontaux installés dans le prolongement du foyer. L'eau était introduite par l'extrémité la plus éloignée du foyer, et s'avançait graduellement sur celui-ci à mesure qu'elle s'échauffait, pour s'en éloigner ensuite à l'état de vapeur.

C'est en 1859 que M. Belleville a remplacé tous ses systèmes précédemment brevetés par celui à *circulation multiple* ainsi disposé :

La fig. 1 donne le plan en supposant la partie supérieure de l'enveloppe de la chaudière et la moitié de la longueur du collecteur C enlevées.

La fig. 2 est l'élévation de face, en supposant la moitié de l'enveloppe antérieure enlevée pour laisser en vue une partie du faisceau tubulaire et du foyer.

La fig. 3 est la coupe verticale suivant l'axe du foyer.

A. Éléments de tubes générateurs, vases communiquants, composés de tubes horizontaux, superposés en quinconce, raccordés entre eux par des boîtes et des coudes G et communiquant par leurs extrémités inférieure et supérieure avec les tubes B et C dits collecteurs. — B. Collecteur inférieur où passe l'eau d'alimentation avant de s'élever dans chaque élément de tubes générateurs. — C. Collecteur supérieur où se rend la vapeur formée dans les tubes générateurs. — D. Tube diviseur de prise de vapeur adapté à l'intérieur du collecteur où il est raccordé hermétiquement avec la tubulure de sortie de vapeur; d'après cette disposition, la vapeur est obligée, pour s'échapper au dehors, de se diviser en passant par les petits trous dont le tube est percé dans toute la longueur de sa partie supérieure. Les trous, dont la section augmente à mesure qu'ils s'éloignent de l'orifice de sortie de la vapeur se dirigeant de la chaudière à la machine, ont pour but de puiser la vapeur aussi également que possible dans toute la longueur du collecteur, afin de rendre la dépense de cette dernière égale dans chacun des éléments tubulaires où elle se forme. Ainsi les soulèvements et les entraînements d'eau sont évités, en dehors de toute autre cause qu'une dépense inégale dans les générateurs, bien entendu. — F. Épurateur de vapeur, portant la soupape de sûreté, un tuyau plongeur et un bouchon de visite et de nettoyage. — G, G', G''. Boîtes et raccords en fonte malléable, ou manchons et bagues reliant entre eux les tubes horizontaux. — H. Bouchons tenus fermés par des boulons en forme d'ancre, faciles à démonter pour nettoyer l'intérieur des tubes. — J. Cylindre-niveau muni d'un tube de niveau d'eau, d'un robinet de vidange, de bouchons de nettoyage, de tubulures pour faire le plein et pour l'alimentation. — K. Tube de communication du collecteur supérieur ou de la vapeur avec le cylindre-niveau. — L. Tube de communication du cylindre-niveau avec l'eau contenue dans la chaudière et par le collecteur inférieur. — M. Robinet servant à régler l'alimentation. (Les détails sont donnés fig. 4.) — N. Clapet de retenue de l'eau ou de la vapeur dans le cylindre-niveau, c'est-à-dire empêchant le retour de l'eau dans la boîte alimentaire. — Q. Brise-flammes destiné à diviser le courant de chaleur et à obliger celle-ci à se répartir autant que possible sur toutes les surfaces de chauffe. — R. Portes spéciales pour le nettoyage intérieur et extérieur des tubes générateurs. — S. Foyer. — T. Cendrier muni d'une porte à crémaillère destinée à interrompre la combustion pendant les temps d'arrêt.

— V. Enveloppes et armatures en tôle et cornières. — Y. Maçonnerie en briques réfractaires. — Z. Manomètre, communiquant avec le cylindre-niveau ou avec le tuyau de vapeur K qui est en même temps un conduit de retour d'eau à ce cylindre, lorsque l'alimentation trop abondante fait dépasser au niveau de l'eau dans la chaudière la hauteur voulue. — c. Soupape sur les chaudières du système Belleville, montées à bord des canaux et des chaloupes à vapeur. L'alimentation est réglée par un mécanisme représenté fig. 4.

Un flotteur *f*, placé dans le cylindre-niveau J et équilibré par le contre-poids extérieur *p*, fait ouvrir ou fermer le robinet *c*, suivant que l'abaissement ou l'élévation du niveau *n* donne la prépondérance au flotteur *f* ou au contre-poids *p*; il arrive alors que l'eau venant de la pompe alimentaire par *a* pénètre dans le cylindre-niveau en passant par *b* ou est dirigée au dehors. La soupape *d* empêche le retour du liquide vers la pompe alimentaire.

Les fig. 1, 2, 3 de la pl. 162 représentent un générateur Belleville applicable à un canot ou à un bateau de plaisance. Il a une puissance vaporisatrice de 6 chevaux effectifs ou $2^{chev}.25$ (nominaux). L'échelle de réduction est de 1/10.

Les résultats des calculs partiels sont les suivants :

Surface totale de grille....................	$0^{m^2}.22$
Par cheval nominal....................	$0^{m^2}.097$
— effectif....................	$0^{m^2}.036$
Surface totale de chauffe....................	$6^{m^2}.500$
Par cheval nominal....................	$2^{m^2}.88$
— effectif....................	$1^{m^2}.08$
Volume d'eau total....................	40 litres.
Par cheval nominal....................	$17^{lit}.7$
— effectif....................	$6^{lit},60$
Volume de vapeur total....................	42 litres.
Par cheval nominal....................	18 litres.
— effectif....................	7 litres.
Volume à l'encombrement....................	1 mètre^3
Par cheval nominal....................	$0^{m^3}.444$
— effectif....................	$0^{m^3}.177$

La chaudière marine, pour des puissances élevées, diffère dans la relation de ses dimensions de celle décrite ci-dessus, mais le principe de la construction est exactement le même.

Les générateurs de 240 chevaux, commandés à M. Belleville par la marine impériale, sont construits avec soin et justifieront, nous le croyons, la confiance qu'on doit avoir dans les meilleurs résultats que peut produire le système à circulation d'eau; mais il ne peut prétendre à une préférence sur les systèmes précédents.

Chaudières Rowan inexplosibles à circulation d'eau et à capacité tubulaire.

Quelques constructeurs anglais ont adopté l'idée des chaudières à capacité tubulaire dont l'introduction dans la pratique, sinon l'invention entière appartient, croyons-nous, à M. Belleville. Les essais n'ont pas été plus catégoriquement démonstratifs chez nos voisins que chez nous. De tâtonnement en tâtonnement M. Rowan, de Glascow, est arrivé à l'agencement dont la fig. 3, pl. 163, suffit pour faire comprendre l'ensemble.

La chaudière est composée principalement d'une série de doubles rangées de tubes verticaux TT, T'T', NN dont les extrémités supérieures communiquent avec les espaces fermés, à section rectangulaire R R, R' R', R'' R'', formant les parois de la boîte à feu et à fumée. Ces espèces de réservoirs d'eau et de vapeur communiquent par le bas à trois grands cylindres longitudinaux C, C', C'', formant le collecteur d'eau, et par le haut au cylindre D par l'intermédiaire des tubulures *b b*. Celui-ci est le collecteur de vapeur. Il porte les deux réservoirs cylindriques V V qui, logés dans le bas de la cheminée, font l'office de sécheur. Le fourneau F F est placé directement au-dessous des tubes courts T' T'. Les bouilleurs rectangulaires R'' R'' en limitent la hauteur; des cloisons en tôle 1, 2, 3, 4, placées entre les longs tubes verticaux de l'entre-deux des fourneaux F F, FF', dirigent les gaz chauds et divisent les espaces libres entre les longs tubes N N en trois courants de flamme verticaux suivis par ces gaz, comme l'indiquent les flèches (fig. 3).

Chaque corps de chaudière porte quatre fourneaux; sur les longs tuyaux extérieurs U U, communiquant avec les collecteurs C, C', C'' et D, sont placés les indicateurs du niveau de l'eau. Une maçonnerie de briques réfractaires consolidée par une enveloppe extérieure de tôle de fer contient l'appareil en entier.

La simplicité de la construction n'est pas évidemment dans la chaudière Rowan. Le constructeur breveté prévient du reste que le prix de premier achat est plus élevé que celui des chaudières *communes*, mais il affirme que l'économie de combustible qu'elle procure finit par compenser cette différence et les frais de réparation également très-coûteux. Nous ne possédons aucune donnée numérique ni expérimentale pour appuyer ou combattre cette appréciation.

Chaudière anglaise en fonte de fer, à anneaux creux.

Un appareil dont le titre ci-dessus énonce la particularité, et que la fig. 5, pl. 162, fait voir dans les détails de son arrangement, est exposé par un constructeur anglais, M. Green. A part la nature du métal, qui n'a été choisie évidemment que parce que l'emploi du fer creux aurait rendu le prix de revient beaucoup trop élevé par comparaison avec celui des chaudières d'un autre système, il est plus voisin de l'appareil Belleville qu'aucun de ceux figurant à l'Exposition. On peut donc lui appliquer les mêmes critiques, en y ajoutant celle de l'emploi d'un métal condamné par l'expérience dans la construction des parties contenantes d'un générateur de vapeur. Il est juste de reconnaître, toutefois, que la circulation de l'eau dans les chambres annulaires doit se faire bien plus facilement que dans les tubes du système Belleville, et que la suppression ou le remplacement d'un de ces anneaux ne peut présenter aucune difficulté. S'il est possible d'établir une pareille chaudière en fer creux et à un prix de revient peu différent de celui qu'exige le constructeur des appareils *inexplosibles* français, la préférence nous semblerait devoir lui être acquise.

Sur le collecteur inférieur C, à section circulaire, sont reliés par des tubulures et des joints *b b b*, des anneaux creux A A... A, dont la partie supérieure est tenue au collecteur supérieur C' par une disposition exactement pareille. Dans le cylindre supérieur D se rend la vapeur formée dans les chambres circulaires et dans le collecteur C'. Le fourneau *f* est établi à l'intérieur du cylindre formé par les anneaux.

Une maçonnerie, laissant des espaces libres à l'extérieur des anneaux pour former des carneaux de circulation à la flamme et aux produits gazeux de la combustion, contient tout l'ensemble.

L'encombrement en longueur de cette chaudière est le moins appoprié, à bord des navires, aux exigences de l'arrimage de l'appareil situé au fond de la cale, sauf dans quelques cas exceptionnels, celui, par exemple, de bateaux de rivière très-longs et à très-faible tirant d'eau.

Cette observation est la moins importante de toutes celles soulevées par la proposition de faire une chaudière marine de l'appareil dont il s'agit. L'enveloppe en maçonnerie, les dangers en cas de force majeure d'une alimentation à l'eau de mer, l'*impossibilité* du nettoyage intérieur des contenants de l'eau, les écarts brusques de pression par suite de la petite quantité d'eau contenue dans la chaudière, les montées ou les abaissements subits du niveau de l'eau dès que l'alimentation est mal réglée, toutes ces critiques fondées, auxquelles quelques systèmes décrits précédemment ont donné lieu, viennent s'appliquer ici.

Nous ne dissimulons pas notre préférence pour les chaudières à grand volume d'eau, à l'exclusion de celles à très-faible volume, bien que dans ces dernières les explosions soient presque sans danger pour les personnes, même tres-voisines de l'appareil explosionné. Mais nous ne voulons pas mériter le reproche de ne pas avoir mis sous les yeux de nos lecteurs les meilleurs arguments des constructeurs et des partisans des appareils à circulation, dits inexplosibles, pour le service à la mer.

1° *Prompte mise en pression*, 10 à 12 minutes après l'allumage des feux.

Cette faculté permet de porter rapidement des secours, — d'être à l'abri d'une surprise, — d'attendre ou d'observer l'ennemi sans se signaler par la fumée des foyers et sans user son approvisionnement de combustible pour se maintenir sous pression.

Pour les cas exceptionnels, les feux peuvent être préparés de telle sorte que la pression soit obtenue en 5 ou 6 minutes.

2° *Sécurité* résultant de l'impossibilité d'explosion, même dans un service forcé comme en temps de guerre, ou en campagne, alors que la visite et l'entretien des chaudières sont moins faciles.

3° *Réduction considérable de poids.* A surface égale de grille et de chauffe, le poids total, eau, cheminée et accessoires compris pour une pression de marche pouvant s'élever jusqu'à 10 *atmosphères*, est de 170 kilog. environ par cheval nominal, correspondant à 6 décimètres de surface de grille. Le poids des chaudières réglementaires si bien étudiées et qui ne sont construites que pour une pression de 3 *atmosphères* au plus, est de 470 kilog. environ, soit *soixante-trois pour cent* de différence de poids en faveur des générateurs inexplosibles.

4° *Économie importante de combustible* résultant de l'emploi de la haute pression, de la bonne utilisation de la chaleur par les appareils et de la production directe de vapeur sèche.

5° *La légèreté et la moindre consommation* permettent d'augmenter les approvisionnements soit en vivres et en munitions, soit en combustible dans le cas d'une navigation ou d'une croisière de longue haleine.

6° *Possibilité de chauffer sans danger* à une pression plus élevée que celle du régime normal pour un cas de péril ou d'extrême urgence, où il faut coûte que coûte user de toutes ses ressources comme vitesse.

7° *Pas d'ébullitions tumultueuses* ni de transports d'eau aux cylindres compromettant la sécurité des machines, comme il s'en produit parfois avec les chaudières à grande réserve d'eau notamment lors des gros temps.

8° *Facilité de réparation.* Les plus importantes peuvent être exécutées promptement par les seules ressources du bord et *sans relâcher*.

9° *Abaissement considérable des parties vulnérables*, c'est-à-dire des parties qui renferment la vapeur. Elles sont de 1^{m}.300 moins élevées que dans les chaudières réglementaires du type bas : il en résulte que pour les corvettes rapides de 450 chevaux nominaux, les générateurs inexplosibles à puissance égale se trouveraient de 1m.140 *au-dessous* de la flottaison alors que les chaudières réglementaires du type bas se trouveraient de quelques centimètres *au-dessus*, le plan de pose étant le même dans les deux cas.

10° *Si un projectile*, malgré cette condition favorable d'abaissement, venait après avoir traversé l'enveloppe d'un appareil, à pénétrer parmi les tubes, il n'en pourrait résulter qu'une fuite de vapeur et celle-ci s'échappant à l'intérieur de l'enveloppe serait entraînée dans la cheminée par le courant d'air. Cette fuite serait d'ailleurs de courte durée eu égard à la faible quantité d'eau contenue dans l'appareil atteint et à la promptitude avec laquelle il pourrait être isolé des autres par la fermeture des robinets spéciaux.

La même avarie se produisant dans une chaudière ordinaire aurait pour résultat de donner issue à un torrent de vapeur et d'eau bouillante qui, s'échappant *directement* dans la chambre de chauffe, y sèmerait la mort et jetterait la perturbation dans tout le bâtiment.

Chaudière Normand à haute pression et à moyenne pression.

L'emploi des machines à détente fixe d'après le système Wolff, c'est-à-dire détendant la vapeur dans un cylindre spécial, tend à se généraliser dans la navigation fluviale et maritime. L'idée de réchauffer la vapeur après son travail dans le cylindre à haute pression, et avant son introduction dans celui à détente, appartient à M. Normand fils, du Havre. Nous ignorons si de nouvelles applications en ont été faites depuis les premiers essais à bord du petit navire de commerce *le Furet* (1861). A notre avis, l'arrangement de la chaudière de M. Normand est préférable à la plupart des installations placées dans la cheminée de la chaudière, et qui sous le nom de surchauffeurs ou de sécheurs ont pour but de sécher, de surchauffer même la vapeur, immédiatement après sa sortie du générateur : l'encombrement du canal de la cheminée, l'accumulation du poussier et de la fumée sur les surfaces du sécheur, la formation d'une vapeur trop sèche, détériorant promptement les garnitures des presse-étoupe des tiges du piston et facilitant l'éraillement du cylindre par les garnitures métalliques du piston, les difficultés de réparation immédiate, si une déchirure ou simplement une fuite se produit dans le sécheur, tels sont en résumé les inconvénients de cette installation dans le plus grand nombre des cas.

L'appareil de M. Normand se compose de deux parties distinctes (pl. 167) :

1° Une chaudière à moyenne pression A' surmontant la première.

2° La chambre cylindrique A' constitue le réservoir de vapeur de la chaudière A ; la communication est établie par les manchons C, C, elle contient des tubes D D. La vapeur à haute pression (6 atmosphères), formée en A, va travailler dans le premier cylindre de la machine et s'y refroidit évidemment puisqu'elle y produit un travail ; elle sort du coffre à vapeur A' par le conduit PV ; elle revient après le premier travail par T', passe de B' dans les tubes DD où elle se réchauffe puisque ces tubes sont entourés de la vapeur à haute pression qui n'a pas encore travaillé, et s'en va ensuite par B et T'' travailler dans le deuxième cylindre de détente avec une pression moyenne qui correspond à 40 centimètres de mercure. A la sortie du cylindre de détente elle est évacuée au condenseur à surface refrigérante, afin de ne retirer que de l'eau douce de la condensation. Ce dernier résultat est indispensable pour l'emploi des hautes pressions dans les machines naviguant à la mer.

Chaudière pyrotechnique du docteur Payerne pour la navigation sous-marine.

La navigation sous-marine, dont l'usage est absolument limité aux circonstances de guerre maritime, a occupé très-récemment l'attention des inventeurs et a donné lieu à différentes propositions dont un très-petit nombre ont été adoptées pour une application à titre d'essai. L'idée qui paraît prévaloir, malgré l'insuccès des premières tentatives de mise en pratique, est de donner le mouvement à une ou plusieurs hélices propulsives par une machine à air comprimé à 13 atmosphères et emmagasiné dans plusieurs réservoirs cylindriques d'un volume total de 85 mètres cubes. — Un pareil approvisionnement de gaz moteur et respirable en même temps, pourrait fournir, d'après les calculs, une force de 70 chevaux pendant quatre heures. M. le docteur Payerne affirme avoir acquis la conviction que la locomotion sous-marine par l'air comprimé est *radicalement impossible* (ce qui, disons-le en passant, n'est rien moins que prouvé par quelques essais peu réussis), qu'elle peut être réalisée avec une machine à feu ordinaire, la vapeur d'eau étant produite dans une chaudière contenue dans le bateau sous-marin. Le Catalogue officiel de l'Exposition porte au n° 76 de la classe 66, groupe VI, la chaudière avec laquelle l'inventeur prétend obtenir ce résultat à l'aide d'agents pyrotechniques tenant lieu de combustible et de courant d'air atmosphérique. L'originalité, sinon la hardiesse de la proposition, nous sollicite à en donner ici quelques indications sommaires.

Dans un corps de chaudière cylindrique AA (fig. 2, pl. 167) est disposé un foyer E et des tubes F, comme dans la chaudière d'une locomotive ; au-dessus de la boîte à fumée G est placée la cheminée H, dont le conduit est fermé par des soupapes I, I, se soulevant pour donner passage aux produits gazeux de la combustion, lorsque la pression de ceux-ci est plus grande que celle exercée par la colonne d'eau chargeant les soupapes ; des portes E E garnies de briques réfractaires ferment hermétiquement le devant du fourneau et l'arrière de la boîte à fumée. Le combustible employé consiste en des boules creuses de bois bien sec J remplies d'azotate à base de potasse ou à base de soude ; dans le premier cas, le poids du bois doit être à celui de la substance pyrotechnique :: 28 : 100, et dans le second :: 35 : 100. L'introduction du combustible dans le fourneau se fait par l'entonnoir C et les deux vannes D D ouvertes et fermées à la main successivement. Le liquide à vaporiser est l'eau douce ou l'eau de mer, si l'appareil moteur est muni d'un condenseur à surface.

La chaudière Payerne donne-t-elle la solution désirée d'un problème que les expériences faites jusqu'à ce jour n'ont pas encore trouvée ? Il est difficile de l'admettre ; mais elle ouvre la voie dans un sens qui n'a pas encore été suivi par les inventeurs qui s'occupent de la navigation sous-marine.

Sécheurs et surchauffeurs de la vapeur.

Les chaudières à grand volume d'eau sont, pour ainsi dire, les seules en usage dans la navigation ; les appareils Belleville, à très-petite contenance de liquide, ne sont encore que très-exceptionnellement employés. Les premières produisent de la vapeur plus ou moins chargée d'eau ou *vapeur humide*, dont l'emploi ne peut être économique, puisque l'eau entraînée dans le cylindre emporte une certaine quantité de chaleur sensible et de chaleur latente, qui ne se change pas en travail utile. Ne produire que de la vapeur sèche et l'envoyer aux cylindres avec une température plus élevée que celle de la vapeur à l'état de saturation, sans augmenter la dépense de combustible, tel est le résultat qu'on se propose d'atteindre avec les sécheurs ou surchauffeurs adjoints à ces chaudières. Les générateurs du système Belleville comprennent, dans leur installation même, des sécheurs dont l'action régulière contribue fortement à maintenir la dépense de combustible au même chiffre que celle faite par la chaudière à production de vapeur humide; comme à ces dernières, on peut leur adjoindre un surchauffeur.

Les produits gazeux de la combustion, évacués dans l'atmosphère par la cheminée, peuvent n'avoir qu'une température moyenne de 350°, sans que le tirage naturel devienne trop lent pour l'appel de l'air frais dans la masse de combustible. Avec la disposition et les dimensions actuellement adoptées dans la construction des chaudières marines, cette température est de beaucoup dépassée; l'excédant va quelquefois jusqu'au double de ce nombre. Une source économique de la chaleur destinée à sécher ou à surchauffer la vapeur humide est donc toute trouvée; il ne s'agit plus que de placer dans la cheminée un appareil à circulation tubulaire ou à lames, dont les surfaces extérieures, touchées par les gaz chauds, transmettent la chaleur à la vapeur qui passe dans les circuits avant d'arriver aux conduits habituels de la chaudière à la machine.

C'est à M. le capitaine de vaisseau Delafond qu'est due, en France, la première application des surchauffeurs aux chaudières marines [1].

Parmi les nombreux systèmes essayés ou définitivement adoptés, nous mentionnerons ceux représentés fig. 3, 4 et 5, pl. 167, dont des spécimens figuraient à l'Exposition.

La figure 3 fait voir, en coupe verticale et horizontale, le surchauffeur à lames entièrement contenu dans la cheminée. Les lettres F et la direction des flèches marquent sur la coupe verticale le passage de la fumée entre les chambres de circulation de la vapeur; ces chambres sont marquées VV sur les deux vues. La vapeur humide arrive du coffre de la chaudière dans l'appareil par le tuyau S; elle en sort par le tuyau A, après avoir suivi la direction indiquée par les flèches sur la vue horizontale. Un surchauffeur de ce type est représenté planche IX (tome Ier), figure 1, 2 et 3; il est de même forme et de même construction que celui dont sont munies les chaudières du *Friedland;* il est fixé sur la chaudière et la cheminée est fixée sur lui; une chemise en tôle mince l'isole du contact de l'air. La fumée passe dans les ouvertures *ff*, et la vapeur passe dans les lames *vv* que des cloisons *nn* divisent en chambres; le courant se fait de A en B, où se trouve la soupape d'arrêt. Un tuyau met en communication l'intérieur du surchauffeur avec la soupape de sûreté contenue dans la boîte C; l'échappement par la soupape va de C en A, et monte le long de la cheminée. P, P et *p* sont des portes de visite et de nettoyage placées sur les chambres de vapeur.

La figure 4 représente un surchauffeur dont l'usage est très-répandu en Angleterre. Concentriquement à la cheminée HH est situé un cylindre creux en tôle de 10 $^m/_m$ d'épaisseur; le tuyau F continue le conduit de fumée, et sa paroi extérieure, distante de la paroi intérieure de la cheminée d'environ 1/5 du diamètre du conduit central F, laisse un second espace libre à la sortie des gaz chauds. Par les tubulures de jonction 1, 2, la vapeur pénètre dans la chambre annulaire, où des cloisons étanches *nn* forment des compartiments de circulation disposés de telle sorte, qu'elle est forcée de monter en entrant dans la tubulure 1 et de descendre pour sortir par la tubulure 4 où vient aboutir le tuyau de vapeur de la machine. Un surchauffeur ainsi disposé arrête très-peu l'écoulement de la fumée; mais il retient moins la chaleur que ceux qui ont des surfaces

1. Voir *Annales du Génie*, 3e année, page 137, *Théorie et description de l'appareil de M. Delafond.*

planes ou cylindriques placées transversalement dans la cheminée, comme les appareils représentés fig. 3 et 4 ; c'est moins un surchauffeur qu'un sécheur de vapeur.

L'installation vue en plan et en élévation (fig. 5) est plus compliquée que les deux précédentes. Du coffre à vapeur V de la chaudière, la vapeur arrive dans le tuyau *t;* de là elle pénètre dans la série de tubes *b*, autour desquels circulent les gaz qui vont s'évacuer dans l'atmosphère; la série de tubes *c* fait communiquer la chambre 2 avec la chambre 3, et la série *d* la chambre 3 avec le compartiment 4, où vient prendre le tuyau de vapeur T muni d'une soupape d'arrêt S.

Si pour une raison quelconque la vapeur doit être employée sans passer par le surchauffeur, les soupapes qui se trouvent dans les boîtes *p*, *p'* et S sont fermées, et les soupapes qui sont en P, P, et qui prennent la vapeur directement dans le coffre de la chaudière, sont ouvertes, le courant à la machine se fait alors par ces derniers conduits.

Les surchauffeurs appliqués aux chaudières marines présentent au contact des gaz chauds une surface qui varie entre 0,8 et 2 fois la surface de la grille; dans la première limite, on a des sécheurs suffisamment efficaces; dans la dernière, on a des surchauffeurs trop puissants si les conduits de la vapeur au cylindre ont peu de surfaces refroidissantes. La vapeur trop chaude fait volatiliser les matières grasses destinées à la lubrification des tiroirs et des pistons, les surfaces de frottements de ces organes n'ayant plus alors ni l'humidité qui y dépose la vapeur humide, ni les corps gras qu'on y fait arriver habituellement par les graisseurs, s'éraillent, se grippent en peu de temps. Les garnitures des boîtes à étoupes durcissent et se brûlent, les tiges se liment, des fuites de vapeur ou des rentrées d'air sont la conséquence d'un excès de surchauffe. C'est afin d'éviter de semblables inconvénients que, dans les machines à trois cylindres du système Wolff et du type Dupuy de Lôme (*Friedland*), la vapeur circule autour des cylindres de détente avant d'arriver à celui de la vapeur affluente (voir ci-après, fig. 33).

La pression absolue de la vapeur humide et à l'état de saturation, formée dans les chaudières à moyenne pression actuellement en usage dans la navigation maritime, marque au manomètre 209 centimètres de mercure, ce qui correspond à une température sensible de 131 degrés; en passant dans les surchauffeurs qui ont une surface chauffante double de la totalité de surface de grille de l'appareil générateur, cette vapeur humide se sèche d'abord et atteint ensuite la température de 158 degrés; si elle restait à l'état de saturation, à cette dernière température correspondrait une pression de $5^{atm.},8$, ou 441 centimètres de mercure. Mais, en réalité, sa pression n'augmente que de 0,09, le manomètre placé sur le conduit de vapeur du surchauffeur aux machines n'accusant que 227 centimètres de mercure. En somme, l'excès de chaleur donné par le surchauffeur est de 27 degrés; l'économie de combustible qui en résulte ne dépasse pas en moyenne le 10 p. 100. Ces résultats pratiques et les considérations relatives à des faits dont l'exposé ne peut trouver place ici, indiquent que l'appareil dont il s'agit joue le rôle d'une chaudière supplémentaire, et dans une proportion qui augmente avec l'élévation du niveau de l'eau dans la chaudière et avec la quantité d'eau entraînée.

Le rapport de l'accroissement d'un volume de vapeur surchauffée au volume initial de vapeur humide donne en tant p. 100 le bénéfice immédiat de la surchauffe. Des données expérimentales prises sur des chaudières, à terre, on a déduit la formule empirique suivante :

$$P = 0,004732\,\frac{t + 273^{\circ}}{u} - 0,9240\left(1 + 0,3535\sqrt{u}\right).\frac{1}{u\sqrt{u}}.$$

P, pression de la vapeur surchauffée exprimée en atmosphères;
u, volume en mètres cubes d'un kilogramme de vapeur surchauffée;
$t + 273$ degrés, température absolue de la vapeur surchauffée.

P et t étant donnés par l'observation directe, il est facile de tirer la valeur de u, et d'établir, comme nous venons de le dire, le bénéfice donné par la surchauffe.

§. 4. Des appareils moteurs ou machines proprement dites.

Il y a trente ans au plus que les machines à vapeur sont appliquées avec succès à la propulsion des bâtiments de mer et de rivière. Nous avons dit au commencement de l'étude de ces machines, dont l'Exposition universelle nous fournit les principaux éléments, que les progrès à accomplir pour arriver à un certain état de perfection étaient encore très-nombreux en ce qui concerne les générateurs de la vapeur, tandis que la machine elle-même, le mécanisme qui reçoit et utilise la force dont la vapeur n'est pour ainsi dire que le véhicule, avait marché à grands pas vers les améliorations les plus importantes. Nous persistons dans cette opinion, malgré les critiques soulevées par les spécimens des nouvelles machines marines de toute provenance exposées en grandeur naturelle ou sous la forme de modèles réduits.

Disons tout de suite que ce qui frappe l'observateur compétent, c'est beaucoup moins la mise en fait d'idées nouvelles que la reprise de toutes celles qui ont été délaissées depuis plus ou moins longtemps, bien que présentant certains avantages évidents dont on n'avait pas trouvé alors les moyens de réalisation.

Ainsi, on revient à la machine du système de Wolff où la détente s'opère dans un cylindre à part, aux enveloppes de vapeur et aux condenseurs tubulaires.

La reprise de ces inventions, déjà vieilles par comparaison, fait voir une fois de plus combien il est important d'élargir le cercle des investigations quand on prétend juger les choses de la pratique par la théorie, et discerner parmi les inventions nouvelles celles qui ne peuvent aboutir qu'au succès momentané de la nouveauté, et celles qui doivent flotter et poursuivre leur route jusqu'à la stabilité que leur donnent les améliorations de détail inspirées par un long usage.

On nous permettra de ne pas suivre ici l'ordre méthodique indispensable dans un livre didactique et de faire la part à l'impatience de curiosité, en commençant par la machine la plus grande que les visiteurs de l'Exposition aient vu fonctionner. (Nous excepterons un petit nombre de visiteurs appartenant aux divers services des marines militaires.)

Quelques mots sont nécessaires pour rappeler le principe de la machine Wolff appliqué aux nouveaux moteurs à vapeur marins.

La vapeur venant de la chaudière est conduite par un tuyau t (fig. 32, page suivante) dans la boîte à tiroir d; le tiroir r la distribue au cylindre de *pleine vapeur* C, comme dans une machine du système ordinaire. L'évacuation se fait du cylindre C, ni dans l'atmosphère ni dans un condenseur, mais dans le cylindre de détente C', et la vapeur évacuée de C passe pour arriver là à l'intérieur du tiroir r, dans la chambre o, dans le conduit x et dans la boîte à tiroir o' où se meut le tiroir en coquille r'. Du cylindre C', la vapeur est évacuée dans un condenseur ou dans l'atmosphère en passant par l'intérieur de la coquille et dans le conduit O'.

Si c'est le mécanisme qui donne le mouvement aux tiroirs et les fait marcher dans le même sens par rapport l'un à l'autre, c'est-à-dire les fait monter et descendre ensemble (il est facile de conclure que dans la machine figurée ci-dessus les choses se passent ainsi), les deux pistons montent et descendent également en même temps, et comme ils ont la même course, ils agissent ensemble pour vaincre une résistance et produire un travail. L'arrangement des cylindres et des tiroirs, représenté fig. 32, fait supposer que les deux tiges des pistons doivent

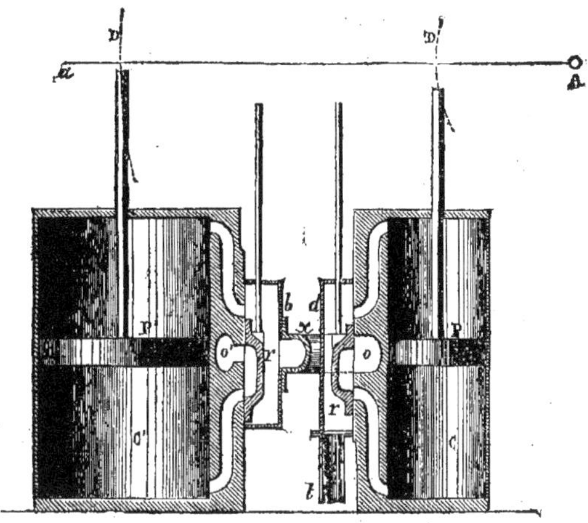

Fig. 32.

aboutir à une même longueur du bras d'un balancier, c'est-à-dire qu'aux extrémités d'une traverse fixée à l'extrémité d'un balancier sont attachées les bielles qui partent des tiges des pistons. Le balancier serait donc dans ce cas perpendiculaire au plan vertical figuré ici, passant par l'axe des tiroirs. Si on dispose les choses de telle sorte que l'axe longitudinal du balancier A *a* soit situé au-dessus des deux tiges, la course de chacun des pistons P P' devra être égale à la corde de l'arc décrit par le point d'attache de la bielle sur le balancier, c'est-à-dire que la course de P sera à celle de P' comme la corde de l'arc D est à la corde de l'arc D'.

Si la transmission de mouvement aux tiroirs est disposée de telle sorte que la distribution de vapeur se fasse dans un cylindre en sens contraire de la distribution dans l'autre, les pistons marcheront évidemment dans des directions différentes et opposées; dans ce cas, ils devront agir par l'intermédiaire de bielles sur un arbre portant deux manivelles placées à angle droit, l'une par rapport à l'autre.

Le parcours de la vapeur dans les nouvelles machines à trois cylindres se fait de la manière suivante : les chiffres graduellement croissant sur la fig. 33 ci-après en facilitent la lecture; de la chaudière, la vapeur arrivant dans le tuyau 1 suit les directions 2, 2, arrive dans la chemise circulaire 3, 3, qui entoure les deux cylindres de détente *cc*, passe de là dans la boîte à tiroir 4, 4 du cylindre à vapeur affluente C; le tiroir de ce cylindre la distribue au-dessus et au-dessous du piston et l'évacue par les conduits 5, 5 dans les boîtes 5', 5' des cylindres de détente *cc*. Dans ces cylindres, elle travaille avec une pression évidemment moitié moins élevée que dans le cylindre C, puisque le volume de ce dernier est égal seulement à celui de chacun des deux cylindres *cc*. Après avoir travaillé à nouveau dans ces deux derniers récipients, la vapeur est évacuée au condenseur par les grands conduits 6.

Telle est en résumé la disposition des machines marines du système de Wolff, dont les appareils du *Friedland* (Pl. 42) sont un magnifique spécimen. Rappelons comment la détente de la vapeur est parfaitement utilisée lorsqu'elle se produit dans un cylindre spécial.

Dans le cylindre C (fig. 32, page 165) la vapeur, avons-nous dit, arrive de la chaudière et agit par affluence pendant la course entière ou presque entière du

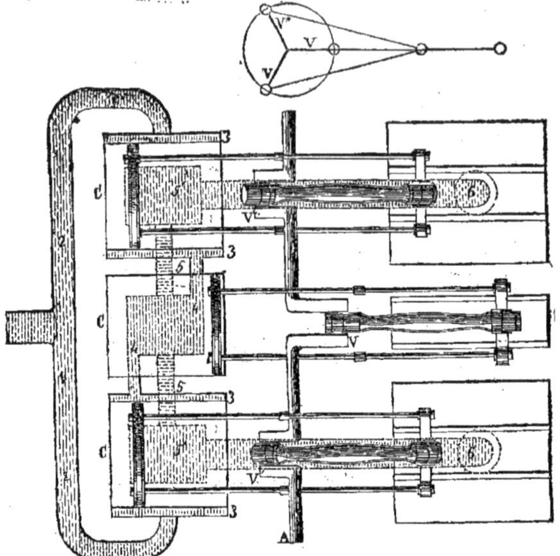

Fig. 33.

piston, et s'évacue dans le cylindre de détente; la surface de celui-ci est double de celle du premier, et, comme les courses des pistons sont égales, la vapeur évacuée vient travailler en se détendant dans un espace double du premier. Sa pression finale est alors moitié moins grande que celle qui a poussé le petit piston. Mais comme le grand piston a une surface double de celle du petit, la pression totale sur chacun d'eux devra être égale si la contre-pression est la même. Il n'en est pas ainsi dans la pratique, ce qui sera compris avec un exemple :

S. Surface du piston à pleine vapeur $= 100^{cm^2}$.
s. — à détente $= 200^{cm^2}$.

Les deux pistons ayant la même course, le volume V du cylindre à pleine vapeur sera 1, et celui V' du cylindre à détente sera $V = \frac{s}{S} = 2$.

P. Pression absolue de la vapeur sur le petit piston par centimètre carré de surface = 4 atmosphères et en kilogrammes $4^k,132$.

P'. Pression absolue de la vapeur par centimètre carré de surface du grand piston $= 4^k,132 \times 0,58 = 2^k,395$.

Le rapport $\frac{V}{V}$ étant 0,50, P' serait égal à $P \times 0,50$ si l'on ne tenait pas compte de ce fait, que, dans le cylindre de détente, les dépressions sont successives, et que, par suite, la pression moyenne agissant sur le grand piston doit être plus élevée que ne l'indique le nombre exprimant le rapport du volume à pleine vapeur au volume de détente. Les dépressions successives, pour une augmentation du double du volume de la vapeur, donnent une moyenne de 0,58 de la pression initiale; P' est donc égal, comme il est écrit ci-dessus, à P × 0,58.

P. Pression de résistance sur le petit piston par centimètre carré = P', puisque l'évacuation se fait d'abord du petit cylindre dans le grand.

P'' Pression de résistance sur le grand piston = $1^{atm},5$ = $1^{k}.600$ en nombre rond. L'évacuation ayant lieu du grand cylindre dans l'atmosphère, il faut conserver à la vapeur détendue une pression suffisante pour son évacuation dans ce milieu.

Avec les données qui sont fournies par le plus grand nombre des cas de la pratique, il viendra :

Pression effective sur le piston à pleine vapeur. } $P^e = (P - P')S = (4,132 - 2,395)100 = 183^k,70.$

Pression effective sur le piston de détente. } $P^{e'} = (P' - P'')s = (2,395 - 1,600)200 = 159^k,00.$

La pression serait donc dans ce cas plus forte de 24 kilogrammes sur le piston à pleine vapeur, et l'effort de poussée de celui-ci serait plus grand de 0,15 environ que celui du piston à détente. La régularité du travail fourni par une machine de ce système est beaucoup moins affectée par cette différence de la poussée des pistons que dans les machines où la détente s'opère dans le cylindre qui a d'abord admis directement la vapeur de la chaudière.

Machines du Friedland.

Cette machine est à trois cylindres, avec arrivée de vapeur dans le cylindre milieu seulement (voir page 166).

Fig. 1. Vue en élévation, face avant des cylindres.

Fig. 2. Coupe longitudinale verticale suivant l'axe du cylindre de détente.

Fig. 3. Plan de l'ensemble.

A. Arbre moteur d'une seule pièce de forge portant les 3 vilebrequins V, V', V''.

a. Arbre de tiroir mis en mouvement par la roue dentée M' engrenée avec la roue M fixée sur l'arbre moteur.

B. Grande bielle articulée sur les glissières G et sur le tourillon du vilebrequin de l'arbre moteur.

B'. Bielle de tiroir.

C. Cylindre à vapeur affluente.

C' C'. Cylindre à vapeur en détente.

c. (Fig. 2). Crosse menée par la tige inférieure du piston du cylindre de détente, communiquant le mouvement à la tige *t* de la pompe à air. Cette disposition existe sur chacun des pistons de détente (cylindres C' C'').

D, D. Conduit de vapeur de la chaudière aux chemises qui entourent les cylindres de détente. (Voir fig. 33, page précédente.)

D' D''. Conduits, aux cylindres de détente, de la vapeur évacuée par le tiroir du cylindre à vapeur affluente.

d. Tuyau d'admission directe de la vapeur venant de la chaudière, dans le cylindre extérieur; l'admission directe doit être faite pour la mise en marche.

E, E. Conduits d'évacuation aux condenseurs.

e. Entre-toises de consolidation des bâtis.

G. Glissière du pied de bielle.

H et *h*. Bâche et son tuyau d'évacuation au dehors.

I I. Tuyau de prise d'eau d'injection.

J, K. Joint à la Cardan entre l'arbre moteur et la ligne d'arbres; il porte la roue dentée du vireur V.

L' L'. Tuyaux de refoulement des pompes de cale.

l, *l*, *r*. Tuyau de refoulement et récipient d'air des pompes alimentaires.

M, M. Roue dentée conduisant la roue M' de l'arbre des tiroirs *a*. La roue à manette *m* sert à manœuvrer à la main l'arbre des tiroirs pour la manœuvre de la machine. L'ensemble du mécanisme de mise en marche est du système dit Mazeline à train épycicloïdal, modifié par M. Dupuy de Lôme.

P. (Fig. 2). Vue d'un piston de détente.

P'. Pompe à air.

R. Tiroir de détente en D long, admettant la vapeur par les arêtes intérieures et l'évacuant par les arêtes extrêmes; il est conduit par la tige *t* guidée par un sabot se mouvant dans une glissière.

V, V' V''. Vilebrequins de l'arbre moteur; ils sont placés de telle sorte que celui du milieu fait un angle de 135° avec chacun des vilebrequins extrêmes, et par suite ces deux derniers font entre eux un angle de 90°. (Voir plus loin, figure 34.)

Organes conduits directement par les pistons. — La tige inférieure T de chacun des cylindres extrêmes (fig. 1) conduit un piston de pompe à air par le seul intermédiaire d'une crosse *c* (fig. 2), et chacun de ces pistons de détente porte une troisième tige *t''* qui mène le piston plongeur d'une pompe alimentaire située en P' (fig. 2) dans un renflement intérieur au condenseur. Le piston central C fait mouvoir les pistons de deux grandes pompes de cale situées sur le même plan horizontal que les pompes à air; pour cela, la tige du bas T porte une crosse, comme celle de la même tige du piston de détente et la petite tige *t'* placée au bas du cylindre, à droite (fig. 1), porte un piston de pompe à son extrémité. (C'est par erreur que, dans la fig. 1, la tige *t'* a été figurée en coupe transversale en haut, au-dessus de T; elle est située au bas au-dessous de T'.)

Les données numériques calculées ou mesurées sur les organes principaux sont les suivantes :

Diamètre des cylindres	2mt,10
Course des pistons	1m,30
Nombre de coups de piston par minute	56
Surface de chacun des pistons	3mt2,46
Vitesse des pistons par seconde	2mt,42
Volume de vapeur dépensé par minute dans le cylindre milieu où l'admission n'a lieu que pendant les 0,80 de la course	411mt3
Pression effective sur les pistons, en centimètres de mercure.	84
Pression en kilogrammes par centimètre carré	1k,136
Puissance effective des machines en chevaux de 75 kilogrammètres sur les pistons	3800
Puissance nominale	950
Pompe à air, nombre	2
— diamètre	0mt,63
— course	1mt,30
— vitesse des pistons par seconde	2mt,42
— surface du piston	0m2,3117
Section des passages à travers les clapets de pied	0mt2,5040
Section des passages à travers les clapets de tête	0mt2,3150
Rapport de la surface des clapets au produit de la surface du piston par la vitesse	0,36

Diamètre du tuyau d'évacuation de chaque pompe........ $0^{mt},66$
Condenseurs, nombre.................................. 2
— volume d'un seul y compris les tuyaux d'arrivée de vapeur.......................... $5^{mt3},655$
— section du tuyau d'évacuation (vapeur)........ $0^{m2},3019$
Pompes alimentaires, nombre............................ 2
— diamètre........................... $0^{mt},15$
— course et vitesse des pistons égales à celles des pompes à air...........
Pompe de cale, nombre................................. 2
— diamètre.............................. 0,60
— course et vitesse des pistons égales à celles des pompes à air......................
Volume engendré par minute par les pompes............ $82^{m3},335$
Section du tuyau d'arrivée de vapeur.................. $0^{mt2},3019$
Longueur des orifices d'arrivée et de sortie de vapeur sur les cylindres.. $1^{mt},75$
Hauteur.. $0^{m},175$
Course des tiroirs.................................... $0^{mt},50$

Les indications nombreuses et détaillées que nous donnons sur cette nouvelle machine sont nécessaires pour établir la comparaison avec les systèmes dont l'emploi est plus général; elle a donné lieu à des critiques dont l'examen ne rentre pas dans le cadre des *Études sur l'Exposition*, mais que les lecteurs pourront étudier dans la note de M. Dupuy de Lôme insérée page 508 des *Annales du Génie civil*, année 1867, et dans celle de M. le vice-amiral Labrousse publiée dans la livraison de mars, année 1868. En résumant les appréciations diverses et les observations qui concluent aux progrès réalisés dans certaines installations de détail, nous mettons sous les yeux des lecteurs les questions dont la pratique seule donnera prochainement la solution décisive.

Les machines de grande puissance, à trois cylindres, avec introduction directe dans chacun d'eux, sont préférables aux machines à deux cylindres de même puissance, parce que la poussée des pistons sur les manivelles est bien plus régulièrement distribuée. Les pistons, les bielles et leur attirail étant moins lourds, puisque l'effort de la vapeur nécessaire pour le développement de la puissance est distribué sur trois pistons au lieu de l'être sur deux, les résistances dues à l'inertie, à chaque changement de la direction du mouvement rectiligne alternatif sont moins grandes et la marche de l'appareil peut être portée à une vitesse très-grande, sans qu'il s'y produise des chocs et des pertes de travail comme lorsqu'il ne comprend que deux cylindres. Si l'on apprécie qu'en raison du plus grand nombre de pièces mobiles qu'elles comportent, les avaries y seront plus fréquentes, il faut également apprécier que les frottements y seront moins grands en raison du poids moindre de ces pièces; par suite, l'usure des parties frottantes y sera moins grande et les dérangements qu'elle occasionne dans tout le système se produiront moins fréquemment; les réparations, dans tous les cas, seront moins longues et moins coûteuses.

Les machines à 3 cylindres du système Wolff présentent sur celles à introduction directe dans les trois récipients, le désavantage d'un travail très-inégal du piston milieu, comparé à la somme du travail sur les deux pistons de détente; les calculs établis à ce sujet accusent une irrégularité très-marquée de l'intensité des efforts sur les tourillons des villebrequins pendant une révolution de ces pièces. Une avarie qui paralyserait le mouvement du piston milieu paralyserait forcément celui des pistons de détente. L'économie de la détente opérée dans des cylindres à part, ne se maintient qu'à la condition d'employer une pression relativement élevée (112 centimètres à la chaudière); la fatigue et l'usure des chaudières en service à la mer, ne permet pas de produire bien longtemps cette pression sans risques d'accidents, et dès qu'elle descend à 100 centimètres à la chaudière, il y a perte de combustible et diminution très-grande de la puissance développée par la machine. A la température correspondant à 112 centimètres de pression, l'eau de génération, si elle est prise à la mer, dépose abondamment le sulfate de chaux qu'elle tient en dissolution; l'augmentation du volume de l'extraction ne modifie que très-peu ce fâcheux résultat. La condensation par contact qui permet d'alimenter les chaudières avec l'eau distillée est indispensable à la durée et au bon fonctionnement de ces machines.

Le calage des manivelles de l'arbre moteur et de celles du tiroir dans les machines du *Friedland* est établi comme l'indique la figure ci-dessous où les lettres ont la signification suivante :

T M.	Position de la bielle et de la manivelle du tiroir du milieu.		
T A V.	—	—	du tiroir de la machine de l'avant.
A A R.	—	—	du tiroir de la machine de l'arrière.
P M.	Position de la bielle et de la manivelle du piston du milieu.		
P A V.	—	—	du piston de la machine de l'avant.
P A R.	—	—	du piston de la machine de l'arrière.

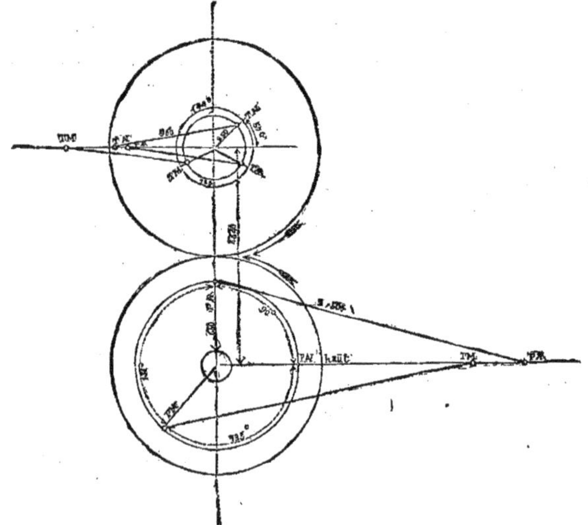

Fig. 34.

Ces données, et celles qui précèdent (page 09) suffisent pour faire l'épure de régulation des tiroirs et celle des efforts sur les tourillons des vilebrequins. On arrive à ce résultat, que le calage à 120° pour chaque manivelle de l'arbre moteur, donne une pression plus régulière sur les tourillons, mais que la distribution de vapeur dans les cylindres est telle, que la manivelle actionnée par le piston à pleine vapeur, celui du milieu, s'arrête à un point très-voisin du point mort sans toutefois dépasser ce dernier. Il s'ensuit que la machine se manœuvre difficilement, qu'elle est *capricieuse* pour ainsi dire, si au début on n'admet pas de la vapeur dans les trois cylindres à la fois.

A. Ortolan.

Mécanicien principal de la Marine impériale.

LXXIII

MACHINES A VAPEUR FIXES

DES USINES ET DES MANUFACTURES

PAR M. **JULES GAUDRY**, Ingénieur au chemin de fer de l'Est.

(Planches 114 et 149.)

Comme à toutes les expositions, les machines dites *fixes* ont tenu au mémorable concours universel de 1867 une place considérable. On les a comptées par centaines. Nous avons mieux à faire qu'à les énumérer et à les décrire une par une, et nous nous proposons, dans cet article, de considérer les machines à vapeur dans l'ensemble de l'industrie pour y saisir les tendances actuelles des constructeurs et des usiniers. Quoique nous ayons toujours en vue l'Exposition universelle, nous en sortirons cependant et nous irons chercher parfois nos spécimens de types dans les ateliers. Nous y sommes bien forcé, d'ailleurs, car dans aucune section du palais du Champ de Mars il n'y a eu autant de difficulté pour recueillir des renseignements précis sur place. Qu'on ne nous fasse pas trop le reproche de nous être occupé des types étrangers plus que des nôtres; nous avons cru servir ainsi l'intérêt pratique du lecteur. Il connaît ou il lui est facile de connaître ce qui se pratique en France; il lui est plus difficile de savoir quels sont les systèmes en ce moment préférés en Belgique, en Angleterre, aux États-Unis, en Allemagne; c'est pourquoi nous nous sommes attaché à cette recherche.

Notre présent travail va naturellement se diviser en deux parties. Nous considérerons d'abord la machine à vapeur dans sa généralité, organe par organe, puis nous relaterons les systèmes qu'adoptent en ce moment les diverses industries caractérisées par des données spéciales et constitutives.

I

Les machines fixes (en anglais, *stationary engines*, machines stationnaires) qui sont installées à demeure dans les usines et manufactures sont appelées ainsi, par opposition aux machines transportables (*portable engines*), qui comprennent les locomobiles et les locomotives, lesquelles peuvent travailler de suite en changeant de place. Elles ont fait l'objet de deux articles étendus dans ces *Études*. Les machines marines ont aussi été traitées avec beaucoup de développement. Il nous reste, pour compléter notre programme sur les machines à vapeur, à parler des machines fixes des usines et des manufactures.

A vrai dire, toute machine à vapeur peut fonctionner comme machine fixe. Telles sont les locomobiles, dès qu'elles sont arrivées sur place et installées pour travailler. Les locomotives de chemins de fer ont été souvent employées comme machines fixes dans les ateliers et les usines. On cale de part et d'autre les roues de support; on isole les roues motrices, soit en déblayant en dessous, soit en élevant la machine entière, afin que ces roues motrices n'adhèrent plus à la voie ou plan de roulement et elles deviennent des volants auxquels on applique des poulies à courroie de commande. Dans les ateliers de chemins de fer, on supplée ainsi plus ou moins temporairement au moteur proprement dit de cet atelier; et ce n'est pas une innovation, car les ateliers primitifs du chemin de fer de Versailles (rive gauche) ont été mus dès le principe par une locomotive à foyer hémisphérique de Bury. Dans l'industrie, on emploie souvent, même comme moteur courant, une vieille locomotive rebutée des chemins de fer et qu'on a achetée à prix réduit. Ce paraît être la destination normale de ce vieux matériel des Compagnies, qui n'est pas hors de service par usure, mais qui n'est plus au niveau des besoins. Il importe d'observer que, bien que les Compagnies soient dans l'usage de les livrer généralement en bon état de service et après réparation, il faut se garder de les faire travailler avec toute la force qu'elles déployaient dans leur traction sur les chemins de fer. D'abord leur réparation est rarement une mise à neuf. Comme de toute machine plus ou moins fatiguée et affaiblie, il faudra donc en ménager la puissance et les organes, par raison de sécurité. Ensuite, il est rare que dans les usines ces locomotives, converties en machines stationnaires, puissent travailler dans les conditions éminemment favorables de leur traction sur les rails. Les données du tirage de la cheminée, la vitesse, la qualité des eaux et du combustible, les soins dans la conduite et le règlement des organes, la régularité du service, sont généralement très-différents dans les deux cas et par la nature même des choses. Ce serait donc une erreur de se borner à poser à un ingénieur de chemins de fer cette question générale : Quelle est la force habituelle d'une locomotive de ce type? et de prétendre la lui faire produire en service courant dans une usine.

On peut établir comme règle que la force normale à demander dans les usines à ces vieilles locomotives abandonnées par les Compagnies peut être la suivante, d'après la puissance vaporisatrice de la chaudière dont l'élément fondamental est la surface de chauffe :

Locomotive ayant de 70 à 80 mètres de surface de chauffe, force moyenne.......................... 35 chevaux.

Grosse locomotive ayant environ 120 mètres de bonne surface de chauffe, force moyenne........................ 60 —

Assurément, ces mêmes locomotives ont sur les chemins de fer une puissance en chevaux bien plus considérable; mais, avec l'expérience acquise des ateliers, on n'osera pas compter sur des évaluations supérieures à celles qui précèdent. Elles correspondent, d'ailleurs, comme unité dynamique à des chevaux effectifs de 75 kilogrammètres, selon l'ancienne mesure de Watt [1].

1. Puisque nous en trouvons ici l'occasion, nous dirons que si d'après des usages locaux variables, et que les circonstances peuvent expliquer, on est arrivé à compter des chevaux de toutes sortes depuis 60 jusqu'à 300 kilogrammètres par cheval, il y a cependant au milieu de toutes ces confusions une valeur consacrée, absolue et même *légale*, inscrite du moins dans les lois, ordonnances et décrets. Elle égale 75 kilogrammètres. Watt l'avait adoptée et elle est à peu près l'expression de la quantité de travail que développe, au moins pendant un certain temps, un très-bon cheval de trait.

Libre à l'ingénieur de marine qui calcule une machine à raison de 300 kilogrammètres par cheval, d'appeler cheval un éléphant. Mais la preuve que lui-même entend cette valeur effective du cheval comme Watt et conformément à la nature, c'est que lorsqu'on relève la force réelle à l'*Indicateur*, ce sont des chevaux de 75 kilogrammètres qu'on enregistre ordinairement.

La machine fixe proprement dite est celle qui est établie, indépendante et distincte du générateur, sur un massif inébranlable attenant au sol. Ce qui la caractérise est l'ampleur de mouvement, le dégagement des organes et la stabilité des assises réclamés avant tout par la régularité de la marche ainsi que par l'économie de consommation, et que ne vient plus contrarier la nécessité d'une réduction aux moindres poids et volume, ce qui est la première condition des machines transportables.

Les types variés à l'infini peuvent d'abord former deux grandes classes : l'une comprenant les machines essentiellement composées des organes fondamentaux adoptés par les constructeurs des premiers temps, on peut les appeler *machines classiques;* l'autre division embrassera un certain nombre de machines d'un principe tout spécial et exceptionnel. Un chapitre leur sera consacré. Nous allons seulement, dans ce qui suit, nous occuper des machines classiques. Ainsi que nous l'avons dit en commençant, prenons la machine à vapeur dans son ensemble et recherchons organe par organe quels sont les systèmes à la mode et les tendances de l'industrie actuelle.

1° *Cylindre à vapeur.* — Il est invariablement en fonte avec moulures ou nervures de consolidation et tous appendices attenant à la masse par la coulée. Des deux plateaux qui forment les extrémités, un seul est parfois distinct et démontable, sur collet en dehors; c'est naturellement celui par lequel on visite et on retire le piston et, autant que possible, celui du côté opposé à la sortie de la tige dudit piston, afin de ne rien déranger aux stuffing-boxes, crosse, bielle et glissières dont il sera ci-après parlé.

Non-seulement on voit des constructeurs ne pas craindre d'adopter, pour les cylindres revêtus de leur appendice, des formes tourmentées, d'un moulage difficile, mais, pour les machines où il y a plusieurs cylindres, ils coulent ceux-ci ensemble d'une seule pièce. Ceux qui ne veulent que présenter à l'Exposition des tours de force de fonderie commettent une naïveté dont les praticiens de bon sens ne tiennent pas compte. Quand on se propose ainsi d'économiser des frais d'ajustage supérieurs à ceux du moulage, on a raison, dans l'intérêt du constructeur; mais c'est parfois contraire aux intérêts du consommateur, qui sera forcé de remplacer tout le système, en cas d'avarie partielle, étant d'ailleurs ainsi à la discrétion du constructeur originaire qui possède le modèle.

Sauf pour les très-grands cylindres qu'on ajuste presque toujours debout par des *alésoirs verticaux*, on continue généralement dans les ateliers l'alésage horizontal, mais presque toujours on coule à la fonderie le cylindre debout.

On a pu remarquer à l'Exposition des cylindres aux arêtes d'une vigueur exceptionnelle dans leurs moindres recoins, qui ont été évidemment coulés avec une fonte très-liquide; mais, dans la pratique de l'industrie, il est constaté au contraire qu'on coule avec une fonte versée depuis longtemps du *cubilot* dans la *poche* et bien voisine de l'état pâteux, en ayant soin de ménager une *masselotte* parfois presque égale à la hauteur du cylindre lui-même; en un mot, en prenant toutes les précautions pour que le cylindre vienne en fonte grise, très-dense et roide, susceptible d'un beau poli, mais sans cette aigreur qui rend l'alésage impossible et surtout sans soufflures.

Les cylindres à enveloppe protectrice du calorique ont dominé à l'Exposition jusque dans les plus petites machines. Non-seulement les garnitures de feutre, de bois, de métal, ont été remarquées existant plus ou moins simultanément, mais les *chemises de vapeur* ou double cylindre avec couche de vapeur entre deux ont été en grand nombre. On a vu même beaucoup de couvercles de cylindre à double fond, dans lesquels la vapeur, introduite comme sur le pourtour du cylindre, enveloppait complétement celui-ci.

2o Le *piston* est le plus souvent garni en cercles d'acier, de bronze ou de fonte serrée élastique, s'ouvrant et s'appuyant d'eux-mêmes sur le pourtour du cylindre, suivant le système dit *suédois* ou de Ramsbotton; s'il existe encore, suivant les vieux systèmes, des segments multipliés chassés par des coins de serrage et des ressorts spéciaux en lame ou en spirale, ils se rencontrent dans les très-grands pistons où le cercle d'acier n'est pas toujours pratique.

Les pistons très-minces adoptés il y a quelques années ne se sont pas généralisés; ils n'ont guère moins de huit centimètres d'épaisseur dans les plus petites machines, ni moins de vingt centimètres dans celles de première grandeur, mais partout on les évide et on les allège autant que possible. L'attache des tiges sur le plateau, bien perpendiculairement et avec une solidité inébranlable, est toujours très-variée. Le cône claveté et la base vissée sont toujours pratiqués; la tige venue de forge avec l'un des plateaux du piston, la multiplicité des tiges sur un même piston, sont des procédés qui se répandent.

Dans l'agencement qui a pour but de guider rectilignement le piston et sa tige proprement dite, l'Exposition et les ateliers nous offrent l'usage assez fréquent de la contre-tige sortant par l'autre couvercle du cylindre, surtout dans les machines horizontales. On a vu aussi un grand nombre de spécimens de glissières uniques, suivant le système généralement adopté aujourd'hui dans les machines marines.

3o *Mécanisme de transmission.* — Les formes et agencements d'organes, tels que balanciers, manivelles et arbres, offraient à l'Exposition comme dans l'industrie une variété infinie. La figure de la page suivante résume les principales combinaisons connues.

Les organes de la transmission n'ont pas offert de formes nouvelles depuis quelques années, mais celles usitées dans les locomotives des chemins de fer français tendent à se généraliser dans les machines fixes. Voici les remarques auxquelles a donné lieu l'Exposition dans l'examen comparé de ces organes :

Les balanciers des machines fixes sont en fonte à l'Exposition comme dans les usines. A la suite d'une mémorable catastrophe due à la rupture d'un balancier de fonte, en Angleterre, on pouvait croire que, suivant les propositions, on ferait emploi de ces balanciers en fer dont il y a des exemples pour des machines marines d'au moins 200 chevaux et que peuvent fabriquer les usines outillées pour faire le blindage des navires; mais ces propositions paraissent restées sans suite. On n'est même pas plus soigneux qu'il y a vingt ans pour prévenir les conséquences formidables de la chute des fragments de balanciers, et les traverses ou étriers attachés dans ce but pour les retenir au-dessus des entablements sont en général ajoutés après coup.

Les bielles en fonte sont encore nombreuses à l'Exposition; cependant, les bielles en fer les remplacent de plus en plus, même dans les machines à balanciers, où elles ont semblé si longtemps conserver leur domaine. Quant à la proportion de la bielle par rapport à la manivelle M qu'elle actionne, on sait que tous les auteurs l'ont évaluée à 5 M, et pour les cas où on est restreint par l'espace, on est descendu à 3 M. On démontre par les épures qu'au-dessous de ce dernier rapport il y a des actions perturbatrices sérieuses dans le mouvement de la machine, à moins qu'on ne fasse emploi de volants d'une puissance d'action formidable. On démontre, en second lieu, qu'avec le rapport 5 M les irrégularités sont pratiquement insignifiantes et qu'elles sont de plus en plus atténuées à mesure que la bielle s'allonge, d'où certains constructeurs ont fait la manivelle égale à 7 M et au delà. Dans la pratique, c'est, à notre avis, une erreur; car la manivelle acquiert ainsi un poids d'autant plus considérable qu'il faut en même temps fortifier sa section. Non-seulement on augmente ainsi ces actions perturbatrices bien connues, que M. Lechatellier a étudiées dans les locomotives, mais il n'y a pas de bouton ou tourillon de manivelle qui puisse résister à la se-

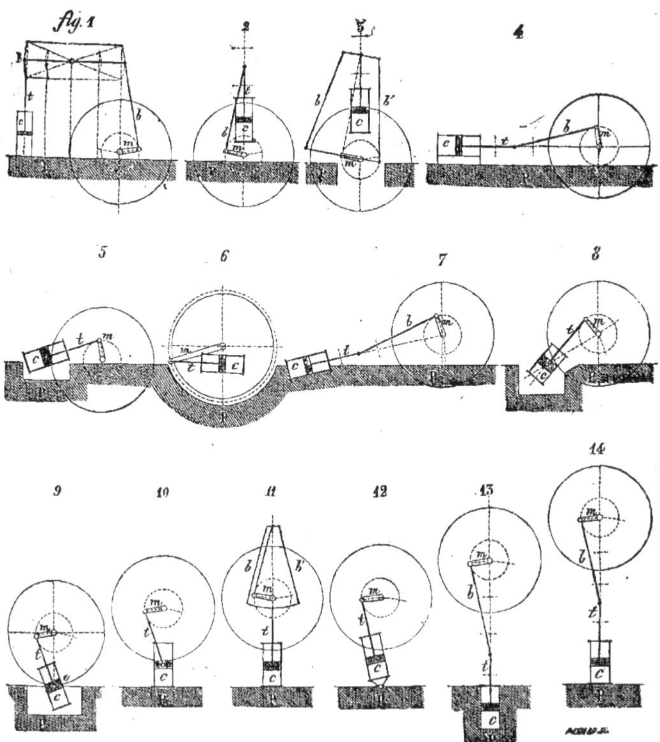

cousse de pareilles bielles, heureux si elles ne cassent pas elles-mêmes. Les Allemands s'attachent au contraire à réduire autant que possible le poids des bielles ainsi que leurs proportions; mais il est admis, d'autre part, que ces petites bielles ayant à peine 2 M, qu'on a remarquées à l'Exposition, sont également une erreur.

Les manivelles rapportées, en fonte, à nervures, se rencontrent encore, mais le fer se substitue à la fonte de plus en plus. Le calage à chaud sur l'arbre ne se fait pas dans tous les ateliers, pas plus qu'on ne le remplace par le calage à la presse hydraulique, surtout quand la manivelle est en fonte ; ce serait peut-être pour le consommateur une raison de la proscrire, ainsi qu'il doit toujours faire pour les machines sujettes à choc. L'équilibrage des manivelles par des contre-manivelles, ainsi que cela se pratique dans les locomotives, n'a guère d'objet dans les machines fixes pourvues de lourds volants; mais on voit assez fréquemment sur le volant lui-même des contre-poids en forme de lentilles qui en tiennent lieu.

Les plateaux-manivelles, remplaçant la manivelle proprement dite, n'ont toujours que de rares exemples.

Les arbres de couche en fonte se rencontrent encore dans quelques machines fixes, même provenant d'ateliers réputés. Par contre, on voit aussi mieux que des arbres en fer, et rien moins que des arbres en acier fondu, puis corroyés sous des marteaux-pilons énormes. A l'exemple des locomotives, on a vu à l'Exposition plusieurs machines fixes ayant des essieux coudés d'une seule pièce, avec les manivelles découpées dans la masse, et on a pu remarquer que les constructeurs s'attachent à éviter autant que possible le porte-à-faux des extrémités. On a vu cependant, à cet égard, rien moins que des monstruosités.

4° *Distribution de vapeur au cylindre.* — Le distributeur proprement dit, qui ouvre et qui ferme à temps voulu l'admission de la vapeur au cylindre et son émission, offrait à l'Exposition et offre dans les usines les formes les plus variées; mais celles-ci se rapportent généralement, soit au type des tiroirs glissants, soit à celui des clapets à soulèvement : ceux-ci ont été représentés par un grand nombre de spécimens, surtout dans les grandes machines. Enfin, rarement se rencontrent les appareils tournants qui grippent et déterminent des fuites en service.

Le mécanisme le plus fréquent pour actionner le distributeur est l'excentrique calé sur l'arbre de couche à angle droit, par rapport à la manivelle, avec ou sans l'avance angulaire usitée dans la distribution classique par tiroir. Nous ne parlons ici que des machines ordinaires, laissant à part celles toutes spéciales dites élévatoires du Cornouailles, qui ont encore leurs cames et organes distributeurs des premiers jours.

Pour produire la détente, les machines fixes, sauf les très-petites, ont généralement un obturateur spécial et distinct, qui se règle tantôt à la main, tantôt automatiquement par le pendule à boules dont il sera parlé plus tard. Nous nous en tenons ici à ce peu de mots. Ajoutons que l'Exposition nous a offert toutes les variétés possibles de détente : détente Meyer, détente Farcot, détente Bourdon et autres qui sont devenues classiques et sont décrites dans les traités.

Dans la plupart des usines et manufactures, le moteur n'actionne que dans une seule direction; le distributeur proprement dit est donc mû par un seul organe, tel qu'un excentrique, avec l'intermédiaire d'une tringle articulée ou bielle.

Dans quelques cas particuliers, tel que celui du monte-charges de mines ou d'entrepôts, il y a nécessité de diriger la machine tantôt dans une direction, tantôt à contre-sens; ladite machine possède alors la faculté du *renversement de marche*. On voit encore le simple déclanchement de la bielle ou tringle d'excentrique accompagné du levier pour manœuvrer à la main le tiroir distributeur, ainsi qu'il se pratiquait à l'origine; mais beaucoup plus généralement on a emprunté aux locomotives leur mécanisme bien connu de deux excentriques calés en sens contraire, et dont les bielles sont reliées par une coulisse dite de *Stephenson*. On sait qu'en soutenant à demeure la coulisse à des points variables, on peut varier aussi l'introduction de vapeur et la détente. On voit cependant des machines à vapeur où la coulisse, conduite par l'une ou l'autre extrémité, sert seulement au changement de la marche, un autre mécanisme spécial opérant la détente.

5° *Émission de la vapeur.* — Après avoir fonctionné dans le cylindre, la vapeur en est émise soit dans l'air, où elle se dissipe, soit dans un *condenseur*, où elle revient à l'état liquide, produisant dans le cylindre un vide sensible. L'emploi des machines à condensation ou à échappement dépend surtout des circonstances locales. L'appareil condenseur étant compliqué, spacieux, lourd, dispendieux, on s'en passe généralement dans les petites machines inférieures à dix chevaux; on s'en dispense aussi pour cause de difficulté du transport et d'économie d'établissement. La condensation exige en outre beaucoup d'eau d'une bonne qualité, on l'évite donc encore, lorsque celle-ci fait défaut; mais elle permet une utilisation beaucoup plus économique de la vapeur, faculté précieuse quand le combustible est dispendieux, et alors on adapte presque nécessairement à la machine les appareils condenseurs qui comprennent essentiellement la bâche, la pompe d'épuisement dite pompe à air, le réservoir où la bâche est immergée pour rafraîchir ses parois extérieures, la pompe alimentant le réservoir et aspirant dans un puits, enfin l'injecteur d'eau dans le condenseur en jet de pluie fine. On a vu à l'Exposition une grande variété d'installations de ces divers engins. Cachés souvent sous le sol par un parquet dans un caveau, ils ont été dissimulés au visiteur. On a signalé surtout la pompe à air à double effet, mise en contre-bas de la bâche condensatrice. Il y a aussi des exemples de pompe verticale à double effet, mise au niveau du condenseur proprement dit, qui en retire l'eau par le bas et l'air par le haut.

On sait qu'il existe deux systèmes de condenseur : dans l'un la vapeur est admise avec l'eau d'injection en une bâche ou chambre; dans l'autre la bâche est percée de part en part par un faisceau de tubes immergés dans l'eau. La vapeur entre dans les tubes et se condense au contact des parois refroidies par l'eau extérieure, sans mélange respectif. D'autrefois et réciproquement, l'eau rafraîchissante est dans les tubes et la vapeur est extérieurement dans la bâche. Le condenseur à injection du premier système est presque exclusivement celui qu'on trouve aujourd'hui dans les machines fixes d'usines. Le condenseur à surface du second système, usité actuellement dans la marine, ne se rencontre qu'exceptionnellement dans les manufactures, bien qu'il puisse rendre des services importants quand les eaux destinées à la chaudière sont de mauvaise qualité, car le condenseur à surface n'est autre qu'un puissant alambic pouvant fournir en eau distillée à peu près la moitié de ce que demande la chaudière.

Si les condenseurs à surface multitubulaire sont rares dans les usines et manufactures, on voit souvent, au contraire, qu'on fait passer la vapeur d'émission dans un tube en cuivre mince plus ou moins développé et renflé, qui est immergé dans l'eau mise en réserve pour l'alimentation de la chaudière qu'on parvient ainsi à chauffer. A l'intérieur du tube renflé ou non, la vapeur se condense et on peut la recueillir comme celle de l'alambic; mais il importe de tout disposer pour éviter le retour de cette eau condensée dans le cylindre et bien se rappeler que cette décharge de la vapeur dans l'air, après avoir traversé ledit tube, ne constituera jamais une machine fonctionnant avec le vide, comme la machine à condensation réelle en chambre close, tubulaire ou non.

Dans les machines sans condensation, et par conséquent à échappement dans l'air, les usiniers ont parfois recueilli la vapeur dans un long tube qui traverse horizontalement l'atelier, avant le débouché au dehors, en vue de chauffer les locaux en hiver. Il est d'expérience que la vapeur émise dans ce long parcours engendre, par la résistance de frottement du fluide, une contre-pression dans le cylindre d'où résulte une diminution de travail moteur. On préfère prendre directement sur la chaudière, par un tube spécial, la vapeur voulue pour le chauffage des ateliers. Dans les contrées où les hivers sont longs et rigoureux, on voit des installations très-bien organisées dans ce but.

6° *Réglementation.* — Les organes usités dans la machine fixe pour vaincre les points morts et uniformiser la vitesse, quelle que soit la variation d'efforts à vaincre, sont le volant et le pendule. Le volant, grande roue rapide et pesante, a été assez bien étudié dans son principe, quoique les règles enseignées dans les traités soient encore d'une pratique peu facile. Quant à leur installation, elle est toujours dans la même enfance de l'art : ce sont encore les mêmes engins formidables dont la rupture fréquente ne manque pas de causer des désastres. La jante ou anneau est en fonte: souvent, dans les grandes machines, les bras sont en fer et rapportés. La jante est souvent tournée avec le bombement voulu pour servir de poulie à courroie de transmission et l'appareil constitue alors une poulie-volant. D'autres fois, la jante est taillée en dents ou du moins avec encoches ou vides pour recevoir ces dents de bois qu'on appelle *alluchons*, et on a une roue d'engrenage. L'Exposition a offert des spécimens importants de l'un et de l'autre système, ainsi que des exemples de machines à deux volants calés respectivement à chaque bout d'un arbre ayant au milieu ses manivelles actionnées.

Les pendules modérateurs ou régulateurs de vitesses sont également des organes bien connus basés sur l'action de la force centrifuge ou sur les oscillations du pendule proprement dit, la résistance de l'air, etc. Leurs agencements variés trouveront encore leur place naturelle dans le travail sur la détente déjà annoncé. On l'a remarqué à l'Exposition, l'introduction de vapeur et la détente se règlent automatiquement par les oscillations du pendule dans un grand nombre de machines. Ce n'est pas un principe nouveau, car il était, il y a vingt-cinq ans, adopté par Cavé, Meyer et autres; mais il semble se généraliser en ce moment, en tous pays, par des combinaisons parfois très-compliquées et très-étudiées.

Les pendules à boules tournantes dits de *Watt* sont toujours en majorité. Celui à bielles croisées de Farcot et celui à boules équilibrées de Foucaud, Allen, Gérard, Porter, etc., ont été décrits de toutes parts. Il faut leur ajouter le pendule à anneau de Duvoir-Albaret et celui de Flaud, où les boules tournent dans un plan vertical autour d'un axe horizontal; enfin le régulateur à air de Larivierre : tous instruments très-connus, qu'il nous suffit d'énumérer, et on reconnaîtra que le pendule modérateur est un des organes de la machine qu'on a le plus travaillés, dans ces dernières années, en vue de rendre son action plus sensible et plus prompte, dès que la vitesse de la machine, en variant, tend à troubler le fonctionnement normal des métiers ou engins actionnés par le moteur.

7° Les *bâtis-supports*, ou l'assise proprement dite des machines fixes, obéissent d'abord à ce principe général, que, loin de les réduire à la plus grande légèreté possible, comme dans les machines sujettes à déplacement, on leur donne au contraire le plus de masse qu'on peut pour atténuer les secousses et vibrations. Le bâti, sur la longueur duquel sont distribués les organes de la machine, est un ensemble de supports sur une table ou un cadre, le tout solidaire, sinon d'une seule et même pièce de fonte. On connaît ces bâtis creux adoptés par Withworth dans ses *machines-outils* pour ateliers de construction. Ce même type de bâtis creux a reçu une fréquente application dans les machines fixes; mais on y trouve encore les bâtis en forme de bandes ou semelles reliées ou consolidées par des nervures. Trop souvent on y voit des moulures, découpures et ornement qui ne sont plus guère à la mode et qu'il faut éviter, car toutes ces cavités sont dans la pratique des nids à crasse et à cambouis, qui rendent difficiles le nettoyage et l'entretien. Les formes lisses sont plus rationnelles, et c'est à l'ensemble des proportions, ainsi qu'au groupement habile des organes, qu'il faut demander le bel aspect architectural que nous ne dédaignons nullement et qui révèle l'homme de goût. A la dernière Exposition, beaucoup trop de machines fixes se sont présentées aux visiteurs avec un grand luxe d'ornementation.

Nous n'entendons pas exclure les colonnes et entablements qu'on adapte aux machines dont les supports principaux se dressent verticalement; on en fait particulièrement usage dans les machines à balanciers. Ici les moulures sont de l'essence même du type adopté; mais, fidèle au principe qui précède, on s'attache à reproduire les styles où les ornements sont moins tourmentés, tels que les ordres ionique et toscan. L'ordre corinthien, avec ses cannelures et son chapiteau aux feuilles d'acanthe, ne convient point aux machines, non plus que le style gothique dit *fleuri* ou *riche* et celui dit de la *Renaissance*. On peut enfin poser cette règle générale, que les formes architecturales ne conviennent qu'aux machines de première grandeur, où le caractère monumental est naturellement appelé.

Les paliers des bâtis, où portent et sont enchâssés les axes ou arbres de la machine, ont été très-étudiés depuis quelques années. On remarque qu'ils sont aujourd'hui plus fréquemment venus dans la masse à la coulée avec le bâti, plutôt que rapportés, en constituant une pièce spéciale, réglable et remplaçable ultérieurement s'il y a lieu. Le chapeau qui ferme le palier est tantôt horizontalement sur le haut ou bien par côté, soit verticalement, soit même obliquement. Les coussinets garnissant l'intérieur du palier, lesquels se sont faits longtemps presque exclusivement en deux pièces, l'une pour le dessus, l'autre pour le dessous, se font aujourd'hui souvent en trois ou quatre morceaux, dont on règle le serrage, suivant les besoins, à l'aide de cales ou vis ménagées *ad hoc* et qui permettent de remplacer partiellement la garniture usée.

8° Le *massif* en maçonnerie, sur lequel porte le bâti des machines fixes se construisait jusqu'ici en pierre de taille; c'était principalement à son défaut qu'on employait les madriers de bois et qu'on multipliait les masses de fonte dans le bâti lui-même. Un des faits remarquables de l'Exposition de 1867 a été la large application du *béton Coignet* (voir les fascicules 26 et 27, article de M. Paul) aux socles des machines de la plus grande dimension. Avec cette maçonnerie de sable et de chaux damée et moulée sur place, il n'y a pas de massif de machines à vapeur qu'on ne puisse construire à peu de frais, en ayant soin de ménager dans la construction les trouées destinées aux boulons de scellement qui doivent fixer le bâti sur son massif; on peut même poser les boulons en construisant, mais avec beaucoup de précaution, pour observer leur position, car, une fois en place, ils sont immobiles, sans qu'il y ait moyen de les enlever.

9° Les *accessoires de la machine à vapeur*, autres que ceux qui sont inhérents à la chaudière, peuvent se résumer à cinq, savoir : la soupape de sûreté du cylindre et du condenseur, les graisseurs, les robinets et tuyaux, les boulons et les indicateurs.

La soupape de sûreté, appliquée sur les plateaux ou couvercles des cylindres, bâches et réservoirs à vapeur, n'est guère en usage encore que dans les grandes machines de premier ordre. Elle a pour but d'empêcher moins l'excès de pression par accumulation de vapeur, que le résultat des chocs produits par accumulation d'eau. Elle est souvent disposée en même temps pour laisser rentrer aux heures d'arrêt l'air extérieur dans les bâches et récipients, où le vide est fait durant le fonctionnement de la machine, ce qui pourrait les exposer à être écrasés ou déformés par la pression du dehors, — ce dont il y a des exemples.

On remarque que ces soupapes sont généralement équilibrées, non par un contre-poids au bout d'un levier, comme dans la soupape classique des chaudières à vapeur, mais directement par un faisceau de lames de ressort. Tel est le type le plus usité, à l'imitation des machines marines où il a toujours existé; mais, dans les usines, il ne paraît pas se répandre, malgré son utilité pour la préservation contre les ruptures.

Les graisseurs de paliers peuvent former deux classes : les boîtes à syphon et les paliers graisseurs. Les premiers sont des vases surmontant le palier et versant entre les pièces frottantes l'huile, goutte à goutte, au moyen d'une mèche de coton droit fil, qui baigne en plein dans le réservoir, et dont l'autre bout descend en un petit tube dit syphon, à proximité des surfaces frottantes, l'huile arrivant dans la mèche par le phénomène de la capillarité bien connu en physique. L'Exposition a offert des graisseurs de ce système à réservoir en cristal, dont on peut inspecter l'intérieur, et où le syphon est muni d'une petite tige régulatrice de l'écoulement de l'huile sans emploi de mèche : tel était le graisseur Lacout sur la transmission de mouvement de la section américaine.

Les paliers graisseurs sont devenus très en faveur non-seulement dans les chemins de fer, mais aussi dans les usines et manufactures, pour les axes qui tournent rapidement. Leur principe essentiel est de mettre l'axe tournant en plein dans l'huile, laquelle est dans un réservoir inférieur et constamment ramenée et versée à plein jet sur le tourillon par un artifice quelconque ; en général, une simple rondelle ou renflement du tourillon, qui entraîne l'huile dans son mouvement. Au palier Decoster [1], qui a eu longtemps son privilége, sont venus se joindre une multitude de systèmes qui en sont des variétés.

Le palier à eau de M. Piret, qui a été appliqué à l'Exposition, peut être rangé dans la même classe, et il opère par injection continue sur le tourillon, comme le palier Decoster et autres. L'eau n'est pas, à proprement parler, un enduit lubrifiant; mais elle empêche le grippement du tourillon et des coussinets, lesquels prennent ensemble un poli magnifique, aussi favorable pour diminuer la résistance du mouvement que les meilleurs enduits.

Mentionnons encore le système où le tourillon frotte, non plus entre les coussinets classiques en bronze ou alliage doux, mais entre des boulets ou fusées, le tout baignant dans l'huile ou, comme précédemment, dans l'eau. Toutes les expositions ont présenté ces sortes d'agencement qui ne paraissent pas entrer dans la pratique, si ce n'est dans des cas particuliers.

Les graisseurs à vase clos en pression se placent sur le cylindre pour lubrifier le piston, sur la boîte de distribution pour y faciliter le glissement du tiroir; en un mot, sur tous appareils clos, où des pièces frottantes peuvent gripper faute d'enduit. Sauf des différences de formes, cet appareil est toujours le classique double robinet avec réservoir intermédiaire : on remplit celui-ci, en fermant le robinet inférieur et en ouvrant celui du haut; puis, pour faire descendre l'huile dans le vase clos en pression, on ouvre au contraire le robinet du bas et on ferme celui du haut, afin qu'il n'y ait pas de projection au dehors. Il y a des graisseurs self-acting ou automatiques, dont on remplit seulement le réservoir et d'où l'huile se distribue à temps voulu par divers artifices. Parmi ceux qui remplissent le catalogue de brevets, mentionnons les systèmes Delanoy et Ramsbotton, bien connus sur les chemins de fer et dont il y a des exemples sur les machines fixes.

La robineterie des machines à vapeur est compliquée et en général posée sur place, suivant les localités. Les principaux robinets sont : l'introduction de va-

1. Nous n'entendons pas nous faire juge ici des débats de priorité dont le *palier-graisseur* a fait l'objet, et si nous le désignons sous le nom de Decoster, c'est qu'à tort ou à raison le type est connu sous cette dénomination.

peur au cylindre, l'introduction d'eau d'injection au condenseur, les robinets dits purgeurs, pour extraire l'eau accidentellement amassée et qu'il importe d'évacuer; enfin, les robinets de la pompe dite alimentaire, existant encore dans beaucoup de machines pour entretenir la consommation d'eau à vaporiser dans le générateur. Ces appareils affectent deux formes principales : ce sont des robinets proprement dits, dont le cône mobile dit *clef* tourne à l'aide d'un levier ou manette dans l'intérieur d'un autre cône fixe dit *boisseau*. Ces robinets se présentent toujours à nous au même état, avec leur grippement, leur fuite, leur usure rapide, leur moyen tout primitif de serrage, leur difficulté de manœuvrer, lorsqu'on les laisse longtemps sans emploi.

L'autre type de robineterie consiste en un clapet, soit à soulèvement rapide au moyen d'un levier, soit à soulèvement lent et gradué par une vis que meut une poignée, un volant ou une manivelle.

La tuyauterie continue à se faire généralement en cuivre rouge. Les chaudronniers la multiplient et la contournent à plaisir, et il n'est pas rare qu'elle ressemble à un jeu d'orgues. Nous n'avons rien de plus à en dire.

10° Les *indicateurs*. —Le principal est le manomètre, qui accuse la pression de la vapeur; il appartient moins à la machine qu'à la chaudière, et nous nous bornerons à dire que le manomètre métallique à ressort et à cadran se substitue de plus en plus aux anciens manomètres à mercure. Mais longue serait la nomenclature des manomètres à cadran qui fourmillent en tous pays dans l'industrie. Ce sont toujours ou une petite pompe dont la vapeur refoule le piston, ou un petit vase en métal mince dont la pression change la forme, redresse la spirale, dilate la longueur proportionnellement à son excès sur la pression atmosphérique, laquelle ramène l'engin à son premier état, à mesure que la pression intérieure diminue. L'engin que sollicite ainsi la pression du dedans et celle du dehors porte une aiguille qui, par l'intermédiaire de tel ou tel mécanisme de transmission, trace des degrés sur un cadran. Ainsi sont combinés les manomètres de Bourdon, Vidi, Desbordes, Dubois, Dediçu, Breguet, etc.

L'indicateur du vide, qui indique l'abaissement de la pression dans le condenseur, est tout simplement la contre-partie du manomètre, ou, pour mieux dire, il continue le manomètre pour les pressions inférieures à celle de l'atmosphère, qui existent en vase clos et sont accusées en degrés plus espacés pour une lecture plus facile. Les agencements mécaniques et principes sont les mêmes : ils sortent, en général, des mêmes maisons de construction que les manomètres.

Les machines fixes ont souvent, en outre, un compteur du nombre de tours de volant, pour des nécessités de contrôle ou d'expériences : c'est un instrument de cabinet de physique dont nous ne pouvons pas plus parler ici que de l'indicateur de Watt ou de ces dynamomètres, appareils d'expériences à l'aide desquels on évalue, quand il est besoin, la force des moteurs. Quoique assez simples par eux-mêmes, ce sont des instruments de précision qu'il ne faut faire travailler qu'entre des mains exercées et qui n'appartiennent plus qu'accidentellement aux machines à vapeur. Des opérateurs spéciaux peuvent seuls faire ces expériences.

II

Classement des machines fixes des usines et des manufactures.

Les organes fondamentaux qui viennent d'être énumérés sont agencés et disposés suivant des types variés pour ainsi dire à l'infini, ce qui constitue les systèmes. Avant de les rechercher à l'Exposition et dans les usines pour complément, il convient de les passer en revue dans leurs généralités.

On distinguait originairement les machines à basse, moyenne et haute pression, suivant le degré de la pression de vapeur dans la chaudière. Les machines à basse pression ont à peu près disparu des usines et manufactures. Les pressions dites moyennes, de deux à trois atmosphères et les très-hautes pressions dépassant 6 atmosphères ou 5 kilogrammètres effectifs par centimètre carré de surface, ne se rencontrent que dans des cas particuliers. Actuellement, les machines ordinaires d'usines et manufactures fonctionnent sous une pression initiale de 5 à 6 atmosphères, avec détente, ce qui signifie que la vapeur n'est introduite que pendant une fraction plus ou moins réduite de la course du piston, après laquelle l'arrivée de la vapeur est interrompue, et le volume admis se détend comme un ressort bandé qu'on lâche, suivant les lois connues en physique sous les noms de Mariotte et Regnault, ainsi qu'il est démontré dans les traités.

En France, les machines fonctionnent généralement sous une pression initiale un peu plus élevée qu'en Angleterre et en Allemagne, où l'on se préoccupe plus que chez nous de l'inconvénient de fatiguer les assemblages et les joints, tandis que nous inclinons plus qu'eux, au contraire, vers ce principe, qu'il y a économie à élever les pressions initiales, en restreignant l'introduction et en utilisant la détente durant la plus grande fraction possible de la course.

Les machines fixes sont à condensation ou à échappement dans l'air libre. La préférence n'est plus qu'une question de circonstance locale et ce qui est dit ci-dessus, page 305, suffira. En général, les petites machines de dix chevaux et au-dessous sont à échappement dans l'air ; on ne les complique pas d'un condenseur et de ses accessoires, à moins qu'on y soit rationnellement amené par le faible prix de revient et la bonne qualité des eaux, la faculté de les écouler et le haut prix de combustible, la machine ayant au moins 6 chevaux de force.

La disposition des organes mécaniques est celle qui a donné lieu au classement le plus compliqué et le moins absolu, dès que l'on sort des principaux types caractérisés. Pour ces classements, on a considéré : 1° la position et le mode d'action du piston dans le cylindre ; 2° la composition élémentaire du mécanisme de transmission.

Le cylindre est vertical, horizontal ou oblique. Le cylindre vertical est tantôt en bas, sur la plaque de fondation, tantôt renversé et en l'air, comme une cloche ou comme le cylindre du marteau-pilon d'où est venu au type le nom de *machines en clocher* ou de *machines-pilons*. Le cylindre est encore fixé à demeure sur son bâti ou oscillant à l'aide de deux tourillons. Il y a des machines à un cylindre unique ; d'autres comportent plusieurs cylindres actionnant le même arbre moteur. Ils sont placés tantôt côte à côte, tantôt l'un faisant suite à l'autre, tantôt vis-à-vis.

Quant à la forme, outre le cylindre proprement dit, où travaille le disque plein appelé piston, il y a les machines à piston annulaire de Maudslay et de Bergsund. Il y a même eu des machines à piston rectangulaire, où le cylindre est remplacé par un corps rectangulaire à arêtes parallèles, nous ne savons trop dans quel but ; mais le fait existe, et des machines semblables fonctionnent depuis longues années. Enfin, dans les machines dites rotatives, il y a un tambour où jouent des palettes chassées par la vapeur.

Au point de vue du mécanisme de transmission, les machines à vapeur composent essentiellement quatre classes courantes :

1° Les machines directes oscillantes, les plus simples de toutes à l'égard de la transmission de mouvement du piston à l'arbre. Une longue tige plus ou moins guidée et une manivelle actionnant l'arbre de couche, telle est, avec le cylindre qui oscille sur son bâti, toute la machine, complétée néanmoins par les organes distributeurs et régulateurs communs à tous les systèmes. C'est en Angleterre que ce premier type, d'origine française, reçoit en ce moment ses plus nombreuses applications.

2o Les machines à cylindre fixe et à bielle directe entre la tige du piston et la manivelle motrice de l'arbre. C'est le système le plus en vogue en ce moment, surtout avec la dispositlon horizontale et un groupement des organes analogues à celui des locomotives de chemins de fer.

3o Les machines à bielles compliquées et multiples forment une classe nombreuse, où la variété est grande. Ce sont des types où le constructeur a voulu tout simplement se spécialiser par une disposition qui lui fût propre, ou bien des systèmes adoptés à des cas particuliers.

4o Les machines à balancier. Ces vieux types, connus sous les noms de Watt et de Woolf, dès l'origine de la machine à vapeur, sont encore regardés par des manufacturiers et des ingénieurs comme les seuls systèmes convenables aux usines où l'uniformité du travail moteur est une condition essentielle. Ils possèdent une rondeur de marche, une stabilité, un équilibre des organes auxquels atteignent plus difficilement les autres systèmes; mais ils sont spacieux, compliqués, encombrants, lourds et très-dispendieux, tant par la construction que par l'installation.

Entre tous ces systèmes, quel est le préférable? Telle est la question que se posaient les visiteurs de l'Exposition de 1867, à la vue de tant de machines dont très-peu se ressemblaient, et telle est la question qu'on nous fait tous les jours; car on ne comprend pas que tant de solutions puissent résoudre également bien un problème mécanique dont les éléments sont des lois de la nature et des vérités mathématiques : d'où l'on serait tenté de conclure que, puisque tant de machines à vapeur actionnent des engins analogues à l'égale satisfaction de ceux qui les possèdent, les lois qui servent de bases à l'industrie manufacturière sont inexactes ou tout au moins incertaines.

Nous dirons, nous, que les lois formulées par les maîtres de la science et vérifiées tant de fois, ne doivent pas être écartées comme inexactes, bien que l'homme puisse rarement affirmer qn'il possède la vérité absolue; mais il faut remarquer que, lorsque la science formule une loi, on a soin d'aller droit au principe, en l'isolant de l'influence de toutes les autres lois qui pourraient concourir dans le même phénomène : c'est ce qu'on appelle la théorie. Au contraire, dans la pratique, il n'y a pour ainsi dire jamais de principe isolé. Dans la nature, tout est complexe; tout phénomène, traduit à nos sens par un fait, offre en concours et même en opposition une multitude de lois ou de principes qui donnent pour ainsi dire une résultante. Or, les éléments de cette résultante peuvent varier à l'infini et ne sont même pas toujours susceptibles d'analyse.

Les matériaux dont la substance est elle-même si complexe et parfois si mystérieuse, les conditions atmosphériques et celles de la température, les actions physiques, les réactions chimiques, les combinaisons de forces, etc., modifient de toutes manières la solution des problèmes mécaniques. Telle est la raison de tant de systèmes de machines fonctionnant bien dans les circonstances où elles se trouvent, parce que l'ingénieur a su les assortir aux circonstances, et telle est aussi la raison de l'insuccès de ces mêmes machines transplantées dans d'autres conditions de service.

Il faut ajouter que l'habitude (nous n'osons pas dire la routine) peut expliquer certaines préférences locales. La machine qu'on rencontre dans tel ou tel groupe d'usines y est bien connue; bien *dans la main* des ouvriers du pays appelés successivement à la conduire, l'expérience en a corrigé les défauts inévitables par ces mille riens qui échappent dans un ensemble de fabrication, après avoir donné peu à peu la vie à tous les rouages d'une industrie.

A la vue de toutes les machines à vapeur de l'Exposition, il ne faut donc pas se poser cette question : quelle est d'une manière absolue la meilleure ? Il faut bien rechercher les conditions à remplir par le moteur, ainsi que toutes les circonstances de son service et se demander si la machine qu'on a sous les yeux est apte à remplir ces conditions, apte à obéir à toutes ces circonstances locales. Dans cet ordre d'idées, presque toute l'Exposition a eu son intérêt.

Mais il est une condition générale, à défaut de laquelle la plus ingénieuse machine à vapeur ne fournira que des déceptions : c'est une construction solide, soignée et en matériaux de choix. Toute lésinerie à cet égard, ainsi que dans l'installation, vérifiera une fois de plus la maxime « que rien n'est coûteux comme le bon marché. »

Au point de vue de l'exécution, les plus difficiles ont généralement été satisfaits de l'Exposition de 1867. On a pu en conclure qu'on construit bien presque en tous pays, quand on veut et quand on paye. Le caractère propre à chaque nation et à chaque constructeur ne se révèle plus guère que dans des formes de pièces et dans certaines agrégations d'organes; et si on nous demande où doit se porter principalement notre étude de l'étranger, nous dirons, comme pour les locomotives, qu'il faut aller chercher principalement en Allemagne les machines bien étudiées, élégamment groupées, originalement disposées et construites avec perfection ; mais c'est en Angleterre qu'on trouve les solutions les plus simples.

Étant donné ce principe, qu'à chaque industrie convient un moteur spécial, ou du moins installée dans des conditions spéciales, il reste à étudier quels sont les types que chaque classe d'usine ou manufacture adopte de préférence en ce moment. A cet égard, les enseignements de l'Exposition de 1867 sont à peu près complets, si on ajoute aux machines les dessins qui les ont accompagnés.

Quelque variés que soient les établissements industriels, on peut cependant les ramener à six groupes principaux, en ce qui concerne leur moteur.

1° Machines élévatoires d'eau pour les villes, les mines ou pour les ateliers;

2° Pompes à air dites aussi souffleries ou machines soufflantes ;

3° Machines d'usine à travail brutal, c'est-à-dire actionnant des engins qui font des opérations grossières, accompagnées plus ou moins de violentes secousses, tels que le pilonage, le gros façonnage des métaux dans les usines métallurgiques, l'écrasement des pierres, etc. La machine des laminoires de forges peut être prise pour type.

4° La machine de précision actionnant dans les manufactures les engins délicats dont le travail doit être fini et régulier, tels que les métiers à tisser, à filer ou à imprimer; les moulins à farine, les outils d'ateliers de construction. Le moteur de filature est pris pour type de cette classe de machines.

5° Les machines de monte-charges sont intermédiaires, comme données du travail entre les deux classes précédentes; mais elles ont leurs agencements spéciaux, notamment la faculté de renverser à volonté la marche de la machine. Le moteur d'extraction des mines est pris pour type.

6° La machine dite demi-fixe des petits ateliers dont l'agencement rappelle les locomobiles.

Les principaux types usités en ce moment dans chaque classe vont être énumérés; mais il sera besoin d'en sortir et d'aller dans les usines et ateliers pour y compléter la recherche des tendances actuelles de l'industrie, car nous avons pu nous procurer difficilement nos renseignements à l'Exposition même.

1° Machines élévatoires d'eau ou d'épuisement.

(Planche 114.)

Elles ont deux destinations principales : 1° sur le terrain des mines elles enlèvent les eaux accumulées au fond des galeries d'extraction, parfois à des profondeurs de 500 mètres et plus; on leur donne en particulier le nom de *machines d'épuisement* : on peut leur assimiler les pompes d'épuisement des cales de radoub dans les ports. 2° Pour l'alimentation et le service municipal des villes, elles pompent les eaux d'une rivière ou d'un puits, et elles les élèvent dans un réservoir d'où elles se répandent dans la cité. Les usines et manufactures ont aussi souvent leur machine élévatoire, et il en existe aux stations des chemins de fer, où les tenders de locomotives renouvellent leur provision d'eau pour la route.

Les machines à vapeur élévatoires ou d'épuisement atteignent souvent dans les mines et les grandes villes des puissances de premier ordre; celles de 500 chevaux ne sont pas rares. Dans les stations de chemins de fer, la force varie de deux à dix chevaux, selon les localités et les besoins de service, sauf lorsque l'eau est éloignée ou notablement en contre-bas du réservoir situé en gare. Sur le chemin de fer de l'Est, les grandes gares ont des machines ordinaires de six chevaux; dans les petites gares de passage, elles sont de deux chevaux seulement. Quelques-unes, qui refoulent l'eau à plus de 15 mètres de haut et à plus de 500 mètres de distance, ont six chevaux, et il en existe une à Chaumont qui élève par 24 heures 300 mètres cubes à 72 mètres de hauteur sur 660 mètres de parcours.

Il va être donné, d'après l'Exposition et les ateliers, divers exemples de machines élévatoires ou d'épuisement applicables aux principaux cas; mais il sera sans doute intéressant de résumer ici les discussions animées qui ont eu lieu sur l'alimentation des villes en général, et en particulier sur celle de la ville de Paris, qui a été l'objet de si vifs débats dans le public. Les conclusions peuvent se formuler ainsi qu'il suit :

1° Un service hydraulique largement installé doit fournir en moyenne 170 litres d'eau par habitant et par 24 heures, usages domestiques et besoins généraux de la commune compris. Au-dessous de 100 litres, la pénurie commence.

2° Quand il s'agit de fournir aux besoins d'un service hydraulique de modeste importance, par exemple pour une population de 50,000 âmes, la solution la plus rationnelle est de recueillir les eaux naturelles des sources qui ne sont pas très-éloignées, si elles offrent les qualités convenables à l'alimentation, et de les amener au réservoir municipal par des canaux, aqueducs ou conduits qui ne réclament pour ainsi dire aucune surveillance, et, en tous cas, pas de ces dépenses quotidiennes propres aux machines.

3° A défaut de bonnes sources voisines, on recourt aux rivières à proximité, dont on élève les eaux, d'abord par des machines hydrauliques, s'il y a courant suffisant ou possibilité d'établir des chutes.

4° Comme dernière ressource, viennent les machines à vapeur, qui imposent une dépense quotidienne de combustible comme élément de la force motrice. Nous ne parlerons pas des dépenses d'entretien et de réfection, les machines hydrauliques et même les aqueducs ont les leurs.

A Metz, ville de 50,000 âmes, on a récolté sur les hauteurs, jusqu'à 14 kilomètres de distance, plusieurs sources d'eau, et elles arrivent, à l'exclusion de toute machine, par un aqueduc souterrain au magnifique réservoir municipal construit sur le point culminant de la cité; mais il a été établi une machine à vapeur de huit chevaux pour le chemin de fer qui possède à Metz même et à Montigny-lez-Metz des ateliers, dépôt et gare de premier ordre, consommant environ 180 mètres cubes d'eau par jour refoulés à 25 mètres de hauteur sur 2,100 mètres de parcours développé.

Manchester, ville d'un demi-million d'habitants, n'a de même que des eaux d'aqueduc pour tout son service municipal.

A Lyon, une triple machine à vapeur, système du Cornwall, à cataracte, est établie sur la rive du Rhône, en amont de la ville. Après avoir traversé un bassin de filtrage, les eaux sont refoulées dans plusieurs réservoirs à divers niveaux, dont l'un est élevé sur un échafaudage en fer très-curieux.

A Genève, ce sont également les eaux du Rhône, à la sortie du lac, qui sont élevées, mais par des turbines hydrauliques mues par la chute formidable qui existe au débouché du lac. Pour Versailles, on a fait à Marly une gigantesque installation de roues à aubes, et la célèbre pompe à feu ne fonctionne plus. Berlin, Leipsick, Chicago, et parmi les villes moindres, Angers, Cambrai, Melun, Vichy, Nantes, Saint-Germain, etc., ont des machines à vapeur. Paris a depuis longtemps des eaux de toute provenance : des puits artésiens, les aqueducs d'Arcueil, le canal de l'Ourcq, les pompes à feu de Chaillot (renouvelées en 1853), du Gros-Caillou (détruite), de Charenton, Grenelle, Clichy, ont devancé les fameuses discussions sur la Dhuis, la Somme-Soude, la Vanne et la Loire. Enfin, depuis ces mêmes débats qui semblaient avoir fait sortir une conclusion absolue en faveur des eaux venues naturellement par canalisation, on a établi la machine à vapeur de Bercy et la machine hydraulique de Saint-Maur-sur-Marne, tant il est vrai que pour les capitales de premier ordre il ne peut y avoir de solution absolue et qu'il faut fournir les eaux par tous les moyens combinés.

C'est aussi ce qui existe à Londres. Le lecteur peut étudier dans un ouvrage de M. Spon, publié en 1867, et dans *Engineering* de l'année 1866, numéro de septembre à novembre[1], l'histoire détaillée des *water-works* de cette immense cité de 3 millions d'habitants répandus sur 130 milles carrés de surface, que traverse un grand fleuve et qui a les vastes bassins de ports qu'on connaît. Un résumé de ces *water-works* suffira ici.

La principale consommation de Londres est de 476 millions de litres par jour, dont moitié environ est fournie par une petite rivière des environs, la Lea, qui se jette à Blackwal; le reste provient de la Tamise. Ces deux rivières, dont les flots dorés chantés par les poëtes anglais répondent à une si singulière hyperbole, ont la propriété d'être très-faciles à clarifier par un filtrage même grossier; elles sont d'une bonne qualité pour l'alimentation, et autant elles sont impures dans la ville, autant elles sont limpides en amont, presque à leur entrée. Les *water-works* (usines hydrauliques) sont très-disséminés et nombreux. Ils appartiennent, paraît-il, à huit compagnies privées; la principale, la New-River C^e^, qui remonte à 1609, fournit les deux tiers de Londres. Partie des eaux vient de source par un canal long d'environ 50 kilomètres, partie par des machines élévatoires diverses au nombre de neuf.

Les machines à vapeur employées à Londres appartiennent pour ainsi dire à tous les systèmes, depuis celui dit de Cornwall, à cataracte, jusqu'au type horizontal à rotation continue, telle que la récente installation monumentale d'Abbay mills station, par Bazalgett, qui comprend huit machines de Watt, à cylindre de $1^m.35$ de diamètre sur $2^m.70$ de course, actionnant chacune deux pompes à double effet, avec 12 chaudières longues de 12 mètres, sur $2^m.40$ de

1. Voir l'analyse dans les *Annales du Génie civil*, numéro d'août 1868.

diamètre (voir l'*Engineer* de 1867). Paris a des machines à cataracte, comme Lyon, et des machines à balancier à mouvement rotatif.

En résumé, les types adoptés pour les machines élévatoires ou d'épuisement peuvent se classer ainsi qu'il suit :

1° *Machines à cataracte* dites du Cornwall (*Cornish engine*), à pompe actionnée par l'intermédiaire d'un balancier. Leurs particularités constitutives sont, d'abord, la distribution de vapeur au cylindre opérée par cames et clapets spéciaux, lesquels sont mus et réglés par le jeu d'une masse d'eau constituant la cataracte. La seconde particularité de ces systèmes est l'intermittence de l'action du piston dit à simple effet, qui n'est ordinairement pressé par la vapeur que pour élever l'eau ; des contre-poids ramènent le tout au point de départ et réciproquement. La troisième particularité est l'absence du volant régulateur, ainsi que du pendule à boules et, par suite, absence de bielle, manivelle et arbre employés dans les machines dites à rotation.

Appartiennent au système du Cornwall proprement dit beaucoup de machines d'épuisement de mines, et, parmi les pompes élévatoires de villes, celles de Chaillot-Paris, Saint-Clair-Lyon, Horschey-Londres. Les deux premières sont décrites en détail, avec plans, dans des publications spéciales. La machine d'Horschey possède un cylindre de 1m.10 de diamètre sur 2m.74 de course ; la pompe élévatoire a un plongeur de 0m.38 sur 2m.74 de course. L'eau qu'il envoie est reçue dans un immense bassin filtreur. (Voir l'ouvrage de M. Spon, sur les eaux de Londres.)

La figure 1 de la planche 114 représente une machine d'épuisement de mines, construite par Harvey : c'est le système réduit à sa plus simple expression. A l'extrémité du balancier opposée à celle que la tige de piston actionne pend la longue bielle en bois armée de fer qui va actionner la pompe élévatoire jusqu'au fond du puits. Quand celui-ci est très-profond et que la bielle a, par suite, un poids considérable, elle est équilibrée par un balancier à contre-poids placé à un point quelconque de la hauteur du puits ; il y a même parfois plusieurs batteries de pompe, réservoirs à déversage, bielle et balancier d'équilibre étagés à diverses hauteurs. On remarque sur la figure qu'une forte muraille élevée au droit de l'orifice du puits porte le balancier. En arrière, le cylindre et le distributeur à clapets sont abrités dans une chambre ; en avant et au dehors, sont le condenseur, sa pompe, plus la pompe alimentaire ensemble dans une bâche, ainsi que la grande bielle. En résumé, ce qui particularise la machine d'épuisement de mines est que le moteur, très-éloigné des pompes, est placé au débouché des eaux. La machine élévatoire proprement dite des villes est au contraire, en général, placée presqu'à l'origine de la prise, et elle est suivie d'un long conduit de refoulement, la pompe et son moteur étant sous la même main.

2° *Machines à cataracte* actionnant directement la pompe par le prolongement de la tige du piston sans balancier proprement dit. Ce type, très en faveur en Belgique et en France pour les mines, est aussi celui qui a été adopté pour la machine élévatoire de la ville de Leipsick, en Saxe, qui vient d'être construite sur les plans des ingénieurs anglais Grissel et Thomas, aux ateliers de la Compagnie des constructions maritimes de Hambourg et Magdebourg : c'est celle que représente la figure 4, planche 114.

Le programme était de fournir par tête et par jour, en tout 7924 mètres cubes à 34m.50 de hauteur, dans un réservoir de 4556 mètres cubes, par un tube de 0m.46. On devait prendre l'eau d'une source voisine désignée, par un puits de

12 mètres. Le marché devait comprendre toutes les installations, y compris le parc à combustible et les habitations des gens de service; le tout a coûté 2,750,000 francs. Il a été établi deux machines semblables, mais distinctes, dont une seule travaille : elle est à simple effet, à traction directe, cylindre renversé, enveloppé d'une chemise de fonte avec vapeur entre deux, le tout recouvert d'une seconde enveloppe en bois poli. Deux cataractes sont installées : l'une pour la soupape d'entrée, l'autre pour la soupape d'émission. Le balancier qui actionne la pompe à air du condenseur et la tringle des clapets est en fer. Chaque machine a une pompe élévatoire en dessous, dans le puits, avec un énorme réservoir d'air dans un appenti voisin. La vapeur est fournie par les chaudières à double galerie dite du Lancashire. La fumée s'écoule dans un carneau annulaire et transversal, en tôle, qui sert de chauffeur d'eau alimentaire. Toute cette installation est en contre-bas du cylindre. Suivent les principales dimensions :

Cylindre, $1^{m}.22$ sur $2^{m}.44$ de course; pompe élévatoire, $0^{m}.532$ sur pareille course de $2^{m}.44$; pompe à air du condenseur, $0^{m}.610$ sur $1^{m}.06$ de course. Les chaudières placées dans un bâtiment attenant à celui des machines ont $9^{m}.72$ de long sur 2.13 de diamètre. Chacun des deux tubes intérieurs a $0^{m}.812$ de diamètre, d'où la grille a pareillement $0^{m}.812$ de large sur $1^{m}.82$ de long. On peut voir la description détaillée avec dessin dans l'*Engineering* de 1868, t. II, page 56, notamment pour ce qui regarde la pompe élévatoire.

Pour l'épuisement des mines, le même type a reçu de nombreuses applications en Belgique, dans le nord et le centre de la France et en Angleterre. On peut voir, dans l'*Engineer* du 12 octobre 1866, la machine de 250 chevaux, d'Harvey. Elle est pour ainsi à quatre étages : au sommet est le cylindre à vapeur, à la naissance du puits; au-dessous, le condenseur et sa pompe à air ensemble dans une bâche d'eau froide; plus bas est le balancier équilibrant la grande bielle qui pend, dans le puits, de la tige du piston et qui manœuvre la tringle motrice des clapets de distribution; enfin, au fond du puits est la pompe élévatoire des eaux accumulées dans la mine et qui sont refoulées au dehors dans le conduit *ad hoc*.

Un spécimen analogue est donné dans les fascicules 21 et 22, planche 119 des *Études sur l'Exposition*, article de M. Soulié, sur les mines : c'est la machine de Fiennes (Pas-de-Calais) construite par M. Quillac; les dessins étaient au palais du Champ de Mars. Elle est une des plus considérables qui existent; sa force est estimée 620 chevaux, avec quatre cylindrées seulement par minute. Le cylindre à vapeur a $2^{m}.60$ de diamètre et 4 mètres de course; la pompe élévatoire a 0.60 de diamètre sur pareille course de 4 mètres; la pompe à air du condenseur a $0^{m}.90$ de diamètre sur 2 mètres de course.

Le même constructeur a fourni un appareil analogue pour les mines d'Elswich, en Angleterre, mais moins puissant. Pour une force nominale de 100 chevaux, le cylindre moteur a $1^{m}.02$ de diamètre sur 2.44 de course, donnant 6 cylindrées par minute, sous 6 atmosphères de pression.

3° *Machines à cataracte mixtes*. Une solution intermédiaire, quant à la position des pompes élévatoires, nous est offerte dans la fig. 2, pl. 114, qui représente l'appareil récent de *Brookling water-works*, en Amérique, l'un des plus considérables qui existent. C'est essentiellement une machine de luxe ornée d'un style gothique comme les villes se les permettent, sauf à multiplier les frais de nettoyage. Le système Hubert, en France, offre avec elle de l'analogie, au moins par l'agencement général des deux pompes. Le programme imposé et réalisé de la machine de Brookling est celui-ci : élever 600,000 litres d'eau à 1 pied de hauteur par livre de charbon brûlé et 36 millions de litres en 16 heures au réservoir situé à 50 mètres en contre-haut. Le cylindre à vapeur a $2^{m}.27$ de diamètre sur $3^{m}.12$ de course; le condenseur a une capacité égale au tiers de celle du cylindre; les pompes élévatoires ont $1^{m}.06$ de diamètre, sur $3^{m}.12$ de course; l'appareil donne 10 coups par minute; le balancier, découpé à jour et probablement fretté en fer, suivant la mode américaine, a 11 mètres de long, $2^{m}.20$ de hauteur au milieu. La machine est accompagnée de trois générateurs cylindriques avec galeries en retour; elles ont $9^{m}.12$ de long sur $2^{m}.44$ de diamètre.

4° *Machines de Watt.* Ce type, bien connu, appliqué comme machine élévatoire, ne diffère de celui qui est devenu classique dans les usines que par l'addition de la pompe, laquelle est mue directement par le balancier et placée sous lui, sur le bâti, en un point quelconque. Nous prendrons pour exemple la machine des *Stoknewington water-works*, regardée comme une des plus belles installations de Londres. Il existe cinq bassins filtrants à sable marin, dont le lit, épais de $1^{m}.22$, est lavé chaque six semaines en hiver et chaque trois semaines en été. Six machines à balanciers d'une force collective de 1000 chevaux nominaux sont accouplées deux à deux, par paire, aux extrémités d'un même arbre portant le volant. Dix-huit chaudières fumivores fournissent la vapeur; on y prévient l'incrustation par des bûches de chêne. Cette gigantesque installation est complétée par un atelier de réparation, dont les machines-outils sont actionnées par une turbine que meut la chute des eaux de condensation. Des six machines, quatre appartiennent au système de Woolf et sont fournies par Simpson; les deux autres, nommées le *lion* et la *lionne*, sortent des ateliers de Watt, à Soho : ce sont celles décrites ici et auxquelles se rapporte la figure 3 de la planche 114.

Deux machines jumelles sont accouplées aux deux bouts d'un arbre de couche commun qui porte le volant également commun. Chaque machine actionne une pompe élévatoire placée sous le balancier, un peu en arrière du point extrême où s'attache la grande bielle motrice de l'arbre à volant. La distributton de la vapeur au cylindre se fait par cames et clapets donnant une introduction durant deux septièmes de la course du piston. Le cylindre à vapeur est pourvu d'une chemise-enveloppe; le rendement utile a été trouvé de 83 p. 100. On remarquera les bielles de pompe et du volant, dont le corps accoutumé est renforcé par un groupe de tiges accessoires à la manière des poutres dites armées.

A Chicago a été établie une nouvelle pompe élévatoire appartenant au type de Watt, mais différente de la précédente, en ce que la pompe est sous le cylindre à vapeur et actionnée par sa tige prolongée, comme dans les systèmes directs n° 3 ci-dessus. L'appareil sort de l'atelier des forges de Quinster, à New-York. Deux machines jumelles sont installées côte à côte, avec allée séparative, dans un bâtiment dont la forme en rotonde est inusitée. Suivent les principales dimensions : cylindre, $1^{m}.10$ de diamètre sur $2^{m}.43$ de course; pompe élévatoire, $0^{m}.70$ sur pareille course de 2^{m} 43; tige de piston, $0^{m}.120$ de diamètre; diamètre de l'arbre, 0.304; volant commun en fonte ayant $7^{m}.30$ de diamètre, avec huit bras en fer rond, attaché sur tourteau central de $1^{m}.52$; balancier en fonte de $5^{m}.47$ de long sur 1.22 de hauteur; son axe est porté sur un entablement à quatre colonnes d'ordre toscan qui ont $4^{m}.60$ de haut sur un diamètre de $0^{m}.3300,46$; condenseur cylindrique en fonte ayant $1^{m}.22$ de diamètre et $2^{m}.45$ de haut; pompe à air, 0.78 de diamètre sur 1.60 de course; générateur d'un type multitubulaire spécial ayant 10 mètres de long sur 3.04 de diamètre, 165 mètres carrés de surface de chauffe, $6^{mq}.44$ de grille et travaille sous 3 1/2 atmosphères de pression effective. Cette installation a pour but d'élever 18 millions de gallons à 37 mètres en 24 heures.

5° *Machines de Woolf.* Ce système est bien connu et caractérisé par la détente de la vapeur successivement dans deux cylindres, en vue de la plus grande économie possible du combustible. Il est analogue au précédent système de Watt, en ce qui concerne l'actionnement des pompes élévatoires. Le troisième groupe des machines du *Stoknewington water-works* appartient au système de Woolf et a été construit par Simpson. (Voir le *Mechanical Engineer* de 1862.) Les cylindres à vapeur ont, savoir : le petit, 0m.70 de diamètre et 1m.685 de course; le grand, 1m.18 de diamètre et 2m.43 de course. La pompe élévatoire a un plongeur de 0m.50 sur 1m.80 de course ; l'introduction de vapeur est 0m.25 de la course du petit cylindre. Les dispositions de la marche sont les mêmes que celle de Watt qui précède, moins les bielles armées.

La machine municipale de Farcot, installée à Ivry-Paris, appartient aussi au système de Woolf. Les plans qui ont figuré à l'Exposition de 1867 sont aujourd'hui au Conservatoire des arts et métiers.

A l'Exposition, la machine élévatoire du service des eaux, établie par Scott sur la berge de la Seine, appartenait aussi au système Woolf. Deux machines jumelles actionnaient chacune une paire de pompes à gros plongeur à simple effet, qui, étant à égale distance du balancier, se faisaient équilibre. Une colonne portait le balancier, comme dans la machine de Powel et de Sigl. Chaque machine de Scott avait la force de 25 chevaux nominaux donnant 75 chevaux effectifs de 75 kilogrammètres pour 25 tours de volant par minute. Les cylindres avaient, savoir : le petit, 0m.324, et le grand, 0m.642 de diamètre sur 1m.50 de course; les pompes élévatoires avaient 0m.460 de diamètre sur 0.435 de course.

6° *Machines horizontales directes.* Ce type, très en faveur, est caractérisé par la présence, sur un même bâti, du cylindre à vapeur et de la pompe élévatoire, placés l'un en prolongement de l'autre, ayant une tige de piston commune qui relie les deux pistons. Un volant régulateur, plus les arbre, manivelle et bielle qui l'actionnent complètent généralement l'appareil. Plusieurs des *water-works* de Londres ont des machines de ce système, en général construites par Harvey. La figure 8 représente celle de Crayford, dont voici les dimensions fondamentales : cylindre à vapeur, 0m.60 de diamètre sur 1.22 de course; pompe à air simple effet du condenseur et verticale 0.150 de diamètre sur 0.48 de course; volant, 3.04 de diamètre et poids, 3 tonnes; diamètre d'arbre, 0.15; condenseur à surface, dans une citerne, composé de 100 tubes ayant 0.05 de diamètre; pompe élévatoire horizontale, 0.406 de diamètre sur 1.22 de course; hauteur de colonne d'eau, 91 mètres. La machine est desservie par deux chaudières cylindriques de 9m.220 sur 1.83 de diamètre.

7° *Machines horizontales à engrenage.* La figure 7 représente un spécimen de ce type très-répandu pour les petites villes et les grands chemins de fer. La machine à vapeur proprement dite actionne un pignon qui, lui-même, meut par l'intermédiaire d'une roue à alluchons de bois un arbre coudé en manivelle, qui commande la pompe élévatoire verticale placée dans le puits sous la machine. Voici les dimensions fondamentales d'un appareil fort de 4 chevaux construit par M. Dyckoff, de Bar-le-Duc, en usage sur le chemin de fer de l'Est : cylindre à vapeur, 0m.220 de diamètre sur 0.440 de course; 5 atmosphères de pression initiale; introduction de vapeur durant un tiers de la course; 45 tours par minute; diamètre du volant, 2m.66; pignon en fonte à 26 dents et 0.330 de diamètre; roue à 78 alluchons de cormier, 0.990 de diamètre; manivelle de pompe, 0.250; pompe élévatoire d'eau, 0.205 de diamètre sur 0.500 de course. La pompe alimentaire de la chaudière est accolée au cylindre; elle est actionnée directement par la traverse guidée de la tige du piston et elle aspire l'eau dans un bac situé auprès du bâti de la machine. La chaudière est composée d'un corps principal avec un bouilleur unique inférieur.

8° *Machine pilon à engrenage.* Ce système, où le cylindre renversé est élevé sur un bâti à colonnes, à l'imitation du marteau-pilon, est tellement en faveur dans l'industrie qu'il ne pouvait manquer d'entrer dans la classe des machines élévatoires. La figure 6 représente l'appareil qui a été projeté par Wilkins pour le service hydraulique municipal de Norwich, en vue d'élever 11,400 litres d'eau par minute par un tube de 0m.45 de diamètre sur 2,500 mètres de long, s'élevant par inclinaison à 44 mètres de hauteur. A ce projet fut préféré celui de trois machines à balancier proposé par Clayton, mais la machine Wilkins a reçu son application, paraît-il, dans l'industrie privée et son système a rencontré parmi les ingénieurs anglais beaucoup de sympathie. Deux machines distinctes sont installées dans le même bâtiment; les engrenages actionnant les pompes sont dans le rapport de 1 à 3; le cylindre à vapeur a 0m.609 de diamètre et 1m.06 de course; ils n'ont pas de chemise de vapeur; les colonnes du bâti ont 0m.304 de diamètre, elles sont creuses et reçoivent la vapeur d'échappement; un tuyau qui les traverse contient l'eau alimentaire qui est chauffée à son passage; au pied des colonnes est le condenseur avec pompe à air à simple effet. La tige de piston est guidée non par des glissières, mais par un parallélogramme; la distribution est à tiroir avec autre tiroir superposé pour la détente. Sur chaque machine deux pompes ont une course commune de 0m.914 et elles donnent 15 coups, la machine en donnant 45.

Les deux machines sont desservies par deux chaudières à galeries intérieures, du Cornwal, ayant 6 mètres de long sur 1m.90 de diamètre, fonctionnant sous 4 atmosphères effectives de pression.

9° *Machine verticale directe.* La fig. 5 représente un spécimen de ce type construit par MM. Lebrun et Levêque, à Creil, et installé à Vichy, Melun, Cambrai, etc., pour l'alimentation du réservoir municipal. L'appareil est à haute pression, détente variable par le pendule modérateur et à condensation. Il est agencé pour ainsi dire à deux étages : en haut, à fleur de sol, est la machine à vapeur proprement dite. Une paire de montants à colonne élevés sur la plaque de fondation portent l'arbre du volant. D'un côté est le cylindre à vapeur actionnant ledit arbre, de l'autre est la pompe à air, dans le corps même du condenseur; elle est mue par une manivelle calée à l'autre bout du même arbre. Les tiges du piston à vapeur et du piston de la pompe à air traversent le fond de leur cylindre respectif et descendent dans le sous-sol ou étage inférieur de l'appareil, actionnant directement deux pompes élévatoires à simple effet, qui ont en commun le tuyau de prise d'eau et le tuyau de refoulement. Suivent les principales dimensions : force nominale, 16 chevaux; piston à vapeur, 0m.45 de diamètre sur 0m.50 de course; pression de vapeur, 4 atmosphères, introduction durant deux cinquièmes de la course; capacité de pompe élévatoire, 25 litres, qui, à Vichy, sont refoulés à 23 mètres de hauteur sur 600 mètres de parcours.

On peut ajouter à ce type un spécimen de petite pompe élévatoire de la force de 2 chevaux, dont on fait usage dans les petites stations du chemin de fer de l'Est. Qu'on se représente la machine précédente réduite à son seul étage supérieur, la pompe à air avec le condenseur étant supprimés et remplacés par la pompe élévatoire. Suivent les principales dimensions : piston à vapeur, 0m.16 de diamètre sur 0m.458 de course; pompe élévatoire, 0m.100 de diamètre sur pareille course; 70 tours par minute; 6 atmosphères de pression; longueur de bielle, 0m.58; diamètre du volant, 1m.50; diamètre de l'arbre, 0m.091; table de fondation, $1^m.46$ sur 0.95; hauteur des montants, $1^m.34$. La chaudière accompagnant la machine est un simple corps cylindrique surmonté d'un dôme réservoir et enfermé dans un fourneau de brique, à un seul conduit de flamme, avec cheminée de tôle sur socle de brique et pierre.

II. — Souffleries.

(Planche 149.)

Les pompes à air ou machines soufflantes qui accompagnent les hauts fourneaux dans les forges appartiennent en premier ordre à la grosse mécanique, plus robuste que délicate. Ce qui caractérise essentiellement ces appareils est l'addition à la machine à vapeur proprement dite d'un gros cylindre soufflant qui aspire puis refoule l'air dans le fourneau par des conduits. L'ensemble du système a été très-varié. On peut d'abord former deux classes principales, savoir : 1° soufflerie à ample et lente marche, où les clapets à air et cylindre soufflant s'ouvrent et se ferment d'eux-mêmes par la pression de l'air; 2° soufflerie dite à grande vitesse, qui donne de 40 à 60 coups de piston à la minute, tandis que les autres donnent de 12 à 20, et dont les passages d'air au cylindre soufflant sont fermés par des tiroirs glissants que meut la machine. Ce dernier système, dit de Thomas et Laurens, est représenté dans l'industrie par des spécimens importants. Les forges du Creusot ont depuis quinze ans une triple soufflerie à grande vitesse et à tiroirs, dont l'agencement général rappelle celui des machines marines horizontales. L'autre système est plus généralement adopté. La planche 149 résume les principales dispositions connues. On peut les distinguer en trois classes : souffleries à balancier (fig, 1 à 3), souffleries verticales directes (fig. 4 à 7) et souffleries horizontales directes. On pourrait y ajouter une quatrième classe de machines, où les cylindres soufflants sont mus par des machines horizontales. Telles étaient les célèbres machines du chemin de fer atmosphérique qui ont été démontées et servent aujourd'hui dans diverses forges comme machines soufflantes par la modification des clapets à air. Elles ont été décrites dans tous les recueils descriptifs du temps.

A la seconde classe appartient la magistrale machine soufflante de Cokerill, qui a été un des objets importants de l'exposition belge en 1867; la description avec planches en est donnée dans les *Annales du Génie civil*, numéro de février 1868, et il suffira de rappeler ses dispositions fondamentales assez analogues à celle de la fig. 4, pl. 149. Le cylindre soufflant est en l'air sur un entablement de fonte portée par quatre colonnes d'ordre gothique; en bas et dans le même axe est la machine à vapeur proprement dite. Elle a deux cylindres accolés pour détendre, suivant le principe de Woolf; un T, ou pièce transversale, guidé entre deux paires de glissières, réunit les deux tiges de piston à vapeur et la tige du piston soufflant: les extrémités du T portent les bielles latérales et pendantes qui actionnent le volant placé en bas à fleur de sol sous les cylindres à vapeur. Les pompes du condenseur et de l'alimentation des chaudières sont sur le côté dans le sol, comme dans la figure 4, mais actionnées par un petit balancier spécial du premier genre, ayant son tourillon sur les colonnes; des plates-formes à rampe à la hauteur des cylindres à vapeur et de la base du cylindre soufflant, avec des escaliers commodes, complétaient l'aspect monumental de la soufflerie Cokerill, en permettant au mécanicien de lui donner en service tous les soins voulus. On annonçait à l'Exposition que cette soufflerie est la vingt-cinquième du même type, construite aux ateliers de Seraing, et qu'elle jouit d'une grande faveur en Belgique.

Arrivons aux types de la planche 149.

Le numéro 1 est la soufflerie à balancier réduite à sa plus simple expression, telle qu'on ne la retrouve plus que dans les anciennes forges. Le cylindre soufflant est à un bout du balancier, le cylindre à vapeur est à l'autre bout; un massif en maçonnerie porte l'axe du balancier. Il n'y a ni appareil condenseur, ni volant régularisateur; une simple tige descend du balancier pour actionner les clapets de distribution, suivant le système à déclic et à cataracte dit du Cornouailles: mais le même système de soufflerie se rencontre avec addition d'appareils condenseurs et d'un volant dont la bielle, qui l'actionne, est attachée soit sur un point intermédiaire du balancier entre son tourillon d'oscillation et l'une ou l'autre extrémité, soit sur un appendice prolongeant le volant en arrière de l'un ou l'autre cylindre, comme dans la grande soufflerie monumentale de Lilleshale, qui était à l'Exposition de Londres.

Le numéro 3 diffère du précédent par la position du cylindre soufflant descendu en fosse, le volant actionnant à l'ordinaire par le bout du balancier et par l'entablement à colonnes qui porte l'axe d'oscillation de celui-ci.

Le numéro 2 est déjà un premier exemple de soufflerie mue directement par la vapeur, mais avec addition du balancier usuel pour mouvoir la pompe du condenseur et le volant. Les deux cylindres sont verticalement en prolongement l'un de l'autre, celui de la soufflerie étant en fosse immédiatement sous le cylindre à vapeur et la tige étant commune aux deux pistons. Ce type, qui a sa raison d'être pour sa stabilité et sa facilité d'assise, même sur le terrain meuble des forges établi sur le sol défoncé des houillères, a deux graves inconvénients. Le balancier sert, en somme, à peu de chose, et la tige rentrant dans le cylindre à vapeur, après avoir été rafraîchie chaque fois dans le cylindre à air, condense la vapeur à chaque cylindrée.

Le numéro 4, qui, nous l'avons dit, rappelle les dispositions de la soufflerie exposée en 1867 par l'usine Cokerill, peut être considéré comme un des types les plus complets et les plus perfectionnés. Il est pour ainsi dire à trois étages : au sommet est le cylindre soufflant; tout en bas sont le volant et les appareils condenseurs; à l'étage intermédiaire correspondant au sol est la machine à vapeur proprement dite.

Le numéro 5 est le précédent renversé, le cylindre soufflant étant en bas et le cylindre à vapeur au sommet. Les colonnes relient directement les deux cylin-lindres; la machine n'occupe plus que deux étages. A fleur de sol sont le volant, les appareils condenseurs et la base du cylindre soufflant. Ce type est un des plus rationnels et des plus simples.

Le numéro 6 est une variante du numéro 4, avec un entretoisement plus simple par les glissières elles-mêmes qui guident la tige du piston, et avec un singulier agencement de levier pour mouvoir les pompe, volant et tige du déclic de la distribution.

Le numéro 7 est la quadruple soufflerie du Creusot qui donne le vent à un groupe de six nouveaux fourneaux et est estimée puissante de 1200 chevaux vapeur. Elle était en dessin avec quelque réduction à l'Exposition de 1867. Elle occupe les trois étages d'un très-vaste bâtiment : en bas est la soufflerie; à l'étage moyen correspondant au sol sont les volants sur un entablement à colonnes; c'est assurément l'installation la plus imposante qu'on connaisse en ce genre. Suivent les principales dimensions : cylindre soufflant, $2^{m}.75$ de diamètre et 2 mètres de course; cylindre à vapeur, $1^{m}.20$ de diamètre et 2 mètre de course; pression initiale de la vapeur, 5 atmosphères, introduction pendant le quart de la course; 15 révolutions de volant par minute; distribution par course et soupapes équilibrées; poids du volant 40 tonnes. Ces quatre machines sont desservies par 8 groupes de générateurs chauffés par les gaz des fourneaux. Dans chaque groupe il y a 3 chaudières cylindriques ayant 12 mètres de longueur sur $1^m.50$ de diamètre, avec un bouilleur inférieur ayant $11^m.50$ de long sur $0^m.80$ de diamètre. La surface totale de chauffe est 1,153 mètres. La cheminée, véritable monument en brique et pierre de taille, a 80 mètres de haut sur $3^m.10$ de diamètre à la base de la partie conique qui s'élève au-dessus du socle rectangulaire.

Le numéro 8 est un spécimen des souffleries horizontales directes qui sont très-fréquentes dans nos forges françaises, ainsi qu'en Angleterre, et, paraît-il, en Amérique. La figure représente le *système Parrot* construit à Westpoint Foundry à New-York. Il est à peu près analogue aux souffleries de Cail qu'on voit dans le nord et le centre de la France. Le cylindre à vapeur et le cylindre soufflant sont sous le même cadre en fonte en prolongement l'un de l'autre, les tiges, bien que dans le même axe, étant distinctes et séparément clavetées sur la même traverse en T, dont les extrémités au dehors des glissières de guide commandent 2 pompes à plongeur alimentant la chaudière, et une paire de bielles latérales qui actionnent les volants régularisateurs. La distribution de vapeur se fait par les clapets réunis sur le dessus du cylindre, 2 pour l'admission et 2 pour l'émission. Ils sont actionnés par la bascule d'un levier-came mis en mouvement par un excentrique ordinaire calé sur l'arbre des volants. Les clapets du cylindre à air sont ménagés dans les couvercles du cylindre, et le conduit de réception d'air est au-dessus. Ces clapets sont des bandes de toiles caoutchoutées, élastiques par elles-mêmes et posant sur des plates-formes trouées comme dans les anciennes souffleries bien connues de Cavé.

Voici les principales dimensions de la machine Parrot : diamètre du cylindre à vapeur $0^m.96$; diamètre du cylindre à air $2^m.15$; diamètre du plongeur de pompe alimentaire $0^m.077$; course commune $2^m.30$; diamètre du tuyau à air $0^m,607$; diamètre des volants $7^m.30$; bielles, longueur $6^m.87$; diamètre au milieu $0^m.120$; aux bouts $0^m.05$; patins des glissiers $0^m.310$ sur $0^m.180$.

Nous aurions encore à examiner les machines obliques et les machines des petits ateliers. Comme c'est surtout en dehors de l'Exposition que nous les avons étudiées, nous les réservons pour un article spécial qui sera publié dans les *Annales du Génie civil*.

Jules Gaudry.

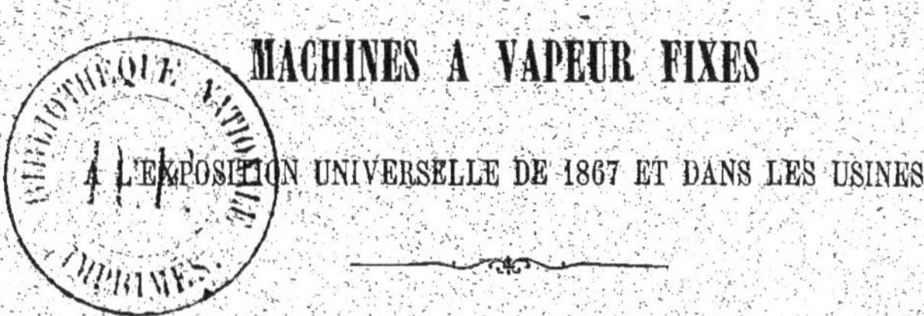

MACHINES A VAPEUR FIXES

A L'EXPOSITION UNIVERSELLE DE 1867 ET DANS LES USINES

Dans le dernier volume, fascicule 38, des *Études sur l'Exposition universelle de* 1867, nous avons commencé à étudier les machines à vapeur dites fixes, établies à demeure dans les usines, et que les Anglais appellent *Stationary engines.* Complétant ainsi les longs développements que nous avions consacrés aux locomotives de chemins de fer (fascicule 1er du 1er volume) ainsi qu'aux locomobiles (fascicule 6e du 3e volume), nous avons présenté l'étude d'ensemble des machines à vapeur, en nous attachant spécialement à constater les tendances actuelles de l'industrie. Aussi, ne nous sommes-nous pas borné à relater les machines exhibées au Champ-de-Mars et nous y avons ajouté les types recueillis dans les usines et ateliers qui représentaient le mieux ces tendances.

Nous venons aujourd'hui donner un complément à ce travail en continuant purement et simplement l'article précité qui a déjà paru.

Nous avons d'abord pris la machine à vapeur pièce par pièce et relaté les particularités qui se concluent d'une étude d'ensemble des systèmes.

Nous avons ensuite étudié les machines à vapeur au point de vue de leur classement ou de leur spécialité de destination dans les usines, et nous les avons divisées comme il suit :

1° Machines ou pompes élévatoires d'eau pour les villes, ateliers, chemins de fer et les mines ;

2° Souffleries ou pompes à air dans les forges et autres ;

3° Montes-charge et machines d'extraction de mine ;

4° Moteurs d'usines pour travail brutal et grossier, la machine de forge en sera le type ;

5° Moteurs de précision, dits spécialement machines de manufactures, telles que filature, tissage.

6° Machines demi-fixes des petits ateliers.

Nous nous sommes occupé des deux premières classes, savoir : les pompes élévatoires et les souffleries. Nous continuons notre sujet où nous l'avons laissé, c'est-à-dire à la classe troisième, des monte-charges.

Comme dans nos études précédentes, nous joindrons à la description, des figures, qui sont non des plans rigoureux, mais plutôt des croquis démonstratifs suffisants au moins pour les explications et l'ensemble du système avec ses particularités principales ; la nécessité de ne pas multiplier les planches outre mesure (nous allons en avoir six), nous a forcé de varier les échelles et la vue de la machine, nous préoccupant avant tout de montrer ce qu'il y a de plus saillant. Ceux de nos lecteurs qui savent combien notre tâche a dû être difficile, soit pour recueillir ces renseignements et soit pour les reproduire en nous réduisant aux exigences de la publication, ne s'étonneront pas du défaut d'uniformité qui existe dans nos planches.

III. MACHINES MONTE-CHARGES.

PLANCHE XXVII.

Ce qui distingue essentiellement les machines employées, soit pour élever des fardeaux dans les docks, entrepôts ou manufactures, soit dans les mines pour l'extraction, est qu'elles ont la faculté de pouvoir immédiatement renverser la marche pour faire monter ou descendre à volonté la charge. Elles sont en outre munies d'un frein pour *stoper* aussi subitement que possible. L'exposition a offert plusieurs machines monte-charges d'une grande importance, surtout pour l'extraction dans les mines.

On remarque principalement, dans les machines d'extraction, que la puissance est devenue considérable. Elle est de 150 à 200 chevaux et elle paraît tendre à s'augmenter encore. La vitesse d'ascension imprimée va jusqu'à 4 mètres et au-delà par seconde, elle atteindrait même 7 mètres dans des mines anglaises. Enfin, sur presque tous les types de l'exposition, un frein agissant sur le volant pour arrêter presqu'instantanément les bobines est mu par un cylindre à vapeur spécial.

Une dernière remarque à faire, est que presque toutes les machines monte-charges sont à moyenne pression (3 atmosphères dans la chaudière) et sans condensation.

On remarquera également l'absence de pendule modérateur et d'appareil condenseur, les robustes organes du mouvement, la distribution par clapets et le changement de marche par coulisse.

Tout type de machine à vapeur, muni d'un renversement de marche et d'un frein agissant sur la jante d'un volant non trop puissant, peut s'appliquer comme monte-charge. Les machines de Watt et de Woolf, dont nous avons déjà parlé, peuvent être adaptées à ce service. Il y en a des exemples nombreux parmi lesquels on citera l'appareil d'extraction des houillères de Sarrebruck en Prusse, très-belle installation de première puissance et de date assez récente.

Mais en général, les machines à bielles directes, verticales ou horizontales paraissent préférées en ce moment; suivent quelques exemples.

1° *Dorzée, à Boussu* (*Belgique*) (fig. 1, vue en élévation de face et de profil). — Double machine, directe, verticale à cylindres renversés en haut d'un entablement rectangulaire, pression de 3 atmosphères effectives, sans condensation; force nominale, 200 chevaux collectifs; piston de $0^m,90$ sur $1^m,75$ de course donnant 26 tours par minute. Solide et magistrale installation sur 3 mètres de large et 11 mètres de hauteur; accès facile de toutes les parties entièrement à découvert. Frein à vapeur agissant directement sur la bobine-volant qui enroule le câble plat. On vient de dire qu'il n'y a pas de condensation; mais la vapeur se décharge par un long tube aboutissant dans une bâche d'eau fermée où aspire la pompe alimentaire du générateur.

Cette machine, l'un des beaux ouvrages de l'Exposition de 1867, a été exécutée d'après les plans de M. l'ingénieur des mines Andry.

2° *Société des forges de Chatelineau (Belgique)*. — Machine verticale double. Même disposition générale que celle de Dorzée ; mais originale par les deux tours coniques à jour, en haut desquelles sont placés les cylindres renversés. Il y a parallèlement un frein à vapeur agissant sur le volant, mais celui-ci est distinct des 2 bobines d'enroulement placées de part et d'autre.

La machine qui était à l'exposition de 1867 avait à peu près la puissance de 200 chevaux comme celle de Dorzée, il paraît qu'elle est assez répandue sur les houillères belges.

3° *Quillac, à Anzin* (fig. 2, vue en élévation, de face et de profil).—Machine verticale à cylindres en bas. A la différence des précédentes, les cylindres à vapeur s'appuient sur le sol, ce sont le volant et les bobines d'enroulement du câble plat qui sont élevés sur l'entablement à colonne d'un caractère monumental.

La distribution de vapeur aux cylindres se fait par 4 soupapes différentes pour l'entrée et la sortie. Le changement de marche est à levier et à coulisse suivant le type des locomotives de chemin de fer. Le frein à vapeur consiste en un levier presse-sabot que meut comme précédemment un petit piston à vapeur. Suivent les principales dimensions : force nominale, 200 chevaux avec 60 tours de volant par minute et sous pression initiale de 3 1/2 atmosphères ; diamètre de cylindre, $0^m,80$; course, $1^m,35$; diamètre de l'arbre moteur, $0^m,30$ au corps et $0^m,26$ au collet ; diamètre du cylindre du frein, $0^m,40$; diamètre du volant-frein, $3^m,30$; diamètre des bobines à câble plat, $1^m,80$. Cette machine de M. Quillac, la huitième du même type, a été montée pour l'extraction de 20 hectolitres ensemble d'un puits de 420 mètres en 100 secondes. Ce constructeur annonçait qu'il en avait été fourni plusieurs également en Espagne, en Angleterre et en Belgique, concurremment avec des machines horizontales, l'une de ces dernières a paru aux expositions précédentes.

4° *Handyside et Cie Britania Works, à Derby (Angleterre)* (fig. 3, élévation). — Double machine horizontale des mines de Moira, opérant en 40 secondes l'extraction de 200 kilog. de houille d'un puits de 300 mètres au moyen d'un câble rond. — Les machines à haute pression à détente, sans condensation, actionnent par des manivelles à angle droit le même arbre portant la bobine, laquelle est divisée en deux par un volant sur la jante duquel agit un frein à vapeur.

Sur chaque machine, la distribution se fait par 4 clapets, aux 4 angles du plan horizontal passant par l'axe du cylindre ; les leviers de ces clapets sont actionnés par double excentrique, coulisse et levier ; changement de marche comme dans les locomotives ; base de la machine formée par une simple table de fonte posant sur socle en pierre ; quadruple glissière en fonte.

La disposition du frein à vapeur avec son cylindre vertical, le collier pressant le demi-cercle inférieur du volant, le tout placé dans la fosse en contrebas des cylindres est suffisamment indiqué sur la figure. Suivent les principales dimensions : force, 150 chevaux ; cylindre de $0^m,76$ sur $1^m,53$ de course ; volant de $5^m,47$ pesant 8 tonnes ; bobines du câble, $3^m,66$ de diamètre ; bielles motrices, $3^m,82$ de longueur, sur diamètre de $0^m,178$ au milieu et $0^m,127$ aux extrémités. Celles-ci avec leurs énormes proportions sont en fer.

Il paraît que ce système de machine d'extraction est très-répandu en Angleterre. On peut voir au numéro du 30 octobre 1868 de l'*Engineer*, une machine à peu près semblable à la précédente, existant aux mines de Saint-Helens.

5° *Ateliers du Creuzot.* — Machine double horizontale. — Comme dans les systèmes ci-dessus, les deux pistons conjugués à angle droit, attaquent par les extrémités l'arbre porte-bobine au moyen de bielles directes à agencement de bâtis très-simples et très-légers propres au Creuzot dans ses machines horizontales ; distribution par soupapes équilibrées très-douces à manœuvrer, avec renversement de marche à levier et coulisse. Comme dans tous les systèmes d'appareil d'extraction bien organisés, le conducteur est au centre du mécanisme, en face de l'orifice du puits, ayant tout à sa portée, et sous la main immédiate tous les leviers de manœuvre y compris celui du frein à vapeur arrêtant instantanément les bobines.

Il est à regretter que nous ne puissions même pas fournir le croquis de la machine d'extraction du Creuzot, l'une des plus remarquées à l'exposition par son fini exceptionnel. Parmi l'immense matériel des mines et forges sorti de ce gigantesque établissement, on compte, paraît-il, plus de 100 machines d'extraction généralement conformes à celle exposée.

6° *Sigl, à Vienne, à Berlin et à Neustadt* (fig. 4, élévation). — Petite machine horizontale pour toute espèce de monte-charges, système d'une extrême simplicité.

On remarquera : 1° le piston à contre-tige sortant par le couvercle d'arrière ; 2° la glissière unique inférieure ; 3° la distribution à détente variable par coulisse droite à suspension fixe et levier de relevage embrayable à crans divers ; 4° l'attache directe de la bielle motrice sur le tourteau du volant. Il n'y a pas de frein à vapeur, un sabot mu à levier, dont on ne voit que la naissance sur la figure, a paru suffire, eu égard à la puissance de l'appareil qui est de 30 chevaux.

IV. MACHINES DE FORGES.

PLANCHES XXVII ET XXVIII.

Ce qui distingue la machine de forges pour laminoir, grosses cisailles, etc., ce sont principalement ses organes robustes à l'excès, son absence complète de luxe et de pièces délicates. C'est par excellence le moteur grossier pouvant se prêter au travail le plus brutal, en affrontant la poussière, les chocs, les ébranlements, les variations brusques du travail. Les vibrations formidables qu'elle doit vaincre exigent beaucoup de masse dans les bâtis, ainsi que des volants de la plus grande puissance.

Les mouvements sont aussi simples que possible. Le renversement de marche n'y existe que dans des cas particuliers, car les engins qu'il s'agit de mouvoir, n'ont ordinairement qu'un seul sens de rotation ou d'action continue. Les variations considérables et précipitées du travail exigent en outre qu'un pendule modérateur à boules ou autrement, soit adapté, surtout à la machine des laminoirs.

On continue à distinguer dans les forges, d'une part les moteurs à lents et amples mouvements pourvus d'un agencement formidable d'engrénages de transmission ; et d'autre part, les machines qui actionnent à grande vitesse les laminoirs ou découpoirs avec peu ou point d'engrenages intermédiaires.

Quant aux formes et systèmes, on peut dire ici comme à l'article précédent, qu'on les a presque tous adaptés aux forges. Autrefois, on rencontrait principalement la machine à balancier enfermée dans un enclos de maçonnerie et laissant passer en dehors l'un des bras de ce balancier avec sa bielle pendante d'un si pittoresque effet.

Aux forges de la Providence, près Maubeuge, d'installation récente et si soignée, il y a de même des machines à balancier dignes des manufactures et sans enclos ; nous ignorons si elles donnent satisfaction au point de vue de l'entretien.

Les machines oscillantes couchées dans un plan horizontal ont eu une époque de vogue. Elles ont été généralement le moteur des forges montées par Cavé, notamment à Montataire et à Montluçon où elles continuent leur service.

Dans les forges lorraines de la colossale maison de Vendel, on adopte encore les machines oscillantes.

Mais actuellement, le type à la mode dans les forges est la machine à cylindre fixe couchée horizontalement sur son bâti : exemple les deux spécimens de Claparède et de Galloway spécialement déclarés à l'exposition de 1867, comme étant adoptés pour forges, l'un dans la section française, l'autre dans la section anglaise. A leur suite vont être décrits quelques autres types recueillis dans l'industrie et notamment une très-originale machine verticale appliquée à un laminoir.

1° *Galloway, à Manchester* (fig. 2, planche XXVIII, vue en plan). — Double machine sans condensation, à grande vitesse ; véritable mouvement de locomotive anglaise avec ses 4 paires de glissières par côté, son axe doublement coudé d'une seule pièce et sa distribution par excentriques, au milieu. Bâti creux très-robuste coulé d'un seul bloc. Au centre de l'appareil, s'élève un pendule ordinaire à boules ; aux deux extrémités de l'arbre coudé et en dehors du bâti sont les poulies-volant ; les pièces du mouvement sont fabriquées en acier Bessemer. Suivent quelques dimensions : cylindre, 0,66 sur diamètre de 0,914 de course, entre-axe des cylindres de 1^m,116 ; longueur totale de la machine, 5^m,70 ; largeur, 2^m,93 ; volant : diamètre, 2^m,60 sur jante de 0,304. A l'exposition, la machine qui actionnait divers engins sur la section anglaise passait pour avoir la force de 120 chevaux, sous trois atmosphères de pression initiale en donnant de 70 à 80 tours par minute. Quoiqu'elle n'ait pas réuni tous les suffrages, nous l'avons regardée comme une des meilleures œuvres de l'exposition en vue de sa destination. Il a été annoncé qu'un grand nombre de machines semblables avaient été construites pour forges, notamment pour la célèbre usine géante de Brown et celle de Bessemer à Scheffield.

2° *Claparède, à Saint-Denis, près Paris* (fig. 1, même planche vue en élévation). — Machine horizontale simple, à grands et amples mouvements, glissière unique dite de marine ; pendule modérateur le plus rapproché possible du cylindre, bien équilibré et mu par engrenage héliçoïde par l'intermédiaire d'un long arbre ; 100 chevaux de force ; cylindre, 0,90 de diamètre sur 2 de course ; 20 tours par minute. Cette machine robuste et exécutée simplement, comme il convient pour la forge qui l'attendait, bien loin de mériter les injures d'un compte rendu anglais qui est tombé sous nos yeux, nous a paru au contraire très-bien appropriée à son service et celui-ci est reconnu aujourd'hui très-satisfaisant.

Des machines à peu près semblables, mais plus ramassées et plus rapides, ont été établies par le même constructeur avec succès, notamment à l'appareil pour laminer les bandages de roues sans soudure à Montataire, où il a été donné à celui qui écrit ces lignes, de la suivre dans son fonctionnement et d'affirmer par lui-même sa bonne marche appropriée à sa destination.

3° *Davies, à Tipton (Angleterre)* (fig. 6 pl. XXVIII, vue de face en élévation). — Très-curieuse machine des laminoirs des forges et aciéries de Babon-Bridge, à Soho près Birmingham. — Deux machines semblables, mais distinctes, quoiqu'ayant même chaudière et même tuyauterie, sont placées en contre-bas des laminoirs dans une fosse en sous-sol, où on accède par un escalier. Chacune actionne directement à grande vitesse un train de laminoirs ; le bâti portant l'arbre à volant est en charpente posant par le bas sur la table en fonte qui sert de fondation à la machine proprement dite. Le bâti qui embrasse le cylindre est en fonte armé de tirants en fer reliés obliquement à la base. On remarquera encore les manivelles disques, les longues bielles motrices, les volants fixés directement sur l'arbre premier moteur, la distribution à tiroirs et excentriques, la détente variable automatique par le pendule à boules placé en haut au niveau des laminoirs, ainsi que les organes de manœuvre ; suivent quelques dimensions : 80 tours par minute ; introduction de vapeur durant 3/5 de la course ; pression 3 1/2 atmosphères ; diamètre du cylindre, 0,68 ; course, 0,812 ; volant de 23 tonnes et 5^{m},47 de diamètre, sur arbre de 0,38 ; tige de piston, 0^{m},10.

4° *Walker et Tannet, à Leeds (Angleterre)* (fig. 5 pl. XXVII, vue en élévation et en plan). — Cette machine de forge a, comme particularité, d'être à renversement de marche, étant destinée à actionner les forges de.... (Angleterre) où elle meut un de ces puissants laminoirs à rotation alternative qui s'appliquent à des œuvres déterminées. Deux machines jumelles conjuguées actionnent les extrémités du même arbre de couche portant le pignon qui attaque le grand engrenage. Le renversement de marche à coulisse est opéré par un ensemble de tringles et leviers mus par un piston hydraulique dit du système Ramsbotton. On remarquera aussi comme détail : 1° l'excentrique intermédiaire entre ceux qui meuvent la coulisse et qui porte celle-ci ; 2° les plateaux manivelles qui meuvent les bielles, système assez usuel en Angleterre ; 3° la contre-tige du piston guidée sur glissière unique.

Cette machine eût pu rentrer dans la classe précédente des monte-charges ; elle en a tous les caractères.

V. MACHINES DE MANUFACTURE.

La machine à vapeur qui actionne les établissements si variés pouvant rentrer dans cette classe, a deux caractères communs pour tous : 1° la machine ne tourne que dans un seul sens une fois déterminé et par conséquent elle est simplifiée par la suppression des organes de changement de marche ; 2° la machine doit avoir une stabilité, une rondeur de marche et une uniformité de vitesse spéciale qui se maintiennent malgré les variations du travail à produire. Une manufacture comprend un ensemble quelquefois très-considérable de métiers ou machines qui travaillent partiellement ou en totalité sur des produits en fabrication qui offrent une très-inégale résistance. C'est le propre du moteur qui les actionne de pouvoir se prêter à toutes ces différences dans l'effort à produire, sans s'emporter, sans ralentir sensiblement. Un puissant volant régulateur, un pendule modérateur sensible, une détente automatiquement variable, une grande masse des assises, un parfait équilibre des organes sont les moyens élémentaires en usage et dont la réunion fait de la machine de manufacture un type caractérisé.

Le système dépend avant tout des circonstances locales ; l'exposition nous a offert tous les spécimens imaginables. Ou bien l'arbre du volant peut reposer près du sol sauf à regagner l'arbre général de transmission de mouvement dans l'usine par des engrenages ou des poulies à courroies ; dans ce cas, les types usités sont assez généralement la marche horizontale, ou la machine à balancier de Watt ou de Woolf.

Ou bien on a préféré élever en l'air, sur un entablement ou des montants, l'arbre qui porte le volant. Alors on rencontre surtout la machine verticale directe, à quoi il faut ajouter la solution intermédiaire des machines inclinées dites obliques ou diagonales qui ont surtout leur utilité quand on se propose de mettre deux moteurs vis-à-vis, actionnant le même arbre ensemble ou séparément, comme aux ateliers des chemins de Lyon et d'Orléans, l'un et l'autre situés à Paris, système dont l'exposition de 1867 a eu plusieurs autres spécimens qui vont être ci-après relatés.

Aux types qui précèdent, s'ajoutent quelques exemples de machines directes renversées dites pilons pour les cas spéciaux où se rencontrent des nécessités locales de superficie ou de simplicité d'action.

Quelle que soit la disposition des organes, il est un système qui tend en ce moment à se répandre. C'est l'emploi dans le moteur de deux cylindres à vapeur d'inégale capacité pour produire la détente suivant le principe de Woolf. L'appareil classique de cet inventeur était à balancier; mais le principe de Woolf s'est rencontré réalisé avec la plupart des systèmes connus, notamment dans les machines à bielle directe ; l'exposition de 1867 en a offert plusieurs.

Pour la distribution de la force motrice dans les manufactures, il y a eu successivement deux principes en faveur qui ont l'un et l'autre été poussés à l'extrême. Partant de cette loi indiscutable qu'un seul gros moteur est plus économique de construction, d'installation et de consommation que plusieurs machines moindres qui se divisent le travail à fournir, on a actionné les usines à l'aide d'une seule machine à vapeur. C'est là encore la règle la plus commune ; mais il s'ensuit que toute l'usine entière chôme quand le moteur s'arrête, même pour le nettoyage périodique. Si le moteur unique a sa raison d'être dans les petites usines où on ne peut diviser une force inférieure à 12 chevaux environ, cette unification du moteur est rarement rationnelle dans les grandes manufactures.

D'autres industriels ont, au contraire, appliqué un moteur spécial à chaque outil d'une certaine importance et on entrait, il y a quelques années, dans cette voie avec un radicalisme absolu. C'était très-bien pour éviter les interruptions générales du travail dans les ateliers et pour donner à chaque outil ou métier directement l'allure qui leur convient. Mais on est arrivé à une consommation démesurée de combustible et de matières lubrifiantes. Réduit à des limites modérées, ce principe paraît être généralement celui des grands établissements bien installés. Aux ateliers de construction de machines du Creuzot, la force est fractionnée par spécialité de fabrication, chaque atelier a son moteur et son générateur. Le premier est généralement une machine verticale qui actionne directement l'arbre de transmission. Aux glaceries de Montluçon, la force totale de 250 chevaux est fournie par 5 machines distinctes après avoir été donnée dans le principe par la multiplicité des petits moteurs.

L'exposition de 1867 nous laisse peu de lumières sur la tendance actuelle à cet égard. Cependant on peut juger par la force des machines envoyées à destination des manufactures connues, qu'elles ne doivent pas toujours être seules et que l'emploi de plusieurs moteurs est la règle dominante.

Ces observations générales étant faites, abordons l'énumération des principaux types de machines à vapeur manufacturière.

1° Machines à balancier à cylindre unique de Watt ou à double cylindre de Woolf.

PLANCHE XXIX.

Il y a des manufacturiers qui n'admettent pour les usines à moteur de précision d'autre système acceptable que celui de Watt ou de Woolf ; vainement leur cite-t-on le bon fonctionnement d'autres types, ils n'y croient pas. En fait, ces machines n'ont contre elles que leur complication, leur grand volume et le prix élevé de leur installation. Comme fonctions, elles sont parfaites quand elles sont construites sans parcimonie pour l'amplitude magistrale de leur mouvement ; par l'équilibre de tous leurs organes, elles sont le type par excellence de la machine manufacturière. C'est le moteur durable, régulier, docile, pour ainsi dire abandonné à lui-même, sans qu'on en ait souci. L'exposition de 1867 avait quatre belles machines à balancier, savoir : celles de Powel, Lecouteux, Carrels et Sigl.

1° *Sigl, à Vienne* (fig. 2). — Machine Woolf avec support des balanciers en forme de colonne conique, forme aujourd'hui très-adoptée et dont l'exposition a présenté plusieurs spécimens ; riche ornementation, très-belle construction. Suivent les principales dimensions : force de 50 chevaux pour introduction de 1/5 sous 5 atmosphères et 35 tours du volant par minute ; pistons : le petit a $0^m,435$ de diamètre et 1,106 de course, le grand $0^m,817$ de diamètre et 1m,580 de course; la pompe à air, 0,422 de diamètre et 0,790 de course; longueur du balancier, 5m,058; longueur de la bielle en fonte 4m,640; volant: diamètre, 5m,058; poids, 10 tonnes.

2° *Carels, à Gand (Belgique)* (fig. 1).—Machines Woolf jumelées et conjuguées sur le même arbre de couche, à usage spécial d'une filature. Entablement ordinaire à colonnes pour porter le balancier, distribution à tiroirs mus par des cames tournantes. Cylindre à chemise de vapeur, volant denté, pendule modérateur à bras croisés; force de 100 chevaux avec pression initiale de 5 atmosphères, et admission d'un tiers au petit cylindre; celui-ci a 0m,44 de diamètre et 1m,32 de course; le grand piston a 0m,75 de diamètre et 1m,75 de course. L'établissement Carels, jusqu'ici peu connu en France, est, paraît-il, très-important et il construit toute espèce de machines pour les manufactures, mines, les moulins et les chemins de fer.

3° *Powel, à Rouen.* — Double machine de Woolf, actionnant les deux bouts de l'arbre de couche qui porte les volants et poulies de transmission. La particularité principale est le support du balancier qui consiste uniquement en une grosse colonne sensiblement conique à large base d'assise, comme dans la machine de Sigl précitée. Le grand cylindre, le petit où la vapeur s'introduit d'abord, le condenseur et sa pompe à simple effet, le pendule modérateur à boules sont, dans l'ordre indiqué, en arrière de la colonne, la plaque de fondation est à fleur de sol, la pompe à air et le condenseur sont au-dessous; tout le restant du mécanisme est découvert au-dessus et très-abordable; belle exécution, bon service à l'exposition de 1867.

4° *Lecouteux, à Paris.* — Machine Woolf à 2 cylindres dans une même chemise de fonte, distribution à soupapes équilibrées, modérateur Larivière, condenseur en forme de gros tube, et pompe à air verticale à simple effet, placée sous le parquet de la machine dans un caveau où on accède par une échelle; entablement à colonnes dispensant de toute autre construction de support que celle d'assise de la plaque de fondation; la disposition d'ensemble est analogue à celle de la machine Carels précitée. Suivent les dimensions principales: force nominale de 60 chevaux pour pression initiale de 6 atmosphères, 2 dixièmes d'introduction et 30 tours par minute, brûlant 1k,5 de houille par cheval et par heure; grand piston, diamètre 0,66 et course 1,50; petit piston, diamètre 0,40, course 1,145; condenseur cylindrique, diamètre 0,22, hauteur 1,70; pompe à air, diamètre 0,33; course, 0,750; longueur du balancier, 5,60; bielle, 5m,01.

2° Machines horizontales ordinaires.

PLANCHES XXIX, XXX ET XXXI.

Ce type, qui était représenté à l'exposition par des spécimens si variés et en si grand nombre et parfois si originaux, est aujourd'hui en faveur dans toutes les industries, même dans les manufactures de premier ordre pour la délicatesse du travail; mais alors il y est en général jumelé et conjugué, c'est-à-dire que deux machines actionnent par des manivelles callées à angle droit, un même arbre moteur pourvu lui-même d'un très-puissant volant. D'autre part, les bâtis ont beaucoup de masse et d'assise pour résister aux vibrations. Comme agencement d'organes, et à part les pièces de renversement de marche, les constructeurs des machines horizontales d'usine s'inspirent manifestement des locomotives de chemins de fer. Suivent les principaux types de machines horizontales qui ont été signalés à l'exposition et qui peuvent être considérés comme l'expression des tendances actuelles de l'industrie.

1° *M. Farcot, à Saint-Ouen près Paris* (fig. 4, pl. XXX). — Ce constructeur, dont les travaux ont été récompensés par la première médaille, avait à l'exposition cinq machines horizontales du type qui lui est propre et dont la principale, portant le numéro de fabrication 800, était une double ou jumelle de 160 chevaux nominaux. M. Farcot est ce que les artistes nomment un homme à convictions, il a adopté son type et il y est fidèle depuis longues années. L'excellence de sa construction, les soins multipliés pour arriver à l'économie du combustible, lui ont acquis une grande réputation. On sait que les particularités caractéristiques de la machine Farcot sont : 1° le rigide bâti à moulures coulé d'une seule pièce y compris le palier unique de l'arbre de couche ; 2° les deux paires de glissières en fonte dont les écrous extrêmes sont cachés sous des boules à pointe ayant un cachet original distinctif que ne manquent pas de reproduire les imitateurs serviles en si grand nombre de M. Farcot ; 3° l'enveloppe complète du cylindre y compris les couvercles par une chemise de vapeur, à quoi s'ajoute au pourtour une garniture de feutre et de bois verni ; 4° le condenseur en contre-bas sous la machine entre les longerons du bâti avec pompe à air horizontale à double effet sous le condenseur ; 5° actionnement de la pompe à air par l'intermédiaire de deux balanciers jumeaux reliés à la crosse de la tige de piston par deux bielles ; 6° la distribution à détente par obturateur spécial mu par l'action du pendule à boules suivant un ensemble devenu classique sous le nom de détente Farcot ; 7° le pendule à bielles croisées d'une sensibilité presque mathématique également particulier au constructeur et devenu depuis quelque temps l'objet d'une grande vulgarisation.

2° *Boyer, à Lille* (fig. 2, pl. XXX). — Magistrale machine, l'un des beaux ouvrages de l'exposition de 1867 où sa douceur de marche a été remarquée. Elle y était l'expression par excellence du moteur de cette classe à lents et amples mouvements. Elle rappelle le type Farcot dans les dispositions principales, sauf dans la forme du bâti évidé, le pendule à boules ainsi que le volant à bras ornementés et à jante dentée qui sont d'un type spécial.

3° *Thomas et Laurens, à Paris*. — Ces ingénieurs ont donné leur nom à un type horizontal à condensation qui, sauf des différences de détail, est à très-peu près le type Farcot. Nous ne voulons pas nous faire juge de la priorité que peuvent se disputer ces deux maisons en vogue. Mais ce qui spécialise aujourd'hui les machines Thomas et Laurens, est la célérité relative de leurs mouvements, les organes étant plus ramassés ainsi que la position du condenseur restant visible et abordable à côté de la machine, ayant sa pompe à air à double effet inclinée et mue par un excentrique calé sur l'arbre de couche à côté du volant.

4° *Rouffet, à Paris*. — A peu près mêmes dispositions que dans le système Thomas et Laurens, avec emploi d'un modérateur à boules équilibré par un ressort du système dit Isochrone de Foucaud.

5° *Legavriant, à Lille.* — Belle machine de 60 chevaux, à détente variable et à condensation. Les appareils condensants sont dans un sous-sol en contre-bas de la machine ; cylindre à chemise, distribution par tiroir démasquant en plein avec tiroir de détente superposé au premier. Pendule modérateur à très-grosses boules, piston dit suédois garni de cercles d'acier, papillon obturateur de vapeur dit du système Dugdal. Bielles à tige méplate et à têtes fermées du type usuel dans les locomotives françaises; volant denté. Bâti cadre à moulures, du type Farcot et coulé d'une seule pièce ; quadruples glissières, paliers attenant au bâti et garnis de coussinets en quatre pièces dont le serrage se règle à volonté à la main. Cette belle machine actionnait une section de la galerie des machines à l'exposition de 1867. Suivent les principales dimensions : diamètre du piston, $0^m,80$; course, $1^m,40$; 32 tours de volant et pression initiale de 6 atmosphères avec 1/20 d'introduction pour la force nominale de 60 chevaux correspondant, dit le constructeur, à 100 chevaux théoriques de 75 kilogrammètres. Nous n'avons pas besoin de louer les machines Legavriant qui ont obtenu tant de prix dans les concours et qui sont fournies chaque année au nombre de 35 en moyenne, surtout aux manufactures du nord où elles ont presque détrôné, paraît-il, la machine à balancier. En général, le système y est jumelé et conjugué, c'est-à-dire que deux machines semblables actionnent l'arbre moteur par des manivelles extérieures coulées à angle droit.

6° *Cail, à Paris* (fig. 1, pl. XXXI). — Cette colossale maison a présenté divers spécimens de son type de machine horizontale accoutumé qui se distingue par les particularités suivantes : cylindre à chemise de vapeur sur le pourtour et sur les couvercles, distribution par tiroir et excentrique à détente variable par tiroir superposé au premier, réglable à vis et mu par excentrique et tringles spéciaux, suivant le système Meyer ; une seule paire de glissières en fonte, palier graisseur du système Avisse pour l'arbre de couche à manivelles obliques venues de forge ; poulie volant à chaque extrémité du dit arbre ; pendule à boules de la forme particulière à la maison Cail ; condenseur avec pompe oblique à double effet, placée dans le sous-sol. Principales dimensions de la machine figurée à la planche : force, 16 chevaux, 5 atmosphères de pression dans la chaudière, introduction pendant 0,1 de la course, 60 tours par minutes ; piston, $0^m,38$ sur course de $0^m,70$

7° *Ateliers de Fives-Lille* (fig. 2, pl. XXXI). — Très-jolie machine dessinée à peu près par les mêmes ingénieurs que la précédente, différente par la forme du cadre-bâti, les quadruples glissières, l'attaque par une des extrémités de l'arbre de couche, la place et la disposition du pendule à boules équilibrées du système Foucaud, et la position horizontale de la pompe à air. Excellente exécution. Dimensions principales: force, 25 chevaux ; pression de vapeur, 6 atmosphères ; introduction durant 0,1 de course ; piston $0^m,50$, sur $1^m,0$ de course ; 35 tours par minute.

8° *Mazeline, au Havre.* — A peu près la disposition générale de la précédente ; cylindre à chemise, cadre-bâti creux et surmonté d'une main courante protégeant la circulation autour de l'appareil ; détente variable en marche, condensation ; la particularité principale est l'existence du tiroir en forme de coin à pression équilibrée, connue depuis longtemps dans les machines de M. Mazeline. Force de 20 chevaux, 48 tours par minute, piston 0m,46 sur 0m,92 de course ; excellent agencement des organes et très-belle exécution.

9º *Leclercq, à Paris.* — Petite machine de 4 chevaux à haute pression sans condensation, détente variable par tiroir dit à entraînement sur le tiroir distributeur à coquille, réglé automatiquement par le jeu du pendule à boules et à bielles croisées. Cylindre à chemise, évacuation de vapeur à l'air libre après avoir circulé dans un serpentin de 25 mètres qui est placé dans la bâche alimentaire dont l'eau est ainsi échauffée à 90 degrés. Par cet ensemble de dispositions, le constructeur a rendu sa machine très-économique. Dans les expériences officielles au frein, la consommation de houille n'a pas beaucoup dépassé 1 kilog. 1/2 par cheval effectif et par heure, ce qui est très-satisfaisant pour une aussi petite machine de ce système. Suivent les principales dimensions : Diamètre du piston, 0m,22 ; course du piston, 0m,40 ; lumière d'admission, 0m,014 ; lumière d'échappement, 0m,028 sur 0,076 ; pression de régime, 6 atmosphères ; introduction pendant 3/10 de la course ; nombre de tours moyen, 68 par minute ; travail utile 75 0/0 du travail de la vapeur sur le piston. Prix 2500 francs.

10º *Écoles.* — Les écoles d'arts et métiers françaises et étrangères ont exposé des machines, spécimens de leur fabrication soignée et de l'habileté des élèves. Elles ne présentent pas de particularités, mais elles sont intéressantes en ce qu'en appartenant presque toutes au type horizontal à bielle directe rappelant la forme usitée dans les locomotives, elles révèlent une tendance accusée dans l'enseignement de l'industrie vers ce genre de machines. Celle de l'école de Châlons avec son condenseur du système Thomas-Laurens et la bielle unique du type dit de marine, ainsi que la machine de l'École de Moscou[1] avec sa détente Meyer, ont été principalement remarquées à l'exposition.

11º *Barret et Cie, à Reading (Angleterre)* (fig. 9, pl. XXX, vue perspective en plan). — Double machine à détente variable par tiroir spécial et vis de réglage, deux appareils de condensation avec pompes à air à double effet, horizontales mues par les contre-tiges des pistons, avec trop de rapprochement du cylindre pour n'y pas craindre un peu de refroidissement de vapeur ; quadruples glissières, arbre à deux coudes en forme de villebrequin, table de fondation. Une machine semblable, à l'exposition de 1862, forte de 30 chevaux et cylindre de 0m,34, faisait fonctionner une partie de l'annexe des machines où elle a été très-remarquée. Exécution non-seulement soignée mais luxueuse.

12º *Fox et Valker.* — *Atlas iron Works, à Bristol (Angleterre)* (fig. 1, pl. XXX, élévation). — Spécimen de ces machines radicalement simples en vue de l'exportation à l'étranger, qui s'exécutent chez ce constructeur depuis 2 jusque 20 chevaux. La maison Richard Garret, si connue dans tous les concours agricoles exposait en 1867 un modèle presqu'en tout pareil. Les galeries contenaient d'ailleurs une multitude de machines analogues de diverses maisons offrant ces mêmes caractères, savoir : absence autant que possible des pièces de fonte, simplicité poussée à l'extrême par dessus toute autre con-

[1] L'École de Moscou, quoique de fondation récente, compte, paraît-il, 650 élèves.

dition, totalité de la machine appliquée sur une même table de fondation formant un tout sans démontage pour le transport et que tout ouvrier peut installer sur un massif en pierre ou en bois. Comme exemple du prix de ces machines, nous citerons le tarif de la maison Fox : le prix de la machine seule est de 1750 francs pour force de 4 chevaux, croissant jusqu'à 6000 pour force de 20 chevaux.

13° *Duvoir-Albaret* (fig. 8, pl. XXX, élévation). — Cette ancienne maison, l'une de nos principales pour les machines agricoles, exposait comme aux précédents concours ses divers types de machines horizontales, plus un système vertical relaté plus loin, installé comme les types anglais qui précèdent en vue des transports sans démontage. On remarquera comme particularité principale, la glissière unique qu'on a vu dès 1855 dans les machines de cette maison et la contre-tige guidée également sur glissière unique. La distribution est sur le côté, opérée par un tiroir mu par un excentrique, à quoi s'ajoute un tiroir de détente mu par entraînement et réglable à la main en marche par vis à volant. Dans plusieurs de ses machines, M. Albaret remplace le pendule à boules représenté en la figure par son régulateur à anneau (voir pl. XXVIII, fig. 4). Sur la demande du destinataire, le cylindre est revêtu d'une chemise de vapeur et d'un réchauffeur de l'eau alimentaire, au moyen de la vapeur d'émission, ainsi que d'un condenseur. Ici la vapeur s'échappe dans l'air. La détente peut être variée depuis 0,10 d'introduction, la pression initiale étant 5 atmosphères ; force de 20 chevaux correspondant à 45 tours.

14° *Damey, à Dôle (Jura)*. — Ce constructeur de machines agricoles dont les locomobiles ont été décrites avec étendue aux *Études sur l'Exposition*, a exposé un type de machine fixe horizontale réalisant les dispositions relatées dans ses locomobiles ; elle est à détente variable par le jeu du pendule à boules équilibrées ; il n'y a pas de condensation, mais la vapeur d'émission chauffe l'eau aspirée par les pompes alimentaires du générateur, en circulant dans des tubes enfermés dans la table de fondation qui est une sorte de caisse creuse, l'arbre de couche ou villebrequin est attaqué par le milieu et porte à ses extrémités, en dehors du bâti, des poulies-volant inégales de diamètre. Transport facile comme les types précédents.

15° *Renaud, à Nantes* (fig. 6, pl. XXX). — Encore un de nos principaux constructeurs de machines agricoles et manufacturières, qui expose diverses machines dans les ordres d'idées qui précèdent, notamment celle que représente la figure et qui est d'une grande simplicité en même temps que d'une forme originale. Les glissières sont en fonte, les bras du volant sont au contraire en fer rond, le pendule à boules est actionné par galet de friction.

16° *Cumming, à Orléans* (fig. 7, pl. XXX). — Autre ancien constructeur de machines agricoles dont les appareils à vapeur en vue de l'expédition au loin se rapprochent des types anglais ; l'arbre de couche est attaqué en son milieu. Dans la table de fondation qui est creuse, est un tube chauffeur de l'eau alimentaire comme dans le système Damey qui précède.

17° *Barbier et Daubrée, à Clermont-Ferrand (Puy-de-Dôme* (fig. 5, pl. XXX). — Machine horizontale sans condensation, sans chemise de vapeur, double glissière, à manivelle disque, qu'on s'est également attaché à rendre très-simple et très-facile à installer partout.

3° Machines horizontales de formes particulières.

MÊMES PLANCHES.

Les machines qui vont suivre s'écartent plus ou moins des dispositions accoutumées. Elles constituent des types spéciaux qui ont excité une grande curiosité à l'exposition de 1867. Plusieurs d'entre elles devront faire l'objet d'une étude détaillée dans les *Annales du Génie civil* quand les documents complets seront mis à la disposition des rédacteurs. Parmi elles, il y avait au palais du Champ-de-Mars quatre types complétement en dehors des types classiques. M. Ortolan, l'un de nos collègues de la rédaction, en faisant l'objet d'un articl spécial en préparation, il nous suffira de les relater sommairement. On en trouvera d'ailleurs, en attendant, la description avec figures dans l'*Engineer* et l'*Engineering*. Ce sont les machines de Allen, Corliss, Hics et the Root Cie.

Allen et Withworth, à Manchester. — Machine à mouvement très-rapide, à condensation, distribution à détente, pendule à boules équilibrées du système Porter, cylindre en porte-à-faux au bout d'un bâti de forme spéciale à peu près comme dans la machine Duvergier qui va suivre.

Corliss. — Distribution à quadruples robinets opérant séparément les 2 entrées et les 2 sorties de vapeur, pendule à boules équilibrées, singulière forme de bâti posant sur le sol par 3 chaises comme un banc de tour. Outre la machine anglaise de ce système exposée par la maison Barett, dont on a vu ci-dessus la double machine horizontale, il y avait dans la section américaine du palais du Champ-de-Mars une autre machine Corliss d'un luxe extraordinaire. L'annexe Suisse contenait une troisième machine reproduisant une partie des mêmes dispositions.

Hics. — Quadruple machine horizontale très-rapide à 4 pistons servant en même temps de tiroir distributeur respectif, formes ramassées et radicalement simples, principe tout nouveau.

The Root Steam Engine Cie. — Machine très-rapide à doubles pistons en prolongement l'un de l'autre, et de diamètres différents pour opérer la détente suivant le principe de Woolf, le grand piston a une tige creuse dite Trunck ou fourreau au haut duquel est attachée la bielle motrice, en sorte que la hauteur de l'appareil est très-réduite.

Suivent maintenant sept machines de formes spéciales moins éloignées des types classiques que les précédentes, et auxquelles il importe de consacrer ici quelques développements.

1° *Duvergier, à Lyon* (voir pl. XXXI, fig. 3, élévation). — Très-curieuse machine horizontale directe à condensation et détente variable automatique. Tout y a une forme particulière : 1° le cylindre est à chemise de vapeur et il est boulonné par son couvercle en porte-à-faux au bout du bâti comme dans la machine anglaise d'Allen et Withworth qui précède et dont le type Duvergier est à certains égards une variété ; 2° le bâti ou cadre de fondation est en fonte, à nervures, d'une forme inusitée ; 3° la glissière de la crosse du piston est du type unique dit type de marine ; 4° la boîte du tiroir règne dans toute la longueur du cylindre et les orifices ou lumières sont à l'extrémité ; 5° la détente se fait automatiquement par le jeu du pendule à boules actionnant un mécanisme à déclic sur lequel nous espérons devoir fournir ultérieurement un dessin ; l'appareil condenseur est en contre-bas de la machine dans un sous-sol, comme le dessin l'explique suffisamment. Suivent les dimensions principales de la machine qui, à l'exposition de 1867, actionnait dans la grande galerie une section des engins mécaniques divers.

Force nominale de la machine.	30 chevaux
Force qu'elle peut fournir quand la barre de détente est au bas de la coulisse.	110 chevaux
Pression de la vapeur au cylindre.	6 kilogr.
Diamètre du piston.	0m,50
Course	1m,00
Nombre de tours de volant	40
Vitesse du piston.	1m,33
Section des orifices d'introduction.	0m²,0098
Id. id. d'échappement	0m²,0130
Longueur de la bielle motrice.	3m,00
Pompe à air à simple effet.	
Diamètre du piston de pompe à air.	0m,40
Course de ce piston.	0m,40
Prix de la machine.	15000 fr.
Consommation garantie de houille par force de cheval et par heure, la machine faisant une force de 30 chevaux.	1k,200

2° *Ateliers de Graffenstaden.* — La machine horizontale de cette importante maison était un des plus beaux ouvrages de l'Exposition au point de vue de la perfection du travail, de l'étude de tous les détails et de l'élégance des formes. C'est encore un de ces appareils dont la description détaillée devra faire l'objet d'un article spécial dans les *Annales du Génie civil.* On se bornera à dire ici que les dispositions principales sont à peu près les mêmes que dans la machine Duvergier, aux formes près. Mais le cylindre n'est pas en porte-à-faux et les bâtis sont creux comme dans les machines-outils actuellement à la mode.

3° *Artige, à Paris.*—Il suffit de relater ces machines vues à toutes les expositions, où toutes les glissières sont cylindriques, remarque qui a déjà été faite à l'occasion des locomobiles.

4° *Schwatzcopf, à Berlin* (*Prusse*) (fig. 3, pl. XXX, élévation et plan). — Curieuse machine très-simple, à contre-tige de piston guidée sur glissière unique ; distribution par une valve tournante qui, en général, n'a pas été regardée jusqu'ici, en France, comme susceptible d'un service prolongé. Cadre-bâti très-simple de construction et reposant sur un robuste massif de pierre de taille.

5° *Gardiner et Mackinstosh, à New-Cross (Angleterre)* (fig. 4, pl. XXXI, élévation). — Curieuse machine de 30 chevaux, construite pour une fabrique de chocolat de Madrid, qui, d'après la force de son moteur, paraît singulièrement considérable. La particularité fondamentale de ce moteur est d'être monté sur une table de fondafion creuse en fonte, véritable caisse qui n'est rien moins qu'un condenseur à surface tubulaire comme ceux de la marine, avec deux pompes mues obliquement par un même excentrique monté sur l'arbre de couche, l'une pour l'aspiration de l'air, l'autre pour faire circuler l'eau condensante qui passe dans les tubes. La simplicité, la distribution par excentrique, le pendule à boules et à came, le disque-manivelle seront aussi remarqués.

6° *Houget et Teston, à Verviers (Belgique)* (fig. 5, pl. XXX), élévation. — Cette maison qui possède une succursale à Aix-la-Chapelle, sous la raison sociale Houget et Demeuse, a tenu une place considérable à l'Exposition, pour ainsi dire en tous genres de machines. Nous ne nous occuperons ici que de ses deux machines à vapeur. La machine de la maison de Verviers est double ou jumelle, sa force nominale est de 50 chevaux. Elle actionnait dans le palais une partie des engins de la division belge. Elle se recommande par des particularités nombreuses : 1° Les deux cylindres parallèles sont coulés d'un seul bloc avec leur chemise ou double enveloppe, leur boîte à tiroir commun au-dessus, plus une bâche entre les cylindres qui est garnie de tubes et constitue un chauffeur d'eau alimentaire par la vapeur d'émission ; cette pièce est donc un de ces spécimens de tours de force de fonderie usuels aujourd'hui, qui ont pour but de réduire notablement pour le constructeur le travail d'ajustage, mais dont une avarie oblige à un remplacement total du système. On remarquera aussi le soin avec lequel sont enveloppés les cylindres ; non-seulement ils ont leur chemise de vapeur, mais ils sont protégés par une couverture de gros feutre de laine recouverte elle-même de douves en bois cerclés et vernis. 2° L'ensemble du mécanisme est disposé horizontalement à l'instar des locomotives ; un essieu coudé, d'une seule pièce en acier fondu, est actionné par manivelles d'équerre, bielle motrice droite égalant 6 fois la manivelle, crosse de tige de piston guidée entre deux glissières. 3° Les tiroirs distributeurs y sont actionnés sans renversement de marche, non par excentrique usuel monté sur l'essieu, mais par des bielles attachées excentriquement à des plateaux dentés que meuvent des engrenages montés eux-mêmes sur le dit essieu. Nous ignorons la raison de cette disposition à engrenages préférée à un simple actionnement direct excentrique. Les tiroirs de distribution sont à coquille, à pression équilibrée suivant le type connu en France sous le nom de système Farcot. 4° Le pendule modérateur est à boules équilibrées par un contre-poids mobile sur l'axe vertical de l'instrument lui-même, suivant un système dit de Porter qui a été remarqué simultanément sur les machines à vapeur de diverses nations, notamment dans les sections anglaise et suédoise. 5° Le passage de la vapeur entre la chaudière et l'intérieur du cylindre moteur, est singulièrement compliqué. Elle traverse en premier lieu le tube adducteur proprement dit, à l'extrémité duquel se trouve la valve modératrice actionnée par le pendule au-dessus, puis elle remplit l'espace annulaire entre le cylindre et sa double enveloppe. De là, elle entre dans la boîte à tiroirs, ensuite dans une chambre et à travers une double soupape à siége, également actionnée par le pendule modérateur. Enfin, un creux ménagé recueille l'eau de condensation qui ne peut se former dans le cylindre et à laquelle donne issue une petite soupape conique manœuvrée à la main par un petit volant extérieur. 6° Le condenseur est une bâche rectangulaire en partie immergée dans l'eau froide d'une autre bâche contenant la première, dans laquelle l'eau froide est en outre injectée à l'état divisé. Deux pompes à air horizontales à double effet, sont accolées sur les côtés du condenseur et en contre-bas, le tout est d'une seule pièce, et ici revient la remarque déjà faite ci-dessus à propos des cylindres. 7° Le condenseur scellé au sol sert de socle au cylindre, un seul joint boulonné forme l'union respective. Le bâti proprement dit de la machine consiste en une poutre unique et centrale creuse attenant aux cylindres, portant latéralement les supports des glissières et terminée par le palier de l'essieu coudé. Deux autres paliers isolés portent ce même essieu à ses bouts, laissant en dehors de part et d'autre un robuste volant-poulie. Un massif commun en pierre ou en béton Coignet, connu à l'exposition, sert à asseoir aussi bien les deux paliers extrêmes que le palier intermédiaire. Le massif se prolonge jusqu'au cylindre, les pompes alimentaires et l'axe d'oscillation des balanciers qui actionnent les pompes à air sont isolément fixés à cette maçonnerie; mais on comprend que cette assise n'est nullement une condition nécessaire, et que pour l'attache des cylindres sur le condenseur on pourrait réduire le massif au socle des trois paliers de l'essieu coudé. 8° La machine travaillant au maximum avec admission à moitié course à la vitesse de 72 tours par minute, a donné 96 chevaux effectifs. Avec admission de 1/10, le travail a été 36 chevaux.

Dans les conditions moyennes du travail de 50 chevaux effectifs, voici les données et proportions principales : Pression de vapeur initiale, $6^{at},00$; vide au condenseur, $0^{at},01$; diamètre de piston, $0^{m},36$; course, $0^{m},50$; longueur de bielle, $1^{m},50$; diamètre de bielle au milieu, $0^{m},09$; diamètre de bielle aux extrémités, $0^{m},07$; pompe à air, diamètre, $0^{m},17$; pompe à air, course, $0^{m},30$; volant, diamètre, $1^{m},65$; largeur de jante, $0^{m},36$; poids de la jante, 1600 kil. ; arbre coudé, diamètre, $0^{m},140$; place occupée par la machine, longueur, $4^{m},50$; largeur, $2^{m},90$; hauteur, $2^{m},00$.

7° La succursale d'Aix-la-Chapelle avait exposé, en pendant de la précédente, une double machine sans condensation qui actionnait dans la grande galerie la machinerie prussienne : elle offrait le même esprit de combinaison avec quelques variantes. Il paraît, au surplus, que ce type a fait école, notamment en Angleterre.

4° Machines horizontales à double cylindre du système Woolf.

PLANCHE XXIX.

La machine proprement dite de Woolf était à balancier ; mais son principe bien connu de détente au moyen de deux cylindres inégaux a tant de vogue depuis quelques années, qu'on devait s'attendre à le voir à l'exposition réalisé dans tout type de machines et notamment dans les machines horizontales en si grande faveur elles-mêmes ; les systèmes qui vont suivre sont donc caractérisés par la présence de deux cylindres inégaux, la vapeur passant du plus petit au plus grand et allant ensuite au condenseur. On va voir ces deux cylindres tantôt en prolongement l'un de l'autre, tantôt à côté, un même arbre de couche étant actionné par les deux pistons par manivelles, soit dans le même sens, soit dans un sens opposé. Le nombre de ces machines horizontales du principe Woolf était considérable à l'exposition dans les sections française, anglaise, allemande, belge etc., il nous suffira d'en relater quelques-unes.

1° *Van-den-Kerchowe, à Gand* (fig. 3, élévation et plan). — Cette machine, l'une des plus importantes de la section belge, a ses cylindres accolés et renfermés dans la même chemise de vapeur ; les deux pistons actionnent le même arbre de couche par manivelles opposées qui s'équilibrent. A chaque cylindre correspondent des glissières en fonte guidant la crosse du piston et reposant sur le bâti qui a la forme d'un double cadre. Distribution par soupapes placées aux extrémités du cylindre et actionnées par des cames tournantes. Grand et très-puissant volant à jante dentée, condenseur et pompe placés verticalement suivant une disposition que le dessin indique suffisamment. Force nominale, 75 chevaux ; cylindre, $0^m,26$ et $0^m,62$, course commune, $1^m,22$; 36 tours ; 4 atmosphères effectives ; introduction durant 1/5 de la course au petit cylindre.

2° *Schmid, à Sœmmering (Autriche)* (fig. 4, élévation et plan). — Les deux cylindres sont accolés et, paraît-il, non enveloppés par la vapeur ; manivelles alternant, glissières uniques dites de marine, distribution par tiroirs et excentriques distincts pour chaque cylindre, à quoi s'ajoute un troisième excentrique et tiroir pour la détente au petit cylindre, pendule à boules avec bras croisés. Le condenseur est derrière le gros cylindre avec la pompe à air horizontale à double effet dans le même axe mue par la tige prolongée en arrière du piston dudit gros cylindre. Riche ornementation suivant la mode autrichienne, pièces de mouvement très-légères en acier fondu.

3° *Carrett et Marshall.* — Cylindres accolés dans une même enveloppe avec tiroir commun en dessus ; quadruples glissières, manivelles opposées, pendule à boules ordinaire actionné directement par roue d'angle à l'un des bouts de l'arbre de couche, l'autre bout porte un gros volant-poulie, bâti en forme de cadre de fonte ; le condenseur est derrière les cylindres à vapeur avec pompe à air verticale que meut un levier dit en mouvement de sonnette mu par le prolongement de la tige du grand piston. La machine de l'exposition, laquelle a été décrite partout, avait la force de 15 chevaux nominaux et 50 chevaux effectifs de 75 kilogrammètres, donnant 72 tours, pression 4 1/2 atmosphères effectives ; cylindre, $0^m,35$ et $0^m,63$, sur course de $0^m,635$.

4° *Turner, à Leighton.* — Machine disposée à peu près comme celles d'Houget et Teston ci-dessus (pl. XXIX, fig. 5), sur les deux arêtes parallèles d'un massif en pierre ; le cylindre de droite est le petit où entre d'abord la vapeur à haute pression ; sa tige de piston prolongée en contre-tige hors du couvercle d'arrière actionne la pompe à air horizontale du condenseur par l'intermédiaire d'un balancier. Chaque cylindre a sa distribution par excentrique unique sans renversement de marche, l'arbre de couche à manivelles-disques dont les boutons ou mannetons sont opposés, glissières uniques du type dit de marine.

5° *Delany et Oakes. Victoria Foundry, à Greenwich* (pl. XXXI, fig. 5, vue ou plan). — Les deux cylindres entièrement enveloppés par la vapeur, même dans les couvercles, sont en prolongement l'un de l'autre avec tige de piston commune ; excentrique également commun au deux distributions qui font suite l'une à l'autre. Une seule bielle motrice et une seule paire de manivelles actionnent l'arbre de couche dont un des bouts porte le volant en dehors du cadre bâti et dont l'autre bout actionne, par l'intermédiaire d'un levier, la pompe verticale du condenseur placée sur le côté ; force, 40 chevaux nominaux ; cylindre $0^m,406$ et $0^m,809$ course commune, $0^m,910$.

6° *Dingler, à Zweirbrucken.* —Machine allemande de 16 chevaux portant le numéro de construction 170. Les deux cylindres sont en prolongement l'un de l'autre sur la même tige, mais complétement distincts et séparés l'un de l'autre par environ 1 mètre d'espace. N'ayant pu recueillir aucun document sur cette machine, d'ailleurs fort belle, nous ne relatons que pour mémoire comme exemple à l'exposition la disposition bout à bout des cylindres.

7° *Rens et Colson (anciens ateliers Scribe), à Gand.* — Cette usine, l'une des plus considérables de la Belgique, avait exposé déjà à Paris, en 1855, un type de machine à vapeur où le principe de la détente Woolf était poussé à l'extrême limite par la multiplication des cylindres, et cette tendance se retrouve encore dans la belle machine de 100 chevaux par cylindres en prolongement l'un de l'autre, qui a été remarquée au palais du Champ-de-Mars. Le constructeur la présente comme conclusion définitive de ses longues comparaisons sur tous les systèmes connus. Le petit cylindre est jointif devant le grand dans le même axe, mais à la différence de la machine de Delany ci-dessus, le petit piston a sa tige centrale ordinaire, le grand piston a deux tiges sortant latéralement le long du petit cylindre de part et d'autre de celui-ci ; une traverse guidée entre quadruples glissières de fonte réunit les trois tiges auxquelles correspond une seule bielle motrice ; force, 100 chevaux pour 40 tours de volant ; piston, $0^m,48$ et $0^m,76$; course commune, $1^m,22$.

8° *Bergsund, Cie à Stokholm (Suède)* (fig. 6, pl. XXIX, vue d'élévation mais avec une autre vue de la coupe du cylindre en plan). — La Suède qui se révéla à l'exposition de 1855, avec tant d'éclat par ses machines de Motala, Stralsund et Bergsund, était représentée à l'exposition de 1867, notamment par une machine de 30 chevaux des ateliers de Bergsund rappelant celle de l'exposition de 1861. Les particularités principales sont : 1° le double cylindre pour détendre à la manière Woolf ou plutôt le cylindre à double enveloppe, ainsi qu'on le voit dans la coupe fig. 6 La vapeur s'introduit dans le cylindre proprement dit du milieu par les lumières extérieures elle passe ensuite par les lumières extérieures dans le second cylindre annulaire entourant le premier. Une traverse réunit les trois tiges. Ce cylindre extérieur est lui-même protégé contre le froid par une enveloppe de vapeur. 2° La forme de la bielle est en deux tiges clavetées de part et d'autre sur les coussinets de la manivelle et de la traverse des tiges de piston. 3° Les glissières simples appuyées sur le cadre-bâti guident les patins placés aux deux extrémités de la traverse précitée. 4° La pompe alimentaire et la pompe à air sont symétriquement placées sur le cadre-bâti et leurs plongeurs sont mus directement par la traverse. 5° Le pendule modérateur à boules en la forme accoutumée, actionne un papillon. Une simple tringle à manivelle meut le tiroir distributeur.

On annonçait à l'exposition que ce type de machine également remarquable par sa simplicité et sa belle exécution est très en faveur en Suède, même dans la marine pour roues à aubes et à hélice.

9° On terminera cet exposé des machines horizontales du type Woolf en relatant le quadruple moteur du *London Jute Works*, construit par la *Canal Bassin Foudry* Cie, à Glascow. Ce curieux appareil que la nécessité de nous réduire force à mentionner seulement, est décrit dans *l'Engineer* de 1867, tome II. Voici les particularités principales : 1° La machine est quadruple et composée de deux groupes de deux cylindres chaque, inégaux suivant le système Woolf, accolés dans la même enveloppe de vapeur laquelle remplit aussi le couvercle creux. 2° Les deux groupes de cylindre conjuguant leur action à angle droit, meuvent par ses bouts, un même arbre de couche portant au milieu le volant à jante dentée. 3° Chaque piston a sa tige propre, un T réunit les deux tiges dans chaque groupe, auquel correspond une seule et même bielle motrice. 4° Chaque cylindre a sa distribution isolée avec tiroir et excentrique uniques. 5° Chaque groupe de deux cylindres a un condenseur et une pompe à air verticalement placés en face entre les bâtis. 6° Il n'y a qu'un pendule à boules commun à tout l'appareil.

5° Machines verticales pour manufactures.

PLANCHE XXVIII.

Les machines qui se dressent verticalement sur un espace relativement restreint et une hauteur plus ou moins élevée, à usage de manufactures, et autres que les appareils d'extraction ou d'épuisement précités, étaient en très-petit nombre à l'exposition. Elles appartenaient d'ailleurs à des types connus depuis longtemps.

Si nous sortons de l'exposition pour rechercher les machines verticales dans les manufactures, nous reconnaissons qu'il y en a peu d'origine récente, mais que les anciennes continuent à faire un bon service. En général, elles appartiennent plus ou moins au système Meyer dans lequel le cylindre repose sur le sol, un entablement à colonnes portant l'arbre de couche ou du volant. Ainsi sont plusieurs machines des ateliers du chemin de fer de l'Est, des ateliers du Creuzot et de diverses grandes filatures d'Alsace. Dans la célèbre fabrique de locomotives et d'outils-machines de Beyer et Peacok, en Angleterre, chaque atelier a son moteur, véritable mouvement de locomotive appliqué verticalement sur la muraille et actionnant directement, comme au Creuzot, l'arbre de transmission de mouvement. En Allemagne, il paraît qu'on rencontre aussi fréquemment des exemples de machines verticales renversées par rapport aux précédentes, c'est-à-dire ayant leur cylindre en l'air monté sur l'entablement et l'arbre de couche avec le volant appuyés en bas sur le sol. Il y en avait dans la section prussienne de l'exposition de 1867, un beau spécimen dont nous n'avons pas même pu être autorisé à recueillir le croquis d'ensemble.

Il nous suffira de relater les 3 machines verticales de l'exposition qui présentaient seules quelques originalités, savoir : celles de Quillacq, Alexander et Laroche-Aymond, auxquelles nous ajouterons un type d'Albaret.

1° *Bourdon, à Paris* (fig. 3). — Machine verticale à colonne, sans condensation, très-simple, dont le type, longtemps en grande vogue, est encore recherché dans certains cas particuliers, où la réduction de l'espace se joint à la nécessité de donner le mouvement à un point élevé au-dessus du sol. Les petites industries de Paris ont souvent adopté ce type où le constructeur a évité les inconvénients résultant du bruit, de l'odeur et de la malpropreté.

2° *Quillacq, à Anzin.*—Ce constructeur, dont la machine verticale d'extraction a été relatée, avait exposé aussi une machine verticale double, dans laquelle l'arbre de couche, monté sur deux hautes chaises parallèles en fonte, était actionné à ses deux extrémités par les pistons à vapeur. Elle est décrite aux études de l'Exposition avec figures à grande échelle aux fascicules 19 et 20, planche CXVIII, article de M. Soulié, sur les mines ; il suffit donc d'y renvoyer, après en avoir fait ici cette simple mention. Elle n'a pas été du goût de tout le monde. Nous la regardons, au contraire, comme un bon type stable et robuste, où tout est traité largement, sauf la bielle motrice, qui est bien courte, n'ayant que trois fois en longueur celle de la manivelle.

3° *Alexander, à Barcelone.* — Ce constructeur, primitivement établi en France et dirigeant depuis longues années le principal atelier de construction d'Espagne, continue à se personnifier dans un type, dit à colonne, que Farcot, en France, Fairbairn, en Angleterre, et lui-même, avaient mis en vogue il y a quinze ans. Le principal moteur des ateliers de Farcot, à Saint-Ouen, appartient encore à ce système. Il est décrit notamment au *Traité des machines à vapeur*, de Julien et Bataille, section 2, planche XXXII, précisément sous le nom d'Alexander. Il est caractérisé par la forme du bâti en grosse colonne creuse et percée au fût de quatre longues ouvertures. Le cylindre est dans la base ou piédestal rectangulaire de la colonne, le mécanisme moteur est dans le fût ; l'arbre de couche s'appuie sur le couronnement supérieur, l'appareil condenseur est en dehors de la colonne, la pompe verticale au milieu de la bâche, étant actionnée par une paire de leviers ou balanciers du premier genre. La machine exposée par M. Alexander, dans la section espagnole, encore si pauvre en machines, se distinguait par un grand soin d'exécution autant que par son élégance.

4° *Laroche-Aymond, à Tournay (Belgique).* — Cette double machine verticale, où l'arbre était actionné à ses deux extrémités, représentait à l'Exposition le pur type de Meyer, avec son bâti à colonne. Elle a fait l'objet de tant de descriptions, comme si elle eût été un des ouvrages importants de l'exposition, et le type Meyer est si connu, qu'il nous paraît inutile d'en faire l'objet d'autre chose qu'une simple mention pour mémoire.

5° *Duvoir-Albaret* (fig. 1, pl. XXVIII).—Joli spécimen de machine dite renversée, dont le dessin fait suffisamment comprendre les dispositions simples, robustes et économiques. La détente est variable par l'action automatique du pendule modérateur. Celui-ci appartient au système annulaire de M. Duvoir, déjà relaté. Ce type de machine, que le constructeur exécute depuis la force de 3 chevaux, donnant 100 tours de volant par minute, est capable de donner 45 tours pour une force correspondante de 20 chevaux.

Machines obliques pour manufacture.

MÊME PLANCHE.

Entre les machines horizontales et verticales qui précèdent, se trouvent les machines obliques ou diagonales. Celles qu'on rencontre aujourd'hui dans les manufactures sont ordinairement doubles et jumelles, c'est-à-dire composées de deux mécanismes, mais actionnant le même arbre de couche, parfois ensemble, mais le plus souvent à tour de rôle quand l'un des deux est en réparation ou en nettoyage. C'est une manière d'avoir double moteur au même lieu, sur le même bâti, la même base, avec la même chaudière et la même tuyauterie, en se réservant d'employer les deux moteurs en cas de travaux extraordinaires.

Les ateliers du chemin de fer de Lyon ont une double machine de ce genre. Elle fut exécutée aux ateliers mêmes sur les plans de feu Delpech. M. Forquenot en a fait ensuite établir une semblable aux ateliers du chemin de fer d'Orléans, à la gare d'Ivry. Enfin, l'exposition de 1867 nous a offert plusieurs spécimens analogues dans les sections françaises ou étrangères, suit l'énumération des principales :

1° *Ateliers du chemin de fer de Lyon* (fig. 5, vue d'élévation). — Sans condensation, distribution ordinaire à tiroirs avec détente automatique variable par le jeu du pendule à boules qui est unique et commun aux deux machines qui se regardent ; gros et lourd volant sur les bras duquel est fixée la poulie à courroie pour la commande.

2° *Flaud, à Paris.* — Double machine du même genre sans condensation, à grande vitesse, 150 tours par minute, 50 chevaux de force sous 7 atmosphères de pression et introduction durant la moitié de la course, cylindre de 0,30 sur course de 0,40. Elle était pourvue d'un pendule à ressort et à boules suivant le système Foucaud, mais tournant sur un axe horizontal suivant un système usuel chez M. Flaud dans les machines à très-rapide mouvement dont il a la spécialité. A l'exposition, sa machine de 50 chevaux servait de moteur aux engins travaillants de la section américaine.

3° *Bourdon, à Paris* (fig. 7, planche XXVIII, vue d'élévation). — Machine de 35 chevaux sans condensation, curieuse par la forme originale du bâti suffisamment expliquée par la figure.

4° *Cobran et Marchand, à Rouen.* — Quadruple machine à détente par deux cylindres inégaux suivant le principe de Woolf et à condensation, l'une des plus curieuses de l'exposition. De chaque côté de l'arbre à 4 coudes fait d'une seule pièce et seulement porté par les bouts, est un groupe de 2 cylindres accolés, un grand et un petit, ce dernier recevant le premier la vapeur. Boîte de distribution commune. Condenseur et pompe à air verticale entre les bâtis sous l'arbre de couche ; sur celui-ci sont deux volants à jante dentée. Suivent les principales dimensions : piston, $0^m,30$ et $0^m,60$; course commune, $0^m,60$; diamètre des tiges de piston, $0^m,050$ et $0^m,065$; bielle motrice de $1^m,50$; course des trois distributeurs, $0^m,10$;

angle de calage, 30 degrés; pompe à air: diamètre, 0m,50 sur course de 0m,60; diamètre du volant, 3 mètres; force nominale, 50 chevaux pouvant s'élever en travail effectif à 120 chevaux de 75 kilogrammètres. Nous n'avons pu en reproduire le croquis, mais la fig. 5 en représente à peu près l'élévation.

VI. MACHINES DES PETITS ATELIERS.

PLANCHE XXXII.

Dans les petits ateliers où il suffit d'une faible force (5 à 6 chevaux, 10 au plus), on regarde aujourd'hui comme inutile de recourir aux machines fixes proprement dites installées sur des massifs de maçonneries avec chaudière indépendante, chacune suivant leurs meilleures conditions respectives. La machine et la chaudière forment un tout solidaire posé sur un sol solide et bien dressé. La locomobile à laquelle a été consacré un article considérable dans nos *Etudes sur l'Exposition* remplit le but proposé, soit qu'on démonte ses roues et qu'on l'assujettisse sur place. Mais les machines dont il est question ici ne sont pas précisément des locomobiles où le constructeur est toujours astreint à certaines exigences pour les nécessités du déplacement et du charroi; la réduction du poids et du volume, les formes propres aux transports, n'entrent plus ici en considération, et l'on se rapproche notablement des données des machines qui précèdent. Le nom des *machines demi-fixes* donné à ces appareils les caractérisent bien, et il indique qu'il s'agit d'un intermédiaire entre les locomobiles et les machines fixes proprement dites.

Ce qui spécialise surtout ces machines, c'est qu'elles sont propres à être mises partout, n'importe à quel étage d'une maison, disent les constructeurs, fonctionnant sensiblement sans bruit, sans secousses, sans répandre fumée ou odeur, sans charger outre mesure les planchers ou murailles, en un mot sans ces inconvénients qui font ordinairement redouter le voisinage d'une machine à vapeur dans les locaux habités.

L'exposition universelle contenait une multitude de ces machines de toutes formes, et on pourrait dire de toutes forces, car il y a des usines peu étendues, réduites à un petit nombre d'engins, mais où ceux-ci demandent une grande force motrice; exemple, les appareils à écraser les pierres.

On peut diviser les machines à vapeur dont il s'agit en 2 groupes : 1° les systèmes verticaux, où, sur une chaudière cylindrique qui est verticale elle-même, le mécanisme moteur est appliqué suivant divers modes; 2° les systèmes horizontaux, se rapprochant davantage de la locomobile classique.

Suivent 9 types de machines verticales :

1° *Hermann-Lachapelle et Glover*, à Paris (fig. 42). — On en voit ci-après l'élévation en façade. Ce système est aujourd'hui très-répandu et le constructeur en a fourni, paraît-il, un grand nombre à toutes les variétés d'industries, notamment dans les villes; suivent ses particularités principales : chaudière complétement isolée de la machine et de ses bâtis. Dans l'intérieur de son foyer, concentrique au corps cylindrique extérieur, sont 3 bouilleurs horizontaux transversaux placés en croix.

Le bâti, suffisamment indiqué sur la figure, est creux dans le pied et sert de bâche où l'eau alimentaire est chauffée jusqu'à 80 degrés par la vapeur amenée du cylindre.

Fig. 42.

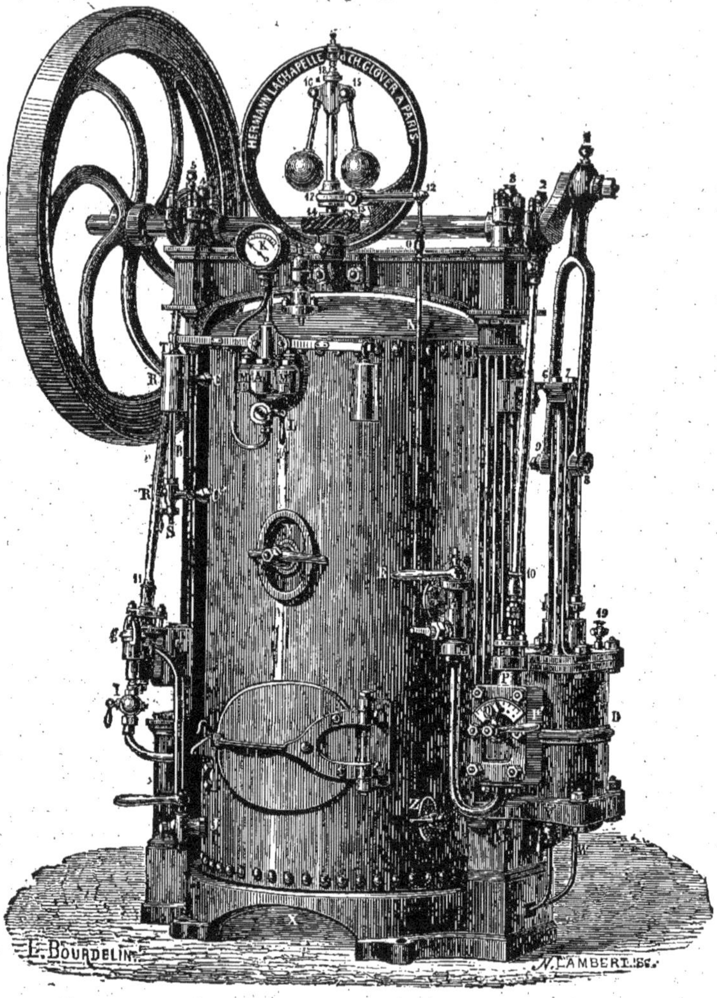

Pour toute machine au-dessus de 2 chevaux, la distribution se fait avec détente variable.

Le cylindre est à chemise de vapeur ; le pendule à boules a un agencement caractéristique dans les machines de la maison Hermann. Les principaux tourillons frottants sont sphériques avec coussinets a serrage facilement réglé en tout état de marche.

Enfin, pour compléter les renseignements qui étaient fournis à l'exposition sur ces intéressants appareils, éminemment appropriés à leur destination, nous relaterons le tableau suivant, et nous dirons que le constructeur a soin de livrer avec sa machine un petit volume descriptif, enseignant les règles de l'installation et de la conduite. Suit le tableau en question :

Force en chevaux.	PRIX	PISTON		VITESSE	DIMENSIONS			POIDS
		diamèt.	course.	Nombre de tours.	emplacement de l'assise.	hauteur du sol à l'axe.	rayon du volant.	
	Francs.	millim.	millim.	par min.	m. carrés	m. cent.	m. cent.	kilogr.
1	1600	0,095	0,180	125	1,000	1,280	0,45	775
2	2400	0,115	0,200	115	1,200	1,510	0,50	1050
3	2950	0,130	0,240	105	1,300	1,690	0,60	1600
4	3500	0,150	0,260	95	1,400	1,850	0,65	1960
6	4600	0,170	0,300	85	1,700	2,110	0,80	3480
8	5800	0,190	0,350	75	1,900	2,400	0,85	4500
10	6900	0,210	0,400	75	2,100	2,620	0,90	6000
12	8500	0,270	0,400	75	2,100	2,530	0,95	7500
15	10200	0,300	0,450	70	2,400	2,750	1,00	8500

2° *Mays frères, à Paris.* — Système presque identique à celui qui précède, sauf des différences de formes. Les principales sont : la suppression de la traverse du haut du bâti, celui-ci étant alors composé de 2 montants parallèles attenant à la chaudière. Celle-ci est un simple cylindre à double enveloppe, ayant l'eau à vaporiser entre deux. La cheminée traverse les deux calottes qui forment l'une ciel de foyer et l'autre dôme supérieur de la chaudière. Cet appareil, que le constructeur fabrique pour les forces de un cheval, au prix de 1700 francs, jusqu'à 8 chevaux au prix de 5500 francs, est d'une simplicité radicale. Le constructeur affirmait à l'exposition qu'il suffisait de 15 minutes pour la mettre en pression et en service.

3° *Bréval, à Paris.* — A peu près mêmes dispositions que la précédente, mais avec addition, dans le foyer, d'un bouilleur qui augmente la surface de chauffe ; en outre, un seul montant, sorte de table de fondation, recevant le mécanisme, est attenant sur côté de la chaudière ; le palier de l'autre extrémité de l'arbre est appliqué sur le sommet même de la chaudière avec la poulie-volant en porte-à-faux. Le tiroir distributeur, placé sur le côté extérieur du cylindre, est actionné par une contre-manivelle en porte-à-faux. La figure 5 de la machine Maulde et Vibart, pl. XXVIII, donne assez bien le spécimen de ces diverses dispositions adoptées par M. Bréval.

4° *Aubert, à Paris* (fig. 1, pl. XXXII, vue d'élévation en perspective). — Les particularités essentielles de ce système sont d'abord l'applique de tout le mécanisme solidairement sur le flanc vertical de la chaudière, par l'intermédiaire d'une table attachée à la dite chaudière par un petit nombre de boulons d'un enlèvement facile. Secondement, la chaudière est tubulaire verticale, mais les tubes posés par un embase conique dans les trous bien lézés des plaques tubulaires, sans vis, bagues, ni mastic, peuvent se démonter, s'enlever tous un par un, et un ouvrier peut s'introduire dans le corps de chaudière par le trou d'homme de la façade pour nettoyer et réparer à fond. Le constructeur fabrique son système pour les forces de 1 à 12 chevaux, correspondant à des poids de 1800 à 8000 kilogs, à des prix de 650 à 5100 francs.

5° *Albaret.* — Sa machine de 3 à 6 chevaux donnant de 150 à 110 tours, n'a pu recevoir place dans nos dessins. Elle est à peu près analogue à celle de M. Aubert, qui précède ; elle devait cependant être relatée pour mémoire comme ayant été une des premières de cette forme et comme ayant reçu, paraît-il, des applications nombreuses où son bon service a été constaté. La glissière unique sur la table d'assise usuelle dans les systèmes de la maison Albaret, donne à l'ensemble un caractère spécial de simplicité et d'élégance uni à la solidité.

6° *Marshall, à Gainsboroug* (*Angleterre*) (fig. 2, même planche). — Cette maison dont les locomobiles ont été relatées, dans nos précédentes *Études sur l'Exposition*, a aussi son type de machine verticale pour petites fabriques. Il diffère des précédents par l'applique du cylindre en haut de la chaudière qui appartient au type tubulaire vertical classique. La poulie-volant, l'arbre moteur qui l'actionne, sa chaise, la pompe alimentaire self-acting par le jeu même des clapets, sont ramenés au pied de la chaudière. C'est exactement la locomobile dont le mécanisme est relevé verticalement avec la suppression de la table d'assise française, selon l'usage adopté partout, autre part que chez nous. L'appareil exposé était, comme la locomobile, exécuté avec un grand soin et avec des matériaux garantis de premier choix, tels que tôle de Lowmoor et pièces du mouvement en acier ; forces usuelles de 4 à 11 chevaux, donnant de 215 à 110 tours par minute et coûtant de 1305 à 5125 francs ; plusieurs constructeurs anglais se sont appropriés ce type de Marshall avec diverses nuances de détail, notamment Robey, de Lincoln.

7° *Maulde et Vibart, à Paris* (fig. 5, vue d'élévation et coupe). — Machine fort curieuse et très-étudiée. Une grosse colonne en fonte, rappelant celle des machines fixes bien connues d'Alexander, Farcot, Fairbairn, etc., est le bâti la machine. Dans l'intérieur, est la chaudière, simple cylindre à double paroi avec un bouilleur pendant du ciel de foyer, et que le constructeur lui-même compare à une marmite. La chaleur rayonnante du cendrier au bas de la colonne, chauffe l'eau alimentaire avant son aspiration par la pompe. A l'extérieur de la colonne est disposé le mécanisme suivant les indications de la figure. Force usuelle de 1 à 12 chevaux avec prix correspondant de 1800 à 8200 francs ayant détente et renversement de marche.

8° *Weber, à Berlin* (fig. 4, vue d'élévation et coupe). — Rappelle le type anglais de Marshall, Robey et autres, par son mouvement verticalement renversé et l'absence de la table d'assise des systèmes français. On remarquera en outre la glissière unique, dite du type marin, le pendule à boules équilibrées du système Porter, mais surtout la chaudière à boite à feu cylindrique et addition de tubes bouilleurs et pendants, du système Field. La figure montre comment une cloison verticale dans la boîte à feu fait monter les gaz dans le haut et les ramène ensuite dans le bas vers une cheminée sous terre. Suit un tableau extrait et traduit de celui qu'on distribuait à l'Exposition, et résumant quelques données intéressantes sur les machines de diverses forces du constructeur prussien :

Force en chevaux.	Pressions.	Nombre de cylindres.	Diamètre des pistons.	Course des pistons.	Nombre de tours par minute.	Diamètre du volant.	Surface de chauffe.	POIDS.	PRIX.
	atmos.		mètres.	mètres.	tours.	mètres.	m. q.	kilogs.	francs.
1 chev.	5	1	0,083	0,157	120	0,628	1,57	750	1781
2-3	5	1	0,137	0,209	110	0,783	3,53	1250	2226
4-5	4,5	1	0,170	0,314	80	0,942	4,90	1800	3340
7-8	4,5	1	0,209	0,352	75	1,256	8,53	2500	4452
10	4,5	1	0,222	0,420	65	1,413	9,86	3250	5986
12-14	4,5	2	0,209	0,352	75	1,256	14,70	4250	7791
16-20	4,5	2	0,222	0,420	65	1,413	19,60	5000	10017

9° *Marinoni, à Paris* (fig. 3, même planche, vue d'élévation en perspective). — Ce constructeur spécial des presses à imprimer avait à l'exposition de 1867, un type de petite machine verticale qui se distingue de toutes les précédentes par la position du mécanisme horizontalement appliqué à la base de la chaudière sur le socle en fonte qui porte celle-ci. La chaudière est simplement un double cylindre avec ciel supérieur, l'eau à vaporiser étant entre deux, sans tubes ni bouilleur. A l'exposition, le constructeur offrait la liste de 206 machines de ce système placées dans des petits ateliers de France et de l'étranger.

Les machines qui suivent maintenant appartiennent au système horizontal.

1° *Philippon, à Paris* (fig. 7 pl. XXXII vue d'élévation). — Le caractère principal de cette machine est sa position au-dessus d'une chaudière à fourneau de maçonnerie. Le cylindre est dans le dôme de vapeur et surmonté par les soupapes de sûreté ; les bâtis et les glissières sont en fonte et très- robustes. Le constructeur proposait à l'exposition de fournir ce type pour force de 1 cheval jusqu'à 200 chevaux au prix moyen de 450 francs par cheval, sans doute pour les machines d'une certaine importance.

2° *Thomas et Laurens, à Paris.* — La fig. 9, même planche, montre en coupe longitudinale et en coupe transversale une intéressante machine essentiellement combinée pour devenir fixe. Sa date est déjà assez ancienne. Ses particularités principales sont : 1° la chaudière tubulaire en retour, avec cette particularité que le foyer et le faisceau tubulaire peuvent être retirés par la façade pour le nettoyage à fond si utile dans ces sortes d'appareils ; 2° le cylindre est enfermé avec les boîtes de distribution dans le dôme de vapeur qui est en fonte ; 3° le réchauffeur d'eau alimentaire consiste en un dôme entre le cylindre et la cheminée et que traverse la vapeur au moyen d'un double coffre suffisamment indiqué au dessin ; 4° au lieu du pendule ordinaire à boules, il y a un régulateur à air dit du système Larivière recommandé par M. Thomas comme plus effectif que le pendule à boules, surtout dans ces petites machines à mouvements très-rapides. Ce système de machines de MM. Thomas et Laurens a été appliqué même pour des forces de 40 chevaux et plus.

3° *Buet et Dupuy, à Dijon et Paris.* — La fig. 8, même planche, indique la coupe longitudinale par l'axe en élévation, d'une machine très-curieuse remarquée à l'exposition pour les particularités suivantes : 1° chaudière avec tubes en retour et en fer ; 2° cylindre placé dans le dôme à vapeur qui, lui-même est enveloppé par la boîte à fumée que surmonte une cheminée pliée en 3 pièces pour le cas où on voudrait transporter l'appareil ; 3° le cylindre à une course réduite à la *moitié du diamètre*, et cette proportion est déterminée comme règle, suivant le constructeur qui a déduit de ses calculs et expériences qu'elle était la plus favorable à la diminution du frottement, etc. etc. ; 4° la pompe alimentaire sert de guide à la tige du tiroir de distribution, l'un et l'autre sont mus par un seul et même excentrique ; 5° le pendule à boules équilibrées appartient au système anglais dit de Porter ; 6° la table d'assise du mécanisme est creuse et sert à réchauffer l'eau alimentaire par la circulation du tube d'émission de vapeur avant sa décharge dans la cheminée.

4° *Albaret, à Liancourt.*—La fig. 6, pl. XXXII, indique en perspective et élévation un spécimen de machine demi-fixe très-simple. Le mécanisme est celui des locomobiles ordinaires de la maison Albaret. La chaudière ayant extérieurement la forme tubulaire classique, ne contient néanmoins qu'un seul gros tube bouilleur d'où la flamme sort pour venir sous le corps extérieur de la chaudière au moyen d'un carneau de brique, où est enfermé, si on veut, un bouilleur chauffé en retour de flamme. Cette disposition radicalement simple de construction, de pose et d'entretien, a reçu, paraît-il, d'assez nombreuses applications dans les campagnes comme machine fixe de 3 à 5 chevaux.

5° Comme dernier spécimen des machines fixes pour les petites usines, on mentionnera les locomobiles proprement dites et aux formes classiques de Marshall, ou tout autre constructeur anglais, dont la seule particularité est de reposer à demeure sur le sol par leurs extrémités sur deux bâches en fonte, celle qui sert de base à la boîte à feu n'est autre que le cendrier ouvert sur la façade avec porte mobile. La bâche en fonte qui porte la boîte à fumée terminant la chaudière à l'avant est close et contient l'eau alimentaire qu'on peut chauffer par un jet de vapeur quand le voisinage de la boîte à fumée n'élève pas suffisamment sa température au gré du mécanicien.

Ici se termine l'étude des machines à vapeur de chemins de fer et d'usines que nous avions entreprise à l'occasion de l'exposition, pendant que M. Ortolan, notre collaborateur, s'occupait des machines marines. Nous sommes entré dans tous les détails intéressants que réclamait le vaste champ de nos appréciations sur le mémorable concours de 1867. Notre tâche continuera à être complétée dans notre publication courante des *Annales du Génie civil*, où il sera possible de nous étendre comme il convient sur les machines à vapeur de l'une ou l'autre classe qui ont un intérêt de premier ordre.

Qu'on ne nous reproche pas d'avoir rarement conclu sur le mérite de tant de systèmes offerts à nos yeux, tant dans l'industrie que dans les galeries de l'exposition, nous avons voulu simplement présenter une étude impartiale qui laisse le lecteur juge. Nous nous sommes efforcés de saisir et de caractériser les tendances actuelles des ateliers et des manufactures qui changent si souvent, parce que les circonstances, les temps et les besoins changent eux-mêmes.

IMPRIMERIE POLYTECHNIQUE DE E. LACROIX A SAINT-NICOLAS-DE-PORT (MEURTHE).

DESCRIPTION ET DONNÉES NUMÉRIQUES

DES

PRINCIPAUX SYSTÈMES DE CHAUDIÈRES FIXES

ACTUELLEMENT EN USAGE

PAR M. A. ORTOLAN.

Mécanicien en chef de la Flotte

Pl. XXXVII, XXXVIII, XXXIX et XL

La faculté de vaporisation des chaudières et un des principaux éléments de la puissance réelle des machines à vapeur. Il reste beaucoup plus de progrès à atteindre par les appareils générateurs que par la machine elle-même. C'est en ces termes que nous exprimions l'opinion des ingénieurs et des mécaniciens, au début d'un travail d'une certaine étendue publié dans les *Études sur l'Exposition universelle* de 1867 (tome Ier, page 57, suite 113, etc.). Les systèmes de chaudières qui ont figuré dans cette mémorable exposition, n'ont pas tous survécu à la circonstance ; le plus grand nombre a été introduit dans la pratique et justifie plus ou moins des espérances fondées. Les renseignements que nous avons pu réunir, permettent de constater un progrès sensible dans l'importante question de l'utilisation du combustible brûlé dans les chaudières actuellement en usage ; nous les résumerons dans la présente note, sous la forme descriptive et dans les données numériques relatives aux dimensions principales.

Le classement par type donne la nomenclature suivante comprenant les systèmes étudiés ici :

Chaudières à bouilleurs, non tubulaires.	système	Powell . . .	fig. 1
	—	Tembrinck et Bonnet	fig. 2
Chaudières à bouilleurs, tubulaires, à flamme directe.	—	Munier.	fig. 3
	—	Chevalier	fig. 4
	—	Farcot.	fig. 5
	—	Cail	fig. 7
	—	Imbert.	fig. 8
Chaudières à bouilleurs, tubulaires, à retour de flamme.	—	Hougel et Teston. . .	fig. 6
	—	Le Cherf.	fig. 9
	—	Durenne.	fig. 10
	—	Thomas et Laurens .	fig. 11
	—	Chevalier	fig. 12
	—	Galloway	fig. 13
Chaudières verticales à lames ou à bouilleurs.	—	Hermann-Lachapelle .	fig. 14
	—	Thirion	fig. 15
	—	Holt	fig. 16,17

Chaudières dites inexplosibles.	— Joly	fig. 18
	— Howard	fig. 23
	— Maulde et Vibart. . .	fig. 24
	— Belleville.	fig. 25,26
	— Field	fig. 27
Chaudières à foyer et à fourneaux d'un système tout à fait spécial.	— Foyers parallèles et à creuset . . .	fig. 20,21,22

Mesure de la puissance de vaporisation. En service courant, les meilleurs générateurs ne produisent pas plus de 7 kilogr. de vapeur par kilogr. de combustible brûlé. Si cette donnée était constante, un progrès réel serait accompli, mais la moyenne de la production dans les chaudières directes ci-après, ne dépasse pas 5 kilogr., bien que des expériences isolées aient donné un rendement plus élevé. De cette différence, il résulte souvent des erreurs fâcheuses lorsqu'il s'agit de faire le choix de la grandeur d'une chaudière pour une machine dont la puissance est exactement connue.

On est forcé de reconnaître l'insuffisance des moyens ou des calculs en usage pour déterminer exactement le pouvoir générateur d'une chaudière. Parmi les méthodes proposées, celle qui s'écarte le moins de la vérité dans la durée d'un long service et dans les conditions d'un bon entretien, est de compter sur une vaporisation de 20 kilogr. d'eau par heure et par mètre carré de surface de chauffe, à la condition que le rapport entre la surface de chauffe et la surface de grille sera dans les limites de 30 à 40 ; soit en moyenne :

$$\text{Puissance vaporisatrice} = \frac{\text{surface de chauffe totale}}{\text{surface de grille}} = 35.$$

Nous avons eu l'occasion de vérifier une formule empirique appliquée aux chaudières fixes, déduite de celle proposée par Armstrong pour les chaudières marines ; elle donne des résultats très-rapprochés de l'exactitude, particulièrement sur les générateurs tubulaires et à bouilleurs.

Désignant par P puissance vaporisatrice.
S surface de grille en mètres carrés.
F surface de chauffe en mètres carrés.

On pose : $P = 6 \cdot \sqrt{S \cdot F}.$

La formule d'Armstrong est :

$$P = \frac{1}{2}(F + S),$$

F exprimant la surface de chauffe en yards carrés.
S — de grille en pieds carrés.

Dans cette question importante, on néglige habituellement l'élément le plus actif, l'habileté du chauffeur et l'état d'entretien de l'appareil. Aussi les mécomptes sont fréquents et fréquemment attribués à tort, au système d'installation. Entre un chauffage bien conduit et un chauffage négligé, il y a une différence de résultat du double au simple.

Pour entrer dans un examen critique des générateurs décrits ci-après, nous signalerons les observations principales auxquelles ils ont donné lieu.

Chaudière à bouilleur non tubulaire, à deux foyers intérieurs, système Powell, pl. XXXVII, fig. 1, coupe longitudinale et 1/2 coupe transversale. Échelle de 133 millim. par mètre.

Le corps de chaudière est cylindrique et logé dans une maçonnerie en briques réfractaires; à la suite de chacun des foyers *ff*, et après la chambre à feu F (coupe longitudinale) se trouve un bouilleur *gg* mis en communication avec l'eau par le manchon *n* et avec la vapeur du cylindre enveloppe par le manchon *f'e* et par un tube de cuivre *h*. La flamme lèche les bouilleurs *gg* ; les gaz chauds et les produits volatils de la combustion passent de la chambre M dans la galerie R (coupe G H) qui règne sur une certaine étendue autour et le long du corps de la chaudière, et s'évacuent dans la cheminée par le canal de déversement H. Un trou d'homme *o*, donne passage dans la chambre à fumée M pour le ramonnage des galeries. La forme cylindrique de l'enveloppe et des foyers donne une très-grande résistance à ce système de générateur ; résistance augmentée par des cercles en fer *p*, *p*, *p* de 25 à 30 centimètres de largeur, servant de couvre-joints à l'assemblage des tôles fait bout à bout.

La consolidation des faces planes est établie au moyen de cornières *m*, *m* dirigées obliquement du haut et du bas du cylindre sur les faces planes, et au moyen de grands tirants horizontaux T, T aboutissant de l'une à l'autre face de la chaudière.

Ce système, en tant que disposition générale, est depuis longtemps connu dans la pratique sous le nom de *chaudière de Cornouailles*. Il comportait primitivement une très-grande surface de grille, dans le but de pouvoir profiter de l'économie de combustible résultant d'une combustion lente. La chaudière de M. Powell ne pourrait prétendre à un succès dans cette condition ; la surface de grille, bien que sensiblement plus grande que dans les générateurs à combustion active, n'atteint pas les dimensions exigées. La partie occupée par l'eau paraît présenter des obstacles à la circulation, mais ce n'est là qu'un défaut apparent, la pratique n'a pas donné de résultats défavorables, à ce dernier point de vue.

La formule empirique posée ci-avant donne pour la puissance vaporisatrice P, de la chaudière (fig. 1) :

$$P = 6 . \sqrt{S . F} = 6 \times \sqrt{82 \times 2{,}10} = 78 \text{ chevaux.}$$

Les dimensions des parties principales sont les suivantes :

Surface de grille	2^{m2},10
— de chauffe exposée à la flamme	6 ,60
— — totale	82 ,00
Rapport de la surface de chauffe à celle de la grille	39
Volume de l'eau	17^{m3},00
— de la vapeur	3 ,00

Chaudière à bouilleurs, à deux foyers extérieurs, système Tembrinck et Bonnet. Pl. XXXVIII, fig. 2, coupe longitudinale et transversale. Échelle de 14 millim. par mètre.

La disposition de cette chaudière est favorable à la fumivorité en raison de la grande hauteur entre la surface de la grille et les bouilleurs, et en raison de la division de cette surface en deux foyers permettant de charger alternativement chacun d'eux avec plus de soin, sans donner lieu à une abondante formation de fumée. Ce dernier inconvénient est évidemment d'autant plus persistant que la charge de combustible frais est plus grande en une seule fois.

Chacun des petits bouilleurs *d*,*d* (coupe EF) est entièrement logé dans un fourneau formé par la chambre voûtée *v*,*m*. Les gaz chauds passent de *b* dans les galeries qui entourent le grand bouilleur *a* sur les deux tiers de sa circonférence et qui se prolongent assez en arrière pour former une boîte à fumée spacieuse; ils viennent toucher ensuite les cylindres réchauffeurs de l'eau d'alimentation *r*, *r*, *r*. Cette dernière installation procure évidemment une économie de combustible appréciable.

Au sujet de la grande hauteur qui existe entre la grille et la voûte *v* formant le ciel du fourneau, il y a lieu de remarquer qu'une disposition si conforme aux indications de la pratique et de la théorie, est rarement adoptée par les constructeurs : la combustion d'un volume donné de gaz combustible ne peut se produire complétement, que dans un espace suffisamment grand pour ne pas gêner la dilatation et le mélange des différents éléments générateurs. C'est là le premier point de ce principe si naturel et si souvent oublié : ne commencer le chauffage qu'après être arrivé à la combustion complète des gaz mis en liberté ou formés dès le début du phénomène de la combustion.

Les dimensions principales de la chaudière Tembrinck, représentée fig. 2, donneraient une puissance de 60 chevaux seulement, d'après la formule empirique déduite des expériences d'Armstrong et modifiée pour l'application aux chaudières à bouilleurs et tubulaires.

Surface de grille	1^{m^2},76
— de chauffe totale	54 ,00
Rapport de la surface de chauffe à la surface de grille . .	30 ,68
Volume de l'eau.	10^{m^3},00
— de la vapeur	3 ,00

Chaudière tubulaire à flamme directe à foyer intérieur, système Meunier. Pl. XXXVII, fig. 3. Echelle de 18 millim. par mètre.

La forme extérieure est cylindrique, sauf à la partie comprise dans toute la longueur du fourneau qui est en tôle d'acier (coupe CDE) ; le ciel de celui-ci est rendu solidaire de l'enveloppe par des tirants T, T liés à des fers de ornière *n*, *n*, dans le haut, et à une armature *f f* fixée au fourneau, dans le bas. Cette installation est imitée de ce qui existe dans les chaudières de locomotives et présente une résistance très-grande.

Les faces avant et arrière *a b*, *t o*, sont planes; elles sont maintenues contre la pression intérieure par des fers de cornière *m*, *m* qui augmentent leur rigidité.

De la grille, la flamme passe dans la chambre de combustion F, dans les tubes *t, t;* les gaz chauds rendus dans la boîte à fumée *to* se distribuent dans les galeries R, R en agissant sur les deux tiers environ de la surface extérieure du cylindre enveloppe. Une porte de ramonnage *p* sur l'arrière, une autre *g* dans le fond de la chambre de combustion F, des trous d'homme *o, o'* permettent un entretien facile de la propreté dans les parties où l'encombrement par la suie, les dépôts terreux, etc., occasionnent une diminution importante de l'utilisation de la chaleur produite.

Le faisceau tubulaire comprend 74 tubes en fer de 65 millimètres de diamètre intérieur et de 5 mètres de longueur. La chambre de combustion F, a environ 50 centimètres de longueur. Ces deux parties principales de la chaudière ne sont pas dans les meilleures conditions de dimensions; les tubes ont un diamètre trop petit pour leur longueur et la chambre F ne laisse pas assez d'espace libre entre l'autel et l'orifice des tubes. L'expérience conduira le constructeur à tenir compte dans une plus grande mesure des critiques judicieuses de Williams sur les générateurs tubulaires[1].

Surface de grille	$1^{m2},68$
— de chauffe.	99 ,00
Rapport de la surface de chauffe à celle de la grille.	58
Volume de l'eau.	$6^{m3},200$
— de la vapeur.	2 ,300

La chaudière Meunier construite dans les dimensions indiquées (fig. 3), aurait une puissance vaporisatrice de $P = 6 \times \sqrt{99 \times 1,68} = 109$. Il est probable que cette puissance serait produite pendant un essai isolé, alors qu'il n'y a pas encore d'engorgement des tubes par la suie et le fraisil; mais en service courant, il faudrait ne compter que sur un rendement de 80 à 90 chevaux.

Chaudière tubulaire à flamme directe, à foyers intérieurs amovibles, système Chevalier. Pl. XXXVII, fig. 4. Echelle de 12 millim. par mètre.

L'amovibilité du foyer d'une chaudière ne présente pas de tels avantages qu'il faille y sacrifier une part de la solidité de l'ensemble. L'enlèvement complet et facile des dépôts séléniteux sur les tubes est une obligation impérieuse, si on veut faire profiter en entier des avantages présentés par l'emploi des générateurs tubulaires, c'est-à-dire de produire beaucoup de vapeur dans une chaudière relativement peu volumineuse. La question d'économie de combustible avec ce système n'est pas encore suffisamment prouvée, car les détériorations inhérentes à l'arrangement tubulaire s'y produisent brusquement pour ainsi dire, après un certain temps de service continu. L'amovibilité du foyer en entier, ou seulement du faisceau tubulaire, étant démontrée nécessaire, il est important de la rendre facile et de remettre tout en place sans risquer de laisser des fuites d'eau ou de vapeur entre les joints de liaison.

La chaudière Chevalier paraît présenter des conditions de pratique suffi-

[1] *Combustion du charbon*. 1 vol. Librairie Lacroix.

santes aux deux points de vue indiqués plus haut, sans toutefois avoir atteint le progrès désirable. Par un joint, avec colerettes et boulons à écrous, au chanvre et au mastic de minium, les tôles planes *a b* et *c d* sont retenues au cylindre *a b c d* formant le réservoir d'eau; ces tôles sont les parties de l'avant et de l'arrière du cylindre *e f*, *t'* qui contient la grille, la chambre de combustion F et le faisceau tubulaire *t t'*. Un bouilleur V surmonté d'un cylindre V' constitue un réservoir de vapeur très-spacieux, détail très-important dans une chaudière et généralement négligé dans les calculs des projets de construction. La flamme et les produits gazeux passent directement de la chambre de combustion dans les 25 tubes de cuivre de 1m,60 de longueur sur 0m,10 de diamètre; ils s'écoulent par les galeries latérales R, R, et avant d'arriver à la cheminée ils touchent les bouilleurs inférieurs *g g*, qui sont en réalité des réchauffeurs actifs de l'alimentation.

Les dimensions de la chaudière (fig. 4), sont les suivantes :

Surface de grille.	60m²,00
— de chauffe totale	1 ,40
Rapport de la surface de chauffe à celle de la grille . .	42
Volume de l'eau.	8m³,800
— de la vapeur	2 ,200

La puissance vaporisatrice serait de $P = 6 \cdot \sqrt{60 \times 1,40} = 55$ chevaux.

Il n'est pas sans intérêt de remarquer que dans cette chaudière, trois points principaux ont été étudiés et ont été résolus dans des limites rationnelles : chambre de combustion longue ; tubes courts et d'un diamètre comparativement grand ; coffre à vapeur spacieux. Le progrès est bien compris par le constructeur.

Chaudière à bouilleurs et à tubes, à flamme directe et à foyer amovible, système Farcot. Pl. XXXVIII, fig. 5. Echelle de 15 m/m par mètre.

Deux bouilleurs cylindriques, *ab* et *cd* sont réunis par des manchons ou calottes *ee* à grande section ; l'ensemble est logé soit dans une maçonnerie de briques réfractaires formant autour des bouilleurs des galeries M,M', N,N', soit dans une chambre à section tronc-conique formée par deux tôles rapprochées en *p*, *p* et dont l'entre-deux est rempli d'un feutre ou d'un plastique isolant la chaleur. Dans le bouilleur inférieur *cd*, le foyer amovible est établi de la manière suivante : deux cornières longitudinales placées à la hauteur du diamètre horizontal du grand bouilleur, sont fixées à l'intérieur des galeries contre l'enveloppe et forment ainsi un chemin de fer sur lequel, par des galets *g*, *g*, repose le cylindre intérieur au grand bouilleur (voir coupe transversale). Ce cylindre, qui n'est autre chose que le foyer complet avec ses tubes, peut donc facilement entrer dans le corps de chaudière et en sortir comme l'indique la coupe longitudinale dans la partie pointillée à l'avant ; le galet du bas *g'* est ajouté au moment de faire la manœuvre pour sortir le foyer. Un joint à colerette BB sur l'avant, et un autre AB sur l'arrière réunissent solidement le foyer au bouilleur. Cette disposition est bien combinée et paraît être pratique.

Les tubes t font directement suite à la grille ll' ; la chambre de combustion F, entre l'autel et la plaque de tôle, est suffisamment spacieuse pour que le mélange de l'air et du gaz sortant du foyer se fasse dans de bonnes conditions. A la sortie des tubes, les gaz chauds passent dans la chambre M, dans les galeries M' M', descendent dans les galeries N, N', et après avoir ainsi touché presque toute l'étendue de la surface extérieure de la chaudière, ils s'écoulent au dehors par la cheminée aboutissant à la galerie de déversement H ; un registre à papillon s permet de régler le tirage, sa tringle de manœuvre i est à la portée du chauffeur.

La longueur de la grille est de $2^{m},30$ et sa largeur de $1^{m},35$; elle représente donc l'énorme superficie de $3^{m2},10$. L'inventeur prétend que les barreaux du fond, qui n'ont que $0^{m},90$ de longueur et donnant par suite une surface d'ensemble de $1^{m},21$, constituent une grille supplémentaire dont l'emploi est réservé pour les cas où il serait nécessaire de produire une très-grande quantité de vapeur. Cette prétention est acceptable à la condition de faire usage d'un autel volant, comme ceux en usage dans les chaudières marines, qui permette d'augmenter ou de diminuer à volonté la surface active de la grille en éloignant ou en rapprochant l'autel volant de l'autel fixe.

Les dimensions principales de la chaudière (fig. 5) sont les suivantes :

Surface de grille.	$3^{m2},10$
Surface de chauffe totale.	120 ,00
Rapport de la surface de chauffe à celle de grille. .	38 ,67
Volume de l'eau	$10^{m3},00$
Volume de la vapeur.	4 ,00

La formule empirique ci-après donne pour la puissance de vaporisation P :

$$P = 6 \, . \sqrt{3,10 \times 120} = 114 \text{ chevaux.}$$

DESCRIPTION ET DONNÉES NUMÉRIQUES

DES

PRINCIPAUX SYSTÈMES DE CHAUDIÈRES FIXES

ACTUELLEMENT EN USAGE

PAR M. A. ORTOLAN.

Mécanicien en chef de la Flotte

Pl. XXXVII, XXXVIII, XXXIX et XL [1]

(SUITE[2])

Chaudière tubulaire à flamme directe à foyer intérieur et à tubes démontables, système Cail. Pl. XXXIX, fig. 7. Échelle de 15 millim. pour 1 mètre.

Un grand cylindre horizontal DD forme l'enveloppe de la chambre à eau ; il contient 110 tubes *tt* d'une longueur de 4^m,80, de 65 millim. de diamètre, et la boîte à feu *f*, reliée par une tubulure en fonte T, au conduit de la cheminée H. Les tubes viennent aboutir à un cylindre vertical *aa*, *bb*, contenant la grille et la chambre à feu ; une enveloppe circulaire *dd* surmontée du coffre à vapeur VV' est concentrique au foyer, et se relie au cylindre horizontal DD. Cette partie de l'avant de la chaudière est appuyée sur un socle creux *ss* qui forme le cendrier.

Surface de grille	1^{m2},975
— de chauffe totale	120^{m2},000
Rapport de la surface de chauffe à celle de la grille.	69
Volume de l'eau	5^{m3},300
— de la vapeur	2^{m3},200

La puissance vaporisatrice donnerait $P = 6.\sqrt{69 \times 1,75} = 66$ chevaux.

La critique de cet appareil porte sur la longueur des tubes (4^m,80) et leur faible diamètre (65 millim.) proportionnellement à leur longueur. Une bonne utilisation de la chaleur dans les chaudières à longs tubes et de faible section, n'est possible qu'avec un tirage forcé. C'est un fait aujourd'hui irrécusable. La chaudière de M. Cail ne s'explique que dans le cas où, comme dans les locomobiles, il est indispensable de limiter la largeur et la hauteur du générateur dans un espace restreint, et de gagner sur la longueur l'espace nécessaire à une surface de chauffe très-étendue.

Chaudière tubulaire à deux foyers intérieurs à flamme directe ; système Houget et Teston. Pl. XXXIX, fig. 6. Echelle de 14 millim. par mètre.

Dans un cylindre-enveloppe sont établis : 1° un cylindre BC formant la chambre à feu ; 2° un faisceau tubulaire *tt'* à la suite de cette dernière ; 3° deux cylindres *f*,*f'* contenant chacun une grille et un cendrier ; la chambre à fu-

[1] Les planches ont été publiées avec le numéro d'août.

[2] Voir les numéros d'août et septembre.

mée *t* est prise dans la maçonnerie. Cette dernière disposition occasionne une perte de chaleur assez importante dans les générateurs qui laissent peu de longueur entre l'autel et la boite à fumée : la température des gaz s'y trouve encore entre 400 et 500°, et mieux vaudrait utiliser cette chaleur en ménageant autour de l'enveloppe des galeries de communication entre la boite à fumée et la cheminée.

Les tubes ont $2^m,80$ de longueur et 10 centimètres de diamètre ; la proportion est favorable à une bonne utilisation de la chaleur.

La division du foyer en deux fourneaux est une complication dont le bon résultat n'est pas justifié ; ce qu'on gagne par le fait de l'augmentation de la surface de chauffe est compensé par la perte qu'occasionne une combustion incomplète lorsque le foyer est étroit et long. L'expérience a toujours donné raison aux constructeurs de chaudière qui établissent les foyers dans ces conditions :

Grille large et courte ;

Chambre de combustion au-dessus de la grille, haute et à ciel légèrement courbe;

Cendrier haut et à niveau du sol.

Le générateur Houget et Teston est particularisé par la grande chambre de combustion située entre l'autel et le faisceau de tubes, disposition favorable à ún bon rendement. Le coffre à vapeur (V et V') n'est pas suffisamment spacieux. La partie annexe V' pouvait être augmentée en volume sans aucun inconvénient.

L'application de la formule empirique, avec les dimensions suivantes mesurées sur l'appareil : donne, $P = 6\sqrt{90,4 \times 2,4} = 88$ chevaux.

Surface des grilles	$2^{m^2},40$
— de chauffe totale.	$120^{m^2},00$
Rapport de la surface de chauffe à celle de la grille.	50
Volume de l'eau	$11^{m^3},300$
— de la vapeur.	$2^{m^3},400$

Chaudière cylindrique tubulaire pour locomobile à foyer intérieur, à flamme directe, système Imbert. Pl. XXXIX, fig. 8. Échelle de 33 millim. pour 1 mètre.

Dans un cylindre *cd*, est installé un foyer *ab* à section circulaire ; un faisceau de tubes TT fait suite à une chambre à feu très-peu spacieuse ; la chambre à fumée TH est comprise dans le cylindre enveloppe ; les gaz s'écoulent directement au dehors avec une température qu'il serait possible d'abaisser au profit de la vaporisation, sans nuire au tirage dans le foyer, c'est-à-dire en dirigeant les gaz autour de la partie supérieure du bouilleur, avant de la conduire dans la cheminée, ou tout au moins en les employant à chauffer l'eau d'alimentation dans un réservoir à part.

La disposition de l'ensemble de cette chaudière est des plus simples. La critique des systèmes à tubes longs et de petit diamètre s'y applique, sans compensation du bénéfice d'un foyer à ciel élevé. La grille est dans de bonnes proportions. Le magasin de vapeur VV' se rapproche beaucoup des dimensions avantageuses à la formation d'une vapeur *peu humide* et sans entraînement d'eau permanent.

Les tôles de la chaudière Imbert sont *soudées* les unes aux autres ; la construction de la chaudronnerie de fer réalise par ce fait un très-grand progrès et particulièrement celle des générateurs de vapeur dont la partie qui s'use le plus promptement est la ligne de jonction des coutures[1].

Les dimensions principales de la chaudière Imbert, représentée fig. 8, donnent les nombres ci-dessous :

Surface de chauffe	$15^{m2},00$
— de grille	$0^{m2},80$
Rapport de la surface de chauffe à celle de la grille.	$18^{m2},75$
Volume de l'eau	$2^{m3},700$
— de la vapeur	$0^{m3},727$

La puissance vaporisatrice calculée avec la même méthode que pour les systèmes précédemment décrits, serait de 6 chev., 6. Mais comme on l'a fait remarquer, la formule empirique s'écarte de la vérité dans les cas où le rapport de la surface de chauffe à celle de la grille n'est pas compris entre 30 et 40.

Chaudière à bouilleurs, tubulaire, à foyer extérieur à retour de flamme, système Lecherf. PL. XXXVIII, fig. 9. Échelle de 1 millim. par mètre.

Dans cette chaudière, que l'inventeur a qualifiée de *Chaudière mixte*, se trouvent réunis un certain nombre d'avantages réels, sans que la complication de l'installation soit bien grande : au départ du foyer ménagé dans la maçonnerie enveloppant toute la chaudière, la flamme et les gaz chauds lèchent le dessous des deux bouilleurs I I (coupe CD et EF), arrivent ensuite dans la chambre F (coupe MN), passent dans 34 tubes en cuivre de $0^{m},10$ de diamètre rangés horizontalement dans le grand bouilleur *a b*, arrivent dans la chambre M (coupe GH) et se rendent à la cheminée H par des galeries *ab'*N ménagées autour de la partie supérieure du grand bouilleur ; dans ces deux galeries latérales, les gaz chauds ne touchent pas directement le métal (coupe AB, galerie N), une légère épaisseur de briques recouvre ce dernier ; ainsi la chaleur communiquée à la vapeur contenue dans le réservoir n'est pas susceptible de surchauffer la vapeur, elle la *sèche* simplement. — Pour ce dernier résultat, l'épaisseur de la cloison en briques doit être bien faible, sinon la transmission de la chaleur profitable serait nulle, eu égard à la nature réfractaire de la brique et à la température du bouilleur.

Dans le grand bouilleur *ab* (coupe GH), les tubes sont disposés de manière à laisser un espace libre dans la partie du bas, sur un arc limité et au centre des manchons de communication entre les petits bouilleurs et le grand[2] ; ainsi, le dégagement de la vapeur formée dans les bouilleurs I,I, se fait sans obstacle et sans qu'il y ait entraînement d'eau à l'état vésiculaire.

La précipitation des matières terreuses et calcaires, tenues en suspension

[1] Voir dans un n° suivant l'article de *quelques nouveaux procédés de construction des chaudières*.

[2] Cette disposition a été omise par erreur dans la coupe CD et EF.

ou en dissolution dans l'eau de puits ou de rivière, est d'autant plus prompte que la température est plus élevée et que l'expulsion de l'acide carbonique est complète. Ce fait a dû conduire M. Lecherf à ne faire passer que le retour de flamme dans les tubes en cuivre, et à provoquer, pour ainsi dire, la formation des dépôts dans les bouilleurs du bas, exposés à la plus grande chaleur ; ainsi, les tubes en cuivre, conservent leur grande faculté de transmission de calorique, mais les bouilleurs seraient exposés à un surchauffement du métal touché par la flamme vive du foyer, si par des extractions suffisamment rapprochées on n'évacuait pas les dépôts accumulés dans les fonds.

Deux autres avantages importants distinguent la chaudière Lecherf : le nettoyage extérieur de l'appareil est rendu facile par l'espace libre laissé entre les deux séries de tubes écartés dans le bas, vis-à-vis des manchons des bouilleurs (coupe GH), et le volume de l'ensemble est notablement réduit par suite de la disposition des tubes au-dessus des bouilleurs et non dans son prolongement.

En résumé, la *Chaudière mixte* réalise un progrès marquant dans la disposition des générateurs de vapeur, et l'économie de combustible de 20 °/₀ accusée par plusieurs industriels qui l'ont en service, en concurrence avec le système à bouilleurs, non tubulaire, s'explique sans le secours de la discussion des formules numériques.

Le croquis fig. 9 donne les dimensions suivantes :

Surface de chauffe.	$75^{m2},00$
— de grille.	$2^{m2},06$
Rapport de la surface de chauffe à celle de la grille	36
Volume de l'eau.	$7^{m3},00$
— de la vapeur.	$2^{m3},00$

Puissance vaporisatrice : $P = 6,\sqrt{75 \times 2,06} =$ 73 chevaux.

Chaudière à bouilleurs, tubulaire, à foyer extérieur, à retour de flamme, système Durenne. PL. XXXVIII, fig. 10. Echelle de 15 millim. pour 1 mètre.

Cet appareil est complétement disposé comme celui de M. Lecherf, on lui donnerait donc à tort le nom de tout autre inventeur. La hauteur des manchons de liaison des petits bouilleurs avec le corps cylindrique V où sont rangés les tubes, le plus grand écartement des bouilleurs (ce qui permet de donner plus de largeur à la grille), sont les seules différences un peu notables entre les deux chaudières (fig. 9 et fig. 10). L'augmentation de la largeur de la grille a permis une augmentation sensible de la puissance de vaporisation, sans augmentation proportionnelle de volume de l'ensemble. La disposition très-bien comprise de la séparation des tubes en deux groupes, dans la chaudière Lecherf, n'existe pas dans l'appareil construit par M. Durenne.

Surface de chauffe totale	100^{m2}
— de grille	3^{m2}
Rapport de la surface de chauffe à celle de la grille . . .	33,3

Volume de l'eau. . . . . $8^{m^3},500$
— de la vapeur. 2^{m^3}

Puissance vaporisatrice : $P = 6.\sqrt{100 \times 3} = 103$ chevaux.

Chaudière à bouilleur, tubulaire à retour de flamme, à foyer amovible, système Thomas et Laurens. PL. XXXVIII, fig. 11. Echelle de 14 millim. pour 1 mètre.

Dans un cylindre *abc* de 7 mètres, de longueur et de $1^m,30$ de diamètre formant le corps de la chaudière, est logé un second cylindre *efg* contenant la grille, le cendrier et la chambre de la combustion ; ce dernier ensemble constitue la partie amovible retenue à joint étanche dans le grand cylindre par une bride circulaire *ab* (coupe CD et élévation) un joint avec L, et au moyen de boulons. Les gaz chauds et les produits volatils de la combustion arrivent avec la fumée dans la chambre PP, reviennent dans la direction du fourneau en passant dans la série de tubes rangés au-dessous et sur les côtés du cylindre amovible *efg*, lèchent l'extérieur de la chaudière et s'écoulent dans l'atmosphère en gagnant la cheminée par le conduit en maçonnerie H.

Au point de vue de la production de la vapeur, cette chaudière n'a aucune disposition originale qui fasse espérer un meilleur résultat ; sa grille longue et étroite présente des conditions désavantageuses à une bonne combustion et des difficultés pour l'entretien des feux.

L'amovibilité du foyer est sans contredit un progrès, puisqu'il permet le nettoyage complet de toutes les surfaces de chauffe directe, exposées au feu ; mais la réussite complète des joints n'est pas assurée [1].

D'ailleurs, l'amovibilité seule des tubes est un moyen moins coûteux, aussi efficace pour permettre le nettoyage, et plus certain de faire arriver à l'étanchéité que l'est le système de foyer démontable [2].

Le croquis (fig. 11) représente une chaudière dont les données numériques sont les suivantes :

Surface de chauffe totale. . . . . 36^{m^2}
— de grille. . . . . $1^{m^2},10$
Rapport de la surface de chauffe à celle de la grille 32,7

Puissance vaporisatrice : $P = 6 .\sqrt{36 \times 1,10} = 37$ chevaux.

Chaudière à doubles fourneaux intérieurs, tubulaire, à retour de flamme et à bouilleurs, système Chevalier, de Lyon. Pl. XXXVIII, fig. 12. Echelle de 14 millim. pour 1 mètre.

Dans un grand cylindre *ab* est retenu un autre cylindre par des joints démontables aux deux extrémités ; une séparation en briques *n* divise en deux parties égales la longueur du cylindre amovible, chacune d'elles contient un fourneau. Des tubes en cuivre de 12 millim. de diamètre, forment les conduits de gaz et de fumée de l'arrière de chaque fourneau vers l'avant ; ils aboutissent dans un réservoir ou espèce de boîte à fumée en tôle I, qui

[1] Voir dans un numéro suivant l'article : *De quelques nouveaux procédés de construction des chaudières*

[2] Actuellement (juillet 1871), les expériences sont concluantes ; les systèmes de tubes démontables sont nombreux et ont fait leurs preuves. Il en sera donné la description succincte dans l'article deux fois indiqué ici en renvoi.

communique avec les galeries formées par le cylindre *ab*, les réchauffeurs *rr* de l'alimentation et la maçonnerie enveloppante. Les tubes partent de l'extrémité du ciel du fourneau et sont recourbés à leur point de départ, dans le but d'éviter les disjonctions par suite de dilatation ou de contraction qu'ils subissent au moment de la mise en feu de l'appareil et de l'extinction des feux : l'efficacité de ce moyen est plus apparente que réelle ; dans tous les cas, il crée des difficultés pour le nettoyage et donne lieu à des accumulations de suie et de fraisil dans la partie recourbée.

L'observation faite sur les foyers amovibles, en général, à propos de la chaudière Thomas et Laurent, décrite ci-avant, s'applique sans circonstances atténuantes au système Chevalier. Toutefois, il est juste de reconnaître que la chaudière dont la fig. 12 donne les dispositions de l'ensemble, est très-bien comprise au point de vue de la résistance à la fatigue et de l'utilisation de la chaleur ; au dernier carneau de sortie, les gaz ne doivent plus avoir qu'une température peu supérieure à 200°, température suffisante pour le tirage nécessaire à la combustion économique de la houille. C'est en somme un générateur à placer sur la même ligne que celui du système Lecherf ; à de divers titres, l'un et l'autre ont une valeur industrielle au-dessus de la moyenne.

Surface totale de chauffe.	65^{m2}
— de grille.	$1^{m2},55$
Rapport de la surface de chauffe à celle de la grille.	42
Volume de l'eau.	$8^{m3},500$
— de la vapeur.	$2^{m3},500$

Puissance vaporisatrice : $P = 6 . \sqrt{65 \times 1,55} = 60$ chevaux.

Chaudière à fourneaux intérieurs à tubes verticaux et à retour de flamme, système Galloway. Pl. XXXVIII, fig. 13. Échelle de 15 mil. par mètre.

Un grand cylindre *ab* forme le corps de la chaudière ; deux petits cylindres PP (plan), *ed* (coupe AB), contiennent chacun une grille *n*, un cendrier et un autel (coupe horizontale) ; ils viennent se réunir à un conduit unique *cg* de section elliptique (coupe CD et plan) ; dans le conduit sont rangés en quinconce des tubes verticaux *ttt*, de forme tronc-conique dont la hauteur est de 74 millim., le grand diamètre 210 millim. et le plus petit 105 millim. ; leur surface extérieure est touchée par la flamme et les gaz chauds ; l'eau à vaporiser circule dans leur intérieur en communication avec le grand cylindre *ab* par leurs deux extrémités. La forme tronc-conique et la direction vers le haut du grand diamètre sont favorables à la transmission de la chaleur et au dégagement de la vapeur produite dans chaque tube. Le retour de flamme a lieu par deux galeries latérales formées avec la surface extérieure de l'enveloppe ou grand cylindre *ab* (coupe AB), et l'évacuation se fait dans la cheminée par un carneau sous-jacent à ce même cylindre. Des poches latérales, à la suite de l'autel et placées de distance en distance dans le conduit elliptique, ont pour but de déterminer le mélange des gaz sortant de chacun des fourneaux, et par suite d'empêcher la formation de la fumée au moment de la charge de combustible. En *y* se trouve une porte de vidange. Un cylindre V et un espace libre au-dessus du niveau FF constituent le réservoir de vapeur.

Ce générateur est étudié et établi en parfaite connaissance des causes qui, dans la plupart des chaudières fixes, diminuent la transmission de la chaleur du métal au liquide et la formation abondante de la vapeur dans des espaces où elle ne peut se dégager que *difficilement ;* la construction en est malheureusement compliquée, et nécessite un outillage spécial, toutes choses qui font élever le prix d'achat bien au-dessus de la moyenne des chaudières à bouilleurs et à tubes du système ordinaire, et qui éloignent l'acheteur. Il faut le regretter, car le résultat final paraît être en faveur de la chaudière Galloway.

L'appareil représenté fig. 13, donne les résultats numériques suivants :

Surface de chauffe totale.	$67^{m2},00$
— de grille	$2^{m2},20$
Rapport de la surface de chauffe à celle de la grille.	30,5
Volume de l'eau	$14^{m3},00$
— de vapeur.	$3^{m3},640$

Puissance vaporisatrice $P = 6. \sqrt{67 \times 2,20} = 74$ chevaux.

Chaudière fixe ou locomobile verticale à petits bouilleurs, à foyer intérieur, système Hermann-Lachapelle. Pl. XXXVIII, fig. 14. Échelle de 25 millim. pour 1 mètre.

Les moteurs à feu se sont d'abord imposés aux industries qui ont besoin d'une force motrice puissante, et ont remplacé les moteurs hydrauliques ou à vent, dont l'action bien qu'économique, ne pouvait être d'uniformité et de durée constante. Procédant du puissant au plus faible, le progrès s'est étendu petit à petit aux industries, aux fabrications qui n'avaient jamais employé que la force animale représentée par les hommes et les animaux. La nécessité rend ingénieux, dit-on ; c'est une vérité qui a reçu une consécration de plus dans l'invention des petits moteurs à vapeur, pouvant fournir une puissance graduée de 1 à 10 chevaux, de conduite facile, de volume restreint et d'un prix assez peu élevé, pour tenter les petits capitaux dans l'espérance d'une augmentation de bénéfice en peu de temps. C'est ainsi que les appareils dits locomobiles à chaudière cylindrique, verticale, et dont la machine proprement dite est adossée à la chaudière, se sont promptement généralisés. Tels sont les systèmes qui, du nom de leur inventeur, sont désignés par l'appellation, système Bréval, système Maulde et Wibard, système Hermann-Lachapelle, etc. La préférence à accorder à l'un d'eux est bien difficile à établir sur des faits importants ; la différence qui les distingue n'est pas assez caractéristique pour faire prévoir des résultats bien différents, après un service de longue durée. Chacun d'eux a son petit avantage et son petit inconvénient relatifs ; la vogue acquise ou perdue par l'un ou l'autre est plus une question de mode, d'imitation du concurrent ou du voisin, en un mot est plus le produit du genre et de l'étendue de la publicité que la résultante de qualités économiques du système momentanément plus répandu : accorder du temps pour le paiement intégral et livrer à courte échéance, est une formule commerciale dont l'application donnera réputation et bénéfice aux constructeurs d'appareils à vapeur de petite force, à condition évidemment que les appareils ne seront pas inférieurs en rendement utile et en durée à ceux qui, désignés ci-avant, se partagent depuis quinze ans, la faveur des acheteurs et des mécaniciens.

En procédant par le rang de priorité que peut donner le nombre d'appareils en usage en France, le système Hermann-Lachapelle est actuellement en première ligne. La fig. 14 donne une idée assez exacte de la disposition de la chaudière. S'il n'y a pas de critique sérieuse à faire de ce système qui, pas plus que ceux qui l'ont précédé ou suivi, ne peut prétendre à l'économie de combustible, il n'y a pas non plus de mention spéciale en sa faveur : l'augmentation de la surface de chauffe par les bouilleurs I,I,L disposés en croix n'a pas produit le résultat économique qu'on pouvait en espérer. Ce fait prouve, une fois de plus, combien il est important de ne pas *emprisonner* la vapeur formée dans les régions de la chaudière où le contact des surfaces métalliques avec la flamme et les gaz très-chauds détermine une abondante formation de vapeur ; il est facile de comprendre que les bouilleurs transversaux de la chaudière dont il s'agit ne sont pas disposés de manière à faciliter le dégagement des bulles gazeuses dans le réservoir supérieur V. C'est très-souvent à cet oubli d'un principe si évident de vérité, qu'est dû l'insuccès des appareils générateurs parfaitement installés par ailleurs et présentant au premier examen toutes les conditions d'une réussite complète.

Le grand cylindre enveloppe AB contient le foyer formé par le cylindre *cd ;* des portes de nettoyage des bouilleurs de la lame d'eau du bas (*nn*) et du coffre à vapeur (*m*) permettent un entretien facile.

ef est la porte du fourneau ; V, le coffre à vapeur ; H la cheminée.

Pour une puissance au-dessus de 6 chevaux, l'emploi de la chaudière verticale locomobile est onéreuse ; il faut lui préférer le générateur fixe à bouilleurs tubulaires logé dans une maçonnerie de briques réfractaires.

Chaudière locomobile, verticale, cylindrique à foyer intérieur, système Girard et Thirion. Pl. XXXVIII, fig. 15. Échelle de 20 millim. pour 1 mètre.

Cette chaudière est évidemment des plus simples : dans un cylindre extérieur à dôme *ab*, est fixé concentriquement un second cylindre *cd* qui contient le foyer et au haut duquel aboutit la cheminée H ; la partie *h* de la cheminée traverse le coffre à vapeur V et forme ainsi un sécheur de la vapeur. Des tirants *tt* consolident le foyer. La surface de chauffe totale est de $4^{m},50$, celle de la grille de $0^{m},50$.

Comparé aux chaudières de même catégorie (locomobiles, verticales à foyer intérieur), le système Girard et Thirion est évidemment plus volumineux pour une même puissance. La simplicité de l'arrangement intérieur donne certainement une économie de main-d'œuvre, mais le peu d'étendue de la surface de chauffe qui en résulte, conduit à une augmentation du volume de l'ensemble et à une utilisation plus incomplète de la chaleur dégagée dans le foyer.

Chaudière locomobile, verticale à lames d'eau à foyer intérieur, système Holt. Pl. XL, fig 16, 17, 17 bis.

L'originalité de cet appareil consiste en la disposition des carneaux formés par des cloisons planes donnant des conduits verticaux à section rectangulaire ; ceux-ci aboutissent directement du foyer à la calotte de la cheminée et sont rivés sur les plaques *aa*, *bb* ; la calotte de la cheminée est logée dans le coffre V′ et constitue, avec le haut des carneaux qui émerge le niveau du liquide en V, un sécheur de vapeur puissant et économique.

Les parois planes sont consolidées par des entretoises *ee* (fig. 17 et 17 bis) des tirants *tt* (fig. 16) contretiennent le corps de chaudière au-dessus de l'ouverture ménagée pour l'entrée du fourneau.

La surface de chauffe est énormément accrue par la multiplicité des carneaux ; mais il est à craindre que dans ceux-ci la flamme et la masse des gaz chauds divisés en lames minces se refroidissant trop vite, donnent naissance à des produits incombustibles et à des dépôts abondants de suie sur les parois métalliques ; ce n'est en tout cas qu'une question du plus ou moins grand nombre de carneaux dans un espace déterminé. L'inventeur du système a dû procéder par des expériences avant de fixer la dimension des lames d'eau.

Les chaudières marines du vaisseau français *le Donawerth* étaient à lames disposées verticalement au-dessus des fourneaux et ne différaient du système Holt qu'en ce que la flamme faisait retour vers la porte du foyer en parcourant les carneaux à section rectangulaire, placés dans la partie occupée par les tubes dans le système tubulaire actuel. L'économie de combustible a été moyennement de 25 %. Mais la durée des appareils a été moins longue que celle des générateurs tubulaires.

Observation sur le calcul de la puissance vaporisatrice des chaudières locomobiles. — La formule empirique appliquée aux chaudières fixes décrites ci-avant, dans lesquelles le rapport de la surface de chauffe totale à celle de la grille est de 30 à 40, ne donne plus un résultat exact, étant appliquée aux chaudières des machines locomobiles dans lesquelles ce rapport est généralement de 9 à 15. En substituant le facteur 3,5 au coefficient 6, on arrive assez près de la vérité pour pouvoir se servir de la formule ainsi modifiée, dans les cas où l'essai direct de vaporisation ne peut être fait.

L'application de cette formule aux appareils représentés fig. 14 et 15, pl. XXXVIII, et fig. 24, pl. XL, donne les nombres suivants :

Systèmes	Surface de chauffe F	Surface de grille f	Rapport $\frac{F}{f}$	Puissance $P = 3{,}5\sqrt{F \times f}$.
Hermann.	$8^{m^2},25$	$0^{m^2},785$	10,5	9 chevaux
Thirion.	4 ,50	0 ,50	9	4 id.
Maulde.	10	0 ,785	12,7	10 id.

CHAUDIÈRES DITES INEXPLOSIBLES.

Il n'y a pas, à proprement parler, d'appareils générateurs de vapeur *inexplosibles*. Quoi qu'on fasse, il faut toujours arriver à emprisonner un corps doué d'une grande faculté de se détendre, par suite de presser plus ou moins fortement les parois de sa prison, dans un vase dont la résistance est limitée. Qu'on parvienne à diminuer la chance d'explosion en augmentant la solidité du vase soit par sa forme, soit par la nature et l'épaisseur du métal, cela se conçoit très-bien ; qu'on ait trouvé le moyen de rendre les effets d'une explosion beaucoup moins dangereux, beaucoup moins dévastateurs, en ne chauffant qu'une très-petite quantité d'eau, bien que le volume de vapeur à produire dans un temps donné reste le même, la chose est parfaitement compréhensible. Mais l'inexplosibilité, dans le sens absolu du mot et tel que le comprennent souvent les acquéreurs des systèmes dits inexplosibles, est la solution d'un problème impossible dans la pratique. A l'appui de cette opinion, les faits s'accumulent depuis quinze ans que la concurrence, dans la fabrication et dans la vente des machines à feu, a mis dans les prospectus et les annonces le qualificatif *inexplosible*. La sécurité dans l'emploi de la vapeur est établie dans la plus grande limite qu'on puisse atteindre, quand les générateurs, à quelque système qu'ils appartiennent, sont solidement construits, bien installés pour la circulation libre du liquide et de la vapeur, et que leur conduite est confiée à un agent prudent, sobre et instruit dans sa profession. L'imprévu comprend dans son domaine toutes les choses humaines, et les faits qui ont cette origine sont plus nombreux là où il se rencontre des éléments naturels très-puissamment actifs, que là où le travail de l'homme ne met en jeu que des corps ou des éléments constitutifs de direction facile. Donc, malgré tout, une chaudière à vapeur peut faire explosion comme la foudre peut incendier un édifice muni de paratonnerre, comme une maison solide peut s'écrouler minée par un courant d'eau souterrain brusquement né de mille effets lointains, comme un animal domestique peut subitement devenir furieux et rompre ses liens[1].

Les systèmes dits inexplosibles sont nombreux si l'on tient compte de tous ceux qui ne sont pas restés dans la pratique ; les six spécimens représentés sommairement dans la pl. XL ont eu, à divers titres, la faveur du public, quelques-uns la conservent encore.

Chaudière inexplosible à vapeur instantanée, système Hédiard et Joly. Pl. LX, fig. 18.

Le résumé de la description donnée par les inventeurs dans leurs prospectus, fera comprendre à quel titre leur appareil mérite les deux qualifications qu'ils lui ont données :

Les bouilleurs AA sont inclinés de l'avant à l'arrière et placés longitudinalement au-dessus du foyer F. Ils sont en communication, par leur partie inférieure, et à l'aide du tuyau *a*, avec la pompe alimentaire qui peut ainsi les alimenter simultanément.

La vapeur formée dans chaque bouilleur s'en échappe par la partie supérieure pour se rendre au réservoir CB, par une série de tubes sécheurs *bb* plus ou moins nombreux en raison de la dimension de la chaudière ; par conséquent, une chaudière composée de plusieurs bouilleurs forme, par chaque bouilleur avec la série de tubes sécheurs qui lui appartiennent, autant de générateurs séparés dont la vapeur de chacun vient aboutir dans le réservoir commun.

La série de tubes sécheurs conduisant la vapeur au réservoir CB, se trouve placée au-dessus du bouilleur AA et n'en est séparée que par une voûte en

[1] Voir l'étude sur les explosions des machines à vapeur : Causes, effets, précautions par M. ORTOLAN. *Annales du Génie civil*, tome Ier, page 227 et tome 6e, page 85.

maçonnerie établissant le retour de la flamme ; celle-ci prend la direction indiquée par les flèches (fig. 18).

Le réservoir CB, placé à l'arrière de la chaudière, est en communication par le bas et au moyen de tuyaux *aa* avec la partie inférieure des bouilleurs, afin que le niveau de l'eau fournie par l'alimentation puisse s'établir régulièrement et dans les bouilleurs et dans le réservoir B.

La vapeur est ensuite reprise dans la partie supérieure C du réservoir, pour être dirigée dans la machine, par une série de tubes surchauffeurs *m'*, où elle acquiert un certain degré de température nécessaire pour lui enlever toute son humidité.

Des coudes M ferment les tubes à leurs extrémités et les relient deux à deux, de manière à obliger la vapeur à les parcourir tous, les uns après les autres. Ces coudes ne maintiennent pas rigidement les tubes, ce qui laisse libre la dilatation ; ils se démontent sans difficultés pour le nettoyage intérieur.

La division de l'eau soumise à la vaporisation et le surchauffement de la vapeur, tels sont les deux effets produits dans l'appareil Hédiard et Joly. Ces deux effets sont évidemment très-favorables à une prompte vaporisation et à une bonne utilisation de la chaleur. Il est permis de croire que si les inventeurs avaient évité dans l'arrangement du système l'*emprisonnement* momentané de la vapeur dans la masse d'eau de génération remplissant les bouilleurs et les tubes, ils auraient atteint le résultat final annoncé : 10 litres d'eau vaporisée par kilogramme de houille consommée. La complication du système est moins réelle qu'apparente ; cependant, il y a à regretter la multiplicité des joints, bien que leur démontage et leur confection soient faciles.

A quel titre cet appareil est-il inexplosible ? Le niveau en B peut se trouver à la hauteur convenable et l'eau manquer dans l'un des bouilleurs A ; il suffit pour cela de l'obstruction accidentelle des tuyaux d'alimentation *a* ou de la fermeture, par erreur, des robinets *b* qu'ils portent. L'accumulation des dépôts terreux ou calcaires dans le fond des bouilleurs inclinés ne paraît pas être suffisamment évitée, et doit exposer cette partie à une détérioration assez prompte, sinon à des avaries par suite d'un surchauffement du métal.

Il faut remarquer à l'avantage du système, qu'une explosion se produisant dans les conditions les plus désastreuses pour les chaudières à bouilleurs ordinaires, c'est-à-dire formation instantanée d'une grande quantité de vapeur, par n'importe quelle cause, aurait ici des effets désastreux infiniment moins grands ; en effet, le volume de vapeur formée dans les deux cas serait évidemment proportionnel à celui de l'eau contenue dans le vase déchiré. Toutes choses égales par ailleurs, il est incontestable que les désastres causés par l'explosion d'un kilogramme de poudre de guerre sont moins grands que ceux produits par une quantité deux fois plus grande. On ne saurait trop préciser, dans l'esprit des intéressés, la valeur réelle de ce qualificatif trop souvent prodigué : *chaudière inexplosible*.

La nouvelle qualification, appareil à vapeur instantanée, est ajoutée depuis quelque temps à la précédente ; MM. Hédiard et Joly s'en sont servis, non sans raison : comme pour l'inexplosibilité, il y a à se rendre un compte exact de la valeur du mot dans la pratique, et à ne pas conclure, sans avoir raisonné le fait, qu'une chaudière doit être forcément économique parce qu'elle donne de la vapeur très-peu de temps après l'allumage du feu dans le foyer. Pour une même qualité de combustible et une même intensité du feu, le temps nécessaire à produire de la vapeur est forcément encore proportionnel au volume d'eau chauffée, le rapport entre les surfaces de chauffe et les surfaces de grille restant dans les limites rationnelles, soit entre 30 et 40. Les faits ont prouvé surabondamment que le plus ou moins grand volume de l'eau dans la chaudière n'avait qu'une très-faible influence sur la consommation de combustible pour produire une puissance motrice donnée.

L'avantage des chaudières de faible volume par comparaison, indépendamment de la question explosion, sont de faire obtenir promptement et à volonté (jamais instantanément) une augmentation ou une diminution de la pression ; de donner assez de vapeur, après dix ou vingt minutes d'allumage, pour mettre la machine en fonction. Les désavantages sont d'exiger une très-grande régularité dans le maintien du niveau de l'eau, par suite d'obliger le conducteur des feux à une surveillance minutieuse et constante, à un chauffage trop régulier pour pouvoir être soutenu pendant toute une journée. On peut dire avec raison que les irrégularités de pression sont fréquentes dans les générateurs à faible volume d'eau, au même titre que l'allure du mouvement est irrégulière dans une machine motrice *sans volant*.

Chaudière inexplosible, à foyer extérieur, à circulation forcée, système Howard. Pl. XL, fig. 23.

Sur un tube collecteur, placé horizontalement en contre-bas de l'autel, viennent s'embrancher des tubes horizontaux 8, 9, 10, 11. Sur chacun de ceux-ci sont tenus six tubes verticaux 1, 2, 3, dont l'extrémité supérieure communique avec le collecteur supérieur C*nn*, qui est le réservoir de vapeur ; chaque tube vertical *a* en contient un autre *b* (voir le détail à droite de la fig. 23), ce qui forme une chambre annulaire autour de *b* et une chambre centrale en *b* ; la chaleur en frappant la paroi circulaire *a* échauffe l'eau de la chambre annulaire, ce qui provoque un mouvement ascensionnel dans cette région et un mouvement descendant dans la chambre centrale *b* où l'eau est évidemment beaucoup moins chaude. Une circulation rapide se manifeste ainsi dans tout l'appareil et régularise la température dans les parties qui produisent directement la vapeur.

Le fourneau V est pris dans la maçonnerie en briques réfractaires qui contient l'appareil métallique ; au moyen de cloisons, la flamme est dirigée en retour dans une galerie dont la porte de nettoyage est P, et de là dans la cheminée qui aboutit en H. La partie supérieure des tubes verticaux forme avec le collecteur supérieur C*nn*, le magasin de vapeur protégé du contact direct de la flamme par des écrans à briques. L'alimentation se fait directement dans le collecteur du bas ; elle est réglée à la main par les soupapes *al*.

On a pu comprendre, par la description qui précède, que le système dont il est question est basé sur ces trois principes rationnels de la transmission prompte de la chaleur dans un liquide : 1° division de la masse liquide ; 2° circulation active des parties de liquide chauffées par le seul effet des différences de densité ; 3° multiplicité des surfaces de chauffe actives.

Les critiques exposées précédemment s'appliquent entièrement à la chaudière Howard. On peut y ajouter en plus les inconvénients faciles à se produire, si, dans cet appareil, il n'est pas fait usage d'une eau pure ou tout au moins très-faiblement séléniteuse et complétement privée de matières terreuses.

L'inventeur n'a pas cherché, ce semble, à éviter les difficultés de construction et les complications de la main-d'œuvre ; aussi, le prix de vente de ses appareils est-il notablement au-dessus de celui des chaudières à bouilleurs tubulaires dont le rendement, à la longue, n'est pas inférieur à celui obtenu avec le système dont il s'agit.

La chaudière Lecherf dont la puissance vaporisatrice a été de 9 kil. 500 de vapeur par kilogramme de charbon brûlé (expérience du mois de mars 1863), peut être placée certainement en ligne de concurrence avec l'appareil Howard, qu'on dit pouvoir vaporiser dans un *essai* 10 lit. d'eau par kilogramme de houille. Les prix comparatifs donnent la préférence au premier système, et la durée du service est aussi très-probablement en sa faveur :

		Prix par cheval :	
		Lecherf.	Howard.
Appareil de	24 chevaux	120 fr.	325
—	50 chevaux	110 fr.	175

Soit pour la chaudière Howard, une différence moyenne en plus de 85 fr. par force de cheval dans les limites de 24 à 50 chevaux.

Chaudière locomobile, verticale, à bouilleur vertical, dite inexplosible, système Maulde et Wibart. Pl. XL, fig. 24.

Un cylindre vertical *ab*, à fond supérieur V, en forme de calotte sphérique, contient un gros bouilleur B affectant la forme d'une longue marmite et descendant dans le foyer. Cette disposition permet d'utiliser une grande surface de chauffe directe sous un petit volume de l'ensemble de la chaudière, de donner une épaisseur très-grande à la tôle par suite de la simplicité du façonnage du métal, et assure une très-grande résistance. L'appareil ne comprenant aucune surface plane, les gaz chauds et les produits solides de la combustion sont entraînés au dehors et passent dans la chambre annulaire *le* et la cheminée H. Des portes de vidange P, P permettent le nettoyage des lames d'eau et du bouilleur. L'ensemble est fixé sur une plaque à demeure ou mobile. L'eau d'alimentation s'échauffe dans un réservoir *dd*.

On comprend sans peine que la chaudière Maulde et Wibart est solidement établie, que sa puissance vaporisatrice doit être satisfaisante, comparativement à la plupart des générateurs verticaux et non tubulaires, que le dégagement facile de la vapeur dans le réservoir V doive aider efficacement à l'économie du combutisble et à la formation d'une vapeur suffisamment sèche ; mais on ne comprend pas en quoi et comment elle est inexplosible. La possibilité de donner aux tôles une plus grande épaisseur que dans les systèmes plus composés en raison de la simplicité de travail de main-d'œuvre, n'est pas une réponse bien sérieuse : la tôle d'une épaisseur plus grande que celle en usage dans la construction des producteurs de vapeur, loin de présenter une plus grande sécurité, la diminue, parce que la transmission de chaleur à travers le métal ne se fait pas assez promptement : celui-ci se surchauffe, s'oxyde et se crevasse à la longue. — D'ailleurs, si la chaudière Maulde et Wibart n'a pas les qualités qui distinguent les appareils dits inexplosibles, il n'en a pas certainement les défauts, et à ce dernier titre il peut se placer en concurrence avec les meilleurs systèmes dont il a à tort brigué la réputation faiblement justifiée, ainsi qu'il a été prouvé par les considérations précédentes.

Chaudière inexplosible, système Belleville. Pl. XL, fig. 25 et 26

Cet appareil a été longuement décrit dans les *Annales du Génie civil*, 8e année, page 813. Il suffira de rappeler succinctement ici la disposition de son ensemble.

Dans un corps de maçonnerie en briques réfractaires, E (fig. 26) ou dans une enveloppe de terre réfractaire, maintenue par des cloisons de tôle de fer, des tubes en fer TT formant des séries de serpentins parallèles continus, au moyen des coudes de raccord *bb*, sont étagés et communiquent par série à un collecteur alimentaire *d* et à un collecteur de vapeur *c*. La vapeur à diriger dans la machine motrice est prise dans un épurateur *e* qui communique avec le collecteur *c*. Un récipient cylindrique A (fig. 25) ou cylindro-sphérique (fig. 26) dit *cylindre-niveau* communique par le haut avec le collecteur de vapeur *c*, et par le bas avec celui de l'eau *d*, la pompe alimentaire agit dans le récipient muni d'un tube niveleur. Le fourneau F est pris dans la partie inférieure de la maçonnerie enveloppante. La flamme et les gaz chauds lèchent les serpentins du bas remplis d'eau, et ceux du haut où passe la vapeur pour se rendre dans le réservoir *c*. Quelquefois, un surchauffeur R, affectant également la forme d'un serpentin, fait suite aux tubes sécheurs (fig. 26) et conduit la vapeur dans un cylindre réservoir V.

Une longue durée en service, à condition que l'eau d'alimentation soit pure ; une montée en vapeur très-prompte (de 10 à 15 minutes), une sécurité très-grande contre les explosions désastreuses et une grande réduction du volume et du poids, sont jusqu'à cette heure, les qualités caractéristiques des appareils Belleville. A ces avantages sont fatalement liés les inconvénients dont il a été fait mention ci-avant, et auxquels aucun système dit inexplosible, mis dans la pratique jusqu'à ce jour, n'a pu être soustrait. Le régulateur alimentaire dont sont munies les chaudières Belleville réalisent un progrès, il faut le reconnaître ; son fonctionnement est régulier à terre, mais pour les machines marines, il laisse encore à désirer.

La question importante des facilités de réparation n'est pas complétement résolue dans le sens des promesses absolues de l'inventeur. L'économie de combustible n'est pas encore suffisamment prouvée. Les bons effets du principe rationnel suivi par l'inventeur : *division de la masse d'eau, grande étendue des surfaces de chauffe active* sont en partie neutralisés par l'emprisonnement momentané de la vapeur dans les tubes où elle est formée.

Chaudière inexplosible, verticale, cylindrique, à circulation d'eau forcée, système Field. Pl. XL, fig. 27.

Dans le cylindre *ab* est le foyer entouré d'eau ; le ciel de celui-ci est percé de trous dans lesquels passent, à joint étanche, des tubes *b* formés par en bas et suspendus pour ainsi dire à une faible distance de la grille. Chaque tube *b* en reçoit un second I de plus petit diamètre, évasé à la partie supérieure, ouvert des deux bouts et maintenu par des ailettes appuyées contre l'orifice du tube fixe. Ainsi, un espace annulaire existe entre les deux tubes et constitue un réservoir d'eau soumis à la chaleur très-active qui frappe l'enveloppe plongée en partie dans la flamme du foyer ; l'eau du tube intérieur étant plus dense que celle de la chambre annulaire, elle descend au fur et à mesure dans son contenant, et remplace la première qui, à un moment donné, monte à la surface de la masse d'eau totale à l'état de vapeur vésiculeuse ; le courant qui s'établit ainsi est très-rapide et empêche les dépôts séléniteux de se déposer dans le fond des tubes fixes. L'inventeur prétend qu'une chaudière de son système a pu marcher pendant cinq ans passés, sans que l'intérieur des tubes fût incrusté ; des extractions peu abondantes et périodiques faites dans la région supérieure du volume de l'eau, suffisaient pour entraîner au dehors les sels de différente nature emmenés par l'eau d'alimentation. Un pareil fait ne s'explique pas complétement.

On a pu comprendre par la description sommaire de l'appareil Field, qu'il est très-proche parent de l'appareil Howard (fig. 23.) Il a en plus la simplicité dans la construction, la facilité de nettoyage et la liberté de dégagement de la vapeur. Il mérite d'être étudié dans un fonctionnement de durée et d'entrer en concurrence avec les systèmes en faveur. En Amérique, on l'emploie avec avantage dans les machines motrices à incendie où la promptitude de mise en vapeur et la légèreté de l'ensemble sont des conditions indispensables.

Chaudière à bouilleur ordinaire ; foyer à creusets parallèles de la société Sauret et Cie. Pl. XL, de 20 à 22.

L'arrangement très-original du foyer représenté sommairement Pl. XL, est dit *système fumivore*, et certainement il mérite cette qualification. Il est basé sur les principes rationnels d'une pratique éclairée par la science et renforcée par l'observation. *Ne commencer le chauffage* qu'après la combustion active [1].

L'installation est applicable à tous les générateurs, à bouilleurs, à foyer extérieur ; elle est limitée à la disposition de l'intérieur de la maçonnerie dans laquelle l'appareil métallique est logé. A un foyer ordinaire K'C', sont adjoints deux creusets M,M, dont on limite la profondeur, et par suite le volume de combustible qu'ils doivent recevoir, au moyen d'un autel mobile logé dans le fond (sur la fig. 22, le trait horizontal au-dessus de la lettre M indique la limite de l'autel dans le cas où la longueur du foyer ne devrait comprendre que quatre conduites d'air). Par les portes A'A' (fig. 20), le combustible est introduit dans les creusets, où une ventilation mécanique arrivant par le tuyau G (fig. 23), les coudes R (coupe FG), et RS (fig. 20) détermine une combustion très-active ; les gaz dont la température est très-élevée, sont chassés dans le fourneau K' (fig. 21), en passant par les ouvertures latérales du creuset qui regardent le dessous du bouilleur ; la ventilation qui se fait par le conduit ST (fig. 21) apporte de l'oxygène dans le haut de la chambre de combustion M, et chasse le courant des gaz enflammés dans la direction des trous de passage dans le grand fourneau K'. Les escarbilles et les mâchefers sont retirés du creuset par l'ouverture que l'on fait

[1] Consulter, sur cette question importante, l'ouvrage remarquable de William, traduit par M. Bona Christave : *Combustion du charbon*. Paris, E. Lacroix, éditeur, et le travail du même auteur sur la fumivorité dans les *Annales du Génie civil*.

libre à volonté, en retirant le coude R (coupe FG) tenu à charnière sur le conduit G (fig. 22).

La dépense de force motrice par le ventilateur ne dépasse-t-elle pas le bénéfice d'une meilleure combustion de la houille dans les creusets et dans le grand fourneau ? Cette question s'impose à l'esprit après le premier examen du système Sauret. Nous n'avons pas en ce moment de données suffisantes et des renseignements exacts pour y répondre ; mais le fait de la fumivorité est incontestable et l'utilisation des charbons de qualité médiocre et même très-inférieure est une considération importante en faveur de l'installation du système.

A. ORTOLAN.

(A continuer).

Publication trimestrielle. 2 fr. par an.— Le n° : 75 c.

BIBLIOGRAPHIE

DES

INGÉNIEURS, DES ARCHITECTES

DES

CHEFS D'USINES INDUSTRIELLES

DES

ÉLÈVES DES ÉCOLES POLYTECHNIQUE ET PROFESSIONNELLES

ET DES AGRICULTEURS

REVUE CRITIQUE DES LIVRES NOUVEAUX

PAR

E. LACROIX

Membre de la Société industrielle de Mulhouse, de l'Institut royal des Ingénieurs hollandais, et de la Société des Ingénieurs de Hongrie.

Directeur et Fondateur des *Annales du Génie civil*

IVe SÉRIE, N°s IX ET X.

PUBLICATIONS DU 1er ET DU 2me TRIMESTRE 1868.

Prix du n° : 1 fr. 50

Avis. — Tous les ouvrages sans indication de prix n'ont pas été destinés à être livrés dans le commerce ; nous prions donc nos abonnés de ne pas nous en adresser la demande, nous ne pourrions que très rarement les satisfaire. A cette occasion, nous prions ceux de nos lecteurs qui seraient en possession de quelques-uns de ces ouvrages qui, pour eux, deviendraient sans utilité, de vouloir bien nous en proposer l'acquisition, pour nous aider à compléter notre collection et celle de quelques-uns de nos abonnés.

Nous rendrons compte de tous les ouvrages (concernant les sciences, l'industrie et l'agriculture) dont il aura été adressé deux exemplaires au bureau de la rédaction, **15,** *quai Malaquais.*

PARIS

LIBRAIRIE SCIENTIFIQUE, INDUSTRIELLE ET AGRICOLE

Eugène LACROIX, Éditeur

Libraire de la Société des Ingénieurs civils.

QUAI MALAQUAIS.

On trouve tous les numéros de ce Recueil, et on peut se procurer les ouvrages dont il fait mention, à Paris, au bureau, 15, quai Malaquais, et pour la France et l'étranger, chez les libraires souscripteurs dont les noms suivent :

		Ex.			Ex.
Angers.	Barassé.	25	Lisbonne,	Silva Junior.	25
Barcelone,	Verdaguer.	25	Madrid,	Duran.	100
Beauvais,	Praquin.	25	—	Bailly-Baillière.	25
Bordeaux,	Feret fils.	25	Mans (Le),	Loger, Boulay et Cie.	25
Bruxelles,	Lebègue et Cie.	100	Metz,	Warion.	25
—	Rosez.	25	Milan,	Dumolard.	25
—	Decq.	100	Moscou,	Gautier.	25
Charleville,	Letellier.	25	Mulhouse,	E. Perrin.	25
Chartres,	Pétrot-Garnier.	25	Nantes,	Mme Veloppé.	25
Châteaudun,	Pouillier-Vaudecraine.	25	Nîmes,	Giraud.	25
Gand,	Hoste.	25	Odessa,	Camoin frères.	25
—	Lebrun-Devigne.	25	Rotterdam,	Kramers.	25
—	Snoek, Ducaju et Cie.	25	Saint-Malo,	Coui.	25
Gênes,	Beuf.	25	Saint-Pétersbourg,	J. Issakoff.	200
Genève,	Desrogis.	25	Strasbourg,	Salomon.	25
Guebwiller,	Jung (J.-B.).	25	Toulon,	Rumébe.	25
Laon,	Longuet-Robert.	25	Troyes,	Dufey-Robert.	25
Liége,	Decq.	100	Turin,	Bocca.	25
—	Sazonoff.	100	Valenciennes,	Giard.	25
Lille,	Beghin.	25			

Avis. — Tous les ouvrages précédés d'un astérisque sont publiés ou acquis en nombre par la *Librairie scientifique, industrielle et agricole* de Eugène Lacroix, libraire de la Société des Ingénieurs civils, etc., etc.

Toutes les personnes qui désirent se défaire de certains ouvrages rares ou d'un prix élevé, ou qui veulent acquérir ce genre d'ouvrages, peuvent nous le faire savoir : nous publierons la notice des demandes et des offres dans ce bulletin.

Tous les libraires de la province et de l'étranger sont engagés à souscrire à cette Bibliographie, qui leur sera livrée au prix de revient. En la distribuant gratuitement parmi leur clientèle, ils feront connaître utilement, pour eux d'abord, et aussi pour les amateurs, les principaux ouvrages publiés en France et à l'étranger.

Les tirages au minimum de cent sont imprimés au nom du libraire-souscripteur.

E. L.

Corbeil. — Typ. et stér. de Crété

JANVIER A AVRIL 1868

A

825.* Adhémar (comte d'.) **Sombrero,** avec le plan de l'île et son phosphate de chaux. — Fragment d'un voyage aux Antilles.

Annales du Génie civil, livraison de février. 4 fr.

826.* **Annales du Génie civil,** et recueil de mémoires sur les ponts et chaussées, les routes et chemins de fer, les constructions et la navigation maritime et fluviale, l'architecture, les mines, la métallurgie, la chimie, la physique, les arts mécaniques, l'économie industrielle, **le génie rural ; Annales et revue descriptive de l'industrie française et étrangère ;** publiées par une réunion d'ingénieurs, d'architectes, de professeurs et d'anciens élèves de l'École centrale et des Écoles d'arts et métiers, avec le concours d'ingénieurs et de savants étrangers. Eug. Lacroix, membre de la Société industrielle de Mulhouse, de l'Institut royal des ingénieurs hollandais et de la Société des ingénieurs de Hongrie, directeur de la publication. Paris, imp. Bourdier.

7e année de la publication.

SOMMAIRE DES LIVRAISONS DU 1er TRIMESTRE 1868

Étude sur le frein à coins articulés (système Stilmant), avec figures dans le texte, par M. S. Stutz, ingénieur (Pl. I).

Note sur une nouvelle machine d'extraction pour les mines (proposée par M. Demanet), avec figures dans le texte, par M. Émile Soulié (Pl. II).

Frein dynamométrique de Balk, traduit par M. Grandvoinnet (Pl. III).

Barrage de l'Habra, province d'Oran (Algérie), avec figure dans le texte, par M. Octave Marchal (Pl. IV et V).

Ponts. — Nouveau type de pont en arcs, par M. V. Contamin (Pl. VI).

Sombrero et son phosphate de chaux, avec le plan de l'île. — Fragment d'un voyage aux Antilles, par M. le comte d'Adhémar.

Des régulateurs des volants à contre-poids, des plateaux manivelles et du volant comme moyen de franchir les rampes de chemin de fer, avec figures dans texte.

Quercitron. Teinture et impression des tissus, par M. Dr Kaeppelin, chimiste.

Projet d'un diastimètre électrique pour les batteries de côte (Pl. IX, fig. 1 à 6), par M. Kromhout, capitaine du génie (Pays-Bas).

Locomotives de montagne pour fortes rampes et courbes à petit rayon (Pl. X, XI et XII), par M. Octave Marchal.

Observations sur les machines à vapeur récemment introduites dans la marine impériale (Pl. IX), par M. le vice-amiral H. Labrousse.

Société des ingénieurs civils de France : Renouvellement du bureau. — Note de M. H. Mathieu sur la fabrication du fer fondu par le procédé Martin. — Méthode de MM. de Courval et comte Des Cars, pour la conduite et l'élagage des arbres forestiers. — Installation du nouveau président. Discours de M. Flachat. Discours de M. Love. — Communication de M. Nordling sur les viaducs à piles métalliques du réseau central de la Compagnie du chemin de fer d'Orléans. — Générateurs inexplosibles de M. Belleville.

Société des ingénieurs de Londres : Discours du nouveau président M. Baldwin Latham. — Association des ingénieurs sortis de l'école de Liége. — Ingénieurs de Hongrie. — Société industrielle de Mulhouse. Travaux de l'année 1867.

Travaux du génie civil dans les Indes Néerlandaises, par M. Eug. Lacroix

Renseignements sur les écoles professionnelles en France : Ecoles de Maistrance, par M. A. Ortolan.

Travaux exécutés à l'étranger : Machine soufflante de Cockerill (Pl. VIII). — Planimètre de Wetli et Stark, avec fig. — Poulie et treuil différentiel (Pl. VIII). — Moulin à faire les roues d'engrenages (Pl. VIII). Outils et porte-outils (Pl. III). — Sur un empoisonnement causé par l'emploi de vieilles traverses de chemin de fer pour chauffer un four de boulanger. — Fabrique d'huile de paraffine de Young, à Bathgate.

Concours pour un projet d'habitation civile ; — pour le plan d'une cité ouvrière ; — pour la construction d'un hospice à Bilbao (Pl. VII).

Dictionnaire technologique des termes scientifiques et d'atelier : Machines à vapeur, etc. — *Français-Anglais*.

Revue des inventions nouvelles, par M. Henri Dufrené.

Variétés : Les vers à soie du Japon acclimatés en Irlande. — Voies de communication à Londres. — L'eau potable. — Le budget des travaux publics de la ville de Londres. — Les locomotives de l'Angleterre. — La peste des eaux. — Une cheminée gigantesque. — Endiguement de la Tamise. — Le sucre consommé dans les brasseries anglaises. — Le pont Napier dans les Indes. — Chemin de fer à rail unique. — Les puits instantanés (Pl. VII). — Le tunnel de Chicago.

— Récompense à l'inventeur de la moissonneuse. — Les lignes télégraphiques électriques. — Chemins de fer. — Extraction de l'indigo des vieux chiffons. — Un nouveau tunnel sous la Tamise. — Effets du drainage sur la température du sol. — Canots de sauvetage. — Résidus de pétrole transformés en gaz d'éclairage.

Bibliographie. — Correspondance. — Jurisprudence industrielle. Prix courant.

Les **Annales du Génie civil** paraissent mensuellement depuis le 1er janvier 1862 par brochures de 5 feuilles grand in-8, avec figures intercalées dans le texte, et 4 planches grand in-4, de manière à former chaque année un volume d'environ 1,000 pages et un atlas de 50 planches.

PRIX DE L'ABONNEMENT ANNUEL :

Pour toute la France (*franco*). 20 fr.
Pour l'Étranger. 25 fr.
Pour les pays d'outre-mer.
Prix des numéros séparés (*franco*). 4 fr.
Pour l'Étranger. 4 fr. 50

Les numéros des années écoulées ne se vendent pas séparément.

Prix de chaque année écoulée prise séparément.

Franco pour toute la France. 25 fr.
Pour l'Étranger. 30 fr.

827. Annuaire officiel des **Chemins de fer**, contenant un résumé analytique de tous les documents historiques, statistiques, etc., par C. d'Agar de Bus, et un recueil spécial de législation et de jurisprudence, par Auguste Pinel, avocat. 18e année. In-18 jésus, xi-872 p. Paris, imp. Chaix et Cie.

828. Aubry. — **Chemin de fer économique**, par l'application des courbes de petits rayons. Principe général du système et disposition particulière du matériel mobile pour chemins de fer départementaux, vicinaux et d'intérêt local. In-4, 8 p. et 3 pl. Paris, imp. Goupy.

B

829.* Basset (N.), chimiste. — Traité pratique de la **Culture et de l'alcoolisation** de la betterave. 3e *édition*, revue, corrigée et considérablement augmentée, accompagnée de nombreuses figures dans le texte. In-18 jésus, 288 p. Paris, imp. Hennuyer et fils. 3 fr.

Bibliothèque des professions industrielles et agricoles, série G, no 1.

Le simple énoncé du fait que ce traité est arrivé en peu de temps à sa troisième édition démontre son utilité.

Le public a reconnu que c'était un guide sûr et donnant d'excellents conseils pratiques. Ce livre contient d'ailleurs un grand nombre de renseignements indispensables pour l'exercice de l'industrie du sucre.

830.* Body (Michel). — **Les chemins de fer** dans leurs applications militaires ; principes, règles et dispositions à suivre dans l'établissement et l'emploi des chemins de fer en vue d'assurer tout le concours dont ils sont susceptibles dans les opérations de la guerre. 1 vol. in-8, 308 p. et 5 pl. Liége (1867), imp. Carmanne. 15 fr.

Cet ouvrage, dédié à l'empereur Alexandre II, n'a été tiré qu'à 125 exemplaires, numérotés et parafés, et sera par conséquent avant peu une rareté bibliographique. Nous ne devons pas le regretter au point de vue philosophique et humanitaire, si ce tirage restreint peut être considéré dans la pensée de l'auteur comme un indice de paix — la paix laissant aux chemins de fer leur mission naturelle, celle de favoriser les relations et de contribuer ainsi au développement du commerce et de l'industrie, au lieu de faciliter l'œuvre de destruction dont toute guerre est inévitablement l'occasion. Cependant, en étudiant plus attentivement le livre de M. Body, on comprend que les chemins de fer sont aussi essentiellement des moyens de défense, et que dans leur établissement il importe de tenir compte, plus peut-être qu'on ne l'a fait jusqu'ici, de leur utilité stratégique. *Les chemins de fer dans leurs applications militaires* sont donc une œuvre que devront consciencieusement consulter, non-seulement les officiers d'état-major, mais aussi ceux du corps du génie, et surtout les ingénieurs appelés à étudier le tracé des grandes lignes de communication et des lignes secondaires. Des chapitres spéciaux sont d'ailleurs consacrés à l'établissement même de la voie, et renferment des considérations et des renseignements qu'il importe à tout constructeur de voies ferrées de connaître ou d'étudier.

831. Boitard. — Manuel du **Naturaliste préparateur.** Nouvelle édition, in-18, 472 p. et pl. Bar-sur-Seine, imp. Saillard. 3 fr. 50

832.* **Bulletin de la Société industrielle de Mulhouse**, 12 livraisons mensuelles. M. Dolfus, president. Mulhouse, imp. Bader.

Prix de l'abonnement :

Paris. 15 fr.
Province. 18 fr.
Étranger. 22 fr.

1er TRIMESTRE 1868. — SOMMAIRE :

Rapport annuel, par M. Zuber : Renseignements statistiques sur les appareils à vapeur fonctionnant dans le Haut-Rhin.

Récompenses accordées à de vieux ouvriers. — Notes statistiques sur l'industrie textile des départements du Haut-Rhin et des Vosges, par M. Le Bleu. — Rapport présenté par M. Jules Siegfried à l'occasion d'une communication de M. Jean Dolfus sur un coton d'Algérie. — Mémoire sur la régénération du soufre des marcs de soude, par M. A. Scheurer-Kestner. — Rapport de M. G. Schœffer sur la question de priorité pour l'application directe des couleurs garance. — De l'action de l'eau de mer sur certains métaux et alliages, par MM. Crace-Calvert et Richard Johnson ; traduit de l'anglais par M. H. Penot. — Note traitant de l'action du plomb sur les eaux potables, par M. E. Kuhlmann. — Note sur quelques vices de tissage, par M. Henri Haeffel y fils. — Rapport sur le *Sericographis Mohitli*, par M. Yvan Stembach. — Communication de M. F. Engel fils sur diverses machines à égrener, etc., etc.

C

833. Castagnier. — Tarif d'après le système métrique pour la **Réduction des bois** équarris et ronds en stères et ses parties. 3e *édition*. In-12, 228 p. Avignon, imp. Aubanel.

834.* **Catéchisme des chauffeurs et des machinistes**, traitant du chauffage des chaudières à vapeur, des appareils de sûreté, du montage et de la conduite des machines, à l'usage des ouvriers mécaniciens, orné de 19 gravures intercalées dans le texte, publié par l'Association des ingénieurs sortis de l'École de Liége. In-8, 110 p. Paris, imp. Rouge frères. 3 fr. 50

Ce livre était devenu une nécessité : les nombreux accidents causés par l'emploi de la vapeur sont presque toujours dus à une négligence coupable ou à l'ignorance des mécaniciens.

Le *Catéchisme* a pour but de donner aux chauffeurs et aux mécaniciens des notions exactes qui leur permettent de conduire leurs machines avec sécurité.

Voici les trois grandes divisions du Catéchisme : 1o de la combustion et de la conduite du feu; 2o des règles à suivre dans le chauffage des chaudières, au point de vue de la sécurité; 3o conduite des machines à vapeur. Un appendice renferme quelques particularités sur les machines d'extraction et les machines d'épuisement.

835. Chateau.— Manuel de la fabrication et de l'emploi des **Couleurs d'aniline**. 2 vol. In-18, XXIV-1051 p. Bar-sur-Seine, imp. Saillard. 7 fr.

836. Chevillard.— Leçons nouvelles de **Perspective**. Avec atlas de 32 pl. in-4. In-8, XVI-228 p. Paris, imp. Gauthier-Villars. 12 fr.

837.* Contamin (V.). — Nouveau type de **Pont en arcs**, avec 1 planche.

Annales du Génie civil, livraison de février. 4 fr.

838.* Crisenoy (J. de), ancien officier de marine. — Exposition de 1867. Marine (classe 66). Le **Sauvetage des naufragés**. In-8, 42 p. et 6 planches. Paris, imp. Bourdier, Capiomont et Cie. 8 fr.

7e et 8e fascicules des Etudes sur l'Exposition de 1867, publiées par Eugène Lacroix.

D

839. **Description des machines et procédés** pour lesquels des brevets d'invention ont été pris sous le régime de la loi du 5 juillet 1844, publiée par les ordres de M. le ministre des travaux publics. T. LX, in-4, à 2 col., 450 p. et 44 pl. Paris, imp. Impér.

840.* Dufour, député du commerce français à Constantinople. — **Sériciculture simplifiée**. Gr. in-8, 94 p. Lyon, imp. Vingtrinier.

841.* Dufrené (H.), ingénieur civil. — **Revue des inventions nouvelles**. Emploi de l'oxyde de chrôme pour l'acier. — Moyen de remplacer le charbon animal. — Épuration du gaz d'éclairage. — Préparation économique de l'oxygène. — Fabrication de l'eau de Seltz sans acide. — Utilisation des débris de cuirs gras. — Nouveau procédé de fabrication de phosphore. — Perfectionnement dans le travail du verre. — Nouvelle pile à papier. — Défécation au sulfate de magnésie. — Nouveau système de bassin de raboub.

Annales du Génie civil, février 1868. 4 fr.

842. Dumont, ingénieur en chef des ponts et chaussées. — Les **Chemins de fer** en Orient. Avec une carte. In-8, 47 p. Paris, imp Thunot et Cie.

E

843. Ernouf. — **L'art des jardins**. 2 vol. in-18, 480 p. Sceaux, imp. Dépée. 5 fr.

844.* **Études sur l'Exposition** de 1867. Annales et archives de l'industrie au XIXe siècle, ou **Nouvelle technologie des arts et métiers, de l'agriculture**, etc. Description générale, encyclopédique, méthodique et raisonnée de l'état actuel des arts, des sciences, de l'industrie et de l'agriculture chez toutes les nations; recueil de travaux historiques, techniques, théoriques et pratiques, par MM. les rédacteurs des *Annales du Génie civil*, avec la collaboration de savants, d'ingénieurs et de professeurs français et étrangers. M. Eugène Lacroix, membre de la Société industrielle de Mulhouse et de l'Institut royal des ingénieurs hollandais, directeur de la publication. (Publication complémentaire des *Annales du Génie civil*.)

Voici la table des matières qui ont paru dans les 4 volumes aujourd'hui terminés.

XXV. Les Corps gras alimentaires, par M. Armand Robinson.
XXVI. Appareils servant à élever l'eau, par MM. Chauveau des Roches et Belin.
XXVII. Instruments et machines à calculer, par M. Michel Rous, capitaine d'artillerie.
XXVIII. Production industrielle du froid, par M. Dufrené.
XXIX. Appareils des chantiers de construction, par M. Palaa.
XXX. Marine : le sauvetage des naufragés, par M. Jules de Crisenoy.
XXXI. Bronzes et fontes d'art, ouvrages d'art et métaux, par M. Guettier.
XXXII. Art militaire : Armes portatives, par M. Michel Rous ; Armes à feu, par M. Schwaeblé.
XXXIII. L'imprimerie et les livres, par M. Aug. Jeunesse.
XXXIV. Appareils et produits agricoles pour l'alimentation et les arts industriels, par M. Rouget de Lisle.
XXXV. Appareils plongeurs, cloches, scaphandres, nautilus, par M. E. Eveillard.
XXXVI. Boulangerie et pâtisserie, par M. Henri Villain.
XXXVII. Constructions maritimes, par M. G. de Berthieu.
XXXVIII. Hydroplastie (Électro-chimie. — Galvanoplastie), par M. A. de Plazanet.
XXXIX. Sylviculture. — Systèmes d'aménagement et d'exploitation. — Reboisements, par M. A. Frochot.
XL. Conserves alimentaires, par M. Maurice Boucherie.
XLI. Moteurs hydrauliques, par MM. L. Vigreux et A. Raux.
XLII. L'Orient, par M. B.-J. Dufour.
XLIII. La Construction du Champ-de-Mars, par M. E. Lacroix.
XLIV. Revue des produits céramiques, par MM. A. et L. Jaunez.
XLV. Le Locomoteur funiculaire (système Agudio), par M. Émile Soulié.
XLVI. Industries des vêtements, par M. Rouget de Lisle.
XLVII. La Minéralogie et la Géologie, par M. A.-F. Noguès.
XLVIII. Les Insectes utiles, par M. A. Gobin.
XLIX. Industrie du gaz, par M. d'Hurcourt.
L. Machines-outils à travailler le bois, par MM. Raux et Vigreux.

Les 4 volumes des *Études sur l'Exposition* renferment environ 2,000 pages de texte, dans lesquelles sont intercalées 1,500 grav.; ils sont accompagnés d'un atlas de 160 pl.

Prix des 4 volumes et de l'atlas. 80 fr.

L'ouvrage se subdivise en 20 fascicules ou livraisons du prix de 5 fr.)

F

845.* Foucher de Careil (le comte A). — **Les Habitations ouvrières.** In-8, 34 p. et 7 pl. Paris, imp. Bourdier et Cie.

Extrait des Etudes sur l'Exposition de 1867. 5 fr.

G

846. Gasparin (de). — **Métayage**, guide des propriétaires de biens soumis au métayage. *Nouvelle édition*. In-18 jésus, 166 p. Orléans, imp. Jacob. 1 fr. 50

847. Gautier. — Traité de la **Taille** des grands arbres d'agrément, suivi de celle de l'amandier, du noyer et du châtaignier. In-8, 111 p. et 6 pl. Paris, imp. Alcan-Lévy.

848.* Grandvoinnet. — Le **Frein dynamométrique** de Balk.

Annales du Génie civil, janvier 1848. 4 fr.

H

849. Heuzé. — Les formules des **Fumures** et des étendues en fourrages. 2e *édition*, revue et augmentée. In-18 jésus, 71 p. Paris, imp. Raçon et Cie. 1 fr. 25

J

850. Jamet. — **Des fraises** et de leur culture. In-18, 71 p. Rennes, imp. Oberthur et fils. 1 fr.

K

851.* Kaeppelin (Dr), chimiste. — **Quercitron.** Teinture et impression des tissus.

Annales du Génie civil, livraison de mars. 4 fr.

852.* Kopp (E. de Saverne). — Perfectionnements apportés au traitement de la **garance** et à la fabrication des extraits de garance pour l'impression. In-8, 44 p. Mulhouse, imp. Bader; Paris. (année 1867 du *Bulletin de la Société industrielle de Mulhouse*). 15 fr.

* — Sur les applications et la préparation simplifiée de la **nitro-glycérine** dans les carrières. In-8, 14 p. Paris, imp. Bourdier et Cie.

(Annales du Génie civil, décembre 1867.) 4 fr.

853.* Kromhout, capitaine du génie au service du royaume des Pays-Bas. — Projet d'un **Diastimètre électrique**, pour les batteries de côte, avec 1 pl.

Annales du Génie civil, livraison de mars. 4 fr.

854.* Labrousse (H.), vice-amiral. — Observations sur les machines à vapeur récemment introduites dans la marine impériale, avec 1 pl.

Annales du Génie civil, livraison de mars. 4 fr.

L

855. Lacombe. — Manuel de **sculpture sur bois**. In-18, 144 p. avec fig. Bar-sur-Seine, imp. Saillard. 1 fr. 50

856.* Lacroix (Eug.). — Les travaux du **Génie civil dans les Indes Néerlandaises.**

Annales du Génie civil, livraison de mars. 4 fr.

857. Le Touzé. — **Traité théorique et pratique du change**, des arbitrages et des matières d'or et d'argent, contenant les changes, monnaies et usages commerciaux de toutes les places de commerce du monde, etc. 2e *édition*, considérablement augmentée. In-8, VIII-416 p. Paris, imp. Hennuyer et fils. 7 fr. 50

858.* LOISEL (F.). — Annuaire spécial des **chemins de fer belges** (période de 1835 à 1865 inclus), publié sous la direction de la conférence des chemins de fer belges, par son secrétaire F. Loisel. Gr. in-8 de 626 p. Bruxelles, V. Devaux et Cie.

Le volumineux ouvrage qui vient de paraître sous le modeste titre d'*Annuaire spécial des chemins de fer belges*, renferme l'histoire complète des chemins de fer de l'État et des quarante-sept sociétés concessionnaires, au point de vue législatif et financier et au point de vue de l'exploitation et de ses résultats, pendant une période de trente ans, de 1835 à 1865 inclus.

Cet Annuaire contient les lois, arrêtés et règlements concernant : les demandes en concession de péages, les expropriations et la police des chemins de fer; les instructions se rapportant aux demandes de formation des sociétés anonymes, le dernier type de cahier des charges et conditions générales pour la construction et l'exploitation des chemins de fer concédés, etc., etc.

Le chapitre consacré aux chemins de fer de l'État fait connaître l'organisation de l'administration centrale du ministère des travaux publics et le sommaire des lois et arrêtés royaux se rapportant aux Chemins de fer, aux Postes et aux Télégraphes, depuis leur établissement jusqu'au 1er janvier 1866.

La question des tarifs étant une des plus importantes dont les administrations aient à chercher la solution, l'Annuaire donne des détails précis sur la tarification des transports et sur les différentes bases de tarifs mis en vigueur depuis l'année 1835 jusqu'en 1866.

Des notices spéciales ont été établies sur les services des voyageurs, des bagages et des marchandises et sur les services mixtes et internationaux.

Les renseignements concernant la voie, la traction et le matériel ont également fait l'objet de notices techniques spéciales.

L'ouvrage est aussi complet que possible, et les nombreux documents qu'il renferme sont utiles à consulter non-seulement pour les administrations de chemins de fer, mais encore pour tous ceux qui ont quelque intérêt dans ces sortes d'entreprises.

M

859. MALE (G.). Traité pratique et complet de la levée des **Plans de mines**. 1 vol. in-8, 96 p. et 4 pl. Saint-Étienne, imp. Ve Théolier et Cie. 5 fr.

860. MANTEUFFEL (de). — L'art de **planter**. Traduit sur la troisième édition allemande, par S. P. Stumper. Orné de 16 vignettes sur bois. In-18, 216 p. Sceaux, imp. Dépée. 2 fr.

861* MARCHAL (Oct.). — Le barrage de l'Habra, province d'Oran (Algérie), avec 2 pl. et fig. dans le texte.

Annales du Génie civil, livraison de mars. 4 fr.

— * **Locomotives de montagnes** pour fortes rampes et courbes à petit rayon, avec 3 pl.

Annales du Génie civil, livraison de mars. 4 fr.

862. MICHAUX (Mme). — La **Cuisine** de la ferme. In-18, 176 p. Paris, imp. Raçon et Cie. 1 fr. 25

N

683. **Nouveau** (le) **procédé d'éclairage au gaz**. In-8, 8 p. Paris, imp. Kugelmann. 50 c.

P

864. PASTEUR. — Études sur le **Vinaigre**, sa fabrication, ses maladies. In-8, VIII-119 p. Paris, imp. Gauthier-Villars. 4 fr.

865. PEILLARD. — **De Fer élastique**. Ferrure physiologique; 2e *édition*. In-8, 136 p. et 2 pl. Tarbes, imp. Telmon. 3 fr.

866.* PELIGOT (Henri). — Notes sur l'industrie des **Allumettes chimiques**. In-8, 23 p. Paris, imp. Bourdier et Cie. 7 fr.

4e Trimestre. — Mémoires de la Société des ingénieurs civils.

867. PERSONNAT. — Le **Ver à soie du chêne** (Bombyx-Yama-Maï). 4e *édition*. In-8, VIII-136 p. et 3 pl. Paris, imp. Raçon et Cie. 3 fr.

868. PETIT-LAFITTE. — La **Vigne** dans le Bordelais; histoire, commerce, culture. In-8, 696 p. et grav. Sceaux, imp. Dépée. 12 fr.

869. PICHERIE-DUNAN. — Le livre des **Engrais, fumiers**. 4e *édition*, très-augmentée. In-18, 144 p. Nantes, imp. Bourgeois.

870.* POURIAU, sous-directeur et professeur à Grignon. — Les **Appareils météorologiques enregistreurs**. 1 vol. gr. in-8, 56 p., avec fig. dans le texte et 7 pl.

Extrait des Études sur l'Exposition. 5 fr.

R

871. RAMBOURG. — Traité de la **Comptabilité** municipale en matière d'**Octroi**; suivi du Guide de la vérification, contenant des notions élémentaires sur le cubage et le mesurage, la jauge, etc., à l'usage des employés de l'octroi. In-12, 92 p. Mézières, imp. Lelaurin. 1 fr. 50

872. RAMÉE. — L'**Architecture** et la construction pratiques, mises à la portée des gens du monde, des élèves et de tous ceux qui veulent faire bâtir. In-18 jésus, XI-664 p. Mesnil, imp. Firmin Didot.

— Dictionnaire général des **Termes d'architecture** en français, allemand et italien. 1 vol. in-8, 496 p.

873. RENDU et SIREY. — Code Perrin, ou Dictionnaire des **Constructions** et de la contiguïté. Législation complète des bâtiments, des constructions, des propriétés non bâties, des servitudes, etc., mise en rapport avec la doctrine et la jurisprudence administrative et judiciaire. 2e *édition*, in-8, VIII-821 p. Paris, imp. Cosse et Dumaine. 9 fr.

874. **Répertoire méthodique de la législation des chemins de fer.** In-4, 261 p. Paris, Imp. impér.

875.* ROHAULT DE FLEURY (G.). — La **Toscane au moyen âge**, architecture civile et militaire. 2e livraison. Palais du Podestat à Florence. 6 pl. in-fo, avec teinte. Paris, imp. Claye. 9 fr.

— 3e livraison. Le palais du podestat (suite). avec 5 pl. 9 fr.

Publication trimestrielle; un an. 30 fr.

(Voir page 129 de la Bibliographie.)

876.* Rous (Michel), capitaine d'artillerie, ancien élève de l'École polytechnique. — **Abaque Népérien** pour faciliter l'enseignement de l'arithmétique et la pratique des calculs. 1 broch. in-8, de 52 p. 3 fr. Prix de l'Abaque portatif. 6 fr.

Voir le compte rendu de cet ouvrage au nº 7 de notre Bibliographie.

S

877.* Sanguineti. — La **Décoration** en treillage, rosaces, verendhas, ponts, marquises, bancs, plafonds, balcons, corbeilles, jardinières, portiques, serres, kiosques, treillage artistique, d'après les dessins de MM. Waaser et Madin, constructeurs. 1 album oblong de 44 pl., relié. 25 fr.

878. Sénéclauze. — Les **Conifères**. Monographie descriptive et raisonnée, classée par ordre alphabétique, de la collection complète des conifères, tant indigènes qu'exotiques. In-8, 208 p. Paris, imp. Lahure.

879.* Soulié (E.), ingénieur civil. — Le **Locomoteur funiculaire**, système Agudio, pour la traction sur les chemins de fer à fortes rampes. In-8, 14 p. et 3 pl. Paris, imp. Bourdier et Cie. 5 fr.

Extrait des Etudes sur l'Exposition de 1867.

—* Note sur une nouvelle **Machine d'extraction** pour les mines (proposée par M. Demanet), avec fig. dans le texte.

Annales du Génie civil, livraison de janvier 1868. 4 fr.

880.* Stutz (S.), ingénieur. — Étude sur le **Frein à coins articulés** (système Stilmant), avec fig. dans le texte, 1 pl.

Annales du Génie civil, livraison de janvier 1868. 4 fr.

T

881. Taillard (Ern.). — **Chemins de fer.** Les locomotives et le matériel de transport, examen des divers systèmes appliqués en Europe et en Amérique. 1 vol. gr. in-8, 238 p. et atlas de 49 pl. Bruxelles, imp. veuve Parent et fils.

882.* Thorain, ingénieur civil. — Aide-mémoire du **Chauffeur-mécanicien.** In-32, 146 p. Lille, imp. Bayart. 3 fr.

883. Tournier. — Nouveau manuel de **Chimie simplifiée**, avec fig. dans le texte. In-18, 232 p. Saint-Nicolas, imp. Trenel. 2 fr. 50

884. Troubat. — Nouveau traité sur les **Vaches laitières** et les taureaux reproducteurs. In-8, 32 p. Bordeaux, imp. Lavertujon. 1 fr. 50

V

885. Velter, répétiteur de chimie à Grignon. — Sur l'utilité du **Sel marin** en agriculture, fondée sur sa transformation en carbonate de soude. In-8, 5 p. Paris, imp. Ve Bouchard-Huzard.

886. Viennot. — Nouveau **Compte-fait** à l'usage des vignerons, courtiers, négociants, tonneliers et foudriers, etc. In-32, 32 p. Dijon, imp. Jobard. 80 c.

887. Ville. — Recherches expérimentales sur la **Végétation**, mémoires et mélanges. T. I, in-8, LV-404 p. et 3 pl. Paris, imp. Raçon et Cie.

— Les **Engrais chimiques**. Gravures et pl. In-18 jésus, XVII-278 p. Paris, imp. Raçon et Cie. 3 fr. 50

BIBLIOGRAPHIE ÉTRANGÈRE

LIVRES ANGLAIS

* **A Treatise on the Petroleum zones of Italy (Traité sur les zones à pétrole de l'Italie)**, par M. St-John Fairman, membre de plusieurs Sociétés savantes. Broch. in-8, de 75 p., avec une carte géographique. 5 fr.

*. **An elementary Treatise on electrical measurement**, for the use of telegraph inspectors and operators (**Traité élémentaire de la mesure des forces et des résistances électriques**, à l'usage des inspecteurs et des opérateurs des lignes télégraphiques), par M. Latimer Clarck. Vol. in-12, de 175 p. relié. 10 fr.

* **A Treatise on Coast defense**, etc., par M. Von Schelika, lieutenant-colonel et ingénieur en chef du département du Golfe du Mexique, de l'armée des anciens États confédérés d'Amérique. — **Traité de la défense des côtes**, basé sur l'expérience acquise par des officiers ayant appartenu au corps des ingénieurs de l'armée des Etats confédérés et sur les rapports officiels d'officiers de la marine des Etats-Unis ; travaux recueillis pendant la dernière guerre de l'Amérique du Nord, de 1861 à 1865). 1 vol. relié, grand in-8, avec 12 grandes cartes et pl. 40 fr.

Chemistry theoretical, practical and analytical as applied and relating to the arts and manufactures, by Dr Sheridan Musprath. — **La Chimie** théorique, pratique et analytique dans ses applications et ses rapports avec les arts et l'industrie, par M. le Dr Sheridan Musprath. In-8, avec plus de 1,000 fig. dans le texte et une série de portraits de chimistes célèbres. 2 vol. grand in-8. 85 fr.

Shipbuilding theoretical and practical, by Isaac Watts, W.-M. Rankine, Fr. Barnes, James Napier, etc. — **La construction navale** au point de vue théorique et pratique, publiée par MM. Walts, Rankine, Barnes et Napier. Un très-grand vol. illustré de fig. et d'une série de grandes pl. gravées d'après des dessins exécutés pour cet ouvrage par les principaux ingénieurs des constructions navales. 105 fr.

chaque mois par M. A. Félix Gouillou, chimiste industriel.

Prix de l'abonnement :

Paris et départements, un an,	15 fr.
Six mois,	8 fr.
Étranger, un an,	20 fr.
Le numéro,	75 c.

On s'abonne à la librairie des Ingénieurs civils, à Paris, 15, quai Malaquais.

Sommaire du n° du 20 avril (n°s 7 et 8).

Rapport du jury international de l'Exposition de 1867 : Teinture et impression (suite), par M. Persoz fils. — Matières colorantes dérivées de la houille, par MM. Hoffmann, de Haire et Girard. — *Du Tartre;* ses propriétés, son action en teinture, impuretés et falsifications. — Essai industriel de ce produit, par M. S. Hubert. — *Procédés pratiques :* Noir d'aniline, 1° sur coton, 2° sur soie, 3° sur laine, 4° sur laine et coton. — Bleu au bois sur drap, teinture des mérinos (suite). Rouge rose violeté, cramoisi au bois, orangé. — *Chronique industrielle :* Traitement des eaux de savon dans les fabriques, par M. H. Wohl. Alliage pour rouleaux d'impression. Brevets d'invention concernant les industries tinctoriales et textiles.

Nouvelles : Lois sur les inventions brevetables figurant aux expositions. Les hannetons et la teinture. Chambre des tisseurs et passementiers. A propos des bleus sur laine. Prix courant des couleurs d'aniline. Annonces.

972. * MORANDIÈRE (Jules).— Exploitation des **Chemins de fer.** Les signaux optiques et acoustiques à l'Exposition de 1867. — Modèles, plans et dessins de **Gares**, de stations, de remises et de dépendances de l'exploitation des chemins de fer. *Annales du Génie civil*, livraison de juin. 4 fr.

973. MORIN, général de division d'artillerie. — Salubrité des habitations. Manuel pratique du **chauffage et de la ventilation.** In-8, 152 p. et 2 pl. Paris, imp. Lahure. 5 fr.

N

974. * NOGUÈS, professeur de sciences physiques et naturelles. — Guide pratique de **Minéralogie appliquée inorganique.** Histoire naturelle, ou Connaissance des combustibles minéraux, des pierres précieuses, des matériaux de construction, etc.; 1re partie, avec 124 fig. dans le texte. In-12, XV-396 p. Saint-Nicolas, imp. Trenel. 6 fr., cartonné.

Bibliothèque des professions industrielles et agricoles, publiée par E. Lacroix.

Nous ne croyons pouvoir mieux faire apprécier l'utilité de ce livre, qu'en transcrivant les premières lignes de l'avertissement de l'auteur :

« Notre *Guide pratique de minéralogie appliquée* ne s'adresse pas aux savants, qui recherchent dans un livre des faits nouveaux, des hypothèses hardies ou des théories brillantes : il a été écrit principalement pour les personnes qui désirent acquérir des notions justes, pratiques et usuelles sur les minerais métallifères et les minerais employés dans les arts et l'industrie. Les étudiants qui suivent les cours des Facultés, les élèves des Écoles spéciales et industrielles, les ingénieurs, les élèves des Écoles des mines, les mineurs, les agriculteurs, les directeurs d'exploitations minières, les gardes-mines, les amateurs et les gens qui voudront acquérir des connaissances pratiques en minéralogie, le consulteront avec fruit. »

Ajoutons que si l'auteur a déclaré modestement que son guide ne s'adressait pas aux savants, ceux-ci en ont cependant apprécié le mérite, et qu'un brillant éloge a été fait de cet ouvrage devant l'Académie des sciences.

—.* Voir aussi n° 926, *Études sur l'Exposition.*

O

975. * ORTOLAN, mécanicien principal de la marine impériale.— **Essai des cuivres** à l'atelier, avec figures dans le texte.

Annales du Génie civil, livr. de mai. 4 fr.

—.* Voir aussi n. 827, *Études sur l'Exposition.*

975 *bis*. Notice sur le **Concretor** de Fryer, avec le rapport de la commission officielle de la Guadeloupe. Brochure In-12, 24 pages et 1 planche. Rouen, typ. Lecomte frères, décembre 1867.

P

976. PALAA.— Voir n° 927, *Études sur l'Exposition.*

977.* PARANT (Eug.). — Voir n° 926, *Études sur l'Exposition.*

978. PASSY (de), ingénieur des ponts et chaussées. — Étude sur le **Service hydraulique** et sur les mesures administratives concernant les cours d'eau non navigables ni flottables. In-8, 376 p. Paris, imp. Raçon et Cie.

979. * PERNOT, architecte. — Guide pratique du constructeur, dictionnaire des mots techniques employés dans la construction, à l'usage des architectes, propriétaires, entrepreneurs de maçonnerie, charpente, etc., renfermant les termes d'architecture civile, l'analyse des lois de voirie, des bâtiments et de dessèchement; par M. L. T. Pernot, architecte. *Nouvelle édition*, augmentée et entièrement refondue par M. Camille Tronquoy, ingénieur civil. In-18 jésus, 538 p. Paris, imp. Bourdier, Capiomont fils et Cie. 6 fr., cartonné.

Bibliothèque des professions industrielles et agricoles, publiée par E. Lacroix.

Ce Dictionnaire fait partie de la *Bibliothèque des professions industrielles et agricoles*. La première édition était complétement épuisée. L'éditeur, pour répondre aux nombreuses demandes qui lui parvenaient, ne s'est pas borné à faire réimprimer ce travail primitif; il a voulu que le *Guide pratique du constructeur* n'omît aucun des progrès realisés pendant les dernières années, et M. Camille TRONQUOY, l'un de nos ingénieurs civils les plus distingués et en même temps l'un de nos technologistes les plus érudits, a bien voulu se charger du travail, ingrat d'une révision complète de l'œuvre. Le Dictionnaire que nous annonçons est le résultat de ce travail consciencieux.

980. *Péroche, inspecteur des contributions indirectes. — Manuel des **Distilleries**, ou Guide complet pour la surveillance de ces établissements, comprenant : 1° la fabrication ; 2° les renseignements divers s'y rattachant ; 3° la législation, la jurisprudence, etc. *Nouvelle édition*, revue, corrigée et augmentée. In-8, 344 p. Rouen, imp. Cagniard ; Paris. 6 fr.

981. Pezeyre, rédacteur au *Moniteur vinicole*. — Le **Vinage** dans ses rapports avec l'agriculture et l'intérêt des classes laborieuses. In-8, 32 p. Lagny, imp. Varigault.

982. Pinel (A.), avocat au conseil d'État. — Jurisprudence des **Chemins de fer**. Recueil spécial des décisions des tribunaux judiciaires et administratifs, rendues pendant le cours des années 1866 et 1867. 5e année. In-18, 176 p. Paris, imp. Chaix et Cie.

983. *Plazanet (de). — Voir n° 926, *Etudes sur l'Exposition*.

984. ***Portefeuille des conducteurs des ponts et chaussées et des gardes-mines**, publié par la Société des conducteurs. Mémoires, notes et documents pratiques relatifs aux constructions en général, accompagnés de nombreuses planches d'ensemble et de détail ; statistique, prix de revient, etc.

Il paraît par an une série formée de 10 numéros. Chaque numéro se compose de 4 pages de texte in-folio à 2 colonnes et de 4 pl. de même format.

Prix de l'abonnement annuel à cette publication : Paris, 15 fr. ; province, 18 fr. ; étranger, 22 fr.

SOMMAIRE DES NUMÉROS, 9e SÉRIE (ANNÉE 1868).

Nos 1 et 2.

Texte. Notes et documents ; Exposition universelle de 1867 ; Phare des Roches-Douvres ; Machine à casser les pierres, note par M. Faivre ; Bâtiment des machines de la distribution d'eaux de Valenciennes, note par M. Parsy.

Planches 1 et 2, phare des Roches-Douvres.
— 3, machine à casser les pierres.
— 4, bâtiment des machines de la distribution d'eaux de Valenciennes.

On s'abonne à la librairie des Conducteurs des ponts et chaussées, Eug. Lacroix, 15, quai Malaquais.

985. *Pouriau. — Voir n° 926, *Études sur l'Exposition*.

986. Pradelle, agriculteur. — Étude sur les **Irrigations**. In-4, 64 p. Paris, imp. Schiller.

987. Prix de **Menuiserie** applicables aux travaux à façon exécutés pendant l'année 1868, établis et révisés annuellement par la Commission de la Société des ouvriers menuisiers à façon, avec la collaboration de métreurs spéciaux. 1re *édition*. In-4, 39 p. et 3 pl. Paris, imp. Gaittet. 5 fr.

988. Programme des conditions d'admission à **l'École des ponts et chaussées**. In-12, 8 p. Paris, imp. Jules Delalain fils. 20 c.

989. Programme des conditions d'admission à l'École impériale centrale des **Arts et Manufactures**. Année 1868. In-12, 28 p. Paris, imp. Jules Delalain. 30 c.

990. Pugnet, propriétaire-cultivateur. — Les **Plantes utiles et nuisibles** en agriculture. In-8, 277 p. Mirecourt, imp. Humbert.

991. *Puteaux. — Voir n° 926, *Etudes sur l'Exposition*.

R

992. *Raux et Vigreux. Voir n° 926, *Études sur l'Exposition*.

993. Rouché, professeur au lycée Charlemagne, et de Comberousse, professeur à l'École centrale. — Traité de **Géométrie élémentaire**, conforme aux programmes officiels, renfermant un très-grand nombre d'exercices et plusieurs appendices consacrés à l'exposition des principales méthodes de la géométrie moderne. 2e *édition*, revue et augmentée. 1re partie. Géométrie plane. In-8, XXIV-328 p. et fig. dans le texte. Paris, imp. Gauthier-Villars. 4 fr.

994. *Rous (Capitaine). — Voir n. 927, *Études sur l'Exposition*.

995. Rousselon. — Le **Jardinier** pratique, ou Guide des amateurs dans la culture des plantes utiles et agréables, illustré de 200 grav. sur bois. In-18 jésus, 540 p. Saint-Denis, imp. Moulin.

S

996. Sanson (André), professeur de zootechnie. — Les **Moutons**, histoire naturelle et zootechnie. Ouvrage orné de 56 gravures. In-18 jésus, 167 p. Orléans, imp. Jacob. 1 fr. 25

997. * — Notions usuelles de médecine vétérinaire. In-18 jésus, 160 p. Orléans, imp. Jacob. 1 fr. 25

998. Sarran (E.), garde-mines. — Manuel du **Géomètre souterrain**. In-8, XII-144 p. et atlas de 6 pl. Paris, imp. Thunot et Cie.

999. *Schwaeblé. — Voir n° 926, *Études sur l'Exposition*.

1000. Série de prix, avec sous-détails à l'appui, pour le règlement des travaux particuliers faits dans la ville de Paris et dans le département de la Seine, adoptée par la Chambre syndicale des entrepreneurs de **Maçonnerie** de la ville de Paris. Année 1868. In-4, 44 p. Paris, imp. Guérin, 13, rue de la Sainte-Chapelle. 2 fr.

Série des prix de règlement applicables aux travaux particuliers exécutés dans la ville de Paris, établie par la Chambre syndicale des entrepreneurs de **Menuiserie**. 3e *édi-*

tion. In-4, 44 p. Paris, imp. Guérin, 13, rue de la Sainte-Chapelle. 3 fr.

Série des prix de règlement établis par la Chambre syndicale des entrepreneurs et applicables aux travaux particuliers exécutés dans la ville de Paris. **Terrasse**, pavage, granit, égouts, asphalte et bitume. In-4, 16 p. Paris, imp. Guérin, 13, rue de la Sainte-Chapelle. 2 fr.

1001. SHIMIDZEU KINZAIMON. — Étude complète de l'éducation des **Vers à soie**. Traduit du japonais par le docteur P. Mourier. In-8, 31 p. Paris, imp. Martinet.

1002. SICHEL (J.), docteur en médecine. — Guide de la chasse des **Hyménoptères**. Gr. in-18, 19 p. Le Mans, imp. Beauvais.

1003. * SOULIÉ (E.). — Voir nº 926, *Études sur l'Exposition*.

1004. SOUVIRON, professeur de technologie à l'Association polytechnique. — Dictionnaire des **Termes techniques** de la science, de l'industrie, des lettres et des arts. In-18 jésus, XII-585 p. Saint-Germain, imp. Toinon et Cie.

1005. STURM (Cl.), membre de l'Institut. — Cours d'**Analyse** de l'Ecole polytechnique. 3e *édition*, revue et augmentée par M. E. Prouhet, répétiteur d'analyse à l'Ecole polytechnique. T. 1. In-8, XXIX-506 p. Paris, imp. Gauthier-Villars. Les 2 vol. 12 fr.

1006. * STUTZ (S.), ingénieur civil. — Mécanique appliquée. Guide de **Mouvements rectilignes alternatifs**. — **Appareil de choc** à ressorts plats. — **Parachute** avec moteur à air comprimé, 1 planche.

Annales du Génie civil, livr. d'avril. 4 fr.

—. * **Grue à vapeur** mobile à mouvement de palan du nouveau quai de Hambourg, avec 1 planche.

Annales du Génie civil, livr. de mai. 4 fr.

1007. * **Sucrerie** (la) **indigène**. Revue mensuelle fondée sous le patronage du comité des fabricants de sucre des arrondissements de Valenciennes et d'Avesnes. Organe des intérêts des fabricants de sucre et des distillateurs. — Technologie. — Commerce. — Économie politique et sociale. — Agriculture. — Statistique. — Législation et jurisprudence industrielles. — Bibliographie.

L'abonnement part du 1er avril de chaque année, il est pour un an au prix de 12 francs pour la France et la Belgique, 15 francs pour les autres pays et les colonies.

SOMMAIRE DU Nº 2, 3e ANNÉE (MAI).

Chronique. — L'impôt à la consommation et les prévisions budgétaires. — Les petits tributs de la sucrerie. — Production et consommation des alcools. — L'achat des sucres à l'analyse : de l'utilité de l'adoption d'un mode général de titrage.

Revue des brevets. — Table par ordre alphabétique des matières et par mois des brevets d'invention et certificats d'addition concernant la sucrerie et la distillerie, pris en l'année 1866.

Exposition universelle, etc.

T

1008. TAILLARD, ingénieur. — Les **Fahrkunst** dans les mines. In-8, 45 p. Paris, imp. Chaix et Cie.

1009. THIAUCOURT, peintre-sculpteur. — L'art de **restaurer les faïences**, porcelaines, biscuits, terres cuites, grès, émaux, laques, verreries, etc. ; suivi d'une notice chronologique de toutes les fabriques connues. Avec un avant-propos par M. le baron Ch. Davillier. In-8, 64 p. Paris, imp. Jouaust. 2 fr.

1010. * TRONQUOY (Camille). — *Voy*. PERNOT.

V

1011. VERDET. — Œuvres. Cours de **Physique** professé à l'Ecole polytechnique, par E. Verdet. Publié par M. Émile Fernet, répétiteur à l'Ecole polytechnique. T. 1. In-8, 469 p. Paris, Imp. impériale.

1012. VILLE. — Recherches expérimentales sur la végétation. La maladie des pommes de terre. In-8, 32 p. Paris, imp. Raçon et Cie.

1013. * VUILLEMIN, GUEBHARD et DIEUDONNÉ. — Chemins de fer. De la résistance des trains et de la puissance des machines, par L. Vuillemin, A. Guebhard, ingénieurs, et C. Dieudonné, inspecteur du matériel des chemins de fer de l'Est. Précédé d'une lettre aux auteurs, par M. E. Flachat, ingénieur. In-8, XII-100 p., 2 tabl. et 8 pl. Paris, imp. Bourdier, Capiomont et Cie. 10 fr.

W

1014. WOLOWSKI, membre de l'Institut. — Le **Travail des enfants** dans les manufactures. In-8, 40 p. Paris, imp. Chaix et Cie.

1015. WURTZ (Ad.), membre de l'Institut. — Leçons élémentaires de **Chimie** moderne, avec figures dans le texte. 2e fascicule. In-18 jésus, 287-574 p. Paris, imp. Raçon et Cie.

Y

1016. YSABEAU. — Le **Jardinier** de tout le monde. Traité complet de toutes les branches de l'horticulture, orné de plus de 100 fig. intercalées dans le texte. In-18 jésus, 540 p. Paris, imp. Bourdier, Capiomont fils et Cie. 4 fr. 50

BIBLIOGRAPHIE ÉTRANGÈRE

LIVRES ALLEMANDS.

Der Electro-Magnetismus, inbesondere als Triebkraft, sowie mehrere neue electro-magnetische Machinen, Wagen und Locomotiven, von Dr F. F. Roloff. Berlin, 1868. 1 vol. in-8, mit 8 afb. — **De l'électro-magnétisme**, et en particulier de son action, et de plusieurs machines électro-magnétiques nouvelles, voitures et locomotives, par le Dr F. F. Roloff. Berlin, 1868. 1 vol. in-8, avec 8 pl.

Compendium der Gasfeuerung in ihrer Anwendung, auf die Hütten-industrie, mit besonderer Berücksichtigung des Regeneration-System, für Fabrikanten, Ingenieure und Hüttenleute; von F. Steinmann, civil Ingenieur in Dresden; mit 9 lithographirten Tafeln und vielen Textfiguren. Freiberg, 1868. — Compendium pour le **Chauffage au gaz** dans ses applications aux fonderies, avec des considérations sur le système régénérateur, à l'usage des fabricants, des ingénieurs et des maîtres de forges, par M. Steinmann, ingénieur civil à Dresde, avec 9 pl. lithographiées et de nombreuses figures dans le texte. Frieberg, 1868.

Technologie des Anilins, Handbuch der fabrication des Anilins und der von ihm derivirten Farben, von M. Reimann, mit sechs in den Text gedrückten Holzschnitten. — **Technologie de l'aniline**, manuel pour la fabrication de l'aniline et des couleurs qui en dérivent, par M. Reimann, avec 6 fig. dans le texte.

Ce manuel dénote chez son auteur beaucoup d'érudition réunie à de grandes connaissances pratiques. C'est jusqu'ici le traité le plus complet que nous connaissions sur l'aniline et ses dérivés.

LIVRES ITALIENS.

Irrigazione e bonificazione dei terreni. — Trattato dell' impiego delle acque in agricoltura, di marchese Raffaele Pareto, capo divisione al ministero di agricoltura del regno d'Italia. Due volumi, cioè uno di testo di fogli 102 in-8, e l'altro di 70 tavole in litografia. — **Irrigations et amélioration du sol**. Traité de l'emploi des eaux en agriculture, du marquis Raphaël Pareto, chef de division du ministère de l'agriculture du royaume d'Italie. 2 vol., dont l'un de texte (102 p. in-8,) et l'autre de 70 pl. lithographiées. 25 fr.

Il giovane marino iniziato al **Comando d'un piroscafo**, di F. Colombo. — Le guide du jeune marin appelé au **Commandement d'un bateau à vapeur**, par F. Colombo.

L'arte del construttore, dell ing. Carlo Gabussi. 2 vol. ciò è uno di testo di pag. 700 e 20 tabelle, ed uno di 144 tavoli in litografia. — **L'art du constructeur**, par M. Carlo Gabussi, ingénieur. 2 vol. dont l'un de 760 p. de texte et de 20 tableaux, l'autre de 144 pl. lithogr. 50 fr.

Saggio di un corso di **Fisica elementare**, Luvini, professore di fisica proposto alle scuole italiane da Giovanni nella regia militare accademia di Torino; quarta edizione del **Compendio di Fisica** dello stesso autore, trasformata ed esposta secondo i nuovi principii della scienza. Torino, 1868. — **Cours de physique élémentaire** pour les écoles italiennes, de G. Luvini, professeur de physique à l'académie royale de Turin. Turin, 1868, vol. de VII-744 pages, avec 383 figures dans le texte.

Le *Cours de physique* de M. Luvini n'est pas un traité de physique routinière telle qu'on l'enseigne communément, mais il est emprunté à la science moderne. Dans les huit premiers chapitres, nous avons remarqué plusieurs vues nouvelles sur l'état moléculaire des corps; les phénomènes capillaires surtout sont traités d'une manière tout à fait différente de celle que l'on rencontre ordinairement dans les traités de physique.

La thermo-dynamique, science nouvelle et riche d'importantes applications, occupe une assez large place dans le livre de M. Luvini.

Nous rappellerons que M. Luvini est auteur d'une Table de logarithmes à sept décimales, qui, publiée originairement en italien, a été réimprimée en France et en Angleterre, et qui obtient un succès qu'explique le soin rigoureux avec lequel tous les chiffres qu'elle renferme ont été vérifiés.

LIVRES AMÉRICAINS.

Five hundred and seven mechanical movements embracing all those which are most important in dynamics, hydrostatics, pneumatics, steam engines, mill and other gearing, presses, horology, and miscellaneous machinery; and including many movements never before published and several which have only recently come into use, by Henry T. Brown, editor of the *American Artisan*. New-York, 1868. — **Cinq cent sept mouvements mécaniques** embrassant tous ceux qui sont les plus importants en dynamique, en hydrostatique, en pneumatique, dans les machines à vapeur, etc., etc; renfermant un grand nombre de mouvements qui n'ont pas été décrits jusqu'ici, et plusieurs dont l'emploi est tout à fait récent, par Henry Brown. Petit in-4o. Prix. 20 fr.

Nous avons parcouru avec un grand intérêt ce livre jusqu'ici inconnu en France. Il renferme des renseignements dont tous les ingénieurs et tous les mécaniciens comprendront l'importance.

CHRONIQUE

Depuis le commencement de l'année, plusieurs questions touchant aux intérêts du commerce de la librairie ont été agitées dans les sphères officielles. Le cadre de notre modeste publication ne nous permettant pas la discussion, nous devons nous borner à l'enregistrement des faits.

A propos du projet concernant la presse, le gouvernement avait proposé de décréter la liberté : 1° de l'imprimerie; 2° de la librairie.

Pour des motifs qu'il ne nous appartient pas d'examiner, il a été décidé qu'une enquête aurait lieu en ce qui concerne la liberté de l'imprimerie, c'est-à-dire que la solution de la question a été renvoyée aux calendes grecques, et en même temps — sans que nous sachions pourquoi — rien n'a été dit, rien n'a été fait par rapport à la liberté de la librairie.

Il faut donc supposer que pour le moment la législation de la librairie ne laisse rien à désirer et qu'elle protége efficacement tous les intérêts légitimes. C'est ainsi, par exemple, que, dans la discussion relative au colportage, on a eu soin de rappeler que nul libraire n'avait le droit d'avoir deux boutiques dans la même ville. C'est une mesure protectrice pour les intérêts du commerce de la librairie en général, on le dit, on l'affirme : nous croyons le contraire, mais enfin, puisque nous n'avons pas le droit de discuter, admettons provisoirement que l'on soit dans le vrai. Mais alors pourquoi la législation ou la réglementation en vigueur n'est-elle pas observée ? S'il est défendu à M. X, à M. Y, à M. Z, d'avoir deux boutiques, pourquoi tel autre libraire peut-il en avoir autant qu'il y a de gares de chemins de fer en France ? Pourquoi peut-il, dans tout l'Empire, placer sous les yeux des voyageurs les livres, les journaux qui lui conviennent, et soustraire à leurs regards les livres, les journaux qui ne lui conviennent pas ou plutôt ceux dont les auteurs ou les éditeurs n'ont pas consenti à lui payer une forte redevance, — la dîme du seigneur[1] au beau temps de la féodalité?

Pendant la discussion quelques plaintes ont été formulées sur l'abaissement du niveau intellectuel. Qui faut-il accuser? Sont-ce les grands écrivains qui font défaut au public, ou est-ce le public qui manque aux auteurs sérieux? La question est fort grave : mais nous voyons se succéder les éditions des mémoires de certaines petites dames qui font l'ornement de Mabille ou d'autres temples dédiés à Terpsichore, comme on disait sous le premier Empire, tandis que des ouvrages consacrés à l'examen de questions vitales pour le commerce ou l'industrie du pays, trouvent à peine quelques centaines de lecteurs. Le public, le grand public ne veut pas s'instruire, il veut s'amuser ; l'ennui le dévore; il lui faut, pour secouer sa torpeur, de la littérature de haut goût, des histoires graveleuses,

[1] Louis XIV avait dit : *L'État, c'est moi.* En l'an de grâce 1868, le libraire qui exploite le monopole de la vente des livres dans les gares, s'il ne dit pas : les gares de chemins de fer m'appartiennent, agit au moins comme si elles étaient sa propriété. Voici un fait que j'atteste. Le 30 juillet 1868, à 10 heures du matin, je me rends au chemin de fer de l'Est pour prendre le train de 10 heures. Je vois tous les voyageurs debout par une excellente raison, parce qu'il leur était matériellement impossible de s'asseoir, le représentant de la maison Hachette ayant trouvé bon d'accaparer tous les bancs pour y étaler ses livres, afin d'en faire l'inventaire. Ce n'était plus une gare, c'était une boutique de librairie que les voyageurs avaient sous les yeux, et c'est debout qu'ils ont dû attendre l'heure de la délivrance des billets. Il est vrai qu'ils auront pu ensuite se reposer dans les salles d'attente, à moins que les commis de la même librairie, installés dans les salles, n'aient eu également à faire le même travail que leur collègue de la salle de distribution des billets. E. L.

des récits où la dépravation des pensées n'est dépassée que par l'horreur des situations inventées pour dramatiser le sujet qui sert de cadre à l'auteur. Ne voyons-nous pas les journaux les plus sérieux obligés de sacrifier au goût du jour en publiant des feuilletons dont certes aucune mère ne permettrait la lecture à sa fille, et d'autres feuilles, après avoir exploré toutes les sentines du vice moderne, condamnées à fouiller les arcanes de la justice pour en exhumer un de ces drames horribles qui ont la triste propriété de galvaniser les imaginations blasées, et qui peuvent très-bien servir de guide aux jeunes filous jaloux d'entrer dans la carrière du crime?

Présentez à ce public les Pensées d'un Pascal, les Méditations d'un Lamartine, l'Encyclopédie d'un Diderot, publiez un nouveau Panthéon littéraire, et de ce public sortiront des voix pour demander si le second numéro des *Punaises dans le beurre* a paru (nous avons vu un journal portant ce titre immonde), ou si Turlurette n'a pas ajouté un nouveau chapitre à ses *Bamboches?*

Certes, il ne faut pas envelopper dans le même arrêt la génération actuelle tout entière, et il existe encore des hommes qui aiment le Beau et l'Utile en littérature, mais ces hommes, — la statistique des livres publiés et le tirage des livres et des journaux le prouvent, — ces hommes sont des exceptions, ou plutôt ils forment une petite minorité du grand public.

Puis la cause devient effet et l'effet se transforme en cause. Si le public lit peu les livres de saine littérature ou de littérature industrielle, les éditeurs sont forcés de se borner à des tirages restreints et, par là même, de fixer pour chaque exemplaire un prix de beaucoup supérieur à celui d'un livre de même format auquel le goût du jour assure un débit considérable. Le bon livre paraît donc cher, l'ouvrage immoral ou insignifiant sera bon marché, et la différence de prix sera pour le grand public dont nous avons parlé un nouveau motif pour acheter l'œuvre malsaine de préférence à l'ouvrage honnête.

En modifiant une pensée célèbre nous dirons, et ce sera notre conclusion, que le public a toujours les livres dont il est digne : que le public veuille sérieusement de bons livres, les bons auteurs ne lui feront pas défaut.

La Société royale de Londres vient de publier le premier volume du *Catalogue of Scientific papers* qu'elle avait fait rédiger pour son propre usage, et qui est un inventaire par ordre alphabétique d'auteurs de toutes les monographies, mémoires, articles, insérés de 1800 à 1863, sur des matières scientifiques, dans les divers recueils d'Europe et d'Amérique, recueils dont la simple nomenclature occupe dans le présent volume 66 pages in-4 sur les mille et quelques qu'il contient. L'encombrement de ces communications est devenu tel, qu'il était grandement temps que les savants pussent enfin, au moyen de ce précieux ouvrage, un peu s'y reconnaître. Le premier volume va de A à CLU.

La Société royale d'Angleterre a aussi commencé la publicationd'une nomen clature de livres concernant les sciences et les arts, publiés depuis deux siècles en Angleterre. Cette nomenclature est très-volumineuse. Nous ferons remarquer que, par la publication de sa *Bibliographie des Ingénieurs, des Architectes*, etc., M. Eug. Lacroix a fait la même chose pour la France : il n'y a qu'une différence, importante il est vrai : c'est que la publication anglaise est due à une Société puissante par les ressources dont elle dispose, tandis que la *Bibliographie Lacroix* est l'œuvre d'un simple particulier qui l'édite à ses frais et qui, n'ayant à l'origine trouvé pour tout encouragement que *onze* souscripteurs, n'en a pas moins continué ce recueil qui aujourd'hui commence à être justement apprécié.

AUG. JEUNESSE.

RENSEIGNEMENTS UTILES

PRIX COURANT DES INSTRUMENTS DE MATHÉMATIQUES ET DE GÉODÉSIE.

POCHETTES 1er CHOIX AVEC 2 COMPAS A POMPE.	cuivre	melchior
Pochette à pompe, 2 compas	50 fr.	56 fr.
Id. id. 1 id	38 »	50 »
Id. simple, id	36 »	47 »
Id. demi fine, id	30 »	35 »
Id. simple cuivre, id	28 »	» »
Pochettes depuis 16 50.		» »
COMPAS de poche, de réduction simple.	18 »	20 »
Id. id. avec engrenage.	12 »	18 »
Id. 0m,18 de long	20 »	24
Charnière en cuivre, la pièce	8 »	» »
Compas de 0m,18, avec charnière acier, la pièce	12 »	» »
— à balustre, avec pièce de rechange	18 »	» »
— à ressort 1er choix	7 »	8 »
— à pompe	9 »	10 »
— à verges, boîte et règles	17 50	20 »
— à pointe sèche, acier	4 50	5 50
— id. id. cuivre	3 50	» »

Fils à plomb de tous nos. Prix de 2 fr. 50 à 5 fr. 50.

	Emboîtés	Encadrée
Planches à dessins. Grand aigle	13 50	16 »
— 1/2 grand aigle.	6 50	8 »
— raisin	5 50	7 »
— 1/4 grand aigle.	3 50	4 50
— 1/8 grand aigle.	2 50	4 »
Tréteaux à coulisses, chêne poli, la paire.	22 »	» »

T	EN 1er CHOIX		A FILETS CUIVRE	
	simples	à boulon	simples	à boulon
Grand aigle, la pièce	4 »	6 »	6 75	8 2
1/2 grand aigle	2 50	4 50	4 50	6
Raisin	2 25	4 50	4 »	5 55
1/4 grand aigle	2 »	4 »	4 »	5 0
1/8 grand aigle	1 75	3 50	3 25	4 00

RÈGLES A CALCUL, RÈGLES A DESSINS.	1er choix	à 3 filets cuivre
	FR. C.	FR. C.
De 0m,50 de longueur	» 75	2 »
0 60 do	1 »	2 25
0 70 do	1 »	2 80
0 75 do	1 20	3 »
0 80 do	1 50	3 25
0 90 do	1 75	3 75
1 » do	2 »	4 »
1 10 do	2 25	4 25
1 25 do	2 50	5 25
1 50 do	3 25	6 25
2 » do	5 25	8 75

ÉQUERRES ALLONGÉES.	1e choix	avec filet
De 0m,16 de longueur, la pièce	» 40	» 80
0 19 — do	» 50	1 10
0 22 — do	» 50	1 40
0 23 — do	» 60	1 60
0 27 — do	» 70	1 70
0 30 — do	» 90	2 »
0 35 — do	1 »	2 25
0 38 — do	1 20	2 50
0 40 — do	1 35	2 75
0 45 — do	1 50	3 »
0 50 — do	1 70	3 80
0 55 — do	1 90	3 25
0 60 — do	2 10	4 »
ÉQUERRES A 45o		
De 0m,08 de longueur, la pièce	» 35	» 80
0 09 — do	» 35	» 90
0 10 — do	» 40	1 10
0 12 — do	» 50	1 40
0 13 — do	» 60	1 50
0 15 — do	» 70	1 70
0 17 — do	» 90	2 »
0 19 — do	1 »	2 25
0 20 — do	1 10	2 50
0 21 — do	1 20	2 75
0 24 — do	1 40	3 »
0 25 — do	1 60	3 »
0 27 — do	2 »	3 25
0 30 — do	2 »	3 50

	FR. C.
NIVEAU à plateau à lunette de 0m,33, boîte en noyer, pied à 6 branches (no 1)	130 »
NIVEAU à lunette monté sur genoux avec vis à caler à lunette de 0m,33, boîte en noyer, pied chêne, à 3 branches (no 2)	110 »
NIVEAU genou à lunette, sans vis à caler (no 3)	100 »
NIVEAU D'EAU à genou cuivre, se démontant en 3 parties. Gros modèle	45 »
Petites fioles	40 »
NIVEAU FER-BLANC, genou cuivre	18 »
do do avec douilles	8 »
DÉCLINATOIRE en cuivre, de 30 à 35 fr.	
do monté sur bois, de 18 à 20 fr.	
DOUBLES DÉCIMÈTRES buis	1 20
do do ivoire	4 75
Mètres pliants ivoire	4 25
do do buis	1 20
Mètre droit ferré des 2 bouts	2 40
Double mètre droit	4 50
Double mètre à charnière	6 »
Roulette de 10 mètres	4 »
do 20 mètres	9 »
do métallique de 10 mètres	9 »
do do de 20 mètres	16 »
Boîtes couleurs en tôle garnie de 12 tablettes.	» »
do do 18 pastilles	» »
do do 12 do	» »

Nous avons reçu trop tard pour le publier dans le corps de la *Bibliographie*, le sommaire de la 33e et de la 34e livraison de l'*Album encyclopédique des chemins de fer*, publié par MM. Broise et Thieffry.

Voici le sommaire de ces deux livraisons :

33e Livraison.

385-386. Locomotive à marchandises. Coupes et Plan. (Cie Belge.)
387. Tender avec frein Stilmant. (Ouest.)
388-389. Rotonde pour 24 machines, avec annexes. (Lyon.)
390-391. Treuil roulant à tambour, pour grue de 10 tonnes. Ensemble. (Lyon.)
392. Traversées et croisements en rails Vignole de 37k. Ensemble. (Nord.)
393-394. Bâtiment pour machine de 12mc. Tuyauterie. (Lyon.)
395-396. Pompe à bras de 65m/m de diamètre-210m/m de course. (Ouest.)

34e Livraison.

397-398. Machine Express. Ensemble, vues, coupes et plan. (Lyon.)
399-400. Voiture à 2 étages (grand modèle). Bournique et Vidard. Élévation et coupe. (Ceinture.)
401-402. Treuil roulant à tambour pour grue de 10 tonnes. (Détail.) (Lyon.)
403-404. Voiture à 2 étages (grand modèle). Bournique et Vidard (châssis surbaissé en fer). (Ceinture.)
405-406. Boîte à huile avec filtre. (Est et Ceinture.)
407-408. Plaque tournante de 12m de diamètre. Détail de la charpente. (Lyon.)

DEMANDES ET OFFRES

Il est parfois très-difficile de se procurer certains ouvrages, soit que leur publication remonte à un assez grand nombre d'années, soit que le chiffre du tirage ait été fort limité, soit enfin que ces ouvrages n'aient pas été mis dans le commerce, — comme cela arrive pour certains livres imprimés par ordre du gouvernement, qu'on ne peut obtenir lorsqu'on les demande, et que l'on ne trouve plus que très-tard chez les bouquinistes, et alors qu'ils ne présentent plus qu'un intérêt rétrospectif.

D'un autre côté, quelques personnes éprouvent parfois le désir de se défaire de certains livres parce qu'elles les possèdent en double, ou parce qu'elles destinent à l'achat d'autres ouvrages le prix qui leur en serait donné.

Nous pensons donc faire une chose utile en insérant dans la chronique de notre Bibliographie les *Demandes* et les *Offres* que nos clients nous auront adressées.

DEMANDES.

VIOLET-LE-DUC. — **Dictionnaire raisonné de l'architecture française du XIe au XVIe siècle.**

LÉTAROUILLY. — **Édifices de Rome moderne**, ou Recueil de maisons, palais, églises, couvents et autres monuments publics et particuliers les plus remarquables de la ville de Rome.

GAILHABAUD. — **Architecture du Ve au XVIIe siècle.** 4 vol. grand in-4°, contenant 400 planches gravées sur acier ou chromolithographiées, et des notices descriptives et archéologiques.

SMITH (DAVID). — **Guide pratique du teinturier**, contenant les recettes pratiques pour la teinture des diverses étoffes, avec échantillons, suivi d'un traité de teinture au foulard, traduit de l'anglais par A. S. F.

PONSON. — **Traité de l'exploitation des mines de houille**, ou Exposition comparative des méthodes employées en France, en Belgique, en Allemagne, en Angleterre, pour l'extraction des minéraux combustibles. 4 vol. gr. in-8 et atlas in-folio de 80 planches.

Annales du Génie civil. Année 1862.

OFFRES.

PALLADIO. — **Œuvres complètes.** Nouvelle édition, contenant les quatre livres avec les planches du grand ouvrage d'Octave Scamozzi, et le Traité des Thermes, le tout rectifié et complété d'après les notes et documents fournis par les premiers architectes de l'École française, par Chapuy, ex-officier de génie maritime, et Amédée Beugnot, architecte de Paris. Paris, 1825 à 1831, in-folio. 200 fr. offert à 150 fr.

COMBES (Ch.). — **Traité de l'exploitation des mines.** 3 vol. in-8 d'ensemble 2014 pages, et atlas in-4° de 66 pl. in-folio oblong. 1824 à 27. Rare, offert à 125 fr.

DUVINAGE. — **L'Architecture rurale,** 1 vol. grand in-8 de 28 feuilles de texte ou 452 pag., avec 76 pl. Mézières, 1857. Rare, offert à 40 fr.

GUETTIER. — **De la fonderie** telle qu'elle existe aujourd'hui en France, et de ses nombreuses applications à l'industrie. In-4° de 41 feuilles 1/2 et planches. 2e édition, 1858. Très-rare, offert à 40 fr.

BASTENAIRE D'AUDENART (F.). — **L'art de fabriquer la porcelaine,** suivi d'un vocabulaire des mots techniques, et d'un traité de peinture et dorure sur porcelaine. 2 vol. in-12, avec planches. Très-rare, offert à 20 fr.

CHRISTIAN. — **Traité de mécanique industrielle,** ou Exposé de la science de la mécanique déduite de l'expérience et de l'observation, à l'usage des manufacturiers et des artistes. 3 vol. in-4° et atlas de 60 pl. doubl. Paris, 1822. 75 fr. offert à 65 fr.

DUBUAT. — **Principes d'hydraulique et de pyrodynamique** vérifiés par un grand nombre d'expériences faites par ordre du gouvernement. 3 vol. in-8. Rare, offert à 30 fr.

BORDE. — **Tables de surfaces** pour les calculs de déblais et de remblais de chemins de fer, routes et canaux, suivies d'autres tables pour le tracé des courbes sur le terrain. 3 vol. in-8. Paris, 1856. Très-rare, offert à 45 fr.

MORIZOT. — **Vérificateur, comptabilité du bâtiment.** 7 vol. in-8. Offert à 140 fr.

CORBEIL, typ. et stér. de CRÉTÉ.

DESCRIPTION

D'UN

NAVIRE AÉRIEN

POUVANT SERVIR

A UNE LOCOMOTION ATMOSPHÉRIQUE

PAR

Robert COURTEMANCHE

Prix : 2 fr. 50

PARIS
LIBRAIRIE SCIENTIFIQUE, INDUSTRIELLE ET AGRICOLE
Eugène LACROIX, Imprimeur-Éditeur
Libraire de la Société des Ingénieurs civils de France, de celle des anciens Élèves des Écoles nationales d'Arts et Métiers, de la Société des Conducteurs des Ponts et Chaussées de MM. les Mécaniciens de la Marine nationale, etc., etc.
54, RUE DES SAINTS-PÈRES, 54
Imprimerie à Saint-Nicolas-de-Port (Meurthe)

Imprimerie et Librairie de E. Lacroix, 54, rue des Saints-Pères, Paris.

www.ingramcontent.com/pod-product-compliance
Ingram Content Group UK Ltd.
Pitfield, Milton Keynes, MK11 3LW, UK
UKHW022039190726
13855UKWH00002B/361